대한수리논리학회 수리논리 연구 시리즈 1

# 수리논리와 집합론 입문

Proofmood, A Computer Logic System

정주희 지음



KM 경문사

# 머리말

논리란 무엇이며 어떻게 접근하고 연구해야 하는가? 이 질문에 대하여 사람마다 다른 대답을 가지고 있다. 이 책에서는 널리 쓰이는 대로 "논리는 추론의 과학이며 추론은 전제(premise)에서 결론(conclusion)에 이르는 과정" 이라는 정의를 택하기로 한다.

흔히 추론에는 연역적추론과 귀납적추론이 있다고 말한다. 그러나 수리논리학에서는 귀납적추론을 연구 대상에서 제외한다. 귀납적추론은 진리를 찾아내는 유용한 도구임에 틀림없다. 또한 이것이 연역적추론보다 열등하다는 것은 결코 아니다. 다만 수리논리학에서는, 논리의 연구대상을 연역적추론, 즉 "수학적으로 엄격한 증명" 으로 국한한다는 점을 확실히 해 둔다.

앞에서 말한 정의 "논리는 추론의 과학이며 추론은 전제에서 결론에 이르는 과정이다." 는 수학적 정의가 아니다. 이 정의를 최대한 수학화 하는 것이 이 책의 주된 목표라고 해도 좋을 것이다. 수학화 한다는 것은 곧 집합론의 언어로 표현한다는 것이다.

집합론의 언어, 혹은 수학의 언어로써 인간이 사용하는 모든 논리를 체계적으로 기술한다는 것은 어쩌면 현실적으로 불가능한지도 모른다. 하지만 논리에 대한 논의가, 그 논의에서 사용되는 용어의 의미의 혼란으로 인하여 뒤죽박죽이 되어버릴 위험성을, 엄격한 수학화를 통하여 피할 수 있다면 논리의 수학화는 충분히 시도할 가치가 있는 일일 것이다.

수리논리학(Mathematical Logic), 직역하면 '수학적 논리학' 은 다음의 두 가지 점에서 수학적이다.

(1) 수학을 표현하고 사유하기에 적합한 논리를 대상으로 한다.

(2) 연구하는 방법이 수학적이다. 즉 사용되는 모든 개념은 집합론으로 환원될 수 있으며, 수리논리학의 연구자들은 이 개념들을 명확히 정의(define)하고, 주장하는 바를 명확하게 정리(theorem)로 나타내며, 이 정리를 엄격하게 증명(rigorously prove)한다.

위의 둘 중 (1)은 수리논리학의 강점이라기보다는 약점이다. 무릇 논리는 삼라만상에 모두 적용되는 보편적인 것이어야 하기 때문이다. 19세기말 현대적 의미의 수리논리학이 탄생한 이래 수리논리학의 연구 대상은 주로 수학에서 사용되는 언어에 국한되어 왔다. 근래에 수리논리학은 컴퓨터 언어, 즉 프로그래밍

언어에의 적용과 연구로 인해 큰 전기를 맞고 있으며 이로 인해 활용의 영역이 넓혀지고 있다.

수학을 기술하는 언어는 다른 학문의 언어, 혹은 일반 언어에 비하여 상당히 단순한 구조를 가지고 있다—즉 체계와 문법이 군더더기나 예외가 없어 깔끔하다. 수학을 위한 논리학, 다시 말해서 수학의 언어를 연구하는 논리학은 19세기 말에서 20세기 초에 걸쳐 완성된 1계논리(first-order logic)로써 거의 충분하다는 것에 대부분의 수학자들이 동의하고 있다. 1계논리 외의 많은 논리들, 예를 들어 양상논리(modal logic), 선형논리(linear logic) 등은 전통적으로 수학자들로부터 큰 관심을 끌지 못했다. 왜냐하면 수학의 정리를 증명하는 데는 1계논리, 그것도 직관주의(intuitionism)를 반영하지 않고 고전적 증명시스템(classical proof system)에만 기반을 둔 1계논리면 충분했기 때문이다.

컴퓨터 언어에는 고전적 1계논리도 물론 적용되지만, 1계논리로 기술하고 사유하는 것이 부자연스럽거나 비효율적인 부분이 많이 존재한다. 이 부분의 연구에는 비고전적(non-classical) 논리가 풍부하게 활용되고 있다. 컴퓨터 언어 이상으로 복잡한 대상에까지 수리논리학이 직접 응용되기에는 현대의 수리논리학의 발달 단계가 아직 미흡하다고 본다.

수리논리학은 언어의 형식(구문론, syntactics†)과 의미(의미론, semantics) 및 그들 간의 상호작용(interplay)을 연구한다.

우리가 언어에서 궁극적으로 관심을 두는 것은 결국 구문이 아니라 의미이다. 그러나 의미라는 것은 언어의 애매성(ambiguity)과 모호성(vagueness)으로 인해 구문론의 도움 없이 직접 연구하기는 상당히 까다롭고 혼동스러울 수 있다. 이에 비하면 구문론은 자연수만큼이나 명확한 것이므로 수학적으로 연구하기가 좋다. 구문론은 공부의 초기단계에서는 별 재미가 없을 수 있다. "이것을 공부해서 도대체 무슨 훌륭한 것이 나오겠는가?" 하는 느낌도 들 수 있다. 그러나 어느 정도 단계에 이르면 의미론의 상당 부분은 구문론에 반영되어 있으며 둘 사이의 상호작용은 참으로 미묘한 연구대상이라는 것을 깨닫게 된다.

---

이 책은 대학에서 수리논리학과 집합론 교재로 활용할 수 있도록 쓰였다.

수리논리학은 수학적인 방법으로 접근하므로 수학의 언어인 집합론을 알지 못하고는 공부하기 힘들다. 그런데 집합론은 엄격한 증명에 대한 훈련, 즉 논리의 기반 없이는 공부하기 힘들다. 이 딜레마의 해결을 위하여 이 책이 채택한 해법은 컴퓨터 형식증명(formal proof) 시스템이다. 즉, 학생이 작성한 증명에 오류가 있는지를 컴퓨터가 판별해 줌으로써 학생들이 엄격한 수학적 증명에 대한 훈련을 받도록 하는 것이다.

필자는 2009 년 봄부터 컴퓨터 논리 시스템 Proofmood의 개발을 시작하여 중학교 영재 학생들 및 학부 학생들을 대상으로 논리 교육에 활용해 왔다. 초기에는 주로 명제논리를 이용한 논리퍼즐 문제를 다루어 많은 학생들의 흥미를 끌 수 있었다. 집합론 수업에 필요한 1 계논리 증명시스템은 2011 년 봄에 이르러 수업에 제대로 활용할 수준의 기능을 갖추게 되었고, 2011 년 가을 학기에는 대학원 수업에 1 계논리 증명시스템을 성공적으로 사용하였다. 형식증명은 처음으로 대하는 것이기에 학생들이 지레 겁을 먹는 경우가 많았으나 차차 익숙해지면서 모두들 기대 이상으로 잘 해 내어서 필자에게 큰 즐거움을 주었다. 2012 년부터는 매년 봄학기에 1 학년 과목으로 개설되는 집합론에 이것을 활용할 계획이다.

이 책의 1 장부터 3 장까지는 명제논리를 다루고 있으며 교사가 친절하게 잘 지도한다면 중학생도 흥미를 가지고 공부할 수 있을 것이다. 4 장은 1 계논리의 입문인데, 1 계논리의 의미론 (semantics) 부분은, 철저히 이해하려면 집합론 지식이 필요하므로 일단 대강만 이해하고 지나가도 될 것으로 본다. 5 장에서는 1 계논리 형식증명을 군론과 정수론을 예로 들어 심도있게 공부한다.

1 장부터 5 장까지 형식증명과 수리논리에 대한 훈련이 이루어진 후에는 집합론을 6 장부터 시작한다. 통상적인 집합론 입문 교재에서 다루는 내용은 거의 다 포함시켰으며, 여기에 더하여 공리적 집합론을, 가장 기본적인 개념과 방법론을 이해할 수 있는 정도의 분량만 넣었다.

수리논리학에서 가장 유명하고 또한 중요한 정리인 괴델의 완전성 정리와 불완전성 정리를 이 책에 포함시키지 못한 것이 안타깝다. 이들 정리는 충분한 수학적 성숙도를 갖추어야 제대로 이해할 수 있으며, 특히 불완전성 정리는 계산이론과 재귀함수이론, 그리고 가능하다면 형식언어와 계산복잡도까지 익히고 난 후에 공부를 시작하는 것이 옳은 순서라고 생각하기에 생략하였다.

이 책은 대한수리논리학회 수리논리 연구 시리즈에서 처음으로 출간하는 것이다. 앞으로 이 시리즈에서 우리말로 된 좋은 수리논리 저서가 계속 나와서 독자들에게 진정한 수리논리의 아름다움과 즐거움을 선사하게 될 것을 기대한다.

2011 년 12 월 31 일, 대구 복현골에서
정 주 희

# 차례

*It is more important that a proposition be interesting than that it be true.*

Alfred N. Whitehead

# 1 명제와 논리식

명제: 참인지 거짓인지 분명히 판별할 수 있는 식이나 문장.

(중2 수학 교과서, "도형의 성질" 단원에서)

명제를 기호로 나타낸 것을 논리식 이라고 하며, 이것은 명제와는 달리 수학적으로 명확히 정의할 수 있는 개념이다. 아래의 표에 명제와 논리식의 간단한 예들을 보였다.

표 1.1: 명제와 논리식의 예

| 명제 | 논리식 |
|---|---|
| 소풍을 간다. | $p$ |
| 비가 온다. | $r$ |
| 비가 안 온다. | $\neg r$ |
| 비가 안 오면 소풍을 간다. | $\neg r \to p$ |
| 아픈 사람이 있다. | $s$ |
| 아픈 사람이 없다면, 비가 안 오면 소풍을 간다. | $\neg s \to (\neg r \to p)$ |
| 아픈 사람이 있다면, 비가 안 와도 소풍을 안 간다. | $s \to \neg(\neg r \to p)$ |

위의 논리식에 사용된 기호 중에 $\to$ 와 $\neg$ 는 각각 함의(*implication*) 와 부정(*negation*) 을 뜻하는 결합자(*connective*) 이다. 즉, $A \to B$ 는 "$A$ 이면 $B$ 이다.", $\neg A$ 는 "$A$ 가 아니다." 를 의미한다.

1.1 EXERCISE 표 1.1의 맨 마지막 예에서 논리식을 $s \to (\neg r \to \neg p)$ 로 쓰지 않은 이유는 무엇인가? 이 논리식과 표에서 사용한 $s \to \neg(\neg r \to p)$ 는 어떠한 의미상의 차이가 있는가? ⊣

1.2 EXERCISE 아래의 명제들을 나타내는 논리식을 쓰시오. 단, "소풍을 간다"는 $p$, "비가 온다"는 $r$, "아픈 사람이 있다"는 $s$로 나타낸다.

논리식을 작성할 때 결합자 기호로 "또한"을 나타내는 $\wedge$와 "혹은"을 나타내는 $\vee$을 사용할 수 있다. 즉, $A \wedge B$는 "$A$이고 또한 $B$이다.", $A \vee B$는 "$A$이거나 혹은 $B$이다."를 뜻한다.

(*i*) 소풍을 간다면 비가 안 오고 아픈 사람도 없다.

(*ii*) 비가 오거나 아픈 사람이 있으면 소풍을 가지 않는다.

(*iii*) 비가 와도 소풍을 안 가고, 아픈 사람이 있어도 소풍을 안 간다. ⊣

## 1 논리식의 구문

논리식을 구성하는 기호에는 다음의 3 종류가 있다.

(1) 명제문자(*propositional letter*): $p$, $q$, $r$, ...

(2) 결합자(*connective*)[†]: $\neg$, $\wedge$, $\vee$, $\rightarrow$, $\leftrightarrow$, $\perp$

(3) 괄호(parentheses): (, )

1.3 DEFINITION 명제논리의 논리식(*formula*)은 다음과 같이 재귀적으로 정의되는 문자열(string)[‡]이다.

(*i*) 명제문자 $p$, $q$, $r$ 등은 논리식이다. 이러한 논리식을 원자논리식(*atomic formula*)이라고 한다.

(*ii*) $A$와 $B$가 논리식이면 문자열 $(\neg A)$, $(A \wedge B)$, $(A \vee B)$, $(A \rightarrow B)$, $(A \leftrightarrow B)$ 및 $\perp$도 논리식이다. 이러한 논리식들을 합성논리식(*compound formula*)이라고 한다.

(*iii*) 모든 논리식은 위의 두 규칙들을 반복적용하여 얻어진다. ⊣

---

[†] '결합자'는 '연결사'라고도 한다.

[‡] 문자열이라 함은 문자의 열(列)이다. 예를 들어 'apple'을 (a,p,p,l,e)와 같이 길이 5인 유한열로 보는 것이다. 우리는 "apple이 붉다.", 혹은 "apple이 맛있다."라고 말할 수 있지만 "apple의 길이는 5이다.", 혹은 "apple에는 2번 나타나는 글자가 있다."고 말하지 않는다. 그 대신 "문자열 apple의 길이는 5이다.", 혹은 "문자열 'apple'에는 2번 나타나는 글자가 있다."고 말한다.

예를 들어 두 논리식 $A$와 $B$를 $A \equiv p$, $B \equiv (p \vee q)$로 두었을 때 이 두 논리식으로부터 새로운 논리식 $(A \to B) \equiv (p \to (p \vee q))$를 얻을 수 있다. 여기서 $\equiv$는 구문론적 등호(*syntactic equality*)이다. '구문론적 등호'라는 용어의 의미는 조금 후에 설명하겠다.

결합자들의 명칭과 읽는 법을 아래의 표 1.2에 나타내었다. 결합자들의 의미는 명칭으로부터 대략 짐작할 수 있을 것이며, 정확한 정의는 표 1.4에 나와 있다.

표 1.2: 결합자

| 기호 | 명칭 | 읽기 |
|---|---|---|
| $\neg$ | 부정(*negation*) | 부정, not |
| $\wedge$ | 논리곱(*conjunction*) | 곱, and |
| $\vee$ | 논리합(*disjunction*) | 합, or |
| $\to$ | 함의(*implication*) | 이면, implies |
| $\leftrightarrow$ | 양방향함의(*biconditional*) | 이면이[†], 동등, iff |
| $\perp$ | 모순(*contradiction*) | 오, bottom |

[†] $A \to B$는 '$A$ 이면 $B$'로 읽으므로 $A \leftarrow B$는 '$A$ 면이 $B$'로 읽고 $A \leftrightarrow B$는 '$A$ 이면이 $B$'로 읽기로 한다.

$\neg A$ 형태의 논리식을 부정문이라 한다. $A \wedge B$ 형태의 논리식은 논리곱문이라 하고 이때 $A$와 $B$를 이 논리식의 곱인자(*conjunct*)라고 한다. $A \vee B$ 형태의 논리식은 논리합문이라 하고 이때 $A$와 $B$를 이 논리식의 합인자(*disjunct*)라고 한다. $A \to B$ 형태의 논리식은 함의문이라 하고 이때 $A$와 $B$를 각각 이 논리식의 앞인자(*antecedent*)와 뒤인자(*consequent*)라고 한다. '앞인자'와 '뒤인자'는 각각 전건과 후건이라고 하기도 한다. $A \leftrightarrow B$ 형태의 논리식은 양방향함의문(*biimplication*)이라 하고 이때 $A$와 $B$를 각각 이 논리식의 좌변과 우변이라 한다.

함의문 $A \to B$의 앞인자와 뒤인자의 위치를 교환하여 얻은 함의문 $B \to A$는 $A \to B$의 역(*converse*)이라고 한다. 그리고 $\neg B \to \neg A$를 $A \to B$의 대우(*contrapositive*)라고 한다.

논리식을 만들 때 정의 1.3을 엄격하게 따르자면 괄호가 너무 많아져서 쓰기와 보기가 불편할 수 있다. 이를 피하기 위하여 (1) 가장 바깥의 괄호쌍을 제거하고, (2) 결합자 간의 우선순위(*priority*)를 정하여 사용하며, (3) $\wedge$와 $\vee$의 결합법칙을 이용하여 괄호를 생략하기로 한다.

논리식에서의 연산기호인 결합자들 간의 우선순위는 $\neg$이 $\wedge$과 $\vee$에 앞서며, $\wedge$과 $\vee$은 다시 $\to$, $\leftrightarrow$에 앞서는 것으로 정한다.

예를 들어 논리식

$$(((p \vee q) \wedge (\neg r)) \rightarrow q)$$

는 괄호를 여러 개 생략하여

$$(p \vee q) \wedge \neg r \rightarrow q$$

로 쓸 수 있다. 그러나 $((p \wedge q) \vee r)$은 $(p \wedge q) \vee r$로 쓸 수는 있어도 $p \wedge q \vee r$로 쓸 수는 없다. 왜냐하면 $\wedge$과 $\vee$의 우선순위가 같으므로 $p \wedge q \vee r$은 $(p \wedge q) \vee r$와 $p \wedge (q \vee r)$의 두 논리식 중 어느 것을 의미하는지 불분명하기 때문이다.

결합자 $\wedge$의 결합법칙이란 논리식 $(A \wedge B) \wedge C$는 $A \wedge (B \wedge C)$와 의미가 같다는 것이며 따라서 이 논리식들에 괄호를 넣지 않고 그냥 $A \wedge B \wedge C$로 써도 된다. 같은 이유로 $A \vee B \vee C \vee D$ 같은 문자열도 합법적인 논리식이다.

두 논리식의 "의미가 같다"는 것은 곧 두 논리식이 동등(*equivalent*)하다는 것인데 논리식의 동등이라는 개념에 대한 설명은 10쪽에 나와 있다. 흔히 '동등'을 써야 할 자리에 '동치'라는 용어를 쓰는데 이것은 일본식 표현임을 알아야 할 것이다.

이제 앞서 나왔던 구문론적 등호의 의미에 대해서 알아보자. 이를 위하여 먼저 명제와 논리식의 차이점을 정확히 알아야 한다. 예를 들어 $B$를 명제 $p \vee q$라 했을 때, "$q \vee p$는 $B$와 같은 명제인가?"라는 질문에 대한 답은 무엇이 되어야 하겠는가?

이 책에서는 명제를 수학적으로 정확히 정의하지 않았으므로 확실히 답하기가 곤란하다. 하지만 분명히 말할 수 있는 것은 논리식 $p \vee q$와 논리식 $q \vee p$는 같지 않다는 것이다. 이유는 논리식은 문자열, 즉 기호들의 열인데 전자는 첫번째 기호가 $p$이고 후자는 첫번째 기호가 $q$이므로 이 두 문자열은 서로 다르기 때문이다. 그리고 또 하나 말할 수 있는 것은 논리식 $p \vee q$와 논리식 $q \vee p$는 의미상 동등하다는 것이다. 이 두 논리식이 동등한 이유는 10쪽에 나와 있는 '두 논리식의 동등함'의 정의로부터 증명된다.

'구문론적 등호'에서 '구문론(syntactics)'은 '의미론(semantics)'에 대응되는 용어이다. $B \equiv p \vee q$와 같이 구문론적 등호를 사용하여 구문론적 변수 $B$에 값을 주면 $B$는 구문론적 존재 즉 논리식임이 강조된다. 따라서 만일 $B' \equiv q \vee p$라 하면 우리는 $B \not\equiv B'$이라고 확실하게 말할 수 있는 것이다.

논리식을 나타낼 때 때로는 대문자를 쓰고 때로는 소문자를 쓴다. 이 둘 사이에는 무슨 차이가 있는 것일까?

간단히 말해서 소문자는 명제문자를 나타내고 대문자는 논리식을 나타낸다. 그러므로 예를 들어 "$p \to \neg q$를 $r$이라 하자."는 표현은 쓸 수 없다. 이 문장에서 $r$을 $R$, $A$, $B$ 등 대문자로 바꾸면 올바른 표현이 된다. 그리고 "$R \overset{\text{def}}{\equiv} P \to \neg Q$"도 적법한 표현이다.

논리식 $(p \vee q) \wedge \neg r \to q$는 $(p \vee q) \wedge \neg r$과 $q$의 두 부분논리식(*subformula*)으로 구성된 함의문이다. 논리식은 자기 자신의 부분논리식으로 볼 수 있으며, 자기 자신이 아닌 부분논리식은 진부분논리식(*proper subformula*)이라고 한다.

이 논리식의 뒤인자 $q$는 원자논리식이니 더 이상 분해할 수 없지만, 앞인자 $(p \vee q) \wedge \neg r$은 합성논리식이므로 다시 $p \vee q$와 $\neg r$의 두 부분논리식으로 분해된다.

결국 원래의 논리식은 그림 1.1과 같은 생성수형도(*formation tree*)로 나타낼 수 있다.

그림 1.1: 논리식의 생성수형도

$$\dfrac{\dfrac{\dfrac{p^{(1)} \qquad q^{(1)}}{p \vee q^{(2)}} \qquad \dfrac{r^{(1)}}{\neg r^{(2)}}}{(p \vee q) \wedge \neg r^{(3)}} \qquad q^{(1)}}{(p \vee q) \wedge \neg r \to q^{(4)}}$$

이 수형도의 각 노드(*node*)에는 부분논리식이 들어 있는데 여기에 붙어 있는 위첨자 (1), (2) 등은 그 부분논리식의 생성단계를 나타낸다.

수형도의 잎 노드(*leaf node*, 단말점)에는 원자논리식이 들어 있고 생성단계는 (1)이다. 내부 노드(*internal node*, 내부점)에는 합성논리식이 들어 있으며 생성단계는 그 노드의 자녀(children)들의 생성단계 중 가장 큰 것에 1을 더한 것이 된다.

각 부분논리식마다 그것을 얻는 데 마지막으로 사용된 결합자를 대응시킬 수 있다. 이 결합자를 그 부분논리식의 주결합자라고 부른다. 예를 들어 그림 1.1에 나타나 있는 논리식 $\neg r$의 주결합자는 $\neg$이고 $(p \vee q) \wedge \neg r$의 주결합자는 $\wedge$이다.

1.4 EXERCISE 아래 논리식들의 생성수형도를 그리고 주결합자가 무엇인지 밝히시오. 각 노드의 생성단계를 명시해야 한다. (힌트: 생성수형도는 뿌리노드(*root node*)부터 그리기 시작하는 것이 좋다.)

(*i*) $\neg(p \to \bot)$

(*ii*) $p \to q \wedge \neg\neg q$

(*iii*) $(p \to q) \land \neg\neg q$

(*iv*) $(\neg p \to \neg q) \leftrightarrow (q \to p)$

(*v*) $(p \land q \to r) \to (\neg(p \to q) \lor (\neg(p \land \neg r)))$ ⊣

## 2 논리식의 의미

논리식의 수학적 의미는 그것을 구성하는 명제문자들의 진리값 함수(*truth function*)에 의하여 규정된다. 예를 들어 논리식 $p \to q$의 본래 의도된 의미는 "$p$이면 $q$이다." 이지만, 수학적 의미는 다음과 같은 함수 $f$일 뿐이다.

$$f(1,1) = 1, \quad f(1,0) = 0, \quad f(0,1) = 1, \quad f(0,0) = 1 \tag{1}$$

여기서 1은 참, 0은 거짓을 나타낸다.

$(1,1), (1,0)$... 등은 명제문자 $p, q$에 주어진 진리값배정(*truth value assignment*)이라고 부른다. 진리값배정은 흔히 변수 $\bar{x}$, $\bar{y}$ 등을 사용해서 나타낸다. 예를 들어

진리값배정 $\bar{x} = (1,1)$에서 논리식 $p \to q$의 진리값은 1로 계산된다.

와 같이 말할 수 있다. 혹은 더 간단히 "$\bar{x} = 11$에서 ..." 와 같이 써도 된다.

다시 말해서 논리식 $A$의 의미는 그것을 구성하는 명제문자들에 다양한 진리값배정이 주어졌을 때 $A$의 진리값이 어떻게 나오느냐에 의하여 규정된다.

진리값 함수는 진리표(*truth table*)로 나타내는 것이 일반적이다. 예를 들어 (1)에 나왔던 $p \to q$의 진리값 함수 $f$를 진리표로 나타내면 표 1.3과 같다.

표 1.3: 진리값 함수를 나타내는 두 가지 방법

| $p$ | $q$ | $p \to q$ |
|---|---|---|
| 1 | 1 | 1 |
| 1 | 0 | 0 |
| 0 | 1 | 1 |
| 0 | 0 | 1 |

| $\bar{x}$ | $f(\bar{x})$ |
|---|---|
| 11 | 1 |
| 10 | 0 |
| 01 | 1 |
| 00 | 1 |

이 진리값 함수의 정의역은 집합 $\{(1,1), (1,0), (0,1), (0,0)\}$, 혹은 간단히 나타내어 $\{11, 10, 01, 00\}$이며 공역은 $\{1, 0\}$이다. 일반적으로 $n$ 개의 명제문자로 구

성된 논리식에 대응되는 진리값 함수[†]의 정의역은 $2^n$ 개의 원소로 구성되며 공역은 항상 $\{1,0\}$ 이다. 이 진리값 함수를 나타내는 또 하나의 방법이 있는데 그것은 1011과 같이 함수의 값을 차례로 나열하는 것이다. 이 3번째 방법이 가장 간편하므로 우리는 진리값 함수를 나타낼 때 주로 이 방법을 사용할 것이다.

앞서 명제논리에서 사용되는 결합자들의 의미를 표 1.2에서 설명하였는데 이를 진리표를 사용하여 수학적으로 명확하게 정의하여 표 1.4에 보였다.

표 1.4: 결합자의 의미

| $p$ | $q$ | $\neg p$ | $p \wedge q$ | $p \vee q$ | $p \to q$ | $p \leftrightarrow q$ | $\perp$ |
|---|---|---|---|---|---|---|---|
| 1 | 1 | 0 | 1 | 1 | 1 | 1 | 0 |
| 1 | 0 | 0 | 0 | 1 | 0 | 0 | 0 |
| 0 | 1 | 1 | 0 | 1 | 1 | 0 | 0 |
| 0 | 0 | 1 | 0 | 0 | 1 | 1 | 0 |

논리식 $\neg p$ 에는 명제문자 $q$ 가 나타나지 않으므로 $\neg p$ 에 대응하는 진리값 함수는 당연히 $q$ 에 무관하다. 이것은 함수 $f(x,y) = -x$ 의 값이 $y$ 에 무관한 것과 비슷하다. $\perp$ 에는 $p$ 도 $q$ 도 나타나지 않으므로 이것에 대응하는 진리값 함수 0000은 $f(x,y) = 0$ 과 같은 상수함수로 보면 된다.

표 1.4에 나타난 대부분의 진리값들을 이해하는 데 별 문제가 없을 것이라고 생각하지만, 특별히 2개, $1 \vee 1 = 1$ 과 $0 \to 1 = 1$ 에 대해서는 조금 설명을 하겠다.

$p \vee q$ 의 진리값은 $p$ 의 진리값이 1이거나 혹은 $q$ 의 진리값이 1일 때면이[‡] 1이어야 한다. 그렇다면 $p$ 와 $q$ 가 둘 다 1일 때는 어떻게 되어야 하겠는가? 일상생활에서 '혹은'을 사용하는 경우의 예를 들어 보겠다.

비행기 탑승 중에 "치킨을 드시겠습니까 아니면 쇠고기를 드시겠습니까?" 라는 승무원의 질문에 "둘 다 먹을래요." 하면 승무원은 아마도 "그렇게는 안 됩니다." 라고 할 것이다. 이것은 '혹은'이 '둘 중의 단 하나'로 해석되는 경우이다. 또 하나의 예로 어떤 학생의 아버지가 "이번 시험에서 영어나 수학 점수가 90점을 넘으면 스마트폰을 사 주겠다." 고 했을 때 그 학생이 시험에서 영어와 수학 모두 90점을 넘겼다면 아버지는 스마트폰을 사 주어야 하겠는가? 물론 당연히 사 주어야 하며, 이 경우는 '혹은'이 '둘 중의 하나 이상'으로 해석된 것이다.

---

[†]정확히 말하자면 진리값 함수는 논리식으로부터 결정되는 것이 아니라 논리식과 그 논리식에 속하는 모든 명제문자들을 포함하는 명제문자들의 열이 주어지면 비로소 결정된다. 이에 대해서는 단평 4.29를 참조할 것.

[‡]"*A* 때면이 *B* 이다." 는 "*A* 일 때, 그리고 이때만 *B* 이다." 를 줄여 쓴 것이다.

이 두 예에서 보듯이 '혹은'은 상황에 따라 다르게 해석된다. 그러므로 일상 생활에서는 '혹은'을 문맥에 따라 적절히 해석해야 할 것이다. 수학에서는 '혹은'을 항상 후자의 의미로, 즉 '둘 중의 하나 이상'으로 해석하며, 이에 따라 수리논리학에서는 $1 \vee 1 = 1$로 정의한다.

$0 \to 1$의 진리값에 대해서 생각해 보자. 원래 $p \to q$의 의도된 의미는 $p$가 1일 때는 $q$는 반드시 1이 되어야 한다는 것이다. 그러므로 $p$가 0일 때는 $q$의 값은 어떻게 되어도 상관 없다. 따라서 $0 \to 1$과 $0 \to 0$을 모두 1로 정의하는 것이 타당하다고 볼 수 있다.

그런데 실제 일상 생활에서는 이렇게 해석하지 않는 경우가 아주 많다. 예를 들어 어떤 부정 혐의가 있는 정치인에게 이번 선거에 출마하겠냐고 물었을 때 "부정 혐의가 깨끗하게 벗겨지면 출마하겠다."고 대답했다 하자. 그런데 만일 선거 때가 되어서도 계속 혐의에 대한 조사가 진행중인 상황에서 이 정치인이 출마했다면 이 정치인은 자신의 말을 어긴 것으로 보는 것이 일반적이다. 이 정치인이 한 말은 "부정 혐의가 깨끗하게 벗겨지면, 그리고 그때만 출마하겠다."로 해석되기 때문이다. 그러나 이렇게 $p \to q$를 "$p$이면, 그리고 그때만 $q$이다."로 해석한다면 이것은 $p \leftrightarrow q$와 다를 것이 전혀 없는 동일한 명제가 된다. 따라서 $p \to q$는 $p \leftrightarrow q$와 동등하며 이것은 다시 $q \to p$와 동등하다는, 납득하기 힘든 결론을 얻게 된다. 이것이 수학에서 $0 \to 1$의 진리값을 1로 보는 이유이다.

주어진 논리식의 특정한 진리값배정에서의 진리값은 그림 1.2와 같은 수형도를 써서 계산할 수 있다. 우선 수형도의 잎 노드에는 원자논리식, 즉 명제문자가

그림 1.2: 논리식의 진리값 계산 ($pqr = 101$인 경우)

$$\dfrac{\dfrac{\dfrac{p^{(1)}=1 \qquad q^{(1)}=0}{p \vee q^{(2)}=1} \qquad \dfrac{r^{(1)}=1}{\neg r^{(2)}=0}}{(p \vee q) \wedge \neg r^{(3)}=0} \qquad q^{(1)}=0}{(p \vee q) \wedge \neg r \to q^{(4)}=1}$$

있을 것이므로 이러한 노드에는 진리값배정에서 정해 준 진리값을 주면 그만이다. 수형도의 내부 노드의 진리값은 그 노드의 자녀(children) 노드의 진리값(들)과 그 노드에 들어 있는 부분논리식의 주결합자로부터 표 1.4를 이용하여 계산한다. 그림 1.2의 수형도는 진리값배정이 $\bar{x} = 101$, 즉 $pqr = 101$인 경우에 논리식 $(p \vee q) \wedge \neg r \to q$의 진리값을 계산하는 과정을 보인 것이다.

그런데 논리식이 $n$개의 명제문자를 가진 경우 가능한 진리값배정 $2^n$개에 대

하여 각각 이런 식으로 수형도를 그려 계산하는 것은 성가신 일이다. 모든 진리값배정에서 논리식의 진리값들을 한 눈에 보기 위해서는 수형도보다는 통상 다음과 같은 진리표를 사용하는 것이 좋다.

그림 1.3: 논리식 $(p \vee q) \wedge \neg r \to q$ 의 진리표

| p | q | r | ( | p | ∨ | q | ) | ∧ | ¬ | r | → | q |
|---|---|---|---|---|---|---|---|---|---|---|---|---|
| 1 | 1 | 1 | | 1 | 1 | 1 | | 0 | 0 | 1 | 1 | 1 |
| 1 | 1 | 0 | | 1 | 1 | 1 | | 1 | 1 | 0 | 1 | 1 |
| 1 | 0 | 1 | | 1 | 1 | 0 | | 0 | 0 | 1 | 1 | 0 |
| 1 | 0 | 0 | | 1 | 1 | 0 | | 1 | 1 | 0 | 0 | 0 |
| 0 | 1 | 1 | | 0 | 1 | 1 | | 0 | 0 | 1 | 1 | 1 |
| 0 | 1 | 0 | | 0 | 1 | 1 | | 1 | 1 | 0 | 1 | 1 |
| 0 | 0 | 1 | | 0 | 0 | 0 | | 0 | 0 | 1 | 1 | 0 |
| 0 | 0 | 0 | | 0 | 0 | 0 | | 0 | 1 | 0 | 1 | 0 |
| 계산단계 | | | | 1 | 2 | 1 | | 3 | 2 | 1 | **4** | 1 |

위의 진리표를 작성하는 방법을 아래에 설명하였다.

(1) 왼쪽에 있는 3 개의 열에 진리값배정대로 진리값을 써 넣는다. 명제문자가 3 개이므로 진리값배정은 $2^3 = 8$ 개가 존재할 것이다.

(2) 맨 아래 행의 각 셀(cell)에는 대응되는 부분논리식의 생성단계를 써 넣는다. 부분논리식이 원자논리식일 때는 그 셀이 속한 열의 맨 위 행에 그 명제문자가 나타나 있고, 부분논리식이 합성논리식일 때는 맨 위 행에 그 부분논리식의 주결합자가 나타나 있다. 이 단계들은 그림 1.2에 보인 것을 사용하며, 진리표에서는 생성단계 대신 '계산단계'라 부른다. 계산단계 중 전체 논리식의 주 결합자의 열에 대응하는 것은 위의 그림에서 보듯이 굵은 글씨로 나타내어 눈에 잘 뜨이도록 하는 것이 좋다.

(3) 1 단계 열에 속한 셀들의 진리값은 처음 3 개 열에 나와 있는 진리값배정에서 그대로 베껴 쓴다. 이는 각 1 단계 열들의 맨 위 행에 명제문자가 나타나 있기 때문에 아주 쉽다.

(4) 2 이상 단계의 열에서의 진리값은 좌우에 있는 열들의 진리값(이미 계산되어 있을 것임)과 그 열의 맨 위 행에 있는 결합자로부터 표 1.4에 의하여 계산하여 써 넣는다. 좌우에 있는 어떤 열(들)을 사용할 것인지는 생성수형도로부터 쉽게 알 수 있을 것이다.

(5) 마지막 단계의 열까지 진리값을 구해 넣으면 진리표가 완성된다.

주어진 논리식의 의미를 나타내는 진리값함수는 이 표에서 마지막 단계의 열, 즉 주결합자의 열에 나타나게 된다. 위의 예에서는 이 진리값함수가 11101111 으로 계산되었다.

진리표를 작성할 때 다음의 웹사이트에 있는 웹프로그램이 유용하다.

`http://www.proofmood.com`

아래의 그림에서 두 개의 논리식 $p \vee q$ 와 $\neg p \to q$ 의 진리표를 비교하였다.

그림 1.4: 동등한 두 논리식

| p | q | p | ∨ | q | ¬ | p | → | q |
|---|---|---|---|---|---|---|---|---|
| 1 | 1 | 1 | 1 | 1 | 0 | 1 | 1 | 1 |
| 1 | 0 | 1 | 1 | 0 | 0 | 1 | 1 | 0 |
| 0 | 1 | 0 | 1 | 1 | 1 | 0 | 1 | 1 |
| 0 | 0 | 0 | 0 | 0 | 1 | 0 | 0 | 0 |
| 계산단계 | | 1 | **2** | 1 | 2 | 1 | **3** | 1 |

이 진리표의 모든 행에서, 즉 모든 진리값배정에서 두 논리식의 진리값이 일치함을 볼 수 있다. (두 논리식의 진리값 함수는 1110 으로 동일하다.) 이런 경우 두 논리식은 논리적으로 동등(*equivalent*)하다고 말한다.

그림 1.5에 동등한 두 논리식의 예를 또 하나 보였다. 진리표에서 보듯이 이 두 논리식은 모든 행에서 진리값이 1 이라는 특성을 가진다. 이런 논리식들을 항진(*logically valid formula*), 혹은 토톨로지(*tautology*)라고 부른다. 모든 항진 논리식들이 서로 동등함은 당연하다.

그림 1.5: 항진 논리식의 예

| p | q | p | ∨ | ¬ | p | ( | p | ∨ | q | ) | ↔ | ( | ¬ | p | → | q | ) |
|---|---|---|---|---|---|---|---|---|---|---|---|---|---|---|---|---|---|
| 1 | 1 | 1 | 1 | 0 | 1 | | 1 | 1 | 1 | | 1 | | 0 | 1 | 1 | 1 | |
| 1 | 0 | 1 | 1 | 0 | 1 | | 1 | 1 | 0 | | 1 | | 0 | 1 | 1 | 0 | |
| 0 | 1 | 0 | 1 | 1 | 0 | | 0 | 1 | 1 | | 1 | | 1 | 0 | 1 | 1 | |
| 0 | 0 | 0 | 1 | 1 | 0 | | 0 | 0 | 0 | | 1 | | 1 | 0 | 0 | 0 | |
| 계산단계 | | 1 | **3** | 2 | 1 | | 1 | 2 | 1 | | **4** | | 2 | 1 | 3 | 1 | |

1.5 EXAMPLE 아래의 논리식들은 모두 항진이다. 이들은 항진 중에 특별히 자주 쓰여 활용도가 높은 것들이므로 잘 암기해 둘 필요가 있다.

(*i*) $A \wedge A \leftrightarrow A$, $A \vee A \leftrightarrow A$ (멱등, idempotency)

(*ii*) $A \wedge B \leftrightarrow B \wedge A$, $A \vee B \leftrightarrow B \vee A$ (교환, commutativity)

(*iii*) $(A \wedge B) \wedge C \leftrightarrow A \wedge (B \wedge C)$, $(A \vee B) \vee C \leftrightarrow A \vee (B \vee C)$ (결합, associativity)

(*iv*) $A \wedge B \rightarrow A$, $A \rightarrow A \vee B$

(*v*) $(A \wedge B) \vee A \leftrightarrow A$, $(A \vee B) \wedge A \leftrightarrow A$ (흡수, absorption)

(*vi*) $\neg\neg A \leftrightarrow A$ (이중부정, double negation)

(*vii*) $\neg(A \wedge B) \leftrightarrow (\neg A \vee \neg B)$ (드모르강, De Morgan)

(*viii*) $\neg(A \vee B) \leftrightarrow (\neg A \wedge \neg B)$ (드모르강)

(*ix*) $A \wedge (B \vee C) \leftrightarrow (A \wedge B) \vee (A \wedge C)$ (분배, distributivity)

(*x*) $A \vee (B \wedge C) \leftrightarrow (A \vee B) \wedge (A \vee C)$ (분배)

(*xi*) $(A \rightarrow B \wedge C) \leftrightarrow (A \rightarrow B) \wedge (A \rightarrow C)$ (앞인자 분배)

(*xii*) $(A \rightarrow B \vee C) \leftrightarrow (A \rightarrow B) \vee (A \rightarrow C)$ (앞인자 분배)

(*xiii*) $(\neg B \rightarrow \neg A) \leftrightarrow (A \rightarrow B)$ (대우, contrapositive)

(*xiv*) $(A \rightarrow B) \wedge (B \rightarrow C) \rightarrow (A \rightarrow C)$ (추이율, transitivity)

(*xv*) $\neg(A \rightarrow B) \leftrightarrow A \wedge \neg B$

(*xvi*) $(A \vee B) \leftrightarrow (\neg B \rightarrow A)$

(*xvii*) $(A \rightarrow B) \leftrightarrow (\neg A \vee B)$

(*xviii*) $(A \wedge B \rightarrow C) \leftrightarrow ((A \rightarrow C) \vee (B \rightarrow C))$ (뒤인자 분배)

(*xix*) $(A \vee B \rightarrow C) \leftrightarrow ((A \rightarrow C) \wedge (B \rightarrow C))$ (뒤인자 분배)

(*xx*) $(A \rightarrow (B \rightarrow C)) \leftrightarrow (A \wedge B \rightarrow C)$

(*xxi*) $(A \rightarrow (B \rightarrow C)) \leftrightarrow (B \rightarrow (A \rightarrow C))$

(*xxii*) $(\neg A \wedge A) \rightarrow B$, $\neg A \rightarrow (A \rightarrow B)$, $A \rightarrow (\neg A \rightarrow B)$

$(xxiii)$ $(\neg A \to A) \to A$, $(A \to \neg A) \to \neg A$

$(xxiv)$ $(A \vee B) \to ((A \to C) \wedge (B \to C) \to C)$ $\dashv$

예 1.5의 모든 논리식들이 항진인 것은 진리표를 그려 확인할 수 있다. 그러나 이 항진 논리식들을 실제로 수학의 증명에서 활용하려면 이들 중 임의의 논리식이 주어졌을 때 진리표를 그리지 않고도 비교적 짧은 시간 내에 항진임을 확인할 수 있어야 할 것이다. 이를 위해서는 위의 논리식들을 모두 암기하는 것도 하나의 방법이다.

암기하지 않고 또한 진리표를 그리지 않고도 항진임을 확인하는 방법으로 이른바 진리집합의 벤 다이어그램을 사용하는 방법이 유용하다. 그런데 예를 들어 $(xviii)$를 벤 다이어그램 방법으로 확인할 수 있겠는가? 이 토픽은 나중에 26쪽에서 다시 다룰 예정이며, 독자들은 일단 이와 관련하여 연습문제 1.7을 보기 바란다.

진리표, 혹은 벤 다이어그램을 사용하지 않고 주어진 논리식이 항진임을 확인하는 방법 하나를 소개하겠다. 우선 쉬운 예로 $(iv)$의 $A \wedge B \to A$가 항진임을 확인해 보자. 이 논리식의 진리값이 0이 될 수 없음을 보이면 된다. 이 논리식은 함의문이므로 진리값이 0이 되기 위하여는 앞인자 $A \wedge B$가 1, 뒤인자 $A$가 0이 되는 수밖에 없다. 그러나 $A$가 0일 때는 $A \wedge B$는 1일 수 없다. q.e.d.

이번에는 드모르강의 법칙 $(vii)$ $\neg(A \wedge B) \leftrightarrow (\neg A \vee \neg B)$를 생각해 보자. 이 논리식의 양변의 진리값이 항상(즉, 모든 진리값배정에서) 일치함을 보여야 한다. 좌변이 0이려면 $A \wedge B$가 1이어야 하고 이것은 $A$와 $B$가 모두 1일 때만 가능하다. 그리고 이때 우변의 진리값을 계산해 보면 $\neg 1 \vee \neg 1 = 0 \vee 0 = 0$가 되어 좌변과 일치함이 확인된다. 역으로 우변이 0이려면 $\neg A$와 $\neg B$가 모두 0이어야 하고 따라서 $A$와 $B$는 모두 1이어야 한다. 이때 좌변의 진리값은 $\neg(1 \wedge 1) = \neg 1 = 0$가 되어 우변과 일치함이 확인된다. q.e.d.

지금까지 본 두 예에서 아래의 원칙을 여러 번 사용하였다.

> 함의문($\to$)과 논리합문($\vee$)은 0인 경우가 적고,
> 논리곱문($\wedge$)은 1인 경우가 적다. (2)

$(iv)$의 $A \wedge B \to A$는 함의문이므로, 이 논리식은 진리값이 1인 경우에 대해서 생각하기 보다는 0인 경우에 대해서 생각하는 것이 좋다. 왜냐하면 전자는 (앞인자, 뒤인자)=(1,1), (0,1), (0,0)의 3개 경우가 있고 후자는 (1,0) 단 1개 경우밖에 없기 때문이다. 그리고 후자의 경우 이제 앞인자 $A \wedge B$가 1이어야 하는데 이 또한 $(A, B) = (1, 1)$ 한 가지 경우만 생각하면 되므로 편하다.

$(vii)$ 의 $\neg(A \wedge B) \leftrightarrow (\neg A \vee \neg B)$ 에서 좌변은 논리곱문의 부정이므로 0 인 경우를 생각하는 것이 1 인 경우를 생각하는 것보다 편하다. 왜냐하면 전자는 고려해야 할 경우의 수가 1, 후자는 고려해야 할 경우의 수가 3 이기 때문이다. 우변도 이런 식으로 생각하면 1 인 경우 대신 0 인 경우를 생각하는 것이 좋다.

$(ix)$ 의 분배법칙 $A \wedge (B \vee C) \leftrightarrow (A \wedge B) \vee (A \wedge C)$ 에서는 원칙 (2)가 썩 유용하지는 않다. 이럴 때는 $A$ 가 1 인 경우와 0 인 경우로 나누어 생각하면 좋다.

먼저 $A$ 가 1 인 경우, 좌변이 0 이 되려면 $B$ 와 $C$ 가 모두 0 이 되어야 하며 이때 우변이 0 이 됨은 쉽게 확인된다. 그리고 우변이 0 이 되려면 이것은 논리합문이므로 $1 \wedge B$ 와 $1 \wedge C$ 가 모두 0 이 되어야 하고 따라서 $B$ 와 $C$ 는 모두 0 이다. 이때 좌변의 진리값도 $1 \wedge (0 \vee 0) = 0$ 이 된다.

다음, $A$ 가 0 인 경우, 좌변은 0 일 수밖에 없고, 우변도 $0 \vee 0$ 이므로 0 일 수밖에 없어 결국 양변의 진리값은 반드시 일치한다. q.e.d.

이제 또 하나의 원칙을 제시한다.

> 원칙 (2)가 잘 통하지 않을 경우에는
> 특정한 명제문자가 1 인 경우와 0 인 경우로 나누어 생각한다. (3)

원칙 (2)와 (3)을 이용하면 예 1.5 의 모든 논리식이 항진임을 보일 수 있다. 그런데 이 방법이 너무 기계적이라서 마음에 와 닿지 않는다면 다른 식의 해법도 가능하다. 예를 들어 $(xviii)$ 의 $(A \wedge B \to C) \leftrightarrow ((A \to C) \vee (B \to C))$ 이 항진임은 다음과 같이 보일 수 있다.

우변이 1 이라면 $A \to C$ 가 1 이거나 혹은 $B \to C$ 가 1 이다. 그런데 먼저 $A \to C$ 가 1 인 경우에는 $(xviii)$ 의 좌변 $A \wedge B \to C$ 는, 이것의 앞인자 $A \wedge B$ 가 $A \to C$ 의 앞인자 $A$ 보다 더 강하므로, 1 이 될 것이다. 다음, $B \to C$ 가 1 인 경우에는 마찬가지 이유로 $A \wedge B \to C$ 가 1 이 된다.

우변이 0 이라면 우변의 부정이 1 이어야 하는데, 여기서 드모르강의 법칙을 적용하면 $\neg(A \to C) \wedge \neg(B \to C)$ 가 1 이 되어야 한다. 그런데 $\neg(A \to C)$ 는 $A \wedge \neg C$ 와 동등하고 $\neg(B \to C)$ 는 $B \wedge \neg C$ 와 동등하다. 따라서 $(A \wedge \neg C) \wedge (B \wedge \neg C)$, 즉 $(A \wedge B) \wedge \neg C$ 는 1 이 되어야 하는데 이것은 $\neg(A \wedge B \to C)$, 즉 좌변의 부정과 동등하다. 이제 좌변의 부정이 1 이므로 좌변의 진리값은 0 이 될 것이며 이는 우변의 진리값과 같음이 확인된다. q.e.d.

1.6 Exercise 예 1.5 에 나오는 모든 논리식에 대해서 그것이 항진임을 진리표를 쓰지 않고, 또한 벤 다이어그램을 쓰지 않고 증명하시오. ⊣

1.7 EXERCISE 흔히 논리곱($\wedge$)은 교집합($\cap$), 논리합($\vee$)은 합집합($\cup$), 그리고 부정($\neg$)은 여집합($\{\}^c$)에 대응시킬 수 있다고 한다. 이 말의 정확한 의미는 무엇인가? 함의($\rightarrow$)와 양방향함의($\leftrightarrow$)는 각각 어떤 집합 연산과 대응시킬 수 있는가? (힌트: $p \rightarrow q$는 $\neg p \vee q$와 동등하다.) ⊣

1.8 FACT 두 논리식 $A$와 $B$가 논리적으로 동등하다는 것은 논리식 $A \leftrightarrow B$가 항진일 필요충분조건이다. ⊣

우리는 이 책에서 DEFINITION, LEMMA, EXERCISE 등의 내용 구획을 많이 사용하며 이것들이 무엇을 의미하는지는 독자들이 잘 알고 있으리라고 생각한다. 그렇다면 팩트(FACT)는 무엇인가?

FACT의 내용은 실은 THEOREM이나 LEMMA를 사용해도 되는 것들이다. FACT는 증명없이 결과만 제시한다는 점에서 THEOREM이나 LEMMA와 다르다. 우리는 말하고자 하는 내용이 다음의 조건을 만족할 때 FACT를 사용한다.

- 증명하지 않아도 직관적으로 믿을 수 있다.
- 엄격하게, 그리고 너무 길고 지루하지 않게 증명할 적당한 방법이 현재로선 없다.

우리가 팩트(FACT)로 제시한 내용들은 대부분 수학적 귀납법을 사용하여 엄격하게 증명할 수 있다. 주로 논리식 혹은 도출과정(derivation)의 복잡도(complexity)에 대한 귀납법을 사용하게 되는데 이 부분에 대해서는 나중에 공부하게 될 것이다.

1.9 DEFINITION 논리식 $A$의 진리값이 진리값배정 $\bar{x}$에서 1일 때 $A$는 $\bar{x}$에서 참이다(*true*), 혹은 만족된다(*satisfied*)고 말하거나, 혹은 역으로 주어를 바꾸어 $\bar{x}$는 $A$를 만족한다(*satisfy*)고 말한다.[†]

$A$의 진리값이 진리값배정 $\bar{x}$에서 0일 때 $A$는 $\bar{x}$에서 거짓(*false*)이라고 말한다.

$n$개의 논리식 $A_1, \ldots, A_n$이 주어졌을 때, 모든 $i = 1, \ldots n$에 대해서 논리식 $A_i$의 진리값이 진리값배정 $\bar{x}$에서 1일 때 집합 $\{A_1, \ldots, A_n\}$은 $\bar{x}$에서 만족된다고 말한다. 이때도 물론 주어를 바꾸어 $\bar{x}$는 $\{A_1, \ldots, A_n\}$를 만족한다고 말할 수 있다.

---

[†] 예를 들어 $\bar{x} = 11$은 $p \wedge q$를 만족하지만 $\bar{x} = 10$은 $p \wedge q$를 만족하지 않는다.

$\bar{x}$ 가 $A$ 를 만족할 때 $\bar{x}$ 를 $A$ 의 모델(*model*)이라고 하며, 기호로는

$$\bar{x} \models A$$

로 나타내고 "$\bar{x}$ 야 $A$", 혹은 "$\bar{x}$ models $A$"로 읽는다. $\bar{x} \models A$ 가 성립하지 않을 때 이를 기호로 $\bar{x} \not\models A$ 로 나타낸다. $\bar{x}$ 가 집합 $\{A_1, \ldots, A_n\}$ 를 만족할 때, 혹은 만족하지 않을 때 이를 각각 $\bar{x} \models \{A_1, \ldots, A_n\}$ 와 $\bar{x} \not\models \{A_1, \ldots, A_n\}$ 로 나타낸다. 기호 $\models$ 는 만족관계(*satisfaction relation*)를 나타낸다.

논리식, 혹은 논리식의 집합은 그것을 만족하는 진리값배정이 존재할 때 만족가능(*satisfiable*)하다고 말한다.

논리식, 혹은 논리식들의 집합이 만족가능이 아닐 때 이를 만족불가능(*unsatisfiable*)하다, 혹은 모순(*contradiction*)이라고 말한다. ⊣

1.10 FACT 논리식의 집합 $\Phi_1$ 이 논리식의 $\Phi_2$ 의 부분집합, 즉 $\Phi_1 \subseteq \Phi_2$ 이라 하자. 이때 $\Phi_2$ 가 만족가능하다면 $\Phi_1$ 도 만족가능하다. 따라서 $\Phi_1$ 이 만족불가능이면 $\Phi_2$ 도 만족불가능이다. ⊣

1.11 EXERCISE 아래의 진리표를 이용하여 집합 $\{p \to q \wedge r,\ \neg p \wedge (q \leftrightarrow r)\}$ 은 만족가능하나 $\{p \to q \wedge r,\ p \wedge (q \leftrightarrow \neg r)\}$ 는 만족불가능함을 보이시오. ⊣

| p | q | r | p | → | q | ∧ | r | ¬ | p | ∧ | ( | q | ↔ | r | ) | p | ∧ | ( | q | ↔ | ¬ | r | ) |
|---|---|---|---|---|---|---|---|---|---|---|---|---|---|---|---|---|---|---|---|---|---|---|---|
| 1 | 1 | 1 | 1 | 1 | 1 | 1 | 1 | 0 | 1 | 0 | | 1 | 1 | 1 | | 1 | 0 | | 1 | 0 | 0 | 1 | |
| 1 | 1 | 0 | 1 | 0 | 1 | 0 | 0 | 0 | 1 | 0 | | 1 | 0 | 0 | | 1 | 1 | | 1 | 1 | 1 | 0 | |
| 1 | 0 | 1 | 1 | 0 | 0 | 0 | 1 | 0 | 1 | 0 | | 0 | 0 | 1 | | 1 | 1 | | 0 | 1 | 0 | 1 | |
| 1 | 0 | 0 | 1 | 0 | 0 | 0 | 0 | 0 | 1 | 0 | | 0 | 1 | 0 | | 1 | 0 | | 0 | 0 | 1 | 0 | |
| 0 | 1 | 1 | 0 | 1 | 1 | 1 | 1 | 1 | 0 | 1 | | 1 | 1 | 1 | | 0 | 0 | | 1 | 0 | 0 | 1 | |
| 0 | 1 | 0 | 0 | 1 | 1 | 0 | 0 | 1 | 0 | 0 | | 1 | 0 | 0 | | 0 | 0 | | 1 | 1 | 1 | 0 | |
| 0 | 0 | 1 | 0 | 1 | 0 | 0 | 1 | 1 | 0 | 0 | | 0 | 0 | 1 | | 0 | 0 | | 0 | 1 | 0 | 1 | |
| 0 | 0 | 0 | 0 | 1 | 0 | 0 | 0 | 1 | 0 | 1 | | 0 | 1 | 0 | | 0 | 0 | | 0 | 0 | 1 | 0 | |
| 계산단계 | | | 1 | **3** | 1 | 2 | 1 | 2 | 1 | **3** | | 1 | 2 | 1 | | 1 | **4** | | 1 | 3 | 2 | 1 | |

1.12 REMARK 흔히 학생들이 '거짓', '만족불가능', '모순' 및 '부정'을 혼동하여 사용하는 것을 본다. 이 4개의 용어들은 서로 관련이 있기는 하지만 엄연히 서로 다른 의미를 가진다. 이들 용어의 정의를 숙지하고, 논리를 말할 때 상황에 딱 맞게 정확한 용어를 구사할 수 있기를 바란다. ⊣

1.13 EXERCISE 만족가능인 논리식들이 모여 만족불가능인 '논리식들의 집합'을 이룰 수 있는가? 만족불가능인 논리식들이 모여 만족가능인 '논리식들의 집합'을 이룰 수 있는가? ⊣

1.14 EXERCISE 예 1.5의 항진 논리식들에 대응하는 자연스런 명제들의 예를 들어 보시오.

힌트: 이를테면 예 1.5.$(xix)$의 $(A \vee B \to C) \leftrightarrow (A \to C) \wedge (B \to C)$의 명제문자들을 다음과 같이 놓는다.

비가 온다: $A$, 아픈 사람이 있다: $B$, 소풍을 가지 않는다: $C$.

그러면 주어진 논리식은

> "비가 오거나 혹은 아픈 사람이 있으면 소풍가지 않는다."는 "비가 와도 소풍가지 않고 아픈 사람이 있어도 소풍가지 않는다."와 동등하다.

라는 명제에 대응한다. ⊣

1.15 EXERCISE 연습문제 1.2의 $(i)$, $(ii)$와 $(iii)$은 모두 논리적으로 서로 동등함을 보이시오. ⊣

각 명제문자에는 원하는 대로 1 혹은 0의 진리값을 배정할 수 있지만 논리식에 대해서는 꼭 그렇지만은 않다는 점도 알아 두어야 할 것이다. 예를 들어 $A \overset{\text{def}}{\equiv} p \wedge q \to p$는 진리값배정을 어떻게 주더라도 항상 참이 된다. 따라서 논리식 $A$가 무엇인지 모르는 상태에서 "$A$가 거짓(혹은 참)이 되도록 진리값배정 $\bar{x}$를 주자. ..."고 한다면, 이러한 $\bar{x}$가 존재하지 않을 가능성도 열어 두어야 한다.

## 3 논리적 귀결과 모델

1.16 DEFINITION 논리식 $A$의 모든 모델의 집합을 $\mathrm{Mod}(A)$로 표기한다. 논리식의 집합 $\Phi = \{A_1, \ldots, A_n\}$의 모델은 $\bigcap_{i=1}^{n} \mathrm{Mod}(A_i)$의 원소를 뜻한다. 다시 말하면

$$\mathrm{Mod}(\Phi) = \bigcap_{i=1}^{n} \mathrm{Mod}(A_i)$$

로 정의된다.

Mod($A$) 와 Mod($\Phi$) 를 각각 $A$ 와 $\Phi$ 의 모델집합이라고 한다. ⊣

1.17 Exercise 아래의 각 논리식의 집합에 대해서 그것의 모델집합을 구하시오.

(i) $\{p, p \vee q\}$

(ii) $\{p, p \to q\}$

(iii) $\{\neg r, p \vee r, \neg p \to q\}$

(iv) $\{p, \neg p\}$ ⊣

1.18 Fact $A, A_1, \ldots, A_n, B$ 는 논리식, $\Phi$ 와 $\Psi$ 는 논리식의 집합이라 하자. 이들에 나타나는 모든 명제문자들에 주어질 수 있는 모든 진리값배정들의 집합을 $U$ 라 할 때,†

$$\begin{aligned}
&\mathrm{Mod}(A_1, \ldots, A_n) = \mathrm{Mod}(A_1 \wedge \cdots \wedge A_n),\\
&A \text{ 항진} \;\Leftrightarrow\; \mathrm{Mod}(A) = U,\\
&A\text{와 } B\text{가 동등} \;\Leftrightarrow\; \mathrm{Mod}(A) = \mathrm{Mod}(B),\\
&A \text{ 만족가능} \;\Leftrightarrow\; \mathrm{Mod}(A) \neq \varnothing, \quad \Phi \text{ 만족가능} \;\Leftrightarrow\; \mathrm{Mod}(\Phi) \neq \varnothing,\\
&A \text{ 만족불가능} \;\Leftrightarrow\; \mathrm{Mod}(A) = \varnothing, \quad \Phi \text{ 만족불가능} \;\Leftrightarrow\; \mathrm{Mod}(\Phi) = \varnothing,\\
&\Phi \subseteq \Psi \;\Rightarrow\; \mathrm{Mod}(\Phi) \supseteq \mathrm{Mod}(\Psi)
\end{aligned}$$

이 성립한다. ⊣

1.19 Exercise 결합자 $\leftrightarrow$ 가 결합법칙을 만족함을, 즉

$$\big((p \leftrightarrow q) \leftrightarrow r\big) \leftrightarrow \big(p \leftrightarrow (q \leftrightarrow r)\big)$$

이 항진임을 보이시오.

진리값함수로 0110 을 가지는 결합자를 `xor` 로 정의하자. 이 결합자가 결합법칙을 만족함을 보이시오. (`xor` 는 e<u>x</u>clusive <u>or</u>를 의미한다.) ⊣

1.20 Exercise $A \overset{\text{def}}{\equiv} p_1 \leftrightarrow p_2 \leftrightarrow \cdots \leftrightarrow p_n$ 에 주어진 진리값배정에서 1의 개수를 $m$ 이라 하자.

†$U$ 는 $2^n$ 개의 원소를 가지는 $\{111, 110, \ldots\}$ 과 같은 집합이다.

(*i*) $n+m$ 이 짝수일 때면이 $A$ 의 진리값이 1 이 됨을 보이시오.

(*ii*) $\leftrightarrow$ 를 `xor` 로 바꾸면 어떻게 되겠는가? ⊣

1.21 Exercise

(*i*) 명제문자 $p, q, r$ 중 단 1 개가 참일 때면이 참인 논리식을 작성하시오. 단, 사용한 결합자의 개수는 6 이하여야 한다.

(*ii*) 명제문자 $p, q, r, s$ 중 단 1 개가 참일 때면이 참인 논리식을 작성하시오. 될 수 있는 대로 결합자를 적게 사용하려고 한다면 최소 몇 개를 사용해야 하겠는가? ⊣

1.22 Definition 논리식의 집합 $\Phi \overset{\text{def}}{=} \{A_1, \ldots, A_n\}$ 과 논리식 $B$ 가 주어졌을 때, $\Phi$ 를 만족하는 모든 진리값배정이 $B$ 도 만족하는 경우, 즉

$$\mathrm{Mod}(\Phi) \subseteq \mathrm{Mod}(B)$$

인 경우에 우리는 (*i*) 혹은 (*ii*) 와 같이 말하고 (*iii*) 과 같이 기호로 나타낸다.

(*i*) $B$ 는 $\Phi$ 의 논리적 귀결(*logical consequence*) 이다.

(*ii*) $\Phi$ 는 $B$ 를 논리적 귀결로 가진다.

(*iii*) $A_1, \ldots, A_n \vDash B$, 또는 $\Phi \vDash B$.

기호 $\vDash$ 는 논리적 귀결관계(*logical consequence relation*) 를 나타낸다.

$\Phi$ 가 공집합일 때는 $\varnothing \vDash B$ 대신 $\vDash B$ 로 쓰는 것이 일반적이다. ⊣

$\vDash A$ 는 "공집합의 모든 원소를 만족하는 임의의 진리값배정에서 $A$ 가 만족됨" 을 말한다. 그런데 공집합에는 원소가 하나도 없으므로 결국 이것은 임의의 진리값배정에서 $A$ 가 참이라는 것, 즉 $A$ 가 항진임을 의미한다.

1.23 Remark 기호 $\vDash$ 는 만족관계를 나타내기도 하고 논리적 귀결관계를 나타내기도 한다. 그러므로 이 기호를 보게 되면 둘 중의 어떤 의미로 쓰였는지는 문맥을 잘 살피어 파악해야 한다. 후자의 의미로 쓰였을 때는 기호 $\vDash$ 를 "models" 로 읽지 않고 "entails" 로 읽는다. 물론 "야" 로 읽어도 된다. ⊣

1.24 EXERCISE 다음의 논리적 귀결관계가 성립함을 보이시오.

$$p,\ p \to q \models q. \qquad \dashv$$

1.25 EXERCISE 다음의 진리표에서 논리적 귀결관계

$$\{p \vee q,\ p \to r\} \models (q \to r) \to r$$

가 성립함을 확인해 보시오.

| p | q | r | p | ∨ | q | p | → | r | ( | q | → | r | ) | → | r |
|---|---|---|---|---|---|---|---|---|---|---|---|---|---|---|---|
| 1 | 1 | 1 | 1 | 1 | 1 | 1 | 1 | 1 | | 1 | 1 | 1 | | 1 | 1 |
| 1 | 1 | 0 | 1 | 1 | 1 | 1 | 0 | 0 | | 1 | 0 | 0 | | 1 | 0 |
| 1 | 0 | 1 | 1 | 1 | 0 | 1 | 1 | 1 | | 0 | 1 | 1 | | 1 | 1 |
| 1 | 0 | 0 | 1 | 1 | 0 | 1 | 0 | 0 | | 0 | 1 | 0 | | 0 | 0 |
| 0 | 1 | 1 | 0 | 1 | 1 | 0 | 1 | 1 | | 1 | 1 | 1 | | 1 | 1 |
| 0 | 1 | 0 | 0 | 1 | 1 | 0 | 1 | 0 | | 1 | 0 | 0 | | 1 | 0 |
| 0 | 0 | 1 | 0 | 0 | 0 | 0 | 1 | 1 | | 0 | 1 | 1 | | 1 | 1 |
| 0 | 0 | 0 | 0 | 0 | 0 | 0 | 1 | 0 | | 0 | 1 | 0 | | 0 | 0 |
| 계산단계 | | | 1 | **2** | 1 | 1 | **2** | 1 | | 1 | 2 | 1 | | **3** | 1 |

⊣

1.26 EXERCISE 다음의 논리적 귀결관계는 성립하지 않음을 보이시오.

(1) $A,\ A \vee B \models B$

(2) $(A \to B) \to C \models B \vee C$ ⊣

1.27 LEMMA $A_1, \ldots, A_n$ 과 $B$ 가 논리식일 때,

*(1)* $A_1, \ldots, A_n \models B \ \Leftrightarrow\ A_1 \wedge \cdots \wedge A_n \to B$ 는 항진

*(2)* $A_1, \ldots, A_n \models B \ \Leftrightarrow\ A_1, \cdots, A_{n-1} \models A_n \to B$
*($A_n$ 을 $A_i(i = 1, \ldots, n)$ 로 바꿔 넣어도 됨.)*

*(3)* $A_1, \ldots, A_n \models B \ \Leftrightarrow\ \{A_1, \ldots, A_n, \neg B\}$ 가 만족불가능[†]

[†](3)의 ⇔ 중에서 ⇐를 이용한 증명 방법을 귀류법이라 한다.

*Proof.* (1) 먼저 ⇒를 보이기 위하여 $A_1, \ldots, A_n \vDash B$를 가정하자. 그리고

$$C \overset{\text{def}}{\equiv} A_1 \wedge \cdots \wedge A_n \to B$$

가 항진임을 보이기 위하여 어떤 진리값배정 $\bar{x}$가 주어졌다 하자. $C$의 진리값이 $\bar{x}$에서 1임을 보이기 위하여 $C$의 앞인자 $A_1 \wedge \cdots \wedge A_n$의 진리값이 $\bar{x}$에서 1이라 하자. 그러면 논리곱의 성질에 의하여 $A_1, \ldots, A_n$의 진리값들은 모두 1이 된다. 그러면 이제 가정 $A_1, \ldots, A_n \vDash B$에 의하여 $C$의 뒤인자 $B$도 $\bar{x}$에서 만족된다.

역으로 ⇐를 보이기 위하여 $A_1 \wedge \cdots \wedge A_n \to B$가 모든 진리값배정에서 1이라고 가정하자. 이제 $A_1, \ldots, A_n \vDash B$를 보이기 위하여 어떤 진리값배정 $\bar{x}$에서 $A_1, \ldots, A_n$이 모두 1이라 하자. 그러면 $\bar{x}$에서 $A_1 \wedge \cdots \wedge A_n$의 진리값은 1이 된다. 그런데 $\bar{x}$에서 $A_1 \wedge \cdots \wedge A_n \to B$가 1이므로 $B$의 진리값도 1이 되어야 한다.

(2) ⇒를 보이기 위하여 $A_1, \ldots, A_n \vDash B$를 가정하자. 어떤 진리값배정 $\bar{x}$에서 $A_1, \ldots, A_{n-1}$이 모두 참이라 하자. 우리는 $\bar{x}$에서 $A_n \to B$가 참이 됨을 보여야 한다. $\bar{x}$에서 $A_n$이 참이라면 이제 $A_1, \ldots, A_{n-1}, A_n$ 모두가 참이므로 가정 $A_1, \ldots, A_n \vDash B$로부터 $B$가 참임을 알 수 있다. ⇐는 독자에게 연습문제로 넘기겠다.

(3) ⇒를 보이기 위하여 $A_1, \ldots, A_n \vDash B$를 가정하자. 임의의 진리값배정 $\bar{x}$가 주어졌을 때 이 $\bar{x}$에서 $A_1, \ldots, A_n, \neg B$가 '모두 1'이 아님을 보여야 한다.†

만일 $A_1, \ldots, A_n, \neg B$가 모두 1이라면 $A_1, \ldots, A_n$은 모두 1이다. 그러면 가정에 의하여 $B$는 1이다. 이것은 $\neg B$가 1임에 모순된다.

⇐를 보이기 위하여 $\{A_1, \ldots, A_n, \neg B\}$가 만족불가능이라고 가정하자. 진리값배정 $\bar{x}$에서 $A_1, \ldots, A_n$이 모두 1이라면 가정에 의하여 $\neg B$는 0이 된다. 그러므로 $B$는 1이 된다. 임의의 진리값배정 $\bar{x}$에 대하여

$$A_1, \ldots, A_n \text{이 모두 } \bar{x}\text{에서 } 1 \;\Rightarrow\; B\text{는 } \bar{x}\text{에서 } 1$$

을 보였으므로 $A_1, \ldots, A_n \vDash B$의 증명은 완료되었다. □

1.28 EXERCISE 다음 사실을 증명하시오: $A_1, \ldots, A_n$과 $B_1, \ldots, B_m$이 논리식일 때,

$$A_1, \ldots, A_n \vDash B_1 \vee \cdots \vee B_m \;\Leftrightarrow$$
$$\quad A_1, \ldots, A_n, \neg B_1 \vDash B_2 \vee \cdots \vee B_m \;\Leftrightarrow$$

† "'모두 1'이 아님"은 "모두 '1이 아님'"과 의미가 다름에 유의할 것.

$$A_2, \ldots, A_n \vDash \neg A_1 \vee B_1 \vee B_2 \vee \cdots \vee B_m$$

이 성립한다. $A_1$ 대신 $A_i$ $(i \leq n)$, $B_1$ 대신 $B_j$ $(j \leq m)$을 써도 된다.† 단, 0 개의 논리식들의 논리합은 모순으로 간주한다.‡ ⊣

1.29 Exercise 논리적 귀결관계 $A, B \vDash C$는 아래의 모든 논리적 귀결관계들과 동등함을 보이시오.

$$A \wedge B \vDash C, \quad \vDash A \wedge B \to C, \quad A \vDash B \to C, \quad B \vDash A \to C,$$
$$A \wedge B \wedge \neg C \vDash \bot, \quad B \wedge \neg C \vDash \neg A, \quad A \wedge \neg C \vDash \neg B.$$

⊣

논리식 $((p \wedge \neg q) \to r) \vee \neg((p \wedge \neg q) \to r)$이 주어졌다 하자. 우리는 이것이 항진이라는 사실을 금방 알 수 있다. 이 논리식은 항진 논리식 $p \vee \neg p$에서 $p$를 $(p \wedge \neg q) \to r$로 치환(*substitute*)한 것이기 때문이다.

1.30 Fact (치환정리) 논리식 $A(p_1, \ldots, p_n)$과 $B_1, \ldots, B_n$이 주어졌을 때 $A$에서 각 $i = 1, \ldots, n$에 대해서 명제문자 $p_i$의 모든 나타남들을 논리식 $B_i$로 치환하여 얻은 논리식을 $A(B_1, \ldots, B_n)$로 나타내기로 한다. 그러면

$$A(p_1, \ldots, p_n)\text{는 항진} \Rightarrow A(B_1, \ldots, B_n)\text{는 항진},$$
$$A(p_1, \ldots, p_n)\text{는 모순} \Rightarrow A(B_1, \ldots, B_n)\text{는 모순}$$

이 성립한다. ⊣

두 논리식

$$((p \to \neg r) \to \; q \wedge s) \vee ((r \wedge \neg q) \vee (p \to \neg r)),$$
$$((r \to \neg p) \to \; q \wedge s) \vee ((r \wedge \neg q) \vee (p \to \neg r))$$

이 주어졌다 하자. 우리는 이 두 논리식들이 서로 동등하다는 것은 금방 알 수 있다. 후자는 전자의 첫번째 $p \to \neg r$을 그것과 동등한 논리식 $r \to \neg p$로 대체(*replace*)한 것이기 때문이다.

1.31 Fact (대체 정리) 논리식 $A$에 부분논리식 $B$가 한 번, 혹은 여러 번 나타나고 있을 때 $B$의 나타남(occurrence) 중에 일부 혹은 전부를 $B'$으로 대체하여

---

† 이는 $a_1 + \cdots + a_n = b_1 + \cdots + b_m$일 때 $a_i$ 혹은 $b_j$를 이항해도 등식의 성립이 유지되는 것과 비슷하다.

‡ 이와 비슷하게, 0 개의 논리식들의 논리곱은 항진으로 간주한다.

얻은 논리식을 $A(B'/B)$로 나타내기로 하자. 그러면

$$(B \Leftrightarrow B') \;\Rightarrow\; \big(A \Leftrightarrow A(B'/B)\big)$$

가 성립한다. (단, 여기서 기호 $\Leftrightarrow$는 논리식의 동등을 의미한다.) ⊣

1.32 EXERCISE '치환'과 '대체'의 같은 점과 다른 점을 논하시오. ⊣

흔히 기호 $\to$와 $\Rightarrow$의 차이를 궁금해 하는데 여기가 이에 대하여 설명할 좋은 자리인 듯 하다.

전자는 논리식을 만들 때 사용되는 기호이고, 후자는 이 책에서 정의한 적이 없다. 우리는 기호 $\Rightarrow$를 수학적으로 정의하지는 않고 다만 "$A$ 이면 $B$ 이다."를 간단히 $A \Rightarrow B$로 나타내는 데 사용한다. 이런 표현을 사용했을 때 $A$를 $B$의 충분조건(*sufficient condition*)이라 하고 $B$를 $A$의 필요조건(*necessary condition*)이라 한다.

팩트 1.30에 다음과 같은 $\Rightarrow$의 사용 예가 있다.

$$A(p_1, \ldots, p_n)\text{는 항진} \;\Rightarrow\; A(B_1, \ldots, B_n)\text{는 항진.}$$

여기서 $\Rightarrow$ 대신 $\to$를 사용할 수 없는 이유는 $\Rightarrow$의 왼편에 있는 표현

$$A(p_1, \ldots, p_n)\text{는 항진}$$

이 논리식이 아니며, 오른편에 있는 표현 "$A(B_1, \ldots, B_n)$는 항진"도 마찬가지도 마찬가지로 논리식이 아니기 때문이다.

기호 $\leftrightarrow$와 $\Leftrightarrow$의 관계는 $\to$와 $\Rightarrow$의 관계와 같다. 그리고 $A \Leftrightarrow B$의 표현에서 $A$와 $B$는 서로의 필요충분조건(*necessary and sufficient condition*)이라 한다.

흔히 $A \to B$가 참일 때 $A \Rightarrow B$로 쓴다고 하는데 이는 옳은 말이라고 할 수 있다. 하지만 다들 이 설명에 충분히 만족하는지는 잘 모르겠다. 예를 들어 $a = 1$이라고 말하는 것과 '$a = 1$은 참이다.'라고 말하는 것에 차이가 있는가? 한 걸음 더 나가서 "'$a = 1$은 참이다.'는 참이다."는 어떠한가? 일반적으로

$$A_0 \overset{\text{def}}{\equiv} (a = 1),\; A_{n+1} \overset{\text{def}}{\equiv} \text{`}A_n\text{은 참이다.'}$$

로 정의하면 $A_n$들은 다 동일한 명제인가?

$\to$ 와 $\Rightarrow$ 의 차이를 정확하게 말하자면 전자는 대상언어(*object language*)의 기호이고 후자는 대상언어를 논하는, 한 단계 높은 메타언어(*metalanguage*)의 기호이다. 관심있는 독자는 'metalanguage'를 인터넷 검색해 보길 바란다.

이번에는 $\models$ 에 대해서 생각해 보자. $A \models B$ 는 $A \Rightarrow B$ 와 마찬가지로 메타기호이며 이것은 $\Rightarrow$ 와는 달리 수학적으로 명확히 정의된 개념이다. 정의는 1.22에 나와 있다. 여기서 그 설명을 되풀이 할 필요는 없을 것이다. $\models$ 와 $\Rightarrow$ 를 둘 다 사용하는 예로서

$$\Phi \models B \iff \mathrm{Mod}(\Phi) \subseteq \mathrm{Mod}(B)$$

를 보자. 여기서 $\Leftrightarrow$ 의 왼편과 오른편에 있는 $\Phi \models B$ 와 $\mathrm{Mod}(\Phi) \subseteq \mathrm{Mod}(B)$ 는 수학 기호로 나타내기는 하였지만 논리식이 아님에 주목하라. (이런 표현들은 정의 1.3에 따르면 논리식이 아님이 분명하다. 물론 논리식의 정의를 확장하여 이런 표현들도 논리식으로 취급하는 논리 시스템도 생각할 수 있다.) 이런 상황에서도 $\Leftrightarrow$ 나 $\Rightarrow$ 는 자유로이 사용할 수 있다.

흔히 $A$, $B$, $C$ 가 모두 서로 동등할 때

$$A \iff B \iff C$$

로 쓰는데 이것의 의미는 $\models A \leftrightarrow B \leftrightarrow C$ 가 아니라 $\models (A \leftrightarrow B) \wedge (B \leftrightarrow C)$ 임에 유의해야 한다.

1.33 Exercise $\models A \Rightarrow \models B$ 이면 $\models A \to B$ 인가? 이것의 역은 어떠한가? $\dashv$

# 4 정규형식

3 개의 명제문자 $p, q, r$ 로 이루어진 논리식으로서 진리값함수가 01101000 인 것이 존재할까? 존재한다면 어떻게 찾을 수 있을까?

먼저 이보다 좀 더 쉬운 문제로 진리값함수가 01000000 인 논리식을 찾아 보자. 답은 $p \wedge q \wedge \neg r$ 이다. 이 논리식은 분명 $pqr = 110$ 에서 참이다. 그리고 110 이외의 진리값배정에서는 $p \wedge q \wedge \neg r$ 의 곱인자 $p$, $q$ 및 $\neg r$ 중 적어도 하나가 0 이므로 이들의 논리곱인 논리식의 진리값은 0 이 될 것이다.

그러므로 진리값함수가 이런 형태, 즉 0 이 7 개이고 1 이 하나밖에 없는 경우에는 이것을 진리값함수로 가지는 논리식을 쉽게 찾을 수 있음을 알 수 있을 것

이다.

1이 여러 개 있는 경우에는 1이 하나만 있는 경우에 대해서 구한 논리식들을 논리합 결합자 $\vee$을 사용하여 결합시키면 원하는 논리식이 얻어진다. 예를 들어 처음에 문제로 주어졌던 01101000이라는 진리값함수를 가지는 논리식은

$$(p \wedge q \wedge \neg r) \vee (p \wedge \neg q \wedge r) \vee (\neg p \wedge q \wedge r)$$

로 구해진다.

이 논리식은 리터럴(*literal*)[†]들의 논리곱들의 논리합이다. 이러한 형태의 논리식은 논리합 정규형식(*DNF, Disjunctive Normal Form*)이라고 부른다.

1.34 Exercise 다음의 진리값 함수를 가지는 DNF 논리식을 구하시오.

(*i*) 10100011

(*ii*) 10110110

(*iii*) 00000000 ⊣

DNF의 듀얼(dual)로 논리곱 정규형식(*CNF, Conjunctive Normal Form*)을 정의한다. 즉 리터럴들의 논리합들의 논리곱 형태의 논리식을 CNF라 한다.

DNF와 CNF의 정의는 곱인자나 합인자의 개수가 1인 경우도 포함한다. 예를 들어 $p \wedge \neg q$는 DNF인 동시에 CNF로 볼 수 있다.

임의의 진리값 함수에 대해서 그것에 대응하는 CNF 논리식을 찾을 수 있다. 예를 들어 진리값 함수 11011111에는 0이 1개밖에 없으므로 이에 대응하는 논리식 $\neg p \vee q \vee \neg r$을 쉽게 찾을 수 있는데, 이 논리식은 곱인자 1개로 이루어진 CNF로 볼 수 있다. 그러므로 0이 하나뿐인 진리값 함수들에 대해서는 분명히 그것에 대응하는 CNF 논리식을 찾을 수 있으며, 0이 여러 개 있는 경우에는 이들의 논리곱을 취하면 될 것이다.

1.35 Exercise 연습문제 1.34에서 주어진 진리값 함수들을 가지는 CNF 논리식들을 구하시오. ⊣

## 5 변수를 포함한 명제, 벤 다이어그램

다음의 문제를 생각해 보자.

---

[†]리터럴은 명제문자, 혹은 그것의 부정을 뜻한다.

"$x^2 + 1 = 3$" 과 같이 변수를 포함한 식을 명제로 보아야 하는가?

이러한 변수를 포함한 식을 고등학교 교과서에서는 '조건', 혹은 '$x$에 대한 조건' 이라고 부른다고 하였는데, 내 생각에는 이를 '변수를 포함한 명제'라든가 '$x$에 대한 명제'라고 불러도 될 듯 하다. 중요한 것은 명칭이 아니라 다음의 사실이다:

> 변수를 포함하지 않은 명제이든 변수를 포함한 명제이든 상관없이 이를 $p$, $q$ 등의 명제문자로 나타내어 지금까지 우리가 공부한 내용들을 적용할 수 있다.

변수를 포함한 명제는 변수의 값이 정해지기 전에는 그것의 진리값을 알 수 없는 경우가 많지만, 어차피 논리식의 진리값은 그것을 구성하는 명제문자들에 대한 진리값배정의 함수일 뿐이므로 이것은 전혀 문제되지 않는다. 다시 말하면 명제문자, 즉 원자논리식의 진리값은 자유로이 변하는 것이며, 우리가 공부하는 수리논리학에서는 원자논리식의 진리값을 알아 내어 확정지을 어떤 방법도 제공하지 않는다.

다음의 명제를 생각해 보자.

$$x > 2 \text{ 이면 } x > 1 \text{ 이다.} \tag{4}$$

흔히 변수를 포함한 문장은 변수의 값이 정해지기 전에는 진위를 알 수 없으므로 명제가 아니라고 하는데 위의 문장은 분명 변수를 포함하고 있음에도 불구하고 진위를 "참"이라고 판별할 수 있는 것으로 보인다.

참고로 $x = 1.5$일 때, $x > 2$는 거짓이고 $x > 1$은 참이다. 즉, (4)를 논리식으로 본다면 앞인자가 거짓이고 뒤인자가 참인 상황이 발생했는데, 이때 이 함의문 (4)를 참으로 보는 것은 우리가 결합자 $\rightarrow$의 진리값함수를 1011로 정의했기 때문이다.

(4)가 변수를 포함하고 있음에도 불구하고 진위를 판별할 수 있다고 보는 까닭은 (4)가 통상적으로

$$\text{모든 } x \text{에 대해서 } x > 2 \text{ 이면 } x > 1 \text{ 이다.} \tag{5}$$

를 의미하고 있는 것으로 해석되기 때문이다. (4)는 $x > 2$인 경우, $1 < x \leq 2$인 경우, 그리고 $x \leq 1$인 3 경우 모두 참이므로 결국 (5)가 참이 되는 것이다.

이 '명제의 진위 판별'이라는 논제를 정확히 이해하기 위한 키워드는 명제논리의 범위를 벗어난 해석(interpretation), 구조체(structure), 변수값배정(individual assignment) 등 1계논리적 개념들이다. 이에 대하여는 97쪽의 내용을 참고하기 바란다.

논리식을 집합에 대응시키는 것은 대단히 유용한 개념이다. 논리식을 집합에 대응시켜 생각하게 되면 벤 다이어그램을 분석의 도구로 활용할 수 있는 등의 이점을 누릴 수 있다.

논리식에 대응되는 집합을 흔히 '조건의 진리집합' 이라고 부르는데 이를 정확히 말하자면 변수 $x$ 를 포함하는 논리식 $p(x)$ 가 주어졌을 때 이를

$$p(x) \longleftrightarrow \{x \in U \mid p(x)\} \stackrel{\text{def}}{=} P$$

와 같이 대응시키는 것이다. 여기서 $U$ 는 전체집합 이라고 부르는 것으로서, 문맥상 명확하게 파악되어야 한다. 이와 같은 방법으로 논리식 $q(x)$ 를 집합 $Q$ 에 대응시킨다면 $p(x) \wedge q(x)$ 는 $P \cap Q$ 에 대응되고 $p(x) \vee q(x)$ 는 $P \cup Q$ 에 대응되며 $\neg p(x)$ 는 $P^c$, 즉 $U - P$ 에 대응된다는 사실은 잘 알려져 있다. 조금 덜 알려진 것으로 $p(x) \to q(x)$ 는 $P^c \cup Q$ 에 대응되며 $p(x) \leftrightarrow q(x)$ 는 $(P \cap Q) \cup (P^c \cap Q^c)$ 에 대응된다. 이 사실은 연습문제 1.7 에서 언급된 바 있다.

흔히 논리식 $p(x) \to q(x)$ 는 $P \subseteq Q$ 에 대응하는 것으로 알고 있는데 $P \subseteq Q$ 는 집합이 아니라 집합에 대한 명제이므로 이러한 대응은 잘못된 것이다.

$P \subseteq Q$ 는 $p(x) \to q(x)$ 가 아니라

모든 $x$ 에 대해서 $p(x) \to q(x)$

에 대응한다. 여기서 변수 $x$ 는 "모든" 이라는 한정사에 묶여 있다고 말하며, 이 문장을 기호로는 $\forall x\big(p(x) \to q(x)\big)$ 로 나타낸다. 이러한 $\forall$ 등의 한정기호를 사용하는 논리식은 4장에서 공부하게 될 것인데, 여기서 미리 말해 둘 중요한 것은 $\forall x\big(p(x) \to q(x)\big)$ 는 변수를 포함하고는 있지만 이 변수가 묶여 있으므로 '변수를 포함한 명제', 혹은 '조건' 으로 간주하지 않는다는 것이다.

$p(x) \to q(x)$ 가 $P^c \cup Q$ 에 대응된다는 사실이 잘 와 닿지 않은 이유는 다음과 같다: $p(x) \wedge q(x)$ 의 진위를 말할 때 우리는 특정한 $x$ 에서 이것이 참인지 거짓인지에 관심을 둔다. 이 점은 $p(x) \vee q(x)$ 도 마찬가지다. 그러나 $p(x) \to q(x)$ 의 진위를 말할 때 우리는 "특정한 $x$" 가 아니라 무의식적으로 "모든 $x$ 에" 대해서 생각한다.

$\forall x\, p(x)$ 가 $P = U$ 와 동등하다는 것을 생각하면 이 상황을 명확하게 파악할 수 있을 것이다. 여기서 집합 $P$ 는 논리식 $p(x)$ 에 대응되고 있다. $\forall x\big(p(x) \to$

$q(x))$ 는 $P^c \cup Q = U$ 와 동등하며 여기서 집합 $P^c \cup Q$ 는 논리식 $p(x) \to q(x)$ 에 대응되고 있다. 그리고 $P^c \cup Q = U$ 는 우리에게 익숙한 $P \subseteq Q$ 와 동등하다.

논리식을 집합에 대응시켜 생각하고자 할 때 전체집합이 무엇인지 딱히 말하기 쉽지 않을 수 있다. 예를 들어 "수학 점수가 90점 이상이거나 혹은 영어 점수가 90점 이상이면이 스마트폰을 사 준다." 라는 명제를 기호로 나타내기 위하여 "수학 점수가 90점 이상" 을 $m$, "영어 점수가 90점 이상" 을 $e$, "스마트폰을 사 준다." 를 $s$ 로 두자. 그리고 이 명제가 "수학 점수가 90점 미만인데도 스마트폰을 사 주었다면 영어 점수가 90점 이상이다." 를 함의함을 증명하기 위하여 논리식

$$(m \vee e \leftrightarrow s) \to (\neg m \wedge s \to e) \tag{6}$$

가 항진임을 보이도록 하자. 이 증명을 위하여 논리식을 집합에 대응시키는 방법을 쓴다면 다음과 같이 할 수 있다.

그림 1.6: 논리식에 대응하는 벤 다이어그램 1

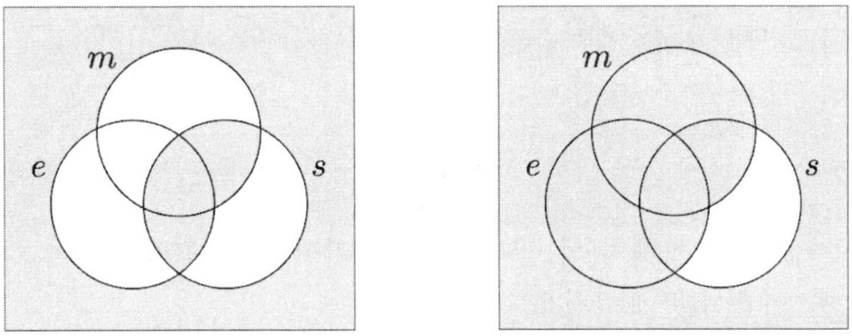


그림 1.6 에서 왼편 그림은 (6)의 앞인자 $(m \vee e \leftrightarrow s)$ 에 대응하는 집합,

$$((M \cup E) \cap S) \cup ((M \cup E)^c \cap S^c) \overset{\text{def}}{=} S_1$$

의 벤 다이어그램(*Venn diagram*) 이다. 오른편 그림은 (6)의 뒤인자 $(\neg m \wedge s \to e)$ 에 대응하는 집합

$$(M^c \cap S)^c \cup E = M \cup S^c \cup E \overset{\text{def}}{=} S_2$$

의 벤 다이어그램이다. $S_1 \subseteq S_2$ 임은 그림에서 쉽게 확인할 수 있으므로 논리식 (6)이 항진임이 증명된 것이다. 물론 $S_1^c \cup S_2 = U$ 까지 벤 다이어그램으로 그려 확인할 수도 있겠지만, 이렇게 하는 것 보다는 $S_1^c \subseteq S_2$ 임을 확인하는 것이 더 쉽다.

그런데 여기서 전체집합은 $U$ 는 무엇인가? 전체집합을 말하기 위하여는 $m$ 을 $m(x)$ 와 같이 변수를 포함하도록 해야 하는데, 무엇을 변수로 잡아야 하는 것인가? $x$ 가 학생을 나타내는 것으로 해도 증명에는 지장이 없지만 실은 주어진 명제는 모든 학생에게 해당하는 것이 아니라 어떤 특정한 학생과 그의 부모 사이의 약속일 수도 있다. $x$ 가 시험을 나타내는 것으로 해도 역시 증명에는 지장이 없지만 실은 주어진 명제는 다음 번 기말시험에 한하여 유효한 약속일 수도 있다.

전체집합을 진리값배정들의 집합으로 두면 어떤 상황에서도 적용된다. 이 경우에는 명제문자가 3 개 있으므로 $\{111, 110, \ldots, 000\} = U$ 로 두면 된다. 그림 1.6 은 이제 다음과 같이 그릴 수 있다.

그림 1.7: 논리식에 대응하는 벤 다이어그램 2

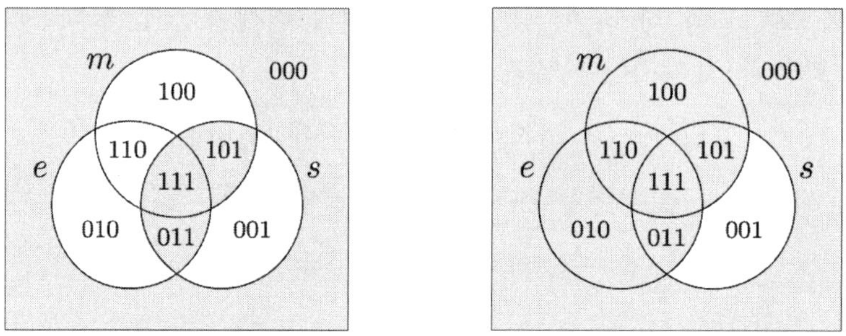


1.36 Exercise 예 1.5 에 나와 있는 모든 논리식에 대해서 그것이 항진임을 벤 다이어그램을 이용하여 보이시오. ⊣

*"On the contrary, Watson, you can see everything. You fail, however, to reason from what you see. You are too timid in drawing your inferences."*

Arthur Conan Doyle

# 2 논리도해

## 1 추론의 타당성

추론의 예를 하나 들어 보자.

($H_1$) 모든 인간은 죽는다.
($H_2$) 소크라테스는 인간이다.
($C$) 그러므로 소크라테스는 죽는다.

이것은 아마도 가장 유명한 추론일 것이다. 이 추론에서는 $H_1$과 $H_2$라는 두 개의 가설로부터 $C$라는 결론을 도출하였다.

위의 추론이 타당함을 수학적으로 증명할 수 있을까?

그리 엄격하지는 않으나 대략 다음과 같이 증명할 수 있다.[†] 인간을 $h$, 죽음을 $m$, 소크라테스를 $s$로 나타내고 위의 추론을 아래와 같이 기호화 한다.

($H_1$) $h \to m$
($H_2$) $s \to h$
($C$) $s \to m$

그리고

$$h \to m, s \to h \models s \to m,$$

[†] 엄격한 증명은 77–79쪽에 나와 있다.

즉

$$\mathrm{Mod}(h \to m, s \to h) \subseteq \mathrm{Mod}(s \to m) \tag{1}$$

를 보이면 이 추론이 타당하다고 말할 수 있을 것이다. 그런데 아래의 진리표에서

| h | m | s | h | → | m | s | → | h | s | → | m |
|---|---|---|---|---|---|---|---|---|---|---|---|
| 1 | 1 | 1 | 1 | 1 | 1 | 1 | 1 | 1 | 1 | 1 | 1 |
| 1 | 1 | 0 | 1 | 1 | 1 | 0 | 1 | 1 | 0 | 1 | 1 |
| 1 | 0 | 1 | 1 | 0 | 0 | 1 | 1 | 1 | 1 | 0 | 0 |
| 1 | 0 | 0 | 1 | 0 | 0 | 0 | 1 | 1 | 0 | 1 | 0 |
| 0 | 1 | 1 | 0 | 1 | 1 | 1 | 0 | 0 | 1 | 1 | 1 |
| 0 | 1 | 0 | 0 | 1 | 1 | 0 | 1 | 0 | 0 | 1 | 1 |
| 0 | 0 | 1 | 0 | 1 | 0 | 1 | 0 | 0 | 1 | 0 | 0 |
| 0 | 0 | 0 | 0 | 1 | 0 | 0 | 1 | 0 | 0 | 1 | 0 |
| 계산단계 | | | 1 | **2** | 1 | 1 | **2** | 1 | 1 | **2** | 1 |

두 개의 모델집합

$$\mathrm{Mod}(h \to m,\ s \to h) = \{111, 110, 010, 000\},$$
$$\mathrm{Mod}(s \to m) = \{111, 110, 100, 011, 010, 000\}$$

를 얻어 (1)을 확인할 수 있으므로 이 추론은 타당하다. (혹은 $(h \to m) \wedge (s \to h) \to (s \to m)$ 가 항진임을 진리표에 의해 확인해도 추론의 타당성이 입증된다.)

일반적으로 주어진 추론의 가설(hypotheses)들을 $H_1, \ldots, H_n$, 결론을 $C$ 라 할 때

$$H_1, \ldots, H_n \models C \tag{2}$$

이면 이 추론(*inference*)은 타당(*valid*)하다고 말하기로 하자.

여기서 한 가지 주의할 것이 있는데, (2)에서 말하는 추론의 타당성은 **추론의 한 단계**의 타당성을 말하는 것이다. 여러 단계로 이루어진 추론은 그 추론에 사용된 모든 단계가 타당할 때 타당하다고 말한다. 예로 든 소크라테스의 추론은 하나의 단계만으로 이루어져 있는 추론이며, 앞으로 여러 단계로 이루어진 좀 더 복잡한 추론을 다루면서 이 논제를 공부하게 될 것이다.

또 하나 여기서 확실히 해 둘 것은 우리는 이 책에서 '추론'이라는 용어에 대한 수학적 정의를 내리지 않는다는 것이다. 흔히 추론은 가설에서 결론에 이르는 과정이라고 말하는데 우리도 대략 이 정도의 정의에 만족하기로 한다. 다만 우리는 나중에 형식증명(*formal proof*)이라는 용어를 엄격하게 수학적으로 정의하여 사용할 것이다. 이것은 우리가 '명제'의 정의는 내리지 않고 대신 '논리식'이라는 개념을 정의하여 사용하는 것과 같다고 보면 된다.

2.1 Exercise 다음의 추론이 타당함을 보이시오.

(1) 모든 여왕은 성을 가지고 있다. 앨리스는 성을 가지고 있지 않다. 그러므로 앨리스는 여왕이 아니다.

(2) Every tove is slithy. Alice is not slithy. Thus Alice is not a tove.(힌트: 단어의 뜻은 몰라도 된다.) ⊣

# 2 논리도해

먼 우주에 X, A, B, C, D 다섯 개의 행성이 있다. X 행성은 전쟁을 아주 좋아해서 기회만 있으면 다른 행성을 침략하려고 한다. 다음의 명제들이 모두 참이라고 할 때, X 행성이 침공할 행성(들)은 무엇일까?

① X 행성은 A 행성을 침공하지 않는다.

② X 행성은 B 행성을 침공하거나 D 행성을 침공한다.

③ X 행성이 C 행성을 침공하지 않는다면 A 행성을 침공한다.

④ X 행성이 B 행성을 침공한다면 C 행성을 침공하지 않는다.

이 퍼즐을 기호논리를 이용하여 풀어 보자. "X 행성이 A, B, C, D 행성을 침공한다."는 명제를 각각 명제문자 $a$, $b$, $c$, $d$로 나타낸다. 그렇다면 주어진 4개의 명제 ①, ②, ③, ④ 가 모두 참이라는 것은 다음의 논리식의 진리값이 1이라는 것을 의미한다.

$$\neg a \wedge (b \vee d) \wedge (\neg c \rightarrow a) \wedge (b \rightarrow \neg c)$$

이 논리식을 만족하는 진리값배정을 진리표를 그려 찾아 보면 단 하나, 0011이 나온다. 즉 $a$와 $b$는 거짓이고 $c$와 $d$는 참이라는 것이다. 따라서 X 행성은 C 행성과 D 행성을 침공할 것이다.

그런데 진리표를 이용하여 논리 퍼즐을 풀 때 하나 문제가 되는 것이 있으니 그것은, 명제문자의 개수가 늘어남에 따라 진리표의 크기가 기하급수적으로 커진다는 것이다. 명제문자의 개수가 5 정도만 되어도 컴퓨터 없이 손으로 진리표를 그리기가 현실적으로 힘들 것이다.

진리표를 사용하지 않고 **주어진 논리식들을 만족하는 진리값배정들을 찾아내는 방법 중 하나가** 바로 논리도해이다. 이제 이 퍼즐을 풀기 위한 논리도해를 그리는 과정을 알아 보자.

우리의 목표는 논리식 4개로 이루어진 집합

$$\Phi \stackrel{\text{def}}{=} \{\neg a, b \vee d, \neg c \to a, b \to \neg c\} \tag{3}$$

의 모델집합 $\mathrm{Mod}(\Phi)$ 를 찾는 것이다.

$\bar{x} \vDash \Phi$ 를 가정하자. 그러면 $\bar{x}$ 에서 $b \vee d$ 가 참이므로 $\bar{x}$ 에서 $b$ 가 참이거나 혹은 $d$ 가 참일 것이다. 그러므로 $\bar{x}$ 에서 $\Phi \cup \{b\}$ 가 만족되거나 혹은 $\Phi \cup \{d\}$ 가 만족된다. 그러므로 아래의 수형도에서 왼쪽 가지 $\Phi \cup \{b\} = \{\neg a, b \vee d, \neg c \to a, b \to \neg c, b\}$ 가 만족되거나 혹은 오른쪽 가지 $\Phi \cup \{c\} = \{\neg a, b \vee d, \neg c \to a, b \to \neg c, d\}$ 가 만족된다.

$$\begin{array}{c} \neg a,\ \ b \vee d \\ \neg c \to a,\ \ b \to \neg c \\ \hline b \qquad d \end{array}$$

역으로 $\bar{x} \vDash \Phi \cup \{b\}$ 이거나 $\bar{x} \vDash \Phi \cup \{c\}$ 이면 $\bar{x} \vDash \Phi$ 가 성립함은 당연하다. (팩트 1.18 참조.)

$\bar{x} \vDash \neg c \to a \in \Phi$ 이면 $\bar{x} \vDash c \vee a$ 이다. 왜냐하면 $\neg c \to a$ 와 $c \vee a$ 가 동등하기 때문이다. 그러므로 앞서와 같은 논리로 $\Phi$ 의 모델은 아래의 수형도의 3 가지 중 어느 하나의 모델이고 역으로 3 가지 중 어느 하나의 모델은 $\Phi$ 의 모델이 된다.

$$\begin{array}{cc} \multicolumn{2}{c}{\neg a,\ \ b \vee d} \\ \multicolumn{2}{c}{\neg c \to a,\ \ b \to \neg c} \\ \hline b & d \\ \begin{array}{cc} \hline c & a \\ & (\times) \end{array} & \end{array}$$

그런데 가운데 가지는 $\neg a$ 와 $a$ 를 동시에 포함하므로 절대로 만족될 수 없다. 그래서 이 가지는 죽은 것으로 결론 내리고 $(\times)$ 로 표시하였다.

이제 $(b \to \neg c) \in \Phi$ 가 $\neg b \vee \neg c$ 와 동등함을 이용하여 첫번째 가지를 다시 가지치기 하면 아래의 수형도를 얻는다.

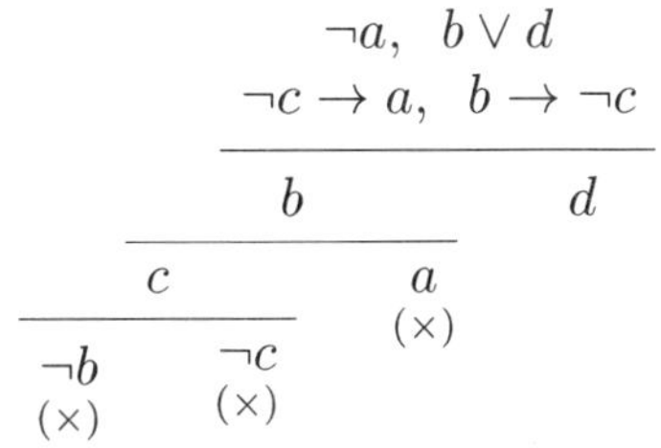

첫번째 가지에는 $\neg b$ 와 $b$ 가 동시에 포함되어 있으므로 $(\times)$ 표 하고, 두번째 가지에는 $\neg c$ 와 $c$ 가 동시에 포함되어 있으므로 $(\times)$ 표 한다.

이제 4개의 가지 중 유일하게 살아 남아 있는 4번째 가지에서 지금까지와 같은 방법으로 다시 가지치기를 (두 번) 하면 다음과 같은 결과를 얻는다.

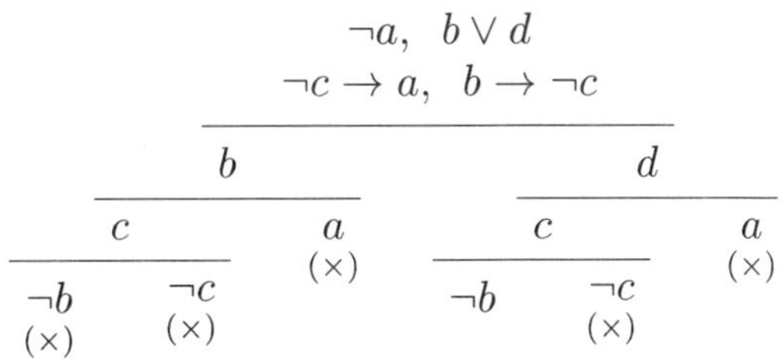

총 6개의 가지 중에 4번째 가지만 살아 남았다. 이 가지에 속한 논리식들의 집합을 $\Theta$ 라 하면 다음과 같이 쓸 수 있다.

$$\{\neg a, b \vee d, \neg c \to a, b \to \neg c, d, c, \neg b\} \stackrel{\text{def}}{=} \Theta \supseteq \Phi$$

$\mathrm{Mod}(\Phi) = \mathrm{Mod}(\Theta)$ 임은 지금까지 설명한 바와 같다. 그런데 $\Theta$ 에는 리터럴 $\neg a$, $\neg b$, $c$, $d$ 가 들어 있으므로 $\bar{x} \models \Theta$ 인 $\bar{x}$ 는 0011 일 수밖에 없다. 그러므로 $\mathrm{Mod}(\Phi) = \{0011\}$ 이고, 원래의 퍼즐에서 $X$ 행성은 $C$ 행성을 침공하거나 $D$ 행성을 침공한다는 결론을 얻는다.

위에서 얻은 $\Phi$ 의 논리도해는 분명 16개의 행을 가진 $\Phi$ 의 진리표보다 간단하다. 이 예를 통하여 논리도해는 주어진 논리식들의 집합의 모델집합을 찾는 도구로 쓰일 수 있음을 알 수 있을 것이다.

논리식의 집합의 모델집합을 찾는 도구로 논리도해가 반드시 진리표보다 더 유용하다는 보장은 없다. 일반적으로 $\Phi$ 가 만족불가능이거나 이에 가까울 때 (즉 만족하는 진리값배정이 1,2 개 이내일 때)는 논리도해가 유용하다. 왜냐하면 일단 어떤 하나의 가지를 $(\times)$ 표 하게 되면 그 가지는 더 이상 고려할 필요가 없게 되기 때문이다.

위의 논리도해를 작성하는 데 사용된 규칙은 아래에 보인 것 하나 뿐이다.

$$\vee\ \text{rule}\ \frac{\begin{array}{c}A \vee B\\ \vdots\end{array}}{A \qquad B}$$

$b \to \neg c$ 같은 함의문은 일단 이것과 동등한 논리식 $\neg b \vee \neg c$로 바꾼 다음 위의 규칙을 적용하였다. 그리고 $\neg c \to a$는 이것과 동등한 논리식 $c \vee a$로 바꾸어 사용했는데 이는 실은 $\neg c \to a$를 일단 $\neg\neg c \vee a$로 바꾼 후 다시 $\neg\neg c$를 $c$로 바꾸는 $\neg\neg$ 규칙을 적용한 것이다. 그러므로 아래의 두 규칙도 이미 사용한 셈이다.

$$\to\ \text{rule}\ \frac{\begin{array}{c}A \to B\\ \vdots\end{array}}{\neg A \qquad B} \qquad \neg\neg\ \text{rule}\ \frac{\begin{array}{c}\neg\neg A\\ \vdots\end{array}}{A}$$

이제 다음과 같은 6개의 규칙을 더하면 논리도해 작성의 규칙이 완비된다.

$$\neg\vee\ \text{rule}\ \frac{\begin{array}{c}\neg(A \vee B)\\ \vdots\end{array}}{\neg A,\ \neg B} \qquad \neg\to\ \text{rule}\ \frac{\begin{array}{c}\neg(A \to B)\\ \vdots\end{array}}{A,\ \neg B}$$

$$\leftrightarrow\ \text{rule}\ \frac{\begin{array}{c}A \leftrightarrow B\\ \vdots\end{array}}{A,\ B \qquad \neg A,\ \neg B} \qquad \wedge\ \text{rule}\ \frac{\begin{array}{c}A \wedge B\\ \vdots\end{array}}{A,\ B}$$

$$\neg\leftrightarrow\ \text{rule}\ \frac{\begin{array}{c}\neg(A \leftrightarrow B)\\ \vdots\end{array}}{\neg A,\ B \qquad A,\ \neg B} \qquad \neg\wedge\ \text{rule}\ \frac{\begin{array}{c}\neg(A \wedge B)\\ \vdots\end{array}}{\neg A \qquad \neg B}$$

논리도해 생성규칙을 적용하여 수형도를 확장하는 작업을 터뜨리기(*pop*)라고 부르기로 하자.

터뜨리기 중에 $\vee$, $\to$, $\leftrightarrow$, $\neg\leftrightarrow$, $\neg\wedge$ rule을 적용한 것을 가지치기(*branching*) 라고 부르고, $\neg\neg$, $\neg\vee$, $\neg\to$, $\wedge$ rule을 적용한 것을 쌓아놓기(*piling up*)라고 부른다. 전자는 2개의 가지를 생성하고 후자는 그렇지 않는다는 차이가 있다.

$\vee$ rule 이 타당함을 다시 설명하면 다음과 같다.

$$\begin{aligned}&\bar{x}\text{가 } \{\ldots, A\vee B\}\text{를 만족} \iff \\ &\qquad \bar{x}\text{가 } \{\ldots, A\vee B, A\}\text{를 만족하거나 혹은} \\ &\qquad \bar{x}\text{가 } \{\ldots, A\vee B, B\}\text{를 만족.}\end{aligned} \tag{4}$$

$\wedge$ rule 이 타당함은 다음과 같이 설명된다.

$$\begin{aligned}&\bar{x}\text{가 } \{\ldots, A\wedge B\}\text{를 만족} \iff \\ &\qquad \bar{x}\text{가 } \{\ldots, A\wedge B, A, B\}\text{를 만족.}\end{aligned} \tag{5}$$

이제 나머지 규칙의 타당성은 독자 스스로 설명할 수 있을 것이다.

2.2 REMARK 지금까지 터뜨리기 규칙들의 타당성에 대하여 말했는데 실은 이러한 규칙들에 대해서는 '타당성' 보다는 '건전성(*soundness*)' 이라는 용어를 더 흔히 사용한다.

논리식의 집합 $\Phi$ 가 주어졌을 때 위의 터뜨리기 규칙들을 적용하여 논리도해를 작성함으로써 항상 $\text{Mod}(\Phi)$ 를 얻을 수 있다는 것이 논리도해의 완전성(*completeness*) 이다. 이것의 증명은 참고문헌[Smu68, BM77] 에서 찾아 볼 수 있다. ⊣

지금까지 공부한 것을 정리하면 다음과 같다. 논리식의 집합 $\Phi$ 를 뿌리 노드에 둔 논리도해 수형도가 주어졌다 하자. 이 수형도의 각 단말점마다 하나의 가지가 대응된다. $n$ 개의 단말점이 있는 경우 가지들을 $\Theta_1, \ldots, \Theta_n$ 라 한다면 다음의 등식이 성립한다.

$$\text{Mod}(\Phi) = \text{Mod}(\Theta_1) \cup \cdots \cup \text{Mod}(\Theta_n).$$

$\Theta_i$ 의 단말점에 $(\times)$ 표가 되어 있다면 $\text{Mod}(\Theta_i) = \varnothing$ 이다.

$(\times)$ 표 되어 있지 않은 경우만 생각하자. $\Phi$ 에 사용된 모든 명제문자들이 $\Theta_i$ 에 리터럴 형태로 나타나 있다면 $\text{Mod}(\Theta_i)$ 을 구하기는 아주 쉽다. 그렇지 않다면 진리표 등 다른 수단을 동원하여 $\text{Mod}(\Theta_i)$ 를 구한다.

위에 설명한 내용은 논리도해가 완성되지 않은 상태에서도, 즉 터뜨리기를 할 것이 남아 있는 가지가 있는 상태에서도 유효하다.

2.3 EXAMPLE $\Phi = \{p, p\vee q, r \to \neg q\}$ 의 모델집합을 구해 보자. 먼저 논리도해를 다음과 같이 얻는다.

$$
\begin{array}{cccc}
\multicolumn{4}{c}{p,\ p\vee q,\ r\to\neg q} \\
\hline
\multicolumn{2}{c}{p} & \multicolumn{2}{c}{q} \\
\hline
\neg r & \neg q & \neg r & \neg q \\
 & & & (\times)
\end{array}
$$

가지는 아래와 같이 4개 있다. $\Theta_1$과 $\Theta_2$에서는 $p$가 중복되어 나타나므로 하나만 보였다. 그리고 $\Theta_4$에서는 서로 부정인 리터럴 $q$와 $\neg q$가 들어 있어 (×) 표하였다.

$$
\begin{aligned}
\Theta_1 &= \{p,\ p\vee q,\ r\to\neg q,\ \neg r\},\\
\Theta_2 &= \{p,\ p\vee q,\ r\to\neg q,\ \neg q\},\\
\Theta_3 &= \{p,\ p\vee q,\ r\to\neg q,\ q,\ \neg r\},\\
\Theta_4 &= \{p,\ p\vee q,\ r\to\neg q,\ q,\ \neg q\}.
\end{aligned}
$$

$\Theta_1$에는 명제문자 $p$와 $r$에 대한 리터럴은 각각 $p$와 $\neg r$로 나와 있으며 $q$에 대한 리터럴은 나와 있지 않으므로 $\mathrm{Mod}(\Theta_1)\subseteq\{100,110\}$임을 알 수 있다. $\supseteq$도 성립함은 쉽게 확인할 수 있을 것이다. $\Theta_2$와 $\Theta_3$에 대해서도 이런 식으로 모델집합을 구하고 이들의 합집합을 취하면

$$\mathrm{Mod}(\Phi)=\{100,110\}\cup\{100,101\}\cup\{110\}=\{100,110,101\}$$

를 얻게 된다. 논리식 $p\wedge(p\vee q)\wedge(r\to\neg q)$의 진리표를 그려 보아도 같은 결과를 얻게 될 것이다. ⊣

2.4 EXERCISE 연습문제 2.1을 논리도해를 사용하여 답하시오. (힌트: 19쪽의 보조정리 1.27.(3)을 이용한다.) ⊣

2.5 EXERCISE 아래의 논리식집합을 만족하는 진리값배정들의 집합을 논리도해를 사용하여 구하시오.

(*i*) $\{p\vee\neg q, q\}$

(*ii*) $\{p\to(q\wedge\neg r), \neg q\vee r, p\vee\neg q\}$

(*iii*) $\{p\vee q, \neg p\wedge\neg q\}$ ⊣

2.6 EXERCISE 아래의 논리식이 항진임을 논리도해를 사용하여 보이시오. (힌트: 부정을 취하여 만족불가능임을 보이는 것이 더 수월하다.)

(*i*) $\neg(p \wedge q) \leftrightarrow \neg p \vee \neg q$

(*ii*) $p \vee q \to ((p \to r) \wedge (q \to r) \to r)$ ⊣

# 3 논리도해 소프트웨어

$\{A \vee B, \neg A \wedge \neg B\}$ 가 만족불가능임을 `proofmood.com`의 논리도해를 이용하여 보이는 과정을 그림 2.1과 그림 2.2에 나타내었다.

그림 2.1: 논리도해 1

| | | |
|---|---|---|
| | 1. A ∨ B | hyp |
| ▷ | 2. ¬A ∧ ¬B | ◎ hyp |

그림 2.1에서 2번 라인 맨 왼쪽에 보이는 붉은 삼각형 기호는 현재 이 라인에 포커스(focus)가 놓여 있다는 뜻이다.

그림 오른쪽의 **hyp**는 가설(*hypothesis*)을 뜻하는 주석(*annotation*)이다. 이 두 라인은 가설, 즉 뿌리노드에 넣는 논리식으로 주어졌다는 의미이다. 2번 라인 **hyp**의 바로 왼편에 동그라미 모양의 기호가 보이는데 이것은 수형도에서 살아 있는 가지, 즉 (×)표 하지 않은 가지의 단말점을 나타내는 것이다.

라인 번호 바로 왼편의 영력에 마우스를 올려 놓으면 마우스가 손 모양으로 바뀐다. 이 영역을 라인의 클릭영역이라고 부르기로 하자.

라인의 논리식을 터뜨리려면 그 라인의 클릭영역을 `Shift-Click`하면 된다. 1번과 2번을 터뜨리면 그림 2.2와 같은 수형도가 얻어진다. 이 수형도는 1개의 내부점(4개의 라인 1,2,3,4로 이루어짐)과 2개의 단말점(각각 라인5 및 라인 6로 이루어짐)으로 구성되어 있다. 키보드의 위/아래 화살표, 혹은 마우스를 이용하여 포커스를 이리저리 이동시켜 본다. 마우스를 화면 오른편 주석영역의 라인 번호 및 ×표 위에 올려 놓아 본다.

3번과 4번 라인의 주석에는 숫자 2가 보이는데 이것은 이들 라인이 2번 라인을 전제(*premise*)로 삼아 터뜨려서 나온 결과라는 뜻이다. 그리고 포커스가 3번 혹은 4번 라인에 놓여 있을 때는 2번 라인의 논리식이 파란색으로 나타나는데 이것은 2번 라인이 현재 포커스가 있는 라인의 전제(의 일부)라는 것을 의미한다. 또한 이때 3,4 번 라인은 초록색이며 이것은 이 두 라인들이 같은 전제로부터 가지치기 하여 얻이진 형제(*sibling*)라는 사실을 나타내고 있다.

3번 라인의 주석의 전제 번호 2에 마우스를 올리면 3번 라인을 얻는 데 사

그림 2.2: 논리도해 2

```
   1. A ∨ B        hyp
   2. ¬A ∧ ¬B      hyp
   3. ¬A           2
   4. ¬B           2
▷ ├5. A          x 1
  └6. B          x 1
```

용된 터뜨리기 규칙 [쌓아놓기 ∧]가 말풍선으로 나타난다.

5번, 6번 라인의 주석을 보면 이 라인들을 얻을 때 사용한 전제가 1번 라인임을 알 수 있다. 전제 번호 바로 왼편의 × 표는 이 라인을 포함하는 가지는 죽었다는, 즉 만족불가능이라는 뜻이다. 이 논리도해에 존재하는 2개의 가지가 모두 만족불가능이므로 처음에 주어진 논리식들, 즉 주석이 hyp인 1번, 2번 가설 논리식들의 집합은 만족불가능이라고 결론지을 수 있다.

6번 라인 주석의 × 표에 마우스를 올리면 이 가지가 모순인 이유인, 서로 모순인 4번과 6번 논리식이 붉은색으로 나타남을 관찰할 수 있을 것이다. 그리고 이 가지에 속한 모든 5개의 논리식들의 번호는 파란색으로 나타날 것이다.

그림 2.2의 논리도해는 1번 라인을 터뜨린 다음에 2번 라인을 터뜨려서 얻은 것인데 순서를 바꾸어 2번 다음에 1번을 터뜨려도 동일한 논리도해를 얻게 될 것이다. 이를 확인하기 위하여는 화면 상단의 [새 논리도해]를 클릭하여 새 논리도해를 열어 처음부터 새로 작성해도 되나 1번, 2번 라인은 남겨놓고 3,4,5,6번 라인들만 삭제하고 다시 작성해도 된다.

라인의 삭제는 그 라인에 포커스가 놓인 상태에서 [줄 삭제]를 클릭하면 된다. 그러나 5번, 6번 라인은 이렇게 해서는 삭제가 되지 않는다. 둘 중에 어느 하나만 삭제하면 이 논리도해의 무결성(integrity)이 손상되기 때문이다. 4번 라인에 포커스를 두고 [부분나무 삭제]를 클릭하면 바로 그 아래의 5번, 6번으로 이루어진 부분나무가 삭제된다. 실은 이때 4번 라인과 같은 노드에 속하는 1번, 2번, 3번 라인 중 어느 것에 포커스를 두고 클릭해도 같은 결과가 나온다.

위의 예에서 보듯이 논리도해에서 터뜨리기의 순서는 중요하지 않을 수 있다. 그러나 터뜨리는 순간 포커스의 위치는 때로 매우 중요하다. 예를 들어 그림 2.3의 논리도해는 3번, 2번, 1번의 순서로 터뜨려서 얻었는데 맨 마지막에 1번을 터뜨릴 때 반드시 포커스를 7번 라인에 두어야 한다. 포커스가 7번 아닌 다른 라인에 있을 때 1번 라인의 터뜨리기를 시도하면 어떤 현상이 일어나는지 관찰해 보라.

그림 2.3: 논리도해 3

| | 논리식 | | 근거 |
|---|---|---|---|
| | 1. Queen → Castle | | hyp |
| | 2. Alice → ¬Castle | | hyp |
| | 3. ¬(Alice → ¬Queen) | | hyp |
| | 4. Alice | | 3 |
| | 5. Queen | | 3 |
| | ├6. ¬Alice | x | 2 |
| ▷ | └7. ¬Castle | | 2 |
| |   ├8. ¬Queen | x | 1 |
| |   └9. Castle | x | 1 |

어떤 라인을 [가지치기] 하면 번호가 빨간색으로 나타나 있는 라인 바로 밑에 새로운 부분나무가 생성·삽입된다. 만일 글번호가 빨간색으로 나타나 있는 라인이 존재하지 않는다면 포커스를 옮기기 전에는 가지치기가 불가능하다. 그림 2.3에서 이 사실을 확인해 보기 바란다. 번호가 빨간색으로 나타나는 라인은 포커스가 놓인 라인을 포함한 노드에 속한 가장 아래쪽에 있는 라인이다. 단, 이때 이 노드는 단말점이어야만 한다. 그러므로 만일 포커스가 내부점에 속한 라인에 놓여 있다면 번호가 빨간색으로 나타나는 라인은 존재하지 않게 된다.

어떤 라인을 [쌓아놓기] 하면 그 라인이 속한 수형도 노드의 맨 아래에 새 논리식들이 삽입된다. 그러므로 쌓아놓기의 경우 포커스의 위치는 (가지치기의 경우와는 달리) 어디 있든지 상관 없다.

논리도해에서 작업 결과를 저장하고 다시 읽어 들이는 기능은 [출력] 및 [입력] 버튼에 구현되어 있다. 출력 버튼을 클릭하면 현재 화면에 보이는 논리도해를 인코딩한 문자열이 팝업창에 나타난다. 팝업창 화면을 `Ctrl-A`, `Ctrl-C` 하여 버퍼에 복사한 후 원하는 문서에 `Ctrl-V` 하여 붙여 넣으면 출력·저장된 것이다.

출력한 것을 읽어 들이려면 저장된 파일의 내용을 버퍼에 복사한 후 [입력] 버튼을 클릭하여 팝업된 창에 붙여 넣으면 된다.

지금까지 논리도해를 이용하여 주어진 논리식의 집합의 모델집합을 구하는 방법을 설명하였다. 만족불가능인 논리식의 집합이 주어지면 그것을 뿌리 노드에 두고 논리도해를 구성해서 모든 가지가 (×)표 되도록 할 수 있다는 것은 논리도해의 완전성에 의하여 보장된다.

`Proofmood`를 이용하여 연습문제 2.4, 2.5, 2.6을 풀어 보기 바란다.

논리도해는 이를 구성하는 과정에서 진리표와 같은 기계적 단순 계산만이 아니라 인간의 생각과 추론이 들어 간다는 점에서 흥미롭다. 그러나 논리도해도 역시 현실 문제에 적용하기에는 심각한 문제점을 안고 있으니 그것은 가설 및 명제변수의 숫자가 많아지면 가지의 개수가 너무 크게 늘어날 수 있다는 것이다. 다음의 문제를 생각해 보자.

2.7 EXAMPLE 다음 추론에서 결론을 도출하기 위하여 보충해야 할 전제는?†

> X가 변호사가 아니라면 그는 아나운서이다. 그런데 모든 아나운서는 붉은색 넥타이를 착용한다. 그러나 X는 푸른색 넥타이를 착용한다. 만일 X가 변호사라면, 그는 미국인이거나 영국인이다. 그런데 어느 영국인도 한국 생활을 경험해 본 적이 없다면, 김치를 먹을 줄 모른다. 그리고 한국 생활을 경험한 변호사들은 모두 붉은색 넥타이를 착용한다. 따라서 X는 미국인 변호사이다.

① 김치를 먹을 수 있는 사람은 영국인이 아니거나 한국 생활을 경험했다.

② 미국인의 일부는 김치를 먹을 줄 안다.

③ 어떤 아나운서는 변호사가 될 수 있다.

④ X는 한국 생활을 경험하지 않았다.

⑤ X는 김치를 먹을 줄 안다. ⊣

그림 2.4에 이 문제를 논리도해로 풀기 위한 시도를 보였다. 결론의 부정을 8번 라인에 넣고 ① ~ ⑤ 중 어느 하나의 부정이 유도되기를 기대하면서 논리도해를 만들어 가는 것이다.‡

도해가 너무 길어져서 아랫부분을 잘라내어 보여 주었다. 이 문제에는 8개의 명제문자가 등장한다. 따라서 가지의 개수가 엄청나게 늘어날 수 있으며 인간의 마음으로 이것들을 모두 파악하기는 상당히 어려울 것이다. 결국 이 시도는 실패했다고 보아야 한다.

현재 proofmood.com에 구현된 논리도해는 이러한 문제를 해결한 확장된 버전이다. 46 쪽의 그림 2.13을 보라.

---

†2009년 LEET 추리논증 문제 중에서

‡이 풀이 방법은 20쪽에 나와 있는 연습문제 1.28에서 $m = 1$인 경우를 적용한 것이다. 그리고 보기 ① ~ ⑤ 중 하나가 $A_1$의 역할을 맡는다.

그림 2.4: 변호사와 넥타이

```
   1. ¬Law → Ann                 hyp
   2. Ann → Red                  hyp
   3. ¬(Red ∧ Blu)               hyp
   4. Blu                        hyp
   5. Law → Am ∨ Br              hyp
   6. Br → (¬Kor → ¬Km)          hyp
   7. Law ∧ Kor → Red            hyp
   8. ¬(Am ∧ Law)                hyp
   ├9. Law                       1
   │├10. ¬Ann                    2
   ││├11. ¬Red                   3
   │││├12. ¬Law              x   5
   │││└13. Am ∨ Br               5
   │││ ├14. ¬Br                 6
▷  │││ │├15. ¬(Law ∧ Kor)       7
   │││ ││├16. ¬Am          ◎    8
   │││ ││└17. ¬Law         x    8
```

# 4 터뜨리기와 추론

논리도해의 도구로 '터뜨리기' 외에 추론(*inference*)을 더한다. 이 방법의 이론적 근거는

$$A_1, \ldots, A_n \models B$$

일 때

$$\mathrm{Mod}(A_1, \ldots, A_n, B) = \mathrm{Mod}(A_1, \ldots, A_n)$$

이라는 것이다. ([Jeo12a] 참조.)

이 간단한 사실은 논리도해에서 대단히 강력한 도구로 사용될 수 있다. 앨리스 추론을 예로 들어 설명하겠다.

그림 2.5는 가설 라인 1,2,3 중 3번 가설을 터뜨려(쌓아놓기 하여) 4번, 5번 라인이 추가로 얻어진 상태다. 이제 2번과 4번 라인의 논리적 귀결인 ¬Castle을 5번 라인 아래에 넣어 보자.

5번 라인에 포커스를 놓은 상태에서 추론에 사용될 전제인 2번과 4번 라인의

그림 2.5: 앨리스 추론 1

| | | | |
|---|---|---|---|
| | 1. Queen → Castle | hyp | |
| | 2. Alice → ¬Castle | hyp | |
| | 3. ¬(Alice → ¬Queen) | hyp | |
| | 4. Alice | 3 | |
| ▷ | 5. Queen | ◎ 3 | 2,4 |

클릭영역을 각각 `Right- Click` 하면 5 번 라인의 주석에 2,4 라는 숫자들이 파란색으로 나타나고, 2 번, 4 번 논리식은 연보라색으로 바뀐다. 이제 5 번 라인 (의 클릭영역) 을 <u>더블클릭</u>하면 이 추론의 전제인 2 번, 4 번 라인의 논리적 귀결인 ¬Castle 이 5 번 라인 아래에 6 번 라인으로 추가되어 그림 2.6 을 얻게 된다. 그러면 이제

그림 2.6: 앨리스 추론 2

| | | |
|---|---|---|
| | 1. Queen → Castle | hyp |
| | 2. Alice → ¬Castle | hyp |
| | 3. ¬(Alice → ¬Queen) | hyp |
| | 4. Alice | 3 |
| | 5. Queen | 3 |
| ▷ | 6. ¬Castle | ◎ 2,4 |

이 논리도해를 완성하는 3 가지 방법을 보이겠다.

먼저 그림 2.7 은 그림 2.6 의 1 번 라인을 가지치기 하여 두 개의 죽은 가지를 얻은 것이다. 이 논리도해 수형도는 3 개의 노드로 구성된다.

그림 2.7: 앨리스 추론 3.1

| | | |
|---|---|---|
| | 1. Queen → Castle | hyp |
| | 2. Alice → ¬Castle | hyp |
| | 3. ¬(Alice → ¬Queen) | hyp |
| | 4. Alice | 3 |
| | 5. Queen | 3 |
| ▷ | 6. ¬Castle | 2,4 |
| | ├7. ¬Queen | x 1 |
| | └8. Castle | x 1 |

다음, 그림 2.8 은 그림 2.6 에서 1 번과 5 번을 전제로 하는 추론을 실행하여 Castle 이라는 결론을 얻은 것이다. 이 논리도해 수형도는 단 1 개의 노드만을 가

진다. 주석영역의 전제 번호 1,5에 마우스를 올리면 이 추론에서 사용된 규칙 [예예]를 볼 수 있다.

마지막으로 그림 2.9는 그림 2.6에 1번과 6번을 전제로 하는 추론을 적용하여 ¬Queen이라는 결론을 얻은 것이다. 이 논리도해 수형도도 역시 단 1개의 노드만을 가진다. 이 추론에서 사용된 규칙은 [예예]가 아니라 [아니아니]이다.

그림 2.8: 앨리스 추론 3.2

| | | |
|---|---|---|
| | 1. Queen → Castle | hyp |
| | 2. Alice → ¬Castle | hyp |
| | 3. ¬(Alice → ¬Queen) | hyp |
| | 4. Alice | 3 |
| | 5. Queen | 3 |
| | 6. ¬Castle | 2,4 |
| ▷ | 7. Castle | x 1,5 |

그림 2.9: 앨리스 추론 3.3

| | | |
|---|---|---|
| | 1. Queen → Castle | hyp |
| | 2. Alice → ¬Castle | hyp |
| | 3. ¬(Alice → ¬Queen) | hyp |
| | 4. Alice | 3 |
| | 5. Queen | 3 |
| | 6. ¬Castle | 2,4 |
| ▷ | 7. ¬Queen | x 1,6 |

그러면 이제 논리도해에서 사용가능한 추론규칙(*inference rule*)들에 대하여 알아 보자.

우리가 논리도해에서 사용할 수 있는 추론규칙의 개수는 이론적으로는 제한이 없으나 현실적으로 인간이 편리하게 사용하기 위하여는 개수가 너무 작거나 크면 안 될 것이다. 너무 작으면 규칙들이 충분히 강력하지 못할 것이고, 너무 크면 이들을 다 암기하여 능숙하게 사용하기가 어려울 것이다. Proofmood의 논리도해에서는 추론규칙 8개를 사용하고 있으며 그것들은 다음과 같다.

먼저 고대 그리스 시대부터 논리학자들에게 잘 알려져 있었던 4개의 추론규칙이 있는데 그것은 각각 *Modus ponendo ponens*, *Modus tollendo tollens*, *Modus tollendo ponens* 및 *Modus ponendo tollens*이다. 이들 추론규칙의 이름은 라틴어이며 사용된 단어 ponens는 긍정, tollens는 부정을 의미한다. 우리는 이 규칙들의 명칭을 기억하기 쉬운 한글로 바꾸어 각각 순서대로 [예예], [아니아니], [아니예], [예아니] 로 부르기로 한다. 그림 2.10 에 이 추론규칙들을 보였다.

그림 2.10: 4M-규칙

[예예]

| | | |
|---|---|---|
| | 1. $A \to B$ | hyp |
| | 2. A | hyp |
| ▷ | 3. B | ◎ 1,2 |

[아니아니]

| | | |
|---|---|---|
| | 1. $A \to B$ | hyp |
| | 2. $\neg B$ | hyp |
| ▷ | 3. $\neg A$ | ◎ 1,2 |

[아니예]

| | | |
|---|---|---|
| | 1. $A \lor B$ | hyp |
| | 2. $\neg A$ | hyp |
| ▷ | 3. B | ◎ 1,2 |

[예아니]

| | | |
|---|---|---|
| | 1. $\neg(A \land B)$ | hyp |
| | 2. A | hyp |
| ▷ | 3. $\neg B$ | ◎ 1,2 |

이들 4 개의 규칙은 모두 M 으로 시작하므로 *4M-규칙*이라 부르기로 하자. 4M-추론규칙을 적용할 때는 이중부정은 원래의 논리식과 동등하다는 사실을 이용할 수 있다. 예를 들어 그림 2.11 의 추론은 [예아니] 에 의하여 타당성이 입증된다.

그림 2.11: [예아니] 규칙 적용

| | | |
|---|---|---|
| | 1. $\neg(\neg A \land \neg B)$ | hyp |
| | 2. $\neg B$ | hyp |
| ▷ | 3. A | ◎ 1,2 |

위의 추론에서 2 번 라인의 논리식 $\neg B$ 는 1 번 라인의 논리식의 한 부분논리식에 ¬ 를 덧붙이지 않고 그대로 가져와서 사용하였으므로 예이고, 3 번 라인의 논리식 A 는 1 번 라인의 논리식의 한 부분논리식을 가져온 후 ¬ 를 붙여 사용했으므로(즉시 이중부정을 소거했음) 아니인 것이다.

[예예] 와 [아니아니] 규칙은 실제로는 좀 더 강력한 버전으로 구현되어 있으며 그것은 아래와 같다.

| | | |
|---|---|---|
| | 1. $A1 \lor A2 \lor A3 \to B$ | hyp |
| | 2. A1 | hyp |
| ▷ | 3. B | ◎ 1,2 |

| | | |
|---|---|---|
| | 1. $A \to B1 \land B2 \land B3$ | hyp |
| | 2. $\neg B1$ | hyp |
| ▷ | 3. $\neg A$ | ◎ 1,2 |

이 규칙은 3 개 이상의 합인자나 곱인자를 가진 경우, 그리고 2 번 라인에서 첫 번째 인자가 아닌 임의의 인자, 예를 들어 A2, A3, B2, B3 등을 사용하는 경우에도 적용된다.

Proofmood의 논리도해에서는 4M-추론규칙에 그림 2.12와 같은 4개의 규칙을 더 추가하여 도합 8개의 추론규칙을 사용한다. 새로 더한 4개의 규칙 중에서 동등소거는, 이 그림에서는 두 개의 규칙만을 보였지만 실은 이 두 규칙 각각에서 2번 라인과 3번 라인의 위치를 서로 교환한 규칙들을 더하여 도합 4개의 규칙으로 이루어진다.

그림 2.12: 추가 추론 규칙

[논리곱 앞인자소거]

| | | |
|---|---|---|
| | 1. $A \wedge B \to C$ | hyp |
| | 2. A | hyp |
| | 3. B | hyp |
| ▷ | 4. C | ◎ 1,2,3 |

[논리합 소거]

| | | |
|---|---|---|
| | 1. $A \vee B$ | hyp |
| | 2. $A \to C$ | hyp |
| | 3. $B \to C$ | hyp |
| ▷ | 4. C | ◎ 1,2,3 |

[논리합 뒤인자소거]

| | | |
|---|---|---|
| | 1. $A \to B \vee C$ | hyp |
| | 2. $\neg B$ | hyp |
| | 3. $\neg C$ | hyp |
| ▷ | 4. $\neg A$ | ◎ 1,2,3 |

[동등 소거]

| | | | | | |
|---|---|---|---|---|---|
| | 1. $A \leftrightarrow B$ | hyp | | 1. $A \leftrightarrow B$ | hyp |
| | 2. A | hyp , | | 2. $\neg A$ | hyp |
| ▷ | 3. B | ◎ 1,2 | ▷ | 3. $\neg B$ | ◎ 1,2 |

이상 설명한 8개의 추론규칙들은 그 선택에 특별한 이론적 근거가 있는 것이 아니고, 다만 경험적으로 유용한 규칙들을 모은 것이다. 추론규칙을 많이 넣을수록 우리의 도해는 강력해지겠지만 대신 암기해야 할 규칙이 많아져서 사용하기에 불편해 진다.

우리가 사용하는 논리도해의 추론규칙의 특징은 전제들로부터 결론이 유일하게 결정된다는 것이다. 그렇지 않은 경우에는 사용자가 직접 결론을 찾아서 입력해야 하므로 효율성이 많이 떨어질 것이다.

안타깝게도 전제로부터 추론이 유일하게 결정되는 추론규칙들만 가지고는 증명되지 않는 논리적 귀결관계가 존재한다. 즉 전제로부터 추론이 유일하게 결정되는 추론규칙들만 가지고는 완전한 증명시스템(complete proof system)을 이룰 수 없다는 것이다. 우리의 논리도해는 추론과 함께 터뜨리기 규칙이 있으므로 완전하다.

2.8 Remark 논리학에서 가설(hypothesis)과 전제(premise)는 비슷한 의미로 사용된다. 이 책의 논리도해에서는 이 둘을 다음과 같이 구별하여 사용한다.

가설은 사용자가 직접 입력하는 논리식이며 논리도해의 뿌리노드에 위치한다.

가설 라인의 주석은 항상 hyp이다. 전제는 터뜨리기, 혹은 추론을 통하여 새로운 논리식을 얻을 때 사용하는 논리식을 뜻한다. 그러므로 "이 논리도해의 가설은 ...", 혹은 "이 논리식의 전제는 ..." 이라는 표현을 쓸 수 있다. 전제는 가설일 수도 있고 그렇지 않을 수도 있다. ⊣

앞서 40쪽에서 소개했던 변호사와 넥타이 문제의 해법을 그림 2.13에 보였다. 20번 줄에서 $\neg \mathsf{Km}$을 얻었으니 문제의 답은 ⑤가 됨을 알 수 있다.

그림 2.13: 변호사와 넥타이, 해결

| | 논리식 | | 주석 |
|---|---|---|---|
| | 1. $\neg \mathsf{Law} \to \mathsf{Ann}$ | | hyp |
| | 2. $\mathsf{Ann} \to \mathsf{Red}$ | | hyp |
| | 3. $\neg(\mathsf{Red} \wedge \mathsf{Blu})$ | | hyp |
| | 4. $\mathsf{Blu}$ | | hyp |
| | 5. $\mathsf{Law} \to \mathsf{Am} \vee \mathsf{Br}$ | | hyp |
| | 6. $\mathsf{Br} \to (\neg \mathsf{Kor} \to \neg \mathsf{Km})$ | | hyp |
| | 7. $\mathsf{Law} \wedge \mathsf{Kor} \to \mathsf{Red}$ | | hyp |
| | 8. $\neg(\mathsf{Am} \wedge \mathsf{Law})$ | | hyp |
| | 9. $\neg \mathsf{Red}$ | | 4,3 |
| | 10. $\neg \mathsf{Ann}$ | | 2,9 |
| | 11. $\neg(\mathsf{Law} \wedge \mathsf{Kor})$ | | 9,7 |
| | 12. $\mathsf{Law}$ | | 10,1 |
| | 13. $\neg \mathsf{Kor}$ | | 12,11 |
| | 14. $\mathsf{Am} \vee \mathsf{Br}$ | | 12,5 |
| | ├15. $\neg \mathsf{Br}$ | | 6 |
| | │├16. $\mathsf{Am}$ | | 14 |
| | ││ 17. $\neg \mathsf{Law}$ | x | 16,8 |
| | │└18. $\mathsf{Br}$ | x | 14 |
| | └19. $\neg \mathsf{Kor} \to \neg \mathsf{Km}$ | | 6 |
| ▷ | 20. $\neg \mathsf{Km}$ | ◎ | 13,19 |

논리도해 수형도에서 모든 단말점(의 마지막 라인)은 x, ✓, ◎ 중 하나로 표시된다. x는 이 노드를 말단으로 하는 가지는 만족불가능이라는 뜻이다. ✓는 이 노드를 말단으로 하는 가지는 만족가능이며 더 이상 가지치기를 해 보았자 x를 얻을 수 없다는 뜻이다. 그 이외의 (진행중인) 단말점은 ◎로 표시된다.

2.9 EXAMPLE 지금까지 공부한 지식을 이용하여 아래의 퍼즐을 풀어 보자.

"온도와 기압이 일정하면 비가 오지 않는다. 온도는 일정했다." 라는 가설로부터 "비가 왔다면 [...]." 라는 결론이 도출된다고 할 때 [...]에 들어갈 수 있는 것을 있는 대로 고르시오.

① 온도가 일정했다.

② 온도가 일정하지 않았다.

③ 기압이 일정했다.

④ 기압이 일정하지 않았다.

⑤ 비가 오지 않았다.

이 문제를 기호화 하는 것이 문제풀이의 첫 단계이므로 다음과 같이 놓아 보자.

$T$ : 온도 (Temperature) 가 일정.
$P$ : 기압 (Pressure) 이 일정.
$R$ : 비가 (Rain) 온다.
$X$ : "비가 왔다면 [...]." 에서 [...] 에 들어갈 것.

이제 이 문제는 아래의 귀결관계

$$T \wedge P \to \neg R,\ T \vDash R \to X \tag{6}$$

가 성립되는 $X$ 를 주어진 5 개의 예에서 찾는 것이므로, 예에 주어진 5 개의 명제를 나타내는 논리식 $T$, $\neg T$, $P$, $\neg P$, $\neg R$ 를 차례로 $X$ 에 대입하면서

$$T \wedge P \to \neg R,\ T,\ \neg(R \to X)\text{이 만족불가능}$$

이 되는 경우를 진리표나 논리도해를 써서 찾으면 된다.[†] 이 방법으로 답을 구할 수 있는 것은 확실하나 이 방법은 그리 효율적이지 못하다. 이보다는 (6)과 동등한

$$T \wedge P \to \neg R,\ T,\ R \vDash X \tag{7}$$

가 성립하는 $X$ 를 ①~⑤ 중에서 찾는 것이 훨씬 빠르다.

주어진 가설, 즉 (7)의 좌변의 모델집합을 찾기 위하여 다음과 같이 논리도해를 구성하였다. 우리가 찾는 모델집합은 6 번 라인을 단말점으로 하는 가시의

[†] 보조정리 1.27.(3) 을 이용한 것임.

모델집합과 일치하며, 이 가지에 속하는 리터럴이 $T$, $R$, $\neg P$ 이므로 결국 모델집합은 한 개의 진리값배정 $TPR = 101$ 로 이루어짐을 알 수 있다. 그러므로 ①과 ④가 답이 된다.

```
  1. T ∧ P → ¬R      hyp
  2. T               hyp
  3. R               hyp
▷ 4. ¬(T ∧ P)        1,3
  |
  ├5. ¬T           x 4
  |
  └6. ¬P           ◎ 4
```

나머지 3개 ②, ③, ⑤는 (7)의 $X$ 가 될 수 없음도 이 모델집합으로부터 쉽게 확인된다. ⊣

아래에 논리 퍼즐 문제 몇 개가 있다. 모든 문제는 명제논리를 써서 풀어야 하며 설명은 진리표와 논리도해의 두 가지 방법으로 각각 제시할 수 있어야 한다. 논리도해는 Proofmood 없이도 손으로 그릴 수 있어야 할 것이다. 이 문제들의 풀이에 보조정리 1.27을 활용하면 도움될 것이다.

2.10 Exercise 어떤 사람은 테니스를 대단히 좋아해서 테니스를 치고 있지 않을 때는 테니스 경기를 구경하며, 테니스를 구경하지 않을 때면 테니스에 대한 글을 읽는다고 한다. 이 사람이 현재 무엇을 하고 있는가? (힌트: 어떤 합리적인 가설을 추가해야 할 것임.) ⊣

2.11 Exercise 다음의 논증이 타당하기 위해서 보충되어야 할 전제는?

> 참을 깨달은 자는 배움이 있는 자이다. 책임의 소중함을 느끼는 자가 아니라면 겨레를 위하여 희생을 각오한 자가 아니다. 진정한 지도자는 겨레를 위하여 희생을 각오한 자이다. 그러므로 진정한 지도자는 배움이 있는 자이다.

① 참을 깨달은 자는 책임의 소중함을 느끼는 자이다.

② 책임의 소중함을 느끼는 자는 참을 깨달은 자이다.

③ 배움이 있는 자는 책임의 소중함을 느끼는 자이다.

④ 참을 깨달은 자는 겨레를 위해 희생을 각오한 자이다.

⑤ 참을 깨달은 자는 책임의 소중함을 느끼는 자가 아니다. ⊣

2.12 Exercise "자본의 투자가 일정하면 정부의 지출이 늘거나 실업률이 증가한다. 세금이 줄어들고 자본의 투자가 일정하다면 실업률은 증가하지 않는다." 이상의 가설에 무엇을 더해야 "정부의 지출은 늘어나거나 세금이 줄어든다."라는 결론을 얻을 수 있는가? (힌트: ④와 ⑤가 서로 부정이므로 이 둘 중에 적어도 하나는 답이 될 것이라는 추론은 옳지 않다.)

① 정부의 지출이 늘어나지 않는다.

② 정부의 지출이 늘지 않으면 세금이 줄어든다.

③ 실업률이 증가하면 자본의 투자가 일정하지 않다.

④ 자본의 투자가 일정하다.

⑤ 자본의 투자가 일정하지 않다. ⊣

2.13 Exercise 다음의 논증에서 결론을 도출하기 위하여 추가해야 할 것은?

| 공리주의가 정당화될 수 있는 도덕이론이라면 어떤 선험적 원리로부터 도출되거나 도덕적 직관에 어긋나지 않아야 한다. 공리주의가 선험적 원리로부터 도출된다면 공리주의는 경험적 주장이 아니어야 한다. 또한 도덕적 직관에 어긋나지 않는다면 정의감에 반하면서 최선의 결과를 낳는 행위가 없어야 한다. 하지만 정의감에 반하면서 최선의 결과를 낳는 행위들이 있다. 그러므로 공리주의는 도덕이론으로 정당화될 수 없다. |
|---|

① 도덕적 직관에 어긋나면서 최선의 결과를 낳는 행위들이 있다.

② 정당화될 수 있는 도덕이론은 선험적 원리로부터 도출된다.

③ 공리주의는 선험적 원리로부터 도출된다.

④ 공리주의는 도덕적 직관에 어긋난다.

⑤ 공리주의는 경험적 주장이다. ⊣

2.14 Remark 주어진 조건들을 논리식으로 나타내어 진리표나 논리도해를 기계적으로 적용하는 것이 반드시 최선의 해법이 되는 것은 아니다. 아래의 예를 보라.

> A, B, C는 살인 사건의 3명의 용의자이고 희생자는 D이다. 용의자들은 각각 다음과 같이 말했다.
>
> A: D는 B와 오랫 동안 알고 지냈구요, C는 D를 싫어했어요.
>
> B: 난 D가 누군지도 몰라요. 게다가 사건 당일 난 다른 도시로 여행중이었다구요.
>
> C: 난 A, B, D가 사건 당일 시내에 같이 있는 걸 봤어요. A, B 중에 한 명이 범인이겠죠.
>
> A, B, C 중 범인이 아닌 2명은 참말을 하고 있다면 누가 범인일까?

이미 말했듯이 이 문제를 진리표나 논리도해를 이용하면 풀려고 들면 잘 되지 않는다. 그러나 문제를 기호화 하는 것은 분명 도움이 된다. 아래의 풀이를 보라.

명제문자 $p, q, r, s$를

$p$ : D와 B는 서로 안다.

$q$ : C는 D를 싫어한다.

$r$ : B는 사건 당일 시내에 현장에 없었다.

$s$ : A, B 중 한 명이 범인이다.

와 같이 명제에 대응시킨다. 그러면 용의자들은 진술은 (대략) 아래와 같이 된다.

A: $p \wedge q$

B: $\neg p \wedge r$

C: $\neg r \wedge s$

2명은 참말을 하고 있어야 하는데 A와 B의 진술이 이루는 집합은 만족불가능이며 B와 C의 진술이 이루는 집합도 만족불가능이다. 그러므로 결국 A와 C의 진술이 참일 수 밖에 없으며 따라서 거짓말을 하고 있는 B가 범인이 된다.

논리 퍼즐의 풀이에 있어 문제의 기호화는 항상 도움이 된다. 다만 기계적으로 암기한 해법을 단순 적용하려 들면 잘 되지 않을 때가 있음을 바로 앞의 예에서 보았다. ⊣

2.15 EXERCISE 아래의 사이트는 법학적성시험(LEET) 공식 홈페이지이다.[†]

`http://www.leet.or.kr`

[자료실 – LEET 기출문제]로 가서 추리논증 영역의 문제 중에 이 책에서 공부한 것을 적용하여 풀 수 있는 문제들을 찾아서 풀어 보시오. ⊣

[†]이 책의 연습문제 중 몇 개는 이 사이트에서 가져온 것이다.

*Mathematical proofs, like diamonds, are hard and clear, and will be touched with nothing but strict reasoning.*

John Locke

# 3 Fitch 증명시스템

논리적 귀결 관계 $A_1, \ldots, A_n \models B$ 를 증명하는 방법으로 진리표와 논리도해의 두 시스템을 공부하였다. 증명에 대한 다음의 주장을 생각해 보자.

> 증명이란 가설로부터 결론을 이끌어 내는 과정이다. 이 과정은 여러 단계로 구성된다. 증명의 각 단계는 어떤 의도와 목적을 가지고 수행되며 증명이 진행됨에 따라 각 단계에서 얻은 결과는 점차 결론에 가깝게 접근한다.

위의 주장을 따르자면 진리표는 증명시스템이라고 말하기 힘들다. 논리도해는 터뜨리기와 추론이라 부르는 여러 단계로 이루어져 있긴 하지만, 이 중 후자 터뜨리기는 증명자의 뚜렷한 의도와 목적에 따른 행위라기보다는 그저 기계적인 작업에 불과하다. 그러므로 역시 증명시스템이 갖추어야 할 어떤 속성이 결여된 것으로 보인다.

## 1 피치 시스템 소개

F. Fitch는[†] 자연스런 인간의 사고과정에 근접한 형식증명 시스템(*formal proof system*)[Fit52]을 개발하였다. 이 시스템은 처음에는 크게 주목받지 못하였으나 1999년 스탠포드 대학의 CSLI(Center for the Study of Language and Information)에서[CSLI99] 컴퓨터 구현에 처음으로 성공하여 논리학 교육에 실제 사용하면서 모멘텀을 얻게 되었다.

피치 증명 시스템에 의한 간단한 증명 하나를 보면서 이 시스템의 사용법과 대체적인 구조를 파악해 보자.

[†]Frederic Brenton Fitch: 미국의 철학자, 논리학자, 예일대 교수(1908–1987)

그림 3.1은 논리적 귀결 관계

$$A, A \to B, A \to C, B \wedge C \to D \vDash D \tag{1}$$

의 가설과 결론을 피치 시스템에 입력한 상태의 화면을 보여 준다. 가설 1,2,3,4 라인들이 주석에 hyp를 사용하는 것은 논리도해와 같다. 가설부와 결론부는 짧은 수평선분으로 구분된다. 라인 5의 타당성 입증(validity verification)을 위한 주석은 아직 입력되지 않았으므로 `Rule ?`로 나타내었다.

그림 3.1: 피치 증명 시작

| | 라인 | 주석 |
|---|---|---|
| | 1. A | hyp |
| | 2. A → B | hyp |
| | 3. A → C | hyp |
| | 4. B ∧ C → D | hyp |
| ▷ | 5. D | Rule ? |

식 (1)은 간단한 논리적 귀결이므로 다음과 같은 단계를 거쳐 결론 $D$를 얻는 과정을 쉽게 이해할 수 있을 것이다.

> 라인 1과 2로부터 $B$를 얻고, 라인 1과 3으로부터 $C$를 얻고, 이 두 논리식 $B$와 $C$로부터 $B \wedge C$를 얻고, 마지막으로 라인 4와 $B \wedge C$로부터 $D$를 얻는다.

현재 포커스가 라인 5에 있는데 이 라인 바로 위에 논리식 $B$, $C$ 등을 넣어 그림 3.2를 얻어야 하므로 [줄 끼워넣기]를 클릭한다. 이어서 논리식 $C$와 $B \wedge C$를 차례로 각각 하나의 라인에 넣는다. 포커스가 있는 라인 바로 아래에 새로운 라인을 넣을 때는 [줄 더하기]를 클릭해도 되고 그냥 `Enter` 키를 쳐도 된다.

논리도해에서는 가설만 사용자가 직접 입력하고 가설 이외의 라인들은 모두 터뜨리기나 추론에 의하여 자동으로 생성되지만, 피치 시스템에서는 모든 라인을 사용자가 입력해야 한다는 점에서 이 두 시스템은 크게 다르다.

이제 논리식들은 다 넣었으니 각 라인의 입증을 위한 주석을 넣어야 한다. 피치 시스템에서 주석은 전제와 추론규칙으로 이루어져 있다.

전제의 지정은 오른쪽 마우스 클릭으로 한다. 그림 3.2는 라인 5의 전제인 라인 1과 라인2의 클릭영역을 오른쪽 마우스 클릭한 직후의 화면이다.

그림 3.3은 라인5의 추론규칙을 넣기 위해서 `Rule ?`를 클릭하고 마우스를 움직여 [소거 - →]를 선택하고 있는 장면이다. 이 추론규칙의 이름이 [소거 - →]

그림 3.2: 피치 증명 2

| | | |
|---|---|---|
| | 1. A | hyp |
| | 2. $A \to B$ | hyp |
| | 3. $A \to C$ | hyp |
| | 4. $B \wedge C \to D$ | hyp |
| ▷ | 5. B | Rule ? 1,2 |
| | 6. C | Rule ? |
| | 7. $B \wedge C$ | Rule ? |
| | 8. D | Rule ? |

인 이유는 전제에 들어있던 기호 → 가 결론에서는 소거되었기 때문이다. (앞으로 몇 개의 추론규칙이 더 나올 것이고 이들에 대한 설명은 나중에 주어질 것이다.) 이 상태에서 클릭을 하면 라인 5의 주석의 입력이 완료된다.

그림 3.3: 피치 증명 3

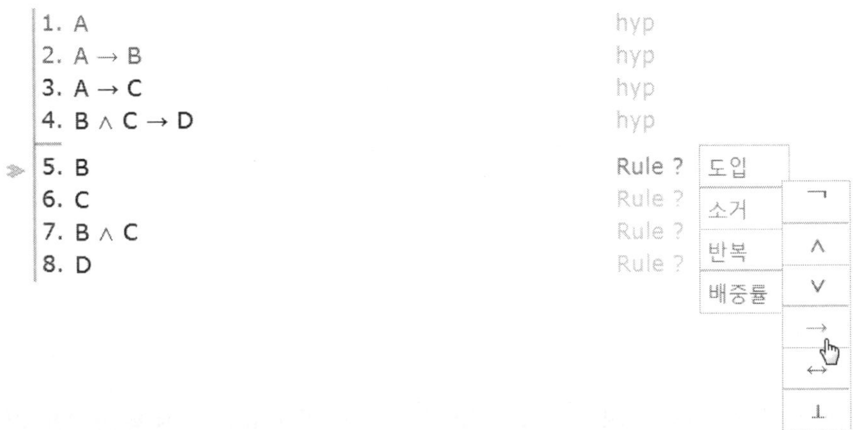


그림 3.4는 모든 라인에 주석을 넣어 증명이 완료된 상태를 보여 주고 있다. [소거 - →]외에 [도입 - ∧] 규칙이 사용된 것이 보인다.

논리도해에서는 주석을 컴퓨터가 알아서 넣어 주었지만, 피치 시스템에서는 주석을 사용자가 직접 손으로 넣으므로 오류가 있을 수 있다. 오류 여부를 확인하기 위하여 [전체 검사]를 클릭한다. 그러면 오류가 있는 주석은 붉은 x 표, 오류가 없는 주석은 파란 ✓ 로 표시된다. 특정한 하나의 줄만 검사하려면 [전체 검사] 대신 그 왼편에 있는 [줄 검사]를, 그 라인에 포커스가 놓인 상태에서 클릭하면

그림 3.4: 피치 증명 4, 완료

| | | |
|---|---|---|
| | 1. A | hyp |
| | 2. A → B | hyp |
| | 3. A → C | hyp |
| | 4. B ∧ C → D | hyp |
| | 5. B | → 소거 1,2 |
| | 6. C | → 소거 1,3 |
| | 7. B ∧ C | ∧ 도입 5,6 |
| ▷ | 8. D | → 소거 4,7 |

된다.

그림 3.4 에서는 원래 주석에 오류가 없었는데, 그림 3.5 는 일부러, 라인 5 에서 추론규칙을 틀리게 바꾸어 넣고, 라인 7 에서는 전제를 틀리게 바꾸어 넣어서 [전체 검사] 한 결과를 보여준 것이다.

그림 3.5: 피치 증명, 검사

| | | | |
|---|---|---|---|
| | 1. A | | hyp |
| | 2. A → B | | hyp |
| | 3. A → C | | hyp |
| | 4. B ∧ C → D | | hyp |
| | 5. B | x | → 도입 1,2 |
| | 6. C | ✓ | → 소거 1,3 |
| ▷ | 7. B ∧ C | x | ∧ 도입 5,3 |
| | 8. D | ✓ | → 소거 4,7 |

확인 결과 화면에 나타난 ✓ 와 x 표를 지우려면 [전체 검사]를 한 번 더 클릭하여 토글(toggle) 하면 된다.

주석을 삭제하려면 추론규칙 부분을 더블클릭하면 된다. 전제만 삭제하려면 그 라인에 포커스가 있는 상태에서 전제 번호(들)를 클릭하면 된다.

피치 시스템의 가장 큰 특징은 증명 도중에 가설을 자유로이 도입하여 부분증명 (*subproof*) 을 만들 수 있고, 또 이 부분증명을 후에 얻게 되는 다른 논리식의 전제로 사용할 수 있다는 것이다.

이제 우리가 흔히 사용하는 '→ 의 추이율'을 피치로 증명해 보자. 그림 3.6 은

$$A \to B, B \to C \vDash A \to C$$

의 피치 증명이다.

그림 3.6: $\to$의 추이율 증명

| | | |
|---|---|---|
| | 1. A → B | hyp |
| | 2. B → C | hyp |
| |   3. A | hyp |
| |   4. B | ✓ → 소거 1,3 |
| |   5. C | ✓ → 소거 2,4 |
| ▷ | 6. A → C | ✓ → 도입 3-5 |

결론 $A \to C$를 증명하는 가장 자연스런 방법은 $A$를 가정하고 이 가정으로부터 $C$를 증명하는 것이다. 그래서 부분증명을 열고 이 부분증명의 가설인 라인 3에 $A$를 두었다. 라인 4와 라인 5를 어떻게 얻었는지는 주석을 보면 자명하다.

마지막으로 라인 6은 라인 3에서 라인 5에 이르는 부분증명을 전제로 취한다. 부분증명을 전제로 지정하려면 부분증명에 속하는 아무 라인이나 선택하여 그것의 클릭영역을 Shift-Right-Click 하면 된다. 이 전제를 주석에서 나타낼 때 3,5가 아닌 3–5를 사용하였음에 주목하라. 전자는 라인 3과 라인 5라는 두 논리식을 전제로 취한다는 의미이고 후자는 라인 3(부분증명의 가설)에서 라인 5(부분증명의 결론)에 이르는 부분증명을 전제로 취한다는 의미이다.

이 추론단계에서 사용한 추론규칙은 $\to$-도입이라고 부른다. 이 추론규칙은 일반적으로 아래의 함의가 성립하기 때문에 타당하다. (실은 $\Leftrightarrow$가 성립한다.)

$$\Phi, H \models C \;\Rightarrow\; \Phi \models H \to C \tag{2}$$

여기서 $\Phi$는 논리식의 집합이고 $H$는 가설, $C$는 결론이다. 그림 3.6의 라인 6는

$$\Phi = \{A \to B, B \to C\},\; H \equiv A,\; C \equiv C$$

로 놓고 (2)를 적용하여 얻은 것이다.

19쪽의 보조정리 1.27.(2)에서도 이미 이와 비슷한 개념이 나왔었는데 (2)는 $\Phi$가 무한집합인 경우도 포함한다는 점에서 다르다.

## 2 피치 증명의 구조

부분증명의 가설 및 부분증명의 결론부에 있는 어떤 논리식이든 부분증명의 외부에서는 사용할 수 없다는 것이 중요한데 이 이슈는 피치 증명 전체를 수형도로 보고 노드들의 집합에 적당한 순서구조를 주는 방식으로 처리한다.

그림 3.6의 증명에서 출발하여, 오류를 포함한 증명 하나를 만들어 그림 3.7에 보였다. 7, 8, 9, 12번 라인들은 모두 논리식은 '$B \wedge C$'이고 주석은 '∧ 도입 4,5'이므로 동일하다. 그럼에도 불구하고 검사결과를 보면 7, 8, 9, 12번의 4개 라인 중에 7번과 8번 2개 라인만 통과하는 것으로 나타난다.

그림 3.7: 피치 증명에서 전제의 위치

```
 | 1. A → B            hyp
 | 2. B → C            hyp
 |----
 | | 3. A              hyp
 | |----
 | | 4. B            ✓ → 소거 1,3
 | | 5. C            ✓ → 소거 2,4
 | | | 6. D            hyp
 | | |----
 | | | 7. B ∧ C      ✓ ∧ 도입 4,5
 | |
 | | 8. B ∧ C        ✓ ∧ 도입 4,5
 |
 | 9. B ∧ C          x ∧ 도입 4,5
 | 10. A → B ∧ C     ✓ → 도입 3-8
 | | 11. D             hyp
 | |----
▷| | 12. B ∧ C       x ∧ 도입 4,5
```

추론의 대원칙은 어떤 라인을 얻을 때 사용하는 전제들은 반드시 그 라인 이전에 나와야 한다는 것이다. 그림 3.7에서 9번 라인의 전제 4번과 5번 라인은 라인 번호로는 9번 라인 이전에 나왔지만 피치 증명의 구조 내에서는 이전에 나오지 않은 것으로 간주한다. 그 이유는 4번, 5번 라인은 모두 3번 라인을 가설로 사용하여 얻어진 부분증명 3–8의 내부에 있지만 9번 라인과 12번 라인은 이 부분증명의 외부에 있기 때문이다. 한 편 10번 라인은 부분증명 3–8의 외부에 있지만 이 부분증명 전체를 전제로 사용하는 추론을 사용하여 검사를 통과하였다.

추론규칙 적용에서의 전제와 결론의 상대적 위치관계를 명확히 파악하기 위하여 그림 3.7을 수형도로 나타내어 그림 3.8에 보였다.

그림 3.8: 피치 증명 수형도

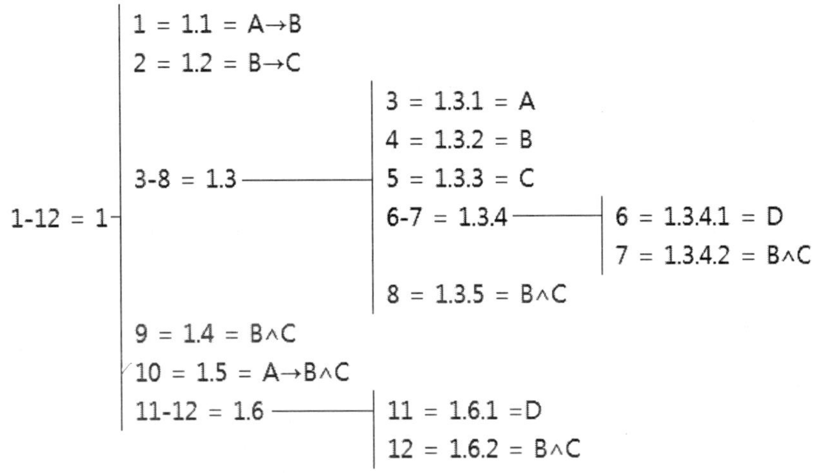


이 수형도에서

$$\text{노드의 개수} = \text{라인의 개수} + \text{부분증명의 개수}$$

이다. 단, 전체 증명도 하나의 부분증명으로 간주하여 수형도의 뿌리에 두었다. 피치 증명의 라인은 수형도의 단말점에 대응하고, 피치 증명의 부분증명은 수형도의 내부점에 대응한다. 논리식은 단말점에만 존재하고 내부점에는 없다.

피치 증명에서는 각 라인이 하나의 노드가 되는데 이 점은 논리도해와 다르다. 논리도해에서는 여러 개의 라인이 하나의 노드를 이룰 수 있었다.

각 노드에는 위치 문자열(*position string*)이 주어진다. 뿌리 노드는 위치 문자열을 1로 주고, 각 노드는 그것의 부모의 위치 문자열에, 자신의 형제들 내에서의 순번을 더한 것을 위치 문자열로 준다. 예를 들어 4번 라인은 1.3.2라는 위치 문자열을 주었다. 그 이유는 4번 라인이 1.3의 위치 문자열을 가지는 노드의 2번째 자녀이기 때문이다.

수형도의 노드 위치 간의 순서 관계는 다음과 같이 정한다.[†]

3.1 Definition 피치 증명의 수형도에서 "노드1은 노드2 이전에 나온다", 혹은

$$\text{노드1} < \text{노드2}$$

[†]이 순서관계를 정의하는 데 있어 위치 문자열의 개념은 꼭 필요한 것은 아니나 이해에 도움이 될 것이라 판단하여 도입하였다.

의 순서관계는 다음과 같이 정의한다. ([Jeo12c] 참조.)

(*i*) 같은 부모 노드를 가지는 형제 노드 간에는 라인 번호가 작을수록 이전에 나온 것으로 정한다.

(*ii*) 부모는 자녀보다 이전에 나온 것으로 정한다.

(*iii*) 이 관계는 추이적이다. 즉

$$(\text{노드}1 < \text{노드}2) \text{ and } (\text{노드}2 < \text{노드}3) \;\Rightarrow\; (\text{노드}1 < \text{노드}3)$$

의 함의가 성립한다. ⊣

예를 들어 그림 3.8의 수형도에서 10번 라인(위치 문자열 1.5)의 전제는 부분증명 3–8(위치 문자열 1.3)이고 이 노드는 정의 3.1.(*i*)에 의하여 10번 라인 이전에 나오므로, 이 추론에서 전제와 결론 간의 위치 관계 조건이 충족되는 것이다.

피치 증명에서 노드 간의 순서관계가 명확하게 정의되었으므로 이제 형식증명시스템에서 가장 중요한 기호인 ⊢를 정의할 수 있게 되었다.

3.2 Definition $\mathcal{F}$를 하나의 피치 증명이라 하자. $\mathcal{F}$의 가설(*hypothesis*)이란 이 증명에 들어있는 어떤 부분 증명의 가설부에 놓인 논리식, 즉 주석이 hyp인 논리식을 말한다. $\mathcal{F}$ 내의 한 라인의 가설이란 $\mathcal{F}$의 가설로서 그 라인의 이전에 위치한 것을 말한다. 한 라인의 전제(*premise*)는 그 라인의 주석에 번호가 나타나 있는 라인, 혹은 부분증명을 말한다.

한 라인은 그것의 전제(들)로부터 3장 3절에서 소개할 12개의 추론규칙 중 어느 하나를 적용하여 그 라인이 얻어질 때 입증(*verify*)되었다고 정의한다.

$\mathcal{F}$ 내에서 입증된 라인은 그것의 전제가 모두 $\mathcal{F}$ 내에서 증명되어 있을 때면이 $\mathcal{F}$ 내에서 증명되었다(*proved in* $\mathcal{F}$)고 재귀적으로 정의한다. 증명된 라인에 논리식 $A$가 있고, 그 라인의 모든 가설들의 집합을 $\Phi$라 했을 때 $A$는 $\Phi$로부터 증명된다(*A is proved from* $\Phi$), 혹은 $\Phi$는 $A$를 증명한다($\Phi$ *proves* $A$)고 말하고 기호로는

$$\Phi \vdash A$$

로 나타내고 "$\Phi$ 아 $A$", 혹은 "$\Phi$ proves $A$"로 읽는다. ⊢는 증명관계(*proof relation*)라고 한다.

피치 증명(Fitch Proof)은 피치 도출과정(*Fitch derivation*)이라고도 한다. ⊣

3.3 DEFINITION 어떤 형식증명시스템에서

$$\Phi \vdash A \;\Rightarrow\; \Phi \models A \tag{3}$$

가 성립할 때 이 증명시스템을 건전(*sound*)하다고 말하고, 역으로

$$\Phi \models A \;\Rightarrow\; \Phi \vdash A \tag{4}$$

가 성립할 때 이 증명시스템을 완전(*complete*)하다고 말한다. ⊣

피치 시스템은 건전하고 또한 완전하다. 건전성은 추론규칙을 하나씩 조사하면 쉽게 확인할 수 있으며 완전성의 증명은 이 책의 범위를 넘는다.

위의 (3)과 (4)에 의하여 이제 57쪽의 (2)는 다음과 같이 쓸 수 있다.

$$\Phi, H \vdash C \;\Rightarrow\; \Phi \vdash H \to C \tag{5}$$

(5)는 연역정리(*deduction theorem*)라고 하는, 간단하지만 대단히 중요한 논리학의 정리이다.

수리논리학에서 사용하는 가장 기본적인 증명시스템인 힐버트 시스템(Hilbert System)에서는 이 연역정리를 시스템 외부에서의 메타정리로 다루고 있어 컴퓨터에 구현하기가 대단히 어렵다. 겐첸(Gentzen)의 Natural deduction system에서는 연역정리를 가설의 방면(discharge)의 개념을 써서 시스템 내부에서 다루게 하였지만 여러 개의 가설을 지정했다가 동시에 방면한다든가 하는, 좀 복잡한 부분이 있다.

피치 시스템에서는 연역정리를 부분증명이라는 개념을 써서 시스템 내부에서 깔끔하게 다룬다. 이렇게 연역정리를 부분증명으로 처리하는 것을 "메타정리(meta-theorem)의 내부화(internalization)"라고 보면 될 것이다.

3.4 EXERCISE 그림 3.9에 보인 증명에서 5번 라인의 주석을 보라.

5번 라인의 전제는 부분증명 2–4이며, 이 부분증명의 가설은 $A$이고 마지막 라인은 $A \wedge B$이다. 그래서 → 노입에 의하여 $A \to A \wedge B$를 얻은 것이다. 입증에 실패한 이유가 무엇일까? ⊣

그림 3.9: → 도입의 잘못된 적용

| | | |
|---|---|---|
| | 1. | hyp |
| | 2. A | hyp |
| | 3. B | hyp |
| | 4. A ∧ B | ✓ ∧ 도입 2,3 |
| ▷ | 5. A → A ∧ B | x → 도입 2-4 |

# 3 피치 추론규칙

지금까지 우리가 사용한 추론규칙은 → 소거와 ∧ 도입 및 → 도입 등 3개 뿐이었는데, 피치 시스템에서는 모든 6 개의 결합자 $\neg, \wedge, \vee, \rightarrow, \leftrightarrow, \perp$ 각각에 대하여 도입과 소거 규칙이 있어 총 12개의 추론규칙을 사용한다. 피치에서 사용하는 12개의 추론규칙은 표 3.1과 같다. 이 표에서 $A \vdash B$는 $A$를 가설로 하고 $B$를 결론으로 하는 부분증명을 뜻한다.

이 표의 각 추론규칙에서 수평선 위에 나타나는 논리식과 부분증명은 전제(premise), 수평선 아래에 나타나는 논리식은 결론(conclusion)이며 전제 노드들은 모두 결론 노드 이전에 나와야 한다. 단, 전제 노드 간의 순서관계는 어떻게 되든 상관없다.

$$\frac{\begin{matrix} A \\ \neg A \end{matrix}}{\perp}\ \perp \text{ 도입} \qquad\qquad \frac{\perp}{A}\ \perp \text{ 소거}$$

이상의 12개의 추론규칙들이, 예를 들어 ∧ 도입 규칙 $\{A, B\} \vDash A \wedge B$이 건전함(타당함)은 진리표에 의해서 확인된다. 여기서 문제가 될 수 있는 것은 전제에 부분증명이 사용된 경우들인데, 이 경우에는

$$A \vdash B \;\Rightarrow\; A \vDash B \;\Leftrightarrow\; \vDash A \rightarrow B$$

로부터 타당성을 보장받을 수 있다. 위에서 오른쪽의 ⇔는 이미 몇 번 언급한 보조정리 1.27.(2)에 의하여 성립하며, 왼쪽의 ⇒는 귀납가설(induction hypothesis)이다. 귀납법을 사용할 수 있음은 피치 증명의 재귀적 구조에 의한다.

표 3.1: Fitch 증명시스템의 추론 규칙

$$\frac{A \vdash \bot}{\neg A}\ \neg\ \text{도입} \qquad \frac{\neg A \vdash \bot}{A}\ \neg\ \text{소거}$$

$$\frac{\begin{matrix}A\\B\end{matrix}}{A \wedge B}\ \wedge\ \text{도입} \qquad \frac{A \wedge B}{A},\ \frac{A \wedge B}{B}\ \wedge\ \text{소거}$$

$$\frac{A}{A \vee B},\ \frac{B}{A \vee B}\ \vee\ \text{도입} \qquad \frac{\begin{matrix}A \vee B\\A \vdash C\\B \vdash C\end{matrix}}{C}\ \vee\ \text{소거}$$

$$\frac{A \vdash B}{A \to B}\ \to\ \text{도입} \qquad \frac{\begin{matrix}A \to B\\A\end{matrix}}{B}\ \to\ \text{소거}$$

$$\frac{\begin{matrix}A \vdash B\\B \vdash A\end{matrix}}{A \leftrightarrow B}\ \leftrightarrow\ \text{도입} \qquad \frac{\begin{matrix}A \leftrightarrow B\\A\end{matrix}}{B},\ \frac{\begin{matrix}A \leftrightarrow B\\B\end{matrix}}{A}\ \leftrightarrow\ \text{소거}$$

Proofmood에는 증명의 편의와 효율을 위하여 아래와 같은 2개의 규칙을 더 추가 구현되어 있다.

$$\frac{A}{A}\ \text{반복} \qquad \frac{}{A \vee \neg A}\ \text{배중률}$$

이 두 규칙이 타당함은 자명하다.

결합자 중 하나를 $*$라 할 때 $*$ 도입 규칙은 $*$를 주결합자로 가지는 논리식을 얻고자 할 때 쓰인다. 즉 $*$ 도입 규칙을 사용한 증명 단계에서는 전제에는 없던 $*$ 기호가 결론에 새로 등장하게 된다.

그리고 $*$ 소거 규칙은 $*$를 주결합자로 가지는 논리식을 전제로 삼아 다른 논리식을 증명하고자 할 때 쓰인다. 즉 $*$ 소거 규칙을 사용한 증명 단계에서는 전제에는 있던 $*$ 기호가 결론에서 사라진다.

이 원칙에 단 하나의 예외가 있는데 그것은 바로 ¬ 소거 규칙이다. 전제에 $\neg A$가 있기는 하지만 이 논리식은 전제의 원소가 아니라 전제로 사용된 부분증명의 가설로 사용되었다. 실은 ¬ 소거 규칙은 $\neg\neg A$에서 $A$를 얻는 규칙과 동등한데 그렇다면 이 규칙은 ¬ 기호 2개를 한꺼번에 소거하는 셈이다.

¬ 소거는 결국 증명하고자 하는 논리식의 부정을 가정한 후에 모순을 유도하여 원래 논리식이 참이라고 주장하는 것이며 이러한 증명법은 귀류법이라는 이름으로 널리 알려져 있다. 사람들은 흔히 ¬ 도입을 귀류법(¬ 소거)과 혼동하는데 수학자들도 흔히 이런 오류를 범한다.

19쪽의 보조정리 1.27.(3)에서도 귀류법을 언급하였는데 그 귀류법은 의미론적인 것이고 이제 여기서 말하는 귀류법은 구문론적인(혹은 증명론적인) 것으로 기호로는 아래와 같이 나타낼 수 있다.

$$A_1, \ldots, A_n \vdash B \;\Leftrightarrow\; A_1, \ldots, A_n, \neg B \vdash \bot$$

귀류법을 타당한 추론규칙으로 받아들이지 않는 사람들도 있으며 이들의 신조를 직관주의(intuitionism)라고 한다.

3.5 Definition 논리식의 집합 $\Phi$는

$$\Phi \vdash \bot \text{ 일 때}$$

모순된다(*inconsistent*), 혹은 모순이 있다고 하며 모순되지 않을 때 모순이 없다(*consistent*), 혹은 무모순이라고 한다.[†] ⊣

위의 정의에 의해서 이제 귀류법은 "어떤 결론을 증명하기 위하여 그 결론의 부정을 가설에 넣어 얻은 집합이 모순됨을 보이는 방법"이라고 말할 수 있다.

## 4 증명 작성 기법

아래의 귀결 관계를 피치를 사용하여 증명해 보자.[‡]

$$A \to B \vDash A \wedge C \to B \wedge C \tag{6}$$

[†] '모순'에 대한 정의는 앞서 14쪽의 정의 1.9에 내린 바 있다. 그 정의는 의미론적인 것이었으며 '만족불가능'과 동일한 의미를 가지는 것으로 정의하였다. 우리는 이렇게 '모순'이라는 용어를 두 개의 조금 다른 의미에 사용하기로 한다.

[‡] 피치를 사용하여 $\Phi \vDash A$를 증명한다는 것은 $\Phi \vdash A$의 도출과정을 만들어 낸다는 뜻이다.

먼저 다음과 같이 가설과 결론을 넣는다.

```
  | 1. A → B             hyp
  |----
▷ | 2. A ∧ C → B ∧ C     Rule ?
```

결론 $A \wedge C \to B \wedge C$의 주결합자가 $\to$ 이므로 $\to$ 도입을 사용해야 할 것이다. 포커스가 2번 라인에 있는 상태에서 [부분증명 끼워넣기]를 클릭하여 다음과 같이 만든다.

```
  | 1. A → B             hyp
  |----
  | | 2. A ∧ C           hyp
  | |----
▷ | | 3. B ∧ C           Rule ?
  |
  | 4. A ∧ C → B ∧ C     Rule ?
```

3번 라인의 주결합자가 $\wedge$ 이므로 $\wedge$ 도입을 사용하는 것이 당연하다. 그러므로 3번 라인에 포커스가 놓인 상태에서 [줄 끼워넣기]를 클릭한 후 두 라인을 넣어 다음과 같이 만든다.

```
  | 1. A → B             hyp
  |----
  | | 2. A ∧ C           hyp
  | |----
  | | 3. B               Rule ?
▷ | | 4. C               Rule ?
  | | 5. B ∧ C           Rule ?
  |
  | 6. A ∧ C → B ∧ C     Rule ?
```

$C$(라인 4)는 $A \wedge C$(라인 2)에 $\wedge$ 소거를 적용하면 나올 것이다. $B$(라인 3)는 $A \to B$(라인 1)와 $A$에 $\to$ 소거를 적용하여 얻으면 될 것인데, $A$는 아직 도출과정 내에 없지만 라인 2에 $\wedge$ 소거를 적용하면 쉽게 얻어진다. 그러므로 결국 다음과 같은 증명을 완성하게 된다.

```
  | 1. A → B             hyp
  |----
  | | 2. A ∧ C           hyp
  | |----
  | | 3. A               ✓ ∧ 소거  2
  | | 4. B               ✓ → 소거  1,3
  | | 5. C               ✓ ∧ 소거  2
  | | 6. B ∧ C           ✓ ∧ 도입  4,5
  |
▷ | 7. A ∧ C → B ∧ C     ✓ → 도입  2-6
```

이 증명을 구성하는 과정에서 피치 커맨드들을 어느 정도 익숙하게 사용하게 되었을 것이다. 단, 전제 지정을 하다가 실수하여 다른 라인 번호가 전제로 주석에 지정되었을 때는 그 라인을 다시 한 번 Right Click 하면 그 번호가 주석에서 토글되어 사라진다는 것을 알고 있어야 할 것이다.

그런데 피치 커맨드들 중에 [부분증명 끝내기]와 [첫 결론 끼워넣기]는 어떤 상황에서 사용하는 것인지 알기 힘들 수 있다. 전자는 다음 그림의 왼쪽 상황에서 오른쪽 상황을 만들 때 쓰인다.

```
  | 1. A → B      hyp          | 1. A → B      hyp
  |----                        |----
  | | 2. A ∧ C    hyp          | | 2. A ∧ C    hyp
  | |----                      | |----
▷ | | 3. B ∧ C    Rule ?       | | 3. B ∧ C    Rule ?
                             ▷ | 4.            Rule ?
```

후자([첫 결론 끼워넣기])는 다음 그림의 왼쪽 상황에서 오른쪽 상황을 만들 때 쓰인다.

```
▷ | 1. A → B      hyp          | 1. A → B      hyp
  |----                        |----
  | | 2. A ∧ C    hyp        ▷ | 2.            Rule ?
  | |----                      | | 3. A ∧ C    hyp
  | | 3. B ∧ C    Rule ?       | |----
                               | | 4. B ∧ C    Rule ?
```

전자와 후자 모두 포커스의 위치에 각별히 주목해야 할 것이다.

이번에는 아래의 귀결 관계를 피치를 사용하여 증명해 보자.

$$A \to B \models A \vee C \to B \vee C \qquad (7)$$

(7)은 (6)과 비슷하므로 피치 증명도 아까와 같이 시작하면 된다.

```
  | 1. A → B               hyp
  |----
  | | 2. A ∨ C             hyp
  | |----
  | | 3. B ∨ C             Rule ?
▷ | 4. A ∨ C → B ∨ C       ✓ → 도입 2-3
```

그런데 여기서 $B \vee C$(라인 3)을 증명하기 위하여 이 논리식의 주결합자인 ∨에 주목하여 ∨ 도입을 사용하려 한다면 잘 되지 않는다. 왜냐하면 ∨ 도입을 사용하여 $B \vee C$를 얻으려면 위하여는 그 전에 $B$, 혹은 $C$를 얻어야 하는데 이들은 $B \vee C$ 보다 더 '강한' 논리식이기 때문이다.

여기서 발상을 전환하여 $A \vee C$(라인 2)를 가설로 이용하여 $B \vee C$(라인 3)을 얻으려면 어떤 추론규칙을 써야 하겠는지를 생각해 보라. 라인 2의 주결합자가 ∨이므로 ∨ 소거를 사용해야 한다는 것을 쉽게 떠 올릴 수 있을 것이다. 그러므로 일단 다음과 같은 그림을 얻는다.

```
 | 1. A → B            hyp
 |---
 | | 2. A ∨ C          hyp
 | |---
 | | | 3. A          hyp
 | | |---
 | | | 4. B ∨ C      Rule ?
 | |
 | | | 5. C          hyp
 | | |---
 | | | 6. B ∨ C      Rule ?
 | |
▷ | | 7. B ∨ C          ✓ ∨ 소거  2,3-4,5-6
 |
 | 8. A ∨ C → B ∨ C    ✓ → 도입  2-7
```

(라인 6)을 (라인 5)에서 얻기는 쉽다. ∨ 도입을 쓰면 된다. (라인 4)를 (라인 3)으로부터 얻는 것은 약간 더 까다롭지만 (라인 1)과 (라인 3)에 → 소거를 적용하여 $B$를 얻은 다음 다시 ∨ 도입을 써서 (라인 4)를 얻는 것을 어렵지 않게 마음 속에 그릴 수 있을 것이다. 이하는 생략한다.

앞의 증명은 부분증명 내에 다시 부분증명들이 들어 있는 구조를 가진다. 이 증명의 높이는 3단이다. 복잡한 피치 증명은 높이가 4단, 혹은 5단까지 올라가기도 하나 그 이상으로 올라가는 경우는 거의 없다.

높이가 높은, 복잡한 피치 증명에서 현재 포커스 된 라인이 어떤 부분증명에 속해있는지를 파악하는 것은 그 부분증명의 왼편에 있는 (⊢ 모양의) 기준선이 핑크색으로 강조되어 있으므로 아주 수월하다. 예를 들어 부분증명을 [부분증명 삭제] 커맨드로 삭제할 경우 기준선의 색깔만 주목하면 실수로 엉뚱한 다른 부분증명을 삭제해 버릴 위험은 크지 않을 것이다.

배중률(*law of excluded middle, LEM*), 즉 $\vdash A \vee \neg A$는 피치 시스템의 12개 기본 추론규칙들만 사용하여 증명하기가 상당히 까다롭다. 그림 3.10에 풀이를 주었으니 깊이 음미해 보기 바란다. 이 배중률 증명에서 사용된 기법은 드모르강의 법칙(연습문제 3.10의 (*ii*), (*iii*)) 등 여러 곳에서 유용하게 쓰인다.

배중률은 원래 피치의 추론규칙에는 들어 있지 않다. 그러나 Proofmood에는 구현해 두었다. 그러므로 일단 배중률 추론규칙을 써서 피치 증명을 얻은 후에 그 배중률 라인을 그림 3.10을 이용하여 다시 직접 증명하면 배중률 규칙을 쓰지

그림 3.10: 배중률

| | | |
|---|---|---|
| | 1. | hyp |
| | 2. $\neg(A \vee \neg A)$ | hyp |
| | 3. $A$ | hyp |
| | 4. $A \vee \neg A$ | ✓ $\vee$ 도입 3 |
| | 5. $\bot$ | ✓ $\bot$ 도입 2,4 |
| | 6. $\neg A$ | ✓ $\neg$ 도입 3-5 |
| | 7. $A \vee \neg A$ | ✓ $\vee$ 도입 6 |
| | 8. $\bot$ | ✓ $\bot$ 도입 2,7 |
| ▷ | 9. $A \vee \neg A$ | ✓ $\neg$ 소거 2-8 |

않은 증명을 얻게 된다.

3.6 Exercise 반복도 배중률과 같이 원래의 피치 시스템에는 들어 있지 않지만 피치 시스템에서 증명이 가능하다. 반복의 증명을 찾아 보라. ⊣

3.7 Exercise 아래의 증명관계들에 대한 피치 도출과정들을 작성하시오.

(*i*) $\vdash A \to A$

(*ii*) $\vdash A \to (B \to A)$

(*iii*) $\vdash (A \to (B \to C)) \to ((A \to B) \to (A \to C))$

(*iv*) $A \to B, B \to C \vdash A \to C$

(*v*) $A \wedge B \vdash B \wedge A$

(*vi*) $A \wedge B \to C \vdash A \to (B \to C)$

(*vii*) $A \to (B \to C) \vdash A \wedge B \to C$

(*viii*) $A \to (B \to C) \vdash B \to (A \to C)$

(*ix*) $A \to B \vdash A \vee C \to B \vee C$

(*x*) $A \vee B \vdash B \vee A$ ⊣

위에서 (*iii*) 은 함의의 추이율 (Transitivity of implication), (*v*) 는 논리곱의 교환법칙 (Commutativity of conjunction), (*x*) 은 논리합의 교환법칙 (Commutativity of disjunction) 이다. 그리고 $(vi)$, $(vii)$, $(viii)$ 은 특별한 이름을 가지지는 않았지만 수학의 증명에서 대단히 흔히 사용되는 중요한 증명관계이므로 확실히 마음속에 새겨 두어야 할 것이다.

3.8 Exercise 아래의 증명관계들에 대한 피치 도출과정들을 작성하시오.

$(i)$ $A \to B, \neg B \vdash \neg A$

$(ii)$ $A \vee B, \neg A \vdash B$

$(iii)$ $\neg(A \wedge B), A \vdash \neg B$

$(iv)$ $A \vee B, A \to C, B \to C \vdash C$

$(v)$ $A \to B \vee C, \neg B, \neg C \vdash \neg A$

$(vi)$ $A \leftrightarrow B, \neg A \vdash \neg B$

$(vii)$ $\neg A \to A \vdash A$

$(viii)$ $\neg A \vdash A \to B$ $\dashv$

위에서 $(i)$ 은 아니아니 (Modus tollendo tollens), $(ii)$ 는 아니예 (Modus tollendo ponens), $(iii)$ 은 예아니 (Modus ponendo tollens) 추론규칙이다. $(iv)$ 는 논리합 소거 추론규칙의 한 버전이다. $(vii)$ 과 $(vii)$ 은 연역정리 (5)를 $\Phi = \varnothing$ 로 두고 적용하면 각각

$$\vdash (\neg A \to A) \to A \text{ 와}$$
$$\vdash \neg A \to (A \to B)$$

로 쓸 수 있는데 이 둘의 공통점과 차이점을 잘 눈여겨 보아 두기를 바란다. 수학의 증명에서 이 둘을 혼동하는 오류를 범하기 쉽다.

3.9 Exercise 아래의 증명관계들에 대한 피치 도출과정들을 작성하시오.

$(i)$ $\vdash (B \vee C \to A) \leftrightarrow (B \to A) \wedge (C \to A)$

$(ii)$ $\vdash (A \to B \wedge C) \leftrightarrow (A \to B) \wedge (A \to C)$

$(iii)$ $\vdash A \vee \neg A$

$(iv)$ $\vdash (A \to B) \leftrightarrow (\neg B \to \neg A)$

(*v*) $\vdash (A \to B) \leftrightarrow (\neg A \vee B)$

(*vi*) $\vdash A \vee B \leftrightarrow (\neg A \to B)$ $\dashv$

위에서 (*iv*) 는 대우(contrapositive) 이다. (정확히 말하자면 (*iv*) 의 $\leftarrow$ 가 대우이다.)

(*v*) 와 (*vi*) 은 특별한 이름은 없으나 수학의 증명에서 대단히 흔히 사용된다. 실는 너무나도 흔히 사용되어서 이들을 사용하고 있다는 사실조차 인식하지 못하는 경우가 많다. 예를 들어 "$A$ 혹은 $B$ 이다." 를 증명할 때 "$A$ 가 아니라고 가정하면..." 하고 시작하는 경우가 대부분이다.[†] (*vi*) 의 도출과정에 대한 힌트를 아래에 보였다. 증명하고자 하는 결론이 양방향함의문이므로 $\leftrightarrow$ 도입을 쓰기로 한다.

```
  | 1.                        hyp
  |---
  | | 2. A ∨ B                hyp
  | |---
  | | 3. ¬A → B               Rule ?
  |
  | | 4. ¬A → B               hyp
  | |---
  | | 5. A ∨ B                Rule ?
  |
▷ | 6. A ∨ B ↔ (¬A → B)       ↔ 도입 2-3,4-5
```

라인 3은 함의문이므로 $\to$ 도입을 쓰고, 이를 증명하기 위한 전제는 논리합문이므로 $\vee$ 소거를 쓰기로 한다.

```
  | 1.                  hyp
  |---
  | | 2. A ∨ B          hyp
  | |---
  | | | 3. ¬A          hyp
  | | |---
  | | | | 4. A        hyp
  | | | |---
  | | | | 5. B        Rule ?
  | | |
  | | | | 6. B        hyp
  | | | |---
  | | | | 7. B        Rule ?
  | | |
  | | | 8. B          ✓ ∨ 소거  2,4-5,6-7
  | |
▷ | | 9. ¬A → B       ✓ → 도입  3-8
  | ⋮
```

[†] "$B$ 가 아니라고 가정하면..." 하고 시작할 수도 있다.

라인 5와 7의 입증은 독자에게 맡기고, 이제 후반부 $\neg A \to B \vdash A \vee B$ 를 증명해 보자. 원하는 결론이 논리합문 $A \vee B$ 이므로 ∨ 도입을 사용하려는 시도는 성공하기 힘들다는 사실은 이미 언급하였다. 여기서 잠시 추론규칙에 너무 얽메이지 말고 인간이 자연스러운 사고과정으로써 $\neg A \to B \vdash A \vee B$ 를 증명하려 한다면 어떻게 할지 생각해 보자. 필경 다음과 같을 것이다.

> 만일 A 가 참이라면 $A \vee B$ 는 당연히 성립하고, 반대로 $\neg A$ 가 참이라면 이번에는 $\neg A \to B$ 를 사용하여 B 를 얻으면 이번에도 역시 $A \vee B$ 를 얻는다.

위의 사고과정을 피치 도출과정으로 번역하면 다음과 같다.

```
   | ⋮
   | | 10. ¬A → B     hyp
   | |------
   | | 11. A ∨ ¬A     배중률
   | | | 12. A        hyp
   | | |------
   | | | 13. A ∨ B    Rule ?
   | | | 14. ¬A       hyp
   | | |------
   | | | 15. B        Rule ?
   | | | 16. A ∨ B    Rule ?
 ▷ | | 17. A ∨ B      Rule ?
   | ⋮
```

주석은 비워 놓았으니 독자가 채워 넣기를 바란다.

3.9.(*ii*) 에서 → 를 × 로, ∧ 를 + 로, ↔ 를 = 로 바꾸어 써 보면

$$A \times (B + C) = A \times B + A \times C \tag{8}$$

가 얻어져 분배법칙의 형태가 얻어진다. 아래의 3.10.(*vi*) 는 3.9.(*ii*) 에서 ∧ 를 ∨ 로 바꾸어 얻은 것이다.

이번에는 3.9.(*i*) 과 3.10.(*v*) 를 비교·분석해 보자. → 를 × 로, ∧ 와 ∨ 을 + 로, ↔ 를 = 로 바꾸어 써 보면 두 경우 모두 아래의 등식을 얻게 된다.

$$(B + C) \times A = B \times A + C \times A \tag{9}$$

지금까지의 논의를 바탕으로 3.9.(*ii*) 와 3.10.(*vi*) 은 앞인자 분배법칙(*antecedent distributive law*) 이라고 부르고 3.9.(*i*) 과 3.10.(*v*) 는 뒤인자 분배법칙(*consequent distributive law*) 이라고 부르기로 한다. 후자에서는 $\wedge$ 와 $\vee$ 를 서로 뒤바꾼다는 것을 확실히 기억해 두도록 한다. 이 4 개의 분배법칙을 한 군데에 모아 두지 않고 두 개씩 각각 모아 놓은 이유는 3.10.(*v*) 와 3.10.(*vi*) 이 3.9.(*i*) 과 3.9.(*ii*) 보다 증명하기가 더 어렵기 때문이다.

3.10 EXERCISE 아래의 증명관계들에 대한 피치 도출과정들을 작성하시오.

(*i*) $\vdash \neg(A \to B) \leftrightarrow A \wedge \neg B$

(*ii*) $\vdash \neg(A \wedge B) \leftrightarrow \neg A \vee \neg B$

(*iii*) $\vdash \neg(A \vee B) \leftrightarrow \neg A \wedge \neg B$

(*iv*) $A \vee C, B \vee \neg C \vdash A \vee B$

(*v*) $\vdash (B \wedge C \to A) \leftrightarrow (B \to A) \vee (C \to A)$

(*vi*) $\vdash (A \to B \vee C) \leftrightarrow (A \to B) \vee (A \to C)$ ⊣

위에서 (*ii*) 와 (*iii*) 은 드모르강의 법칙(De Morgan's law), (*iv*) 는 분해합(Resolution) 이다.

(*i*) 은 특별한 이름은 없지만 대단히 중요하다. 흔히 $\neg(A \to B)$ 를 증명할 때 $A \to \neg B$ 를 증명하려 드는 경우가 있는데 이런 잘못을 저지르지 않도록 주의해야 할 것이다.

(*ii*) 의 형식증명에 대한 힌트를 아래에 보였다. 당연히 $\leftrightarrow$ 도입을 사용해야 할 것이다.

| | | |
|---|---|---|
| | 1. | hyp |
| | 2. ¬(A ∧ B) | hyp |
| | 3. ¬A ∨ ¬B | Rule ? |
| | 4. ¬A ∨ ¬B | hyp |
| | 5. ¬(A ∧ B) | Rule ? |
| ▷ | 6. ¬(A ∧ B) ↔ ¬A ∨ ¬B | ↔ 도입 4-5,2-3 |

부분증명 4-5를 먼저 완성하고 그 다음에 부분증명 2-3을 볼 것이다. 4-5의 결론과 가설을 보면 ¬ 도입과 ∨ 소거를 사용하는 것이 자연스러워 보인다.

```
│ ⋮
│ │ 4. ¬A ∨ ¬B        hyp
│ ├──
│ │ │ 5. A ∧ B        hyp
│ │ ├──
│ │ │ │ 6. ¬A         hyp
│ │ │ ├──
│ │ │ │ 7. ⊥          Rule ?
│ │ │
│ │ │ │ 8. ¬B         hyp
│ │ │ ├──
│ │ │ │ 9. ⊥          Rule ?
│ │ │
│ │ │ 10. ⊥         ✓ ∨ 소거 4,6-7,8-9
│ │
▷ │ │ 11. ¬(A ∧ B)  ✓ ¬ 도입 5-10
│ ⋮
```

남은 부분은 독자들이 거의 기계적으로 완성할 수 있을 것이라 생각한다. 이번에는 2-3에 대해서 알아 보자. 배중률을 사용하면 아래와 같은 추론을 할 수 있을 것이다.

> A가 거짓이라면 결론 ¬A∨¬B는 당연히 성립한다. 반대로 A가 참이라면 가설 ¬(A∧B)에 예아니를[†] 적용하여 ¬B를 얻고 이로부터 다시 ¬A ∨ ¬B를 얻는다.

위의 사고과정을 피치 형식증명으로 번역하는 것은 독자들에게 맡긴다. 한편 2-3의 형식증명은 배중률을 쓰지 않고 귀류법을 써서도 다음과 같이 얻을 수 있음을 참고로 말해 둔다.

```
│ ⋮
│ │ 2. ¬(A ∧ B)          hyp
│ ├──
│ │ │ 3. ¬(¬A ∨ ¬B)      hyp
│ │ ├──
│ │ │ │ 4. ¬A            hyp
│ │ │ ├──
│ │ │ │ 5. ¬A ∨ ¬B       ∨ 도입 4
│ │ │ │ 6. ⊥             ⊥ 도입 3,5
│ │ │
│ │ │ 7. A               ¬ 소거 4-6
│ ⋮
```

[†] 이 추론규칙은 그림 2.10에 나와 있다.

7번 라인의 A를 얻는 것과 같은 요령으로 B를 얻는다. 그리고 이 둘을 논리곱하여 A ∧ B를 얻는다. 이것은 2번 라인과 모순된다. 그러므로 귀류법을 써서 3번 라인에 있는 가설에서 ¬를 소거하여 원하던 결론 ¬A ∨ ¬B를 얻는다.

이제 피치 증명기법의 마지막 예로 연습문제 3.10.$(vi)$의 앞인자 분배법칙

$$\vdash \ (A \to B \lor C) \leftrightarrow (A \to B) \lor (A \to C)$$

에 대해서 알아 보자.

← 는 비교적 쉽다. ∨ 소거를 사용하면 특별한 어려움 없이 도출과정을 작성할 수 있을 것이다.

→ 는 다음과 같이 배중률을 사용하는 것이 좋다.

```
  | 1. A → B ∨ C                 hyp
  |----
  | 2. (A → B) ∨ ¬(A → B)       ✓ 배중률
  | | 3. A → B                   hyp
  | |----
▷ | | 4. (A → B) ∨ (A → C)      ✓ ∨ 도입  3
  | | 5. ¬(A → B)                hyp
  | |----
  | | 6. A                       Rule ?
  | | 7. ¬B                      Rule ?
  | | 8. B ∨ C                  ✓ → 소거  1,6
  | | 9. C                       Rule ?
  | | 10. A → C                  Rule ?
  | | 11. (A → B) ∨ (A → C)     ✓ ∨ 도입  10
  | 12. (A → B) ∨ (A → C)       ✓ ∨ 소거  2,3-4,5-11
```

위의 형식증명은 다음의 힌트로부터 쉽게 완성할 수 있을 것이다: 라인 6과 라인 7은 라인 5와 3.10.$(i)$을 이용하면 된다. 라인 9는 라인 7과 라인 8에 아니예를 적용하면 된다. 라인 10은 라인 9로부터 쉽게 얻어진다.

3.11 Exercise 아래의 증명관계들에 대한 피치 도출과정들을 작성하시오.

$(i)$ $\vdash \ (A \to B \lor C) \leftrightarrow (A \land \neg B \to C)$

$(ii)$ $A \to B \lor C,\ A \land B \to C \ \vdash \ A \to C$

$(iii)$ $A \to B \lor C,\ A \land D \to C \ \vdash \ A \land (B \to D) \to C$

$(iv)$ $\vdash A \vee B \leftrightarrow ((A \to B) \to B)$

$(v)$ $\vdash ((A \to B) \to A) \to A$

$(vi)$ $A \wedge B \to C \vee D \vdash B \to C \vee (A \to D)$

$(vii)$ $\vdash (A \leftrightarrow B) \vee (B \leftrightarrow C) \vee (C \leftrightarrow A)$ ⊣

위에서 $(i)$ 은 이항(transposition), $(ii)$ 는 커트(Cut), $(v)$ 는 퍼스(Peirce)의 토톨로지이다.

$(vii)$ 을 보자. 3 개의 명제문자 $A$, $B$, $C$ 의 각각은 참, 거짓 둘 중의 하나의 진리값을 배정받게 되므로 비둘기집 원리에 의하여, 어떠한 진리값배정에서든 최소 2 개의 명제문자는 같은 진리값을 배정받을 수 밖에 없다는 것을 생각하면 쉽게 이 논리식이 항진임을 알 수 있다. 문제는 이러한 사고과정은 피치 형식증명으로 번역할 수 없다는 것이다. $(vii)$ 에 대한 피치 형식증명은 배중률을 3 번 사용하여 60 라인 정도 길이의 것을 얻을 수 있음을 말해 둔다.

비둘기집 원리 같은 추론 기법을 형식 증명 체계에 구현하려면 명제논리보다 더 높은 단계의 논리체계가 필요하다. 다음 장에서 공부할 1 계논리는 이러한 '높은 단계의 논리체계'로 가는 중요한 단계이다.

*Mathematicians do not study objects, but relations between objects. Thus, they are free to replace some objects by others so long as the relations remain unchanged. Content to them is irrelevant: they are interested in form only.*

Henri Poincaré

# 4 1계논리

## 1 왜 1계논리인가?

2장 1절에서 아래의 추론이

$$
\begin{array}{ll}
(H_1) & \text{모든 인간은 죽는다.} \\
(H_2) & \text{소크라테스는 인간이다.} \\
(C) & \text{그러므로 소크라테스는 죽는다.}
\end{array}
\tag{1}
$$

타당한 이유를 다음과 같이 설명하면 엄격하지 않다고 말하였다.

> 인간을 $h$, 죽음을 $m$, 소크라테스를 $s$로 나타내고 이 추론을 아래와 같이 기호화 한다.
>
> $(H_1)$ $h \to m$
>
> $(H_2)$ $s \to h$
>
> $(C)$ $s \to m$
>
> 그리고 논리적 귀결관계 $h \to m,\ s \to h \models s \to m$이 성립함을 진리표나 논리도해, 혹은 피치 시스템 등의 적당한 방법으로 보인다.

이 추론은 실상 첫 시작인 기호화 단계에서 이미 옳지 않다. 논리식은 명제를 기호화 한 것이고 명제는 진위를 분별할 수 있는 문장이라고 하였다. 진위를 분별할 수 있는 문장은 평서문이어야 할 것이고 이러한 평서문에서 주어와 술어는 생략할 수 없는, 반드시 존재해야 하는 구성요소이다. "모든 인간은 죽는다."라는 명제에서 주어는 "인간"이고 술어는 "죽는다"가 되어야 할 것이며 "모든"은 주어를 수식하는 한정사(*determiner*) 이다. 이 명제를 단순히 "인간 → 죽음" 으로 기호화 하면 다음과 같은 문제에 봉착한다.

결합자는 기존의 논리식(들)을 결합하여 새로운 논리식을 만들어 주는 것이므로 결합자의 앞인자와 뒤인자는 논리식이어야 한다. 따라서 앞인자 "인간" 과 뒤인자 "죽음" 이 각각 명제이어야 할 것인데, 앞서 말했듯이 명제는 주어와 술어를 가져야 한다. 그러나 "인간" 이나 "죽음" 이라는 단어들을 각각 주어와 술어로 분해할 수 없음은 명백하다.

그렇다면 추론 (1)을 기호화 하려면 어떻게 해야 할까?

"죽는다" 는 술어(predicate) 이고 "인간" 은 주어이니 "인간은 죽는다" 를 $m(h)$ 로 나타내는 것도 하나의 방법이 되겠다. 그런데 이러한 기호화에는 두 개의 문제점이 있다. 하나는 "모든" 이라는 한정사는 어디로 갔느냐는 것이다. 다른 하나는 인간은 인류 전체를 나타내는 단어이지 개체(individual) 가 아니므로 주어이기 보다는 술어에 가깝게 보인다는 것이다. 실제로 소전제 $(H_2)$: "소크라테스는 인간이다." 에서 "인간" 은 술어로 기능하고 있다.

"죽는다" 와 "인간임" 을 각각 술어 $m$ 과 $h$ 로 보고 "소크라테스" 를 주어 역할을 하는 개체 $s$ 로 본다면 소전제 $(H_2)$ 는 $h(s)$, 결론 $(C)$ 는 $m(s)$ 로 쓰면 될 것이다. 문제는 대전제 $(H_1)$ 인데 이것은 변수의 개념을 도입하여

$(H_1)$: 모든 $x$ 에 대해서, $x$ 가 인간이면 $x$ 는 죽는다.

로 쓰면 될 것이다. 모든 $x$ 에 대해서를 기호 $\forall x$ 로 나타내기로 하면 이제 $(H_1)$ 은

$$\forall x(h(x) \to m(x)) \tag{2}$$

로 기호화 하여 나타낼 수 있다.

(2)의 $x$ 는 임의의 개체일 수 있으므로 여기에 소크라테스 $s$ 를 대입하면

$$h(s) \to m(s) \tag{3}$$

을 얻는다.

우리는 (3)에 더하여 소전제 $h(s)$ 를 가지고 있으므로 논리적 귀결관계

$$h(s) \to m(s),\ h(s) \vDash m(s)$$

로부터 우리가 원하던 결론 $m(s)$를 얻는다. 이상의 논의를 피치 시스템에 구현하면 그림 4.1과 같다. 여기서 술어 "인간임"과 "죽는다"는 각각 1항-술어기호 `Human(_)`과 `Mortal(_)`로, 그리고 "소크라테스"라는 개체는 상수기호 `cSocrates`로 나타내었다.

그림 4.1: 소크라테스의 죽음: 피치 증명 1

| | | |
|---|---|---|
| | 1. ∀x(Human(x) → Mortal(x)) | hyp |
| | 2. Human(cSocrates) | hyp |
| | 3. Human(cSocrates) → Mortal(cSocrates) | ✓ ∀ 소거 1 |
| ▷ | 4. Mortal(cSocrates) | ✓ 명논귀결 2,3 |

이제까지 추론 (1)을 1계논리로 기호화 하여 증명하는 과정을 보였는데 이것이 유일한 방법인 것은 아니다. 추론 (1)의 또 하나의 피치 증명을 그림 4.2에 보였다.

그림 4.2: 소크라테스의 죽음: 피치 증명 2

| | | |
|---|---|---|
| | 1. ∀x(Human(x) → Mortal(x)) | hyp |
| | 2. ∀x((x = cSocrates) → Human(x)) | hyp |
| |   3. {x} | hyp |
| |   4. Human(x) → Mortal(x) | ✓ ∀ 소거 1 |
| |   5. (x = cSocrates) → Human(x) | ✓ ∀ 소거 2 |
| |   6. (x = cSocrates) → Mortal(x) | ✓ 명논귀결 4,5 |
| ▷ | 7. ∀x((x = cSocrates) → Mortal(x)) | ✓ ∀ 도입 3-6 |

그림 4.1과 그림 4.2의 주석에 나타난 추론규칙에 대해서는 4장 3절에서 상세하게 다시 설명할 것이다.

명제논리는 명제를 기호화 하여 엄격한 추론을 하는 데 있어 가장 기본이 되는 중요한 논리체계이다. 그러나 방금 소크라테스 추론의 예에서 보았듯이 명제논리만 가지고는 명제를 충분히 세밀하게 기호화 하기에 부족하다.

1계논리(first-order logic)는 명제의 기본적인 구성요소인 술어와 한정사를 비롯한 다양한 구문요소들을 추가하여 더욱 풍부한 형식언어 체계를 제공한다. 물론 1계논리도 인간의 모든 사상과 감정을 나타내기에는 대단히 부족하지만 수학을 표현하는 데는 충분한 것으로 널리 인식되고 있다.

# 2 1계논리식의 구문과 의미

1계논리를 수학을 위한 형식언어(formal language)라고 한다면, 1계논리식의 구문과 의미를 정의하고자 할 때 먼저 수학의 대상이 무엇인지 정확히 알아보는 것이 순서일 것이다. 그러나 수학의 대상을 정확히 기술한다는 것은 결코 간단한 일이 아니다. 이 책에서는 1계논리에서 표현하고자 하는 대상을 수(number), 관계(relation), 함수(function), 순서집합(partially ordered set), 동등관계(equivalence relation)와 상구조(quotient structure) 등으로 국한하고자 한다. 도형과 공간을 다루는 수학인 기하학은 좌표계(coordinate system) 등을 통하여 1계논리의 대상 영역에 포함시킬 수 있다고 보면 될 것이다.

## 2.1 구문론

먼저 수학의 가장 기본적인 대상인 자연수의 체계를 보면, 0, 1, 2 등 각 자연수를 나타내는 기호가 필요하다. 이런 기호들은 나타내고자 하는 대상이 고정되어 있으므로 상수기호(*constant symbol*)라고 부른다. 그리고 더하기, 곱하기 등의 연산(*operation*)을 나타내는 기호 $+, \cdot$ 등이 필요하며 이런 기호들을 함수기호(*function symbol*)라고 부른다.

여기서 잠시 연산과 함수의 차이에 대해서 알아 보자. 연산은 함수의 일종으로서 정의역이 공역의 카티지언곱(Cartesian product)인 함수를 뜻한다. 예를 들어 자연수의 덧셈 함수 $(x, y) \mapsto x + y$는 정의역이 $\mathbb{N} \times \mathbb{N}$으로 공역 $\mathbb{N}$의 카티지언곱이므로[†] 연산이다. 그러나 실수 위의 벡터공간 $V$에서 스칼라곱 함수 $(a, \vec{v}) \mapsto a\vec{v}$는 정의역이 $\mathbb{R} \times V$으로 공역 $V$의 카티지언곱이 아니므로 연산이 아니다.

$x + 3 = 5$와 같은 방정식을 위해서는 변수 $x$와 등호(*equality*) $=$가 필요하다. $x$는 그것의 값(value)으로 자연수의 집합 $\mathbb{N}$의 원소인 개체(*individual*)를 취하게 되므로 개체변수(*individual variable*)라고 부른다.[‡]

$x + x < x \cdot x + 1$와 같은 부등식을 위해서는 술어기호(*predicate symbol*) $<$가 필요하다.

그리고 "모든 $x$에 대해서 $x + 1 = 1 + x$이다."와 같은 항등식을 간단히

$$\forall x(x + 1 = 1 + x)$$

[†] $\mathbb{N}$은 자연수 전체의 집합 $\{0, 1, 2, \ldots\}$를 나타내는 기호이다. 수리논리학에서는 통상 0을 자연수로 취급한다. $\mathbb{Z}$는 정수, $\mathbb{Q}$는 유리수, $\mathbb{R}$은 실수, $\mathbb{C}$는 복소수 전체의 집합을 의미하는 기호로 사용하는 것은 수학에서 표준화된 표기법이다.

[‡] 개체변수는 흔히 변수기호(*variable symbol*)라고도 한다.

로 나타내기 위하여 전칭한정기호(*universal quantifier*) $\forall$ 이 필요하다.

"방정식 $x + 6 = x \cdot x$ 의 해가 존재한다." 라는 명제는 "어떤 $x$ 가 존재하여 $x + 6 = x \cdot x$ 가 성립한다." 로 쓸 수 있을 것인데 이를 간단하게

$$\exists x(x + 6 = x \cdot x)$$

로 나타내기 위하여 존재한정기호(*existential quantifier*) $\exists$ 가 필요하다.

마지막으로 이미 얻은 논리식을 결합하여 새로운 논리식을 만들어 내는 데 사용되는 결합자(*connective*) 가 필요함은 명제논리의 경우와 같다.

그리고 $f(x, y) = x \cdot x + y$ 같은 표현에서 <u>괄호</u> (, ) 와 <u>쉼표</u> ,가 사용되었는데, 이들은 어떤 수학적·논리적인 의미를 가지고 있는 기호가 아니라 읽기의 편의나 다른 기호들의 위치관계 지정을 위한 보조기호(*auxiliary symbol*) 이다.

4.1 DEFINITION 1계논리의 알파벳(*alphabet*), 즉 1계논리식에서 사용되는 기호 전체의 집합 $\Sigma$ 는 다음과 같이 정의된다.

$$\begin{aligned}\Sigma = \ & \text{술어기호} \cup \text{함수기호} \cup \text{상수기호} \cup \text{개체변수} \cup \\ & \text{한정기호} \cup \text{등호} \cup \text{결합자} \cup \text{보조기호}\end{aligned}$$

술어기호: $\{A, B, P, Q, <, \leq, \approx, \ldots\}$

함수기호: $\{f, g, +, -, \cdot, \div \ldots\}$

상수기호: $\{c, d, 0, 1, \ldots\}$

개체변수: $\{x, y, i, j, \ldots\}$

한정기호: $\{\forall, \exists\}$

등호: $\{=\}$

결합자: $\{\neg, \wedge, \vee, \rightarrow, \leftrightarrow, \perp\}$

보조기호: $\{(,), ,\}$

우리는 여기서 1계언어 알파벳의 클래스(class)를 정의한 것이다. 술어기호와 함수기호 및 상수기호는 언어에 따라 달라질 수 있으며 이들을 논리외적 기호(*extra-logical symbol*) 라고 부른다. 결합자, 개체변수, 한정기호와 등호는 모든 1계언어에 공통이며 이들을 논리적 기호(*logical symbol*) 라고 부른다. ⊣

4.2 REMARK 정의 4.1의 보충으로서 일단 다음 사항들을 알아 두자.

- 술어기호와 함수기호에 부여되는 속성(*attribute*)에는 두 가지가 있다. 첫번째 속성은 그 기호가 사용될 때 문자열 내에서의 위치를 나타내는 것으로 이 속성의 값은 앞에쓰기(*prefix*), 가운데쓰기(*infix*), 뒤에쓰기(*postfix*) 중 어느 하나가 되어야 한다. 예를 들어 술어기호 $A$가 두 개의 인수를 취하고 앞에쓰기 속성을 가지고 있다면 인수(*argument*) 리스트를 괄호로 두르고 인수 $x$와 $y$ 사이에 쉼표를 써서 구분하여 $A(x, y)$라고 쓰며, 술어기호 $<$는 가운데쓰기 속성을 가지고 있으므로 인수들을, $<$를 가운데 두고 괄호나 쉼표 없이 양쪽에 배치하여 $x < y$로 쓴다.

  술어기호와 함수기호에 부여되는 또 하나의 속성은 애리티(*arity*)이며 이 속성의 값은 자연수가 되어야 한다. 애리티는 앞에쓰기 속성을 가진 기호의 경우 인수 리스트의 길이가 된다. 예를 들어 $A(x, y)$라고 썼을 때 $A$의 애리티는 인수 리스트 $(x, y)$의 길이인 2가 된다. 가운데쓰기 기호의 애리티는 통상 2이다.[†] 뒤에 쓰기 기호의 애리티는 항상 1이다. 술어기호의 애리티는 0 이상, 함수기호의 애리티는 1 이상이다. 0항 함수기호는 곧 상수기호이므로 0항 함수기호 없이도 별 지장이 없기 때문에 이렇게 정하였다.

  술어, 혹은 함수기호가 애리티 $n$을 가질 때 이 기호를 $n$항기호(*n-ary symbol*)라 한다. $n = 1$일 때는 1항기호(*unary symbol*), $n = 2$일 때는 2항기호(*binary symbol*)라 한다.

- 전칭한정기호 $\forall$과 존재한정기호 $\exists$를 통털어서 한정기호(*quantifier*)라고[‡] 한다. $\forall x$나 $\exists y$와 같이 한정기호에 개체변수가 연이어 나온 문자열을 한정사(*determiner*)라고 한다.

- 개체변수는 가부번(*denumerable*) 개 있으며 이들은 $v_0, v_1, \ldots$로 나열된다. (흔히 개체변수로 사용하는 $x, y$ 등은 실은 $v_0$, $v_1$ 등을 나타내는 구문론적 변수(*syntactic variable*), 즉 구문론적 대상을 값으로 취하는 변수이다.) ⊣

4.3 DEFINITION 1계논리의 논리항(*term*)은 다음과 같이 재귀적으로 정의되는 문자열이다.

---

[†] `if B then t1 else t2`를 흔히 `(B?t1:t2)`와 같이 쓰는데 이것은 3-ary 가운데쓰기 함수기호로 보아야 할 것이다.

[‡] 한정기호는 양화사라고도 한다.

(*i*) 상수기호와 개체변수는 그 자체로 논리항이다. 이런 논리항을 원자논리항(*atomic term*) 이라고 부른다.

(*ii*) $f$ 가 앞에쓰기 $n$ 항-함수기호이고 $t_1, \ldots, t_n$ 이 논리항이면 $f(t_1, \ldots, t_n)$ 도 논리항이다. $f$ 가 가운데쓰기 함수기호일 때는 $(t_1\ f\ t_2)$ 가 논리항이며, $f$ 가 뒤에쓰기 함수기호일 때는 $(t_1\ f)$ 가 논리항이다. 이렇게 얻은 논리항들을 합성논리항(*compound term*) 이라고 부른다. 합성논리항 $t \stackrel{\text{def}}{\equiv} f(t_1, \ldots, t_n)$ 을 구성하는 $t_i$ 들을 $t$ 의 부분논리항(*subterm*) 이라 한다.†

(*iii*) 모든 논리항들은 위의 두 규칙들을 반복적용하여 얻어진다. ⊣

4.4 DEFINITION 1계논리의 논리식(*formula*) 은 다음과 같이 재귀적으로 정의되는 문자열이다.

(*i*) $P$ 가 $n$ 항-술어기호이고 $t_1, \ldots, t_n$ 이 논리항이면 $P(t_1, \ldots, t_n)$ 는 논리식이다. 단, $n = 0$ 일 때는 $P$ 는 그 자체로 논리식이다.

이렇게 얻어지는 논리식을 원자논리식(*atomic formula*) 이라고부른다. $P$ 가 가운데쓰기, 혹은 뒤에쓰기 술어기호일 때의 원자논리식은 각각 $(t_1 P t_2)$ 및 $(t_1\ P)$ 와 같이 정의된다. 등호 '=' 는 가운데쓰기 2항-기호이다.

(*ii*) 논리식들은 명제논리에서와 같은 방법으로 결합자로 결합되어 새로운 논리식을 이룬다.

(*iii*) $x$ 가 개체변수이고 $\alpha$ 가 논리식이면 $\forall x\, \alpha$ 와 $\exists x\, \alpha$ 는 논리식이다.

(*iv*) 모든 논리식들은 위의 3 규칙들을 반복적용하여 얻어진다. 원자논리식이 아닌 논리식을 합성논리식(*compound formula*) 이라고 부른다.

(*v*) 부분논리식(*subformula*) 에 대한 당연한 정의는 생략한다. ⊣

4.5 DEFINITION 한정기호를 한 개도 사용하지 않은 논리식을 *q.f.(quantifier free)* 논리식이라고 한다. $\varphi$ 가 q.f. 논리식일 때 $\forall x_1 \forall x_2 \ldots \forall x_n\, \varphi$ 형태의 논리식을 전칭논리식(*universal formula*) 이라고 하며 $\exists x_1 \exists x_2 \ldots \exists x_n\, \varphi$ 형태의 논리식을 존재논리식(*existential formula*) 이라고 한다. ⊣

명제논리에서 괄호를 생략하기 위하여 결합자 간의 우선순위를 사용하였듯이 1계논리에서도 결합자, 한정사, 함수기호, 술어기호 간의 우선순위(*priority*) 를 사용한다.

† 부분논리항 관계는 추이적이 되도록 확장시켜 적용한다.

- 함수기호와 술어기호가 앞에쓰기로 사용될 때는 괄호와 함께 사용되므로 가장 높은 우선순위를 가진다. 다만 '$-$'가 1항-함수기호로 쓰일 때는 뒤에쓰기 함수기호보다 낮은 우선순위를 가진다. 예를 들어 $f(x,y)'$ 은 $(f(x,y))'$ 을 뜻하며 $-(x+y)'$ 은 $-((x+y)')$ 을 뜻한다.
- 뒤에쓰기 함수기호는 가운데쓰기 함수기호보다 높은 우선순위를 가진다.
- 가운데쓰기 함수기호는 가운데쓰기 술어기호보다 높은 우선순위를 가진다. 예를 들어 $x+y<z$ 는 $(x+y)<z$ 를 뜻한다. (실은 $x+(y<z)$ 는 문법에 어긋나므로 우선순위 논의의 대상이 되지 못한다.)
- 가운데쓰기 술어기호는 결합자나 한정사보다 높은 우선순위를 가진다. 예를 들어 $x<y \to x \le y$ 는 $(x<y) \to (x \le y)$ 를 뜻한다. (실은 $x<(y \to x) \le y$ 등은 문법에 어긋나므로 우선순위 논의의 대상이 되지 못한다.)
- 한정사와 결합자들은 다음과 같은 우선순위를 가진다.

  (1) $\forall x, \exists y, \neg$ : 높음

  (2) $\wedge, \vee$ : 중간

  (3) $\to, \leftrightarrow$ : 낮음

  예를 들어 $\forall x\, A(x) \wedge B(x)$ 는 $\forall x\, (A(x) \wedge B(x))$ 가 아니라 $(\forall x\, A(x)) \wedge B(x)$ 를 뜻한다.

형식언어 (formal language) 에서 언어(*language*) 란 원래 주어진 알파벳으로 이루어진 문자열들의 특정 집합을 뜻하는 것이다. 예를 들어 논리항들의 집합이나 논리식들의 집합은 언어이다. 그러나 수리논리학에서는 '언어'를 다른 의미로 사용하여 단순히 논리외적기호들의 집합을 언어라고 하는 경우가 많다. 이 책에서도 이런 관례를 따를 것이다. 예를 들어 "언어 $L = \{+, \cdot, '\}$" 은 2 개의 가운데쓰기 함수기호와 1 개의 뒤에쓰기 함수기호로 이루어져 있다." 는 표현을 쓸 수 있다. 이 경우 $x+y$, $a \cdot x' + y$ 등을 $L$-논리항, $\forall x(x+0=x)$, $\forall x \exists y(x+y=0)$ 등을 $L$-논리식이라 부른다.

논리외적 술어기호를 하나도 가지지 않은 언어를 대수적 언어(*algebraic language*) 라고 한다.

기호논리학에서 널리 사용되는, 알파벳이나 언어와 유사한 개념을 나타내는 또 하나의 용어가 있는데 그것은 기호집합(*signature*) 이다. 이것은 단순한 '기호들의 집합' 이상의 것으로 기술적으로는(technically) 알파벳에서 속성들의 유한

열들의 집합으로 가는 함수이다. 예를 들어 $\Sigma = \{+, 0, <\}$가 알파벳일 때 $\Sigma$를 정의역으로 하는 함수 $f$가

$$f(+) = (\text{함수기호}, \text{가운데 쓰기}, 2),$$
$$f(0) = (\text{상수기호}),$$
$$f(<) = (\text{술어기호}, \text{가운데 쓰기}, 2)$$

로 정의되었을 때 $f$를 $\Sigma$를 바탕으로 하는 기호집합이라고 한다.

1계논리에서 자유변수(free variable)와 묶인변수(bound variable)의 개념은 대단히 중요하다. 아래의 논리식을 생각해 보자.

$$(x \geq 2) \wedge \forall y \forall z \big((y \cdot z = x) \rightarrow (y = 1 \ \vee \ z = 1)\big) \tag{4}$$

(4)는 정수의 영역에서 "$x$는 소수이다." 라는 '명제'를 1계논리식으로 나타낸 것이다. 그런데 무릇 명제란 진위를 판별할 수 있는 것이라 하였다. 그렇다면 (4)는 참인가 거짓인가?

이 물음에 대한 대답은 간단하다. (4)는 $x$가 소수일 때는 참이고 소수가 아닐 때는 거짓이다. 즉 (4)의 진위는 $x$의 값이 어떻게 주어지느냐에 따라 달라진다.

(4)에 나타나는 변수에는 $x$ 외에도 $y$와 $z$가 있다. 그런데 (4)의 진위는 $y$나 $z$의 값이 어떻게 주어지느냐에 따라 달라지지 않는다. 좀 더 정확히 말하자면 $y$나 $z$에 값을 준다는 것 자체가 의미가 없다.

$x$와 같이 한정기호에 묶여 있지 않아 값을 자유로이 배정(assign)할 수 있는 변수를 자유변수라 하고 $y$나 $z$와 같이 한정기호에 묶여 있는 변수를 묶인변수라 한다.

4.6 DEFINITION 논리식 $\alpha$의 자유변수(*free variable*)들의 집합 FV($\alpha$)는 다음과 같이 재귀적으로 정의한다.

(*i*) $\alpha$가 원자논리식일 때는 FV($\alpha$)는 $\alpha$에 나타나는 모든 변수들의 집합이다.

(*ii*) $\alpha \equiv \neg\beta$일 때는 $\mathrm{FV}(\alpha) = \mathrm{FV}(\beta)$이다.

(*iii*) $\alpha \equiv \beta \wedge \gamma$, $\beta \vee \gamma$, $\beta \rightarrow \gamma$, 혹은 $\beta \leftrightarrow \gamma$일 때는 $\mathrm{FV}(\alpha) = \mathrm{FV}(\beta) \cup \mathrm{FV}(\gamma)$이다.

(*iv*) $\mathrm{FV}(\perp) = \varnothing$이다.

($v$) $\alpha \equiv \forall x\,\beta$, 혹은 $\alpha \equiv \exists x\,\beta$ 일 때는 $\mathrm{FV}(\alpha) = \mathrm{FV}(\beta) - \{x\}$ 이다.

변수 $x$ 가 $\mathrm{FV}(\alpha)$ 의 원소일 때면이 $x$ 는 $\alpha$ 에서 자유변수로 나타난다고 하고, $x$ 가 $\alpha$ 에 나타나되 자유로이 나타나지 않을 때 $x$ 는 $\alpha$ 의 묶인변수(*bound variable*) 이다, 혹은 $\alpha$ 에서 묶인변수로 나타난다고 한다. 자유변수를 하나도 갖지 않은 논리식을 1계문장(*first-order sentence*) 이라고 한다. ⊣

하나의 변수 $x$ 가 하나의 논리식 내에서 자유변수인 동시에 묶인변수일 수 있다. 예를 들어 논리식 $\forall x A(x) \to A(y) \wedge \forall z B(z,x)$ 에서 $x$ 는 자유변수인 동시에 묶인변수이고, $y$ 는 자유변수이며 $z$ 는 묶인변수이다.

명제논리식의 구조를 명확하게 이해하는 데 좋은 도구로 5 쪽의 그림 1.1 에서 예를 들어 보인 생성수형도가 있었다. 1계논리식도 당연히 생성수형도를 그릴 수 있다. 예를 들어 1계논리식

$$\forall x(A(x,y) \to \exists y B(x+y,y))$$

의 생성수형도는 아래의 그림 4.3과 같이 그릴 수 있다. 이 수형도에서는 논리식에 나타나는 합성논리항 $x+y$ 도 분해하여 수형도로 나타냈는데 이렇게 하지 않고 101 쪽에 있는 그림 4.4 처럼 그려도 된다.

그림 4.3: 1계논리식의 생성수형도

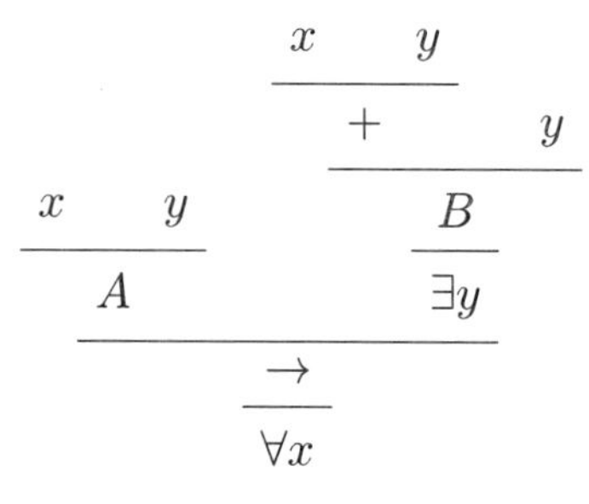


## 2.2 피치 시스템의 구문

피치 시스템에서 1계논리의 기호를 사용할 때는 그것이 술어기호, 함수기호, 결합자 등 여러 종류 중 어느 것인지를 지정해 주어야 하는 것이 원칙이다. 명제논리에서는 기호가 명제문자와 결합자의 두 종류밖에 없었으므로 특별히 언급하지 않았는데, 실은 명제문자는 영문 소문자 혹은 대문자로 시작하고 이어서 영문 소

문자, 대문자, 숫자(0,1,...,9) 및 밑줄(underscore)을 0개 이상 덧붙여 만든 문자열이며, 결합자는 $\neg, \wedge, \vee, \rightarrow, \leftrightarrow$ 및 $\perp$ 중 어느 하나로 이루어진 길이 1의 문자열인 것으로 정하여 사용해왔다.

1계논리에는 사용하는 기호의 종류가 많으므로 명제논리 때보다는 조금 더 상세하게 기술하도록 하겠다.

- 술어기호: 대문자로 시작하고 이어서 소문자/대문자, 숫자 및 밑줄을 0개 이상 덧붙인다. 혹은 특수기호 $=, \neq, <, \leq, >, \geq, \equiv, \approx, \in, \notin$ 및 $\subseteq$을 가운데쓰기 2항기호로 사용한다. 가운데쓰기 술어기호들의 우선순위는 모두 동일하다.

  $x = y < z \in w$와 같은 표현은 허용되며 이는 $(x = y) \wedge (y < z) \wedge (z \in w)$를 뜻한다. 이런 표현을 연속 2항술어기호문이라고 한다. 연속 2항술어기호문 중 특별히 $t_1 = t_2 = t_3$ 형태의 논리식을 3등식이라고 한다.

- 함수기호: `f`, `g`, `h` 중 어느 하나로 시작하고 이어서 소문자/대문자, 숫자 및 밑줄을 0개 이상 덧붙인다. 혹은 영문 소문자만으로 이루어진 길이 2 이상의 문자열이다. 혹은 특수기호 $+, -, /, \cdot, \cap, \cup$을 가운데쓰기 2항기호로 사용한다. 또한 $'$는 뒤에쓰기 1항기호로 사용한다. $\cdot$와 $/$의 우선순위는 나머지 가운데쓰기 함수기호들의 우선순위보다 높다.

  우선순위가 같은 가운데쓰기 2항-함수기호가 연달아 쓰이는 경우에는 왼쪽결합(*left association*)이 사용된 것으로 간주한다. 예를 들어 $x \cdot y/z$는 $(x \cdot y)/z$를 뜻하고, $x \cdot y \cdot z$는 $(x \cdot y) \cdot z$를 뜻한다.

- 상수기호: (1) `a`, `b`, `c`, `d`, `e` 중 어느 하나로 시작하고 ① 대문자, 혹은 밑줄을 1개 사용 후 소문자/대문자, 숫자 및 밑줄을 0개 이상 덧붙이거나, 혹은 ② 숫자만 0개 이상 덧붙인다. 혹은 (2) 숫자만으로 이루어진 길이 1 이상의 문자열이다. 또한 특수기호 $\varnothing$도 상수기호로 사용할 수 있다.

- 개체변수: `i`~`m`, `u`~`z`로 시작하고 숫자를 0개 이상 덧붙인다.

`p`~`t`로 시작하고 0개 이상의 숫자를 덧붙인 문자열로 임의의 논리항을 나타낼 수 있다. 그리고 $\alpha$, $\beta$, $\varphi$, $\psi$, $\theta$로 시작하고 0개 이상의 숫자를 덧붙인 문자열로 임의의 논리식을 나타낼 수 있다. 이러한 기호들을 메타기호(*metasymbol*)이라고 하며 나중에 추가로 설명할 것이다.

## 2.3 의미론

명제논리에서 논리식의 진위는 명제문자들에 대한 진리값배정이 주어지면 비로소 결정되었다. 1계논리에서 논리식의 진위는 무엇이 주어지면 결정되는지 생각해 보자.

논리식의 진위는 그것을 어떻게 '해석'하느냐에 따라 달라지는 것이 당연하다. 명제논리의 경우 진리값배정이 해석(*interpretation*)의 역할을 한다.

1계논리의 해석은 앞서 식 (4) 이하의 설명에서 보았듯이 자유변수에 대한 개체값 배정, 즉 변수배정(*variable assignment*)을 포함해야 할 것이다.

그리고 1계논리의 해석에는 변수배정 외에도 변수의 값으로 배정될 수 있는 개체들의 집합, 즉 대상영역(*universe of discourse, domain of discourse*)이 해석에 포함되어야 할 것이다. 예를 들어 논리식 $\forall x(x \cdot x \geq 0)$는 대상영역이 $\mathbb{R}$일 때는 참이지만 $\mathbb{C}$일 때는 거짓이 된다.

대상영역이 $X \neq \varnothing$일 때 변수배정은 통상 $\bar{a} : \mathbb{N} \to X$로 나타낸다. 예를 들어 어떤 논리식 $\alpha$에 대해서 $\mathrm{FV}(\alpha) = \{x, y\}$이고 $x \equiv v_3$, $y \equiv v_0$라면 변수배정 $\bar{a}$에서 $x$에 배정된 개체는 $\bar{a}(3) \stackrel{\text{def}}{=} a_3$이고 $y$에 배정된 개체는 $a_0$가 되는 것이다. 이 경우 만일 $\bar{a}' : \mathbb{N} \to X$이 $a'_0 = a_0$, $a'_3 = a_3$를 만족한다면 $\alpha$의 입장에서는 $\bar{a}'$은 $\bar{a}$와 동등하다. 따라서 이 변수배정은 간단하게 $(x{:=}a_3, y{:=}a_0)$로 써도 된다. 그리고 변수배정 $\bar{a}$ 하에서 개체변수 $x$에 배정된 개체를 $\bar{a}(3)$나 $a_3$로 나타내는 대신에 $\bar{a}(x)$로 써도 되는 것으로 하자.

예를 들어 $\alpha$를 $\exists z(x = y + z \cdot z)$로 놓으면, 즉 $\alpha :\equiv \exists z(x = y + z \cdot z)$이면, $\mathrm{FV}(\alpha) = \{x, y\}$이다. 정수의 영역에서는 $\alpha$의 진리값은 $(x := 1,\ y := 2)$에서는 거짓이 되고 $(x{:=}1,\ y{:=}{-3})$에서는 참이 된다. 쉽게 말하자면 $x$가 $y$보다 어떤 정수의 제곱만큼 더 클 때면이 $\alpha$는 참이 된다.

4.7 Remark 이제부터 정의 4.11까지는 집합론에 대한 지식이 충분하지 않으면 조금 이해하기 어려울 수 있는데 이런 경우에는 6, 7장을 미리 읽어 공부하는 것이 도움이 될 수 있을 것이다. 혹은 내용을 명확하게 이해할 수 없다 해도 크게 개의치 않고 가벼운 마음으로 읽어도 된다. 단, 예 4.14와 단평 4.21은 반드시 이해하고 넘어가야 한다. ⊣

논리식의 진위를 결정하는 데 필요한 해석에 포함되어야 할 요소로 지금까지 대상영역과 변수배정을 들었다. 여기에 추가하여 포함시켜야 할 요소로 "술어기호, 함수기호 및 상수기호가 어떠한 술어, 함수, 개체를 표상(represent)하는가"

가 있다. 예를 들어 대상영역이 $\mathbb{Z}$인 경우 술어기호 $\approx$를

$$x \approx y \;\Leftrightarrow\; x - y\text{는 } 2\text{의 배수} \tag{5}$$

로 정의하는 경우와

$$x \approx y \;\Leftrightarrow\; x - y\text{는 } 3\text{의 배수}$$

로 정의하는 경우에 이 기호 $\approx$를 포함하는 논리식의 진리값이 일반적으로 같지 않음은 자명하다.[†]

식 (5)를 택한 경우 $\approx$의 해석은 집합

$$\{(x, y) \in \mathbb{Z} \times \mathbb{Z} \mid (\exists n \in \mathbb{Z})(x - y = 2 \cdot n)\}$$

이다. 일반적으로 $n$항 술어기호의 해석은 대상영역을 $X$라 할 때 $X^n$의 어떤 부분집합, 즉 $n$항 관계(*n-ary relation*)가 된다.

$n$항 함수기호의 해석은 대상영역을 $X$라 할 때 $X$ 위의 어떤 $n$항연산(*n-ary operation*)이 된다.

상수기호의 해석은 대상영역을 $X$라 할 때 $X$의 어떤 원소, 즉 개체가 된다.

대상영역과 술어기호, 함수기호, 상수기호등의 논리외적기호들의 해석으로 이루어진 유한열을 구조체(*structure*),[‡] 혹은 1계-구조체(*1st-order structure*)라 한다. 사용된 논리외적기호들, 즉 언어가 $L$일 때는 '구조체' 대신 흔히 $L$-구조체(*L-structure*)라는 용어를 사용한다. $L$이 대수적 언어일 때 $L$-구조체를 대수적 구조체(*algebraic structure*)라고 한다.

구조체 $\mathfrak{A}$에서 논리외적기호 $\mathrm{P}$의 해석은 통상 $\mathrm{P}^{\mathfrak{A}}$로 나타낸다. 그러므로 $L = \{\mathrm{P}_1, \mathrm{P}_2, \ldots\}$인 경우 $L$-구조체 $\mathfrak{A}$의 대상영역이 $A$라면

$$\mathfrak{A} = \langle A, \mathrm{P}_1^{\mathfrak{A}}, \mathrm{P}_2^{\mathfrak{A}}, \ldots \rangle$$

와 같이 쓸 수 있다.

예를 들어 자연수의 체계를 기술하기 위한 언어로 $\{+, -, \cdot, S, 0\}$을 택했다면

---

[†]동일한 수학 기호가 여러 가지 방법으로 해석된다는 개념은 추상대수학(abstract algebra)이나 위상수학(topology)등을 배운 학생은 자연스럽고 쉽게 받아들일 수 있을 것이다.

[‡]영어의 structure라는 단어는 수리논리학에서 2가지 서로 다른 의미로 사용된다. 예를 들어 "실수의 structure는 선형순서 structure를 가진다."는 문장에서 첫번째로 나타난 structure는 '구조체'의 의미로 사용되었고 두번째로 나타난 structure는 '구조'의 의미로 사용되었다.

자연수 구조체를 $\mathfrak{N}$ 이라 했을 때

$$\mathfrak{N} = \langle \mathbb{N}, +^{\mathfrak{N}}, -^{\mathfrak{N}}, \cdot^{\mathfrak{N}}, S^{\mathfrak{N}}, 0^{\mathfrak{N}} \rangle$$

으로 쓰면 된다. 그런데 통상 이렇게까지 엄격한 표기법을 따르지 않고 그냥 간단하게

$$\mathbb{N} = \langle \mathbb{N}, +, -, \cdot, S, 0 \rangle$$

로 써도 된다.

대상영역을 나타내는 기호로 로마자 대문자(예를 들어 $A$)를 쓰고 구조체를 나타내는 기호로 대상영역을 나타내는 기호에 대응하는 로마자를 독일체(Fraktur)로(예를 들어 $\mathfrak{A}$) 쓰는 것이 관례인데, 인쇄물이나 컴퓨터에서는 독일체를 나타내는 데 문제가 없으나 손으로 쓸 때는 좀 곤란하다. 후자의 경우 $\underline{A}$와 같이 밑줄(underline)을 사용한다. 물론 구조체를 나타내는 기호를 대상영역과 구별없이 그냥 로마자 대문자로 나타내어도 대부분 별 문제가 없지만, 만약 엄격한 표기법을 따라야 한다면 이렇게 해도 된다는 말이다. 인쇄물에서는 구조체 $\mathfrak{A}$의 대상영역을 나타낼 때 $|\mathfrak{A}|$와 같이 절대값 기호를 사용하는 경우도 있다.

지금까지의 설명을 정리한 것이 다음의 정의이다.

4.8 Definition $L \stackrel{\text{def}}{=} \{\mathrm{P}_i \mid i \in I\}$을 1계 언어라 하자. $L$-구조체 $\mathfrak{A}$는 공아닌(nonempty) 집합 $A$와 각 $i \in I$에 대한 기호 $\mathrm{P}_i$들의 해석 $\mathrm{P}_i^{\mathfrak{A}}$로 이루어진 유한열을 뜻하며 $I = \{1, 2, \ldots\}$ 일 때는

$$\mathfrak{A} = \langle A, \mathrm{P}_1^{\mathfrak{A}}, \mathrm{P}_2^{\mathfrak{A}}, \ldots \rangle$$

로 쓸 수 있다. 집합 $A$는 대상영역(*universe of discourse*), 혹은 도메인(*domain*)이라고 부른다.

$L$-해석 $\mathfrak{I}$는 어떤 $L$-구조체 $\mathfrak{A} = (A, \ldots)$와 변수배정 $\bar{a} : \mathbb{N} \to A$의 순서쌍(ordered pair)

$$\mathfrak{I} = \langle \mathfrak{A}, \bar{a} \rangle$$

이다. ⊣

'해석'이라는 용어는 2가지의 서로 다른 의미로 사용되고 있으므로 혼동하지 않도록 주의해야 한다. 하나는 논리외적기호의 해석으로 이것은 그 기호에 주어지는 어떤 관계, 함수, 혹은 개체이다. 다른 하나는 정의 4.8에서 기술한 언어의

<u>해석</u>으로 이것은 구조체와 변수배정의 순서쌍이다.

4.9 Notation 수학을 하다 보면 때로는 우리 국어의 어순에 불편함을 느낄 때가 있다. 그것은 수학에서 사용하는 기호와 식의 어순이 우리말의 어순과 일치하지 않기 때문이다. 대표적인 예로 아래에 절대값 함수의 정의를 보였다.

$$|x| = \begin{cases} x, & \text{if } x \geq 0, \\ -x, & \text{if } x < 0. \end{cases}$$

이것을 자연스럽게 우리말로 바꾸어 쓰자면

$$|x| = \begin{cases} x \geq 0 \text{ 이면} & x, \\ x < 0 \text{ 이면} & -x \end{cases}$$

정도가 될 것이다. 이렇게 쓰는 것도 한 방법이지만, 함수의 값이 독립변수에 대한 조건보다 먼저 나오도록 아래와 같이 쓰는 것도 괜찮다고 생각한다.

$$|x| = \begin{cases} x, & x \geq 0 \text{ 이면}, \\ -x, & x < 0 \text{ 이면}. \end{cases}$$

이 책에서는 함수의 경우에 따른 정의(*definition by cases*)를 위와 같은 방식으로 나타내기로 하겠다. ⊣

4.10 Notation $\bar{a} : \mathbb{N} \to A$ 가 변수배정이고 $x$ 는 개체변수이며 $c \in A$ 는 도메인의 원소일 때 새로운 변수배정 $\bar{a}(c/x)$ 를 다음과 같이 정의한다. 여기서 $y$ 는 개체변수를 나타내는 구문론적 변수이다.

$$\bar{a}(c/x)(y) = \begin{cases} \bar{a}(y), & y \not\equiv x \text{ 이면}, \\ c, & y \equiv x \text{ 이면}. \end{cases}$$

해석 $\mathfrak{I} = (\mathfrak{A}, \bar{a})$ 가 주어졌을 때 $(\mathfrak{A}, \bar{a}(c/x))$ 를 $\mathfrak{I}(c/x)$ 로 표기한다. ⊣

4.11 Definition (*Basic Semantics Definition, Tarski*(1933))
$L$ 을 1계-언어라 하자. $L$-해석 $\mathfrak{I} \stackrel{\text{def}}{=} (\mathfrak{A}, \bar{a})$ 가 주어지면 각 $L$-논리항 $t$ 의 의미값(*semantic value*) $t^{\mathfrak{I}}$ 는 다음과 같이 정해지는 도메인 $A$ 의 원소이다. $t^{\mathfrak{I}}$ 는 $\mathfrak{I}(t)$ 로도

쓸 수 있다.

(i) $t$ 가 개체변수 $v_i$ 일 때는 $t^{\mathfrak{I}} = \bar{a}(i) = a_i$.

(ii) $t$ 가 상수기호 $c$ 일 때는 $t^{\mathfrak{I}} = c^{\mathfrak{A}}$.

(iii) $t \equiv f(t_1, \ldots, t_n)$ 이고 $f$ 가 $n$-ary 함수기호이면 $t^{\mathfrak{I}} = f^{\mathfrak{A}}(t_1^{\mathfrak{I}}, \ldots, t_n^{\mathfrak{I}})$.

$L$-논리식 $\alpha$ 의 진리값 $\alpha^{\mathfrak{I}}$ 는 다음과 같이 정해지는 $\{1, 0\}$ 의 원소이다. $\alpha^{\mathfrak{I}}$ 는 $\mathfrak{I}(\alpha)$ 로도 쓸 수 있다.

(i) $\alpha$ 가 원자논리식 $P(t_1, \ldots, t_n)$ 이고 $P$ 가 $n$-ary 술어기호이면

$$\alpha^{\mathfrak{I}} = \begin{cases} 1, & (t_1^{\mathfrak{I}}, \ldots, t_n^{\mathfrak{I}}) \in P^{\mathfrak{A}} \text{ 일 때}, \\ 0, & \text{아닐 때}. \end{cases}$$

단, $P$ 가 등호 '$=$' 일 때는 $\alpha \equiv (t_1 = t_2)$ 일 것이며, 이때

$$\alpha^{\mathfrak{I}} = \begin{cases} 1, & t_1^{\mathfrak{I}} = t_2^{\mathfrak{I}} \text{ 일 때}, \\ 0, & \text{아닐 때} \end{cases}$$

로 정한다.

(ii) $\alpha \equiv \neg\beta$ 이면 $\alpha^{\mathfrak{I}} = 1 - \beta^{\mathfrak{I}}$,
$\alpha \equiv \beta \wedge \gamma$ 이면 $\alpha^{\mathfrak{I}} = \min(\beta^{\mathfrak{I}}, \gamma^{\mathfrak{I}})$,
$\alpha \equiv \beta \vee \gamma$ 이면 $\alpha^{\mathfrak{I}} = \max(\beta^{\mathfrak{I}}, \gamma^{\mathfrak{I}})$,
$\alpha \equiv \beta \to \gamma$ 이면 $\alpha^{\mathfrak{I}} = \max(1 - \beta^{\mathfrak{I}}, \gamma^{\mathfrak{I}})$,
$\alpha \equiv \beta \leftrightarrow \gamma$ 이면 $\alpha^{\mathfrak{I}} = |\beta^{\mathfrak{I}} - \gamma^{\mathfrak{I}}|$,
$\alpha \equiv \bot$ 이면 $\alpha^{\mathfrak{I}} = 0$.

(iii) $\alpha \equiv \forall x\, \beta$ 일 때는

(a) 모든 $c \in A$ 에 대해서 $\beta^{\mathfrak{I}(c/x)} = 1$ 이면 $\alpha^{\mathfrak{I}} = 1$,

(b) 위의 경우가 아니면 $\alpha^{\mathfrak{I}} = 0$.

(iv) $\alpha \equiv \exists x\, \beta$ 일 때는

(a) 어떤 $c \in A$ 에 대해서 $\beta^{\mathfrak{I}(c/x)} = 1$ 이면 $\alpha^{\mathfrak{I}} = 1$, (*b*) 위의 경우가 아니면 $\alpha^{\mathfrak{I}} = 0$. ⊣

4.12 REMARK 많은 사람들이 위의 정의는 아래의 인용문과 비슷하게 보인다고 지적했다.

The sentence "Snow is white." is true iff snow is white.

정의 4.11은 1933년 Alfred Tarski가 발표한 논문에 나와 있는데[BM77] 괴델의 불완전성 정리가 1931년에 발표된 것을 고려하면 이렇게 기본적인 정의가 상당히 늦게서야 정립되었음을 알 수 있다. ⊣

4.13 DEFINITION 해석 $\mathfrak{I} \overset{\text{def}}{=} (\mathfrak{A}, \bar{a})$에서 논리식 $\alpha$의 진리값이 1일 때 $\mathfrak{I}$는 $\alpha$를 만족한다(*satisfy*), 또는 $\alpha$는 $\mathfrak{I}$에서 만족된다고 말한다. 이 경우 $\alpha$는 $\mathfrak{I}$에서 참(*true*)이라고 말하기도 한다. 참의 부정은 거짓(*false*)이다.

또한 이때 $\mathfrak{I}$는 $\alpha$의 모델(*model*)이라고 말하고 기호로는

$$\mathfrak{I} \models \alpha$$

로 나타낸다. 즉 기호 $\models$는 만족관계(*satisfaction relation*)를 나타낸다. $\alpha$의 모든 모델들의 모임을 모델 클래스(*model class*)라[†] 하고 $\mathrm{Mod}(\alpha)$로 나타낸다.

해석 $\mathfrak{I}$가 논리식의 집합 $\Phi$의 모든 원소의 모델일 때 $\mathfrak{I}$를 $\Phi$의 모델이라고 하고 기호로는

$$\mathfrak{I} \models \Phi$$

로 나타낸다. $\Phi$의 모델 클래스는 다음과 같다.

$$\mathrm{Mod}(\Phi) = \bigcap_{\alpha \in \Phi} \mathrm{Mod}(\alpha).$$

논리식 $\alpha$(또는 논리식의 집합 $\Phi$)의 모델 클래스가 공집합이 아닐 때 $\alpha$(또는 $\Phi$)는 만족가능 (*satisfiable*)하다고 말한다. 만족가능의 부정은 만족불가능(*unsatisfiable*)이다. ⊣

[†]모델 클래스는 일반적으로 집합(set)을 이루지 못한다. 집합과 클래스는 둘 다 수학적 대상의 모임을 이르는 용어인데 개념상 중요한 차이가 있다. 이 논제는 6장에서 공부하게 될 것이다.

4.14 Example

$$\Phi \stackrel{\text{def}}{=} \{x = x,\ x \cdot y = x,\ \exists x(Sx \cdot Sx < y)\}$$

의 두 해석으로 $\mathfrak{I}_a \stackrel{\text{def}}{=} (\mathfrak{N}, \bar{a})$ 와 $\mathfrak{I}_b \stackrel{\text{def}}{=} (\mathfrak{N}, \bar{b})$ 를 생각해 보자. 단, $\mathfrak{N} = \langle \mathbb{N}, <, \cdot, S\rangle$ 이고 $<$ 와 $\cdot$ 는 자연수에서의 표준 해석대로 취하였으며, $S$ 는 자연수의 다음수 (successor) 함수 $(n \mapsto n+1)$ 이다. 그리고 $\bar{a} = (x := 2,\ y := 1)$, $\bar{b} = (x := 2,\ y := 2)$ 이다. 이때 아래의 각 항목에 대해서 생각해 보자.

(i) $(\mathfrak{N}, \bar{a}) \vDash x = x$ : 이 만족관계는 $2 = 2$ 이므로 성립한다. 실은 임의의 해석 $\mathfrak{I}$ 에 대해서 $\mathfrak{I} \vDash x = x$ 가 성립할 수밖에 없다.

(ii) $(\mathfrak{N}, \bar{a}) \vDash x \cdot y = x$ : 이 만족관계는 $2 \cdot 1 = 2$ 이므로 성립한다.

(iii) $(\mathfrak{N}, \bar{a}) \nvDash \exists x(Sx \cdot Sx < y)$ : $y = 1$ 인데 $Sx$ 의 해석은 항상 1 이상이므로 $(Sx \cdot Sx < y)$ 를 만족하는 $x \in \mathbb{N}$ 는 존재하지 않는다. 다시 정확히 말하자면

$$(Sx)^{\mathfrak{I}_a(c/x)} \cdot (Sx)^{\mathfrak{I}_a(c/x)} < y^{\mathfrak{I}_a(c/x)}$$

를 만족하는 $c \in \mathbb{N}$ 은 존재하지 않는다.

(iv) $(\mathfrak{N}, \bar{b}) \nvDash x \cdot y = x$ : 이 만족관계는 $2 \cdot 2 = 4 \neq 2$ 이므로 성립하지 않는다. (ii) 에서는 성립했었던 것과 비교된다.

(v) $(\mathfrak{N}, \bar{b}) \vDash \exists x(Sx \cdot Sx < y)$ : $x = 0$ 으로 취하면 $Sx \cdot Sx = 1 \cdot 1 = 1 < 2$ 이므로 성립한다. (iii) 에서는 성립하지 않았었던 것과 비교된다.

(vi) $\Phi$ 는 만족가능하다. : $\Phi$ 가 만족가능하다는 것은 곧 $\Phi$ 의 모델이 존재한다는 뜻이다. 그런데 $(\mathfrak{N}, \bar{a})$ 와 $(\mathfrak{N}, \bar{b})$ 는 $\Phi$ 의 모델이 될 수 없음이 (ii)–(v) 에서 확인되었다.

$\Phi$ 의 모델을 $(\mathfrak{N}, \bar{c})$ 형태의 해석 중에서 찾아 보자. $\Phi$ 의 원소 $x \cdot y = x$ 가 이 모델에서 만족되려면 $y = 1$ 혹은 $x = 0$ 이어야 할 것이다. 그런데 $y = 1$ 이면 $\exists x(Sx \cdot Sx < y)$ 가 $\mathfrak{N}$ 에서 참일 수 없으므로 $x = 0$ 이어야만 한다. 그리고 $\exists x(Sx \cdot Sx < y)$ 는 $y \geq 2$ 이기만 하면 항상 $\mathfrak{N}$ 에서 만족된다.

그러므로 $\bar{c} = (x := 0, y := 2)$ 로 놓고 $\Phi$ 의 모델로 $(\mathfrak{N}, \bar{c})$ 를 취하면 된다. 실은 모든 $n \geq 2$ 에 대해서 $\bar{c} = (x := 0 : y := n)$ 으로 놓으면 $(\mathfrak{N}, \bar{c})$ 는 $\Phi$ 의 모델이 된다. ⊣

논리식 $\alpha$의 자유변수가 $x$ 하나뿐이라면 해석 $\mathfrak{I} \overset{\text{def}}{=} (\mathfrak{A}, \bar{a})$이 $\alpha$의 모델인지 아닌지는, $y$가 $x$와 다른 개체변수일 때 $\bar{a}(y)$의 값에 전혀 상관이 없다. 만일 $\alpha$가 문장(sentence), 즉 자유변수가 나타나지 않는 논리식인 경우에는 $\alpha$의, 어떤 주어진 해석에서의 진리값은 변수배정에 관계없이 항상 일정할 것이다. 이 사실을 좀 더 일반적이고 또한 정확하게 말하면 다음의 보조정리와 같다.

4.15 LEMMA *$\alpha$가 논리식이고 $\mathfrak{I}_a \overset{\text{def}}{=} (\mathfrak{A}, \bar{a})$와 $\mathfrak{I}_b \overset{\text{def}}{=} (\mathfrak{A}, \bar{b})$는 같은 대상영역을 가지는 해석일 때*

$$\text{모든 } x \in FV(\alpha) \text{ 에 대해서 } \bar{a}(x) = \bar{b}(x)$$

*는*

$$\alpha^{\mathfrak{I}_a} = \alpha^{\mathfrak{I}_b}$$

*의 충분조건이다.*

*Proof.* $\alpha$의 복잡도에 대한 귀납법으로 평이하게 증명된다. □

위의 보조정리에 의하여 다음의 정의가 가능하다.

4.16 DEFINITION $\alpha$가 1계문장이고 $\mathfrak{A}$가 구조체일 때, $|\mathfrak{A}|$ 위의 모든 변수배정 $\bar{a}$에 대해서 해석 $(\mathfrak{A}, \bar{a})$가 $\alpha$의 모델이면이 $\mathfrak{A}$를 $\alpha$의 모델이라고 하고 기호로는 $\mathfrak{A} \vDash \alpha$로 나타낸다. ($\alpha$에는 자유변수가 없으므로 "모든 변수배정"을 "어떤 변수배정"으로 바꾸어도 무방하다.) 그리고 이때 $\alpha$는 $\mathfrak{A}$에서 참(*true*)이라고 한다.

$\mathfrak{A}$가 1계문장들의 집합 $\Phi$의 모든 원소들의 모델일 때 $\mathfrak{A}$를 $\Phi$의 모델이라고 하고 기호로는 $\mathfrak{A} \vDash \Phi$로 나타낸다. ⊣

정의 4.13과 정의 4.16의 차이를 좀 더 확실히 알아 보자. 예를 들어

$$\alpha \overset{\text{def}}{=} \exists x_1 \exists x_2 \big(x_1 \neq x_2 \wedge \forall y (y = x_1 \vee y = x_2)\big)$$

로 두었을 때 후자의 의미로서의 $\alpha$의 모델은 원소의 개수가 2인 임의의 집합이 된다. 예를 들어 $\{1, 2\} \vDash \alpha$이다. 하지만 전자의 의미로는 모델은 구조체와 변수배정의 순서쌍이어야 하므로 $(\{1, 2\}, (1, 2, 1, 1, \ldots)) \vDash \alpha$와 같이 써야 한다. 물론 여기서 변수배징 $(1, 2, 1, 1, \ldots)$는 아무런 역할도 하지 않으며 임의의 변수배정, 예를 들어 $(2, 1, 1, 2, \ldots)$ 등을 써도 된다.

4.17 NOTATION "... 한 $x$ 가 유일하게 존재한다." 를 의미하는 한정사 $\exists^1 x$ 를 다음과 같이 줄여쓰기(*abbreviation*) 로 사용한다.

$$\exists^1 x\, \varphi(x) \stackrel{\text{def}}{\equiv} \exists x \Big( \varphi(x) \wedge \forall y \big(\varphi(y) \rightarrow (y = x)\big)\Big)$$

"... 한 $x$ 가 1 개 이하 존재한다." 를 의미하는 한정사 $\exists^{\leq 1} x$ 를 다음과 같이 줄여쓰기로 사용한다.

$$\exists^{\leq 1} x\, \varphi(x) \stackrel{\text{def}}{\equiv} \forall x_1 \forall x_2 \big(\varphi(x_1) \wedge \varphi(x_2) \rightarrow (x_1 = x_2)\big)$$

'줄여쓰기' 로 도입한 기호는 우리의 형식 언어의 알파벳에 속하는 새로운 기호가 아니고 표현의 편의를 위한 메타기호이다. ⊣

4.18 EXERCISE "... 한 $x$ 가 정확히 2 개 존재한다." 를 의미하는 한정사 $\exists^2 x$ 와, "... 한 $x$ 가 2 개 이하 존재한다." 를 의미하는 한정사 $\exists^{\leq 2} x$ 를 줄여쓰기로 정의하시오. ⊣

4.19 DEFINITION $\Phi$ 의 모든 모델이 $\alpha$ 의 모델일 때, 즉

$$\text{Mod}(\Phi) \subseteq \text{Mod}(\alpha)$$

일 때

$$\Phi \models \alpha$$

라고 쓰고 $\Phi$ 는 $\alpha$ 를 논리적 귀결로 가진다($\alpha$ *is a logical consequence of* $\Phi$, $\Phi$ *logically entails* $\alpha$)고 말한다.

$\varnothing \models \alpha$ 는 $\models \alpha$ 로 쓰며, 이것이 성립하는 $\alpha$ 를 1 계-항진(*logically valid formula*), 혹은 1 계-항진 논리식이라고 부른다. ⊣

정의 4.19 에서 '모델' 이라 함은 정의 4.13 의 의미일 수도 있고 정의 4.16 의 의미일 수도 있다. 따라서 수리논리학 관련 글을 읽을 때 $\Phi$ 또는 $\alpha$ 의 모델을 언급하는 부분에서는 '모델' 이 둘 중 어떤 것의 의미로 사용되고 있는지를 문맥을 보아 잘 판단해야 한다. 만일 전자의 의미로 사용되었다면 $\Phi$ 와 $\alpha$ 의 원소들의 자유변수들이 유한열 $(x_1, \ldots, x_n)$ 을 이루며 이 유한열이 명시되는 경우가 흔하다. 후자의 경우에는 $\Phi$ 와 $\alpha$ 는 1 계문장들의 집합이므로 자유변수들이 존재하지 않는다.

정의 4.13, 4.16, 4.19에서 1계논리에서의 참, 거짓, 모델, 만족, 만족가능, 만족불가능, 논리적 귀결, 항진 등의 개념을 정의하였는데, 이들 용어에 대한 명제논리 버전은 앞서 공부한 바 있으며 이것과 1계논리 버전의 차이를 정확히 알고 있어야 한다.

예를 들어 논리적 귀결관계

$$\forall x(f(x) = 1) \vDash f(a) = 1$$

는 1계논리적으로는 성립하지만 명제논리적으로는 성립하지 않는다. 그러나

$$\exists x A(x) \vDash \exists x A(x) \ \vee \ (a = 0)$$

는 명제논리적으로도 성립하고 1계논리적으로도 성립한다. 일반적으로 명제논리적 귀결관계는 1계논리적 귀결관계를 함의하지만 이것의 역은 성립하지 않는다. 즉

$$\Phi \vDash_{\mathrm{PL}} \alpha \ \Rightarrow \ \Phi \vDash_{\mathrm{FOL}} \alpha$$

라 말할 수 있다. 여기서 $\vDash$의 첨자 PL과 FOL은 각각 명제논리(propositional logic)와 1계논리(first-order logic)을 뜻한다.

의미론적 개념인 논리적 귀결관계 $\vDash$에 첨자 PL과 FOL을 사용하여 명제논리와 1계논리를 구별하듯이 구문론적 개념인 증명관계 $\vdash$도 이들 첨자를 써서 구별할 수 있다. 이 논제에 대해서는 106쪽에 다시 설명하였다.

여기서 '명제'라는 용어의 의미를 확실히 해 보자. 논리식은 명제를 기호로 나타낸 것이라고 하였는데 우리는 논리식에 대하여는 이제 확실하고 엄격한 정의를 가지고 있다. 그러므로 명제는 '논리식이 원래 나타나고자 하는 의미를 가진 일반 언어로 된 문장'이라고 하면 될 것이다.

1쪽에서 명제는 진위(眞僞)를 판별할 수 있어야 한다고 했는데, 논리식의 진위는 해석에 따라 달라지며 해석은 구조체와 변수배정의 두 요소로 구성된다는 것을 공부하였다. 따라서 어떤 명제의 진위를 판별할 수 있다는 말의 의미는 3가지의 경우로 나누어 생각해 보아야 한다.

첫째, 어떤 구조체와 변수배정에서도 참과 거짓을 판별할 수 있는 경우인데 이러한 논리식은 드물다. $\forall x(x = x)$는 참이라고 판별하고 $\exists x(x \neq x)$는 거짓이라고 판별할 수 있는 정도이며, 대부분의 논리식, 예를 들어 $\forall x(x^2 \geq 0)$는 구조체를 어떻게 선택하느냐에 따라 진위가 달라진다. 그러므로 "모든 $x$에 대해서 $x^2$

은 양수이다." 와 같은 문장은 이 첫 번째 관점에 의하면 명제가 아니다.

둘째, 구조체는 문맥상 주어져 있으며 이 구조체에서는 모든 변수배정에서 참이거나, 혹은 모든 변수배정에서 거짓인 명제가 있다. 예를 들어 "$x > 2$ 이면 $x^2 > 4$ 이다." 라는 명제는 문맥상 실수의 구조체를 염두에 두고 있다면 모든 변수배정에서 참이다.

셋째는 구조체와 변수배정이 다 주어진 경우에만 진리값을 결정할 수 있는 경우이다. 자유변수를 포함한 논리식은 대체로 이렇다.[†] 이런 경우, 예를 들어 $x + 3 = 5$ 같은 논리식은 명제에 대응되지 않는다고 보는 것이 일반적이다.

정리하면, "명제의 진위를 판별할 수 있다." 는 말은 둘째의 의미로 해석하는 것이 일반적이므로 우리도 이 관례에 따르기로 한다. 그리고 $x + 3 = 5$ 같은 논리식은 "$x$ 에 대한 명제" 라고 부르기로 한다.

4.20 Remark 기호 $\models$ 은 만족 (satisfaction) 과 논리적 귀결 (logical consequence, entailment) 이라는 두 개의 서로 다른 의미에 공통적으로 사용된다. (명제논리에서도 이러하였다.) 기호 $\models$ 의 왼편에 해석이나 모델이 위치하는지, 혹은 논리식의 집합이 위치하는지를 살피면 혼동을 피할 수 있다. ⊣

4.21 Remark $L$ 은 1 계언어, $\mathfrak{I}$ 는 $L$-해석, $\alpha$, $\beta$ 는 $L$-논리식일 때 아래의 모든 양방향함의가 성립함은 정의 4.11 과 4.13 에 의하여 당연하다.

(*i*) $\mathfrak{I} \models \neg\alpha \;\Leftrightarrow\; \mathfrak{I} \not\models \alpha$.

(*ii*) $\mathfrak{I} \models \alpha \wedge \beta \;\Leftrightarrow\; (\mathfrak{I} \models \alpha \text{ and } \mathfrak{I} \models \beta)$.

(*iii*) $\mathfrak{I} \models \alpha \vee \beta \;\Leftrightarrow\; (\mathfrak{I} \models \alpha \text{ or } \mathfrak{I} \models \beta)$.

(*iv*) $\mathfrak{I} \models \alpha \rightarrow \beta \;\Leftrightarrow\; (\mathfrak{I} \models \alpha \text{ implies } \mathfrak{I} \models \beta)$.

(*v*) $\mathfrak{I} \models \alpha \leftrightarrow \beta \;\Leftrightarrow\; (\mathfrak{I} \models \alpha \text{ iff } \mathfrak{I} \models \beta)$.

그렇다면 $\varphi$ 는 $L$-논리식, $\Phi$ 는 어떤 $L$-논리식들의 집합일 때 위의 (*i*)–(*v*) 에서 $\mathfrak{I}$ 를 $\varphi$, 혹은 $\Phi$ 로 바꾸면 어떻게 되겠는가?

한 예로 $\Phi = \varnothing$ 일 때 (*i*) 를 생각해 보자. 만일 $\models \neg\alpha$ 라면 아무 해석 $\mathfrak{I}$ 를 취했을 때 $\mathfrak{I} \models \neg\alpha$ 이므로 $\mathfrak{I} \models \alpha$ 일 수 없다. 왜냐하면 $\mathfrak{I} \models \neg\alpha \wedge \alpha$ 는 불가능하기 때문이다. 그러나 $\not\models \alpha$ 라고 해서 $\models \neg\alpha$ 가 보장되지는 않는다. 예를 들어

[†] 예외적으로 $P(x) \rightarrow P(x)$ 와 같은 논리식은 자유변수를 포함하고 있지만 변수배정이나 구조체에 상관 없이 항상 참이다.

$\alpha \stackrel{\text{def}}{\equiv} \forall x(x \cdot x \geq 0)$ 로 두었을 때 $(\mathbb{C}, \cdot, 0) \not\models \alpha$ 이므로 $\not\models \alpha$ 이다. 한편 $(\mathbb{R}, \cdot, 0) \models \alpha$ 이므로 $\models \neg\alpha$ 도 역시 성립하지 않는다.

설명은 뒤로 미루고 일단 답만 말하자면 $(i)$, $(iv)$ 와 $(v)$ 는 일반적으로 $\Rightarrow$ 만 성립한다. $(ii)$ 는 $\Leftrightarrow$ 가 성립하고, $(iii)$ 은 일반적으로 $\Leftarrow$ 만 성립한다. $\dashv$

## 2.4 한정사의 영향범위와 치환

아래의 부등식을 증명하는 방법을 생각해 보자. 단, 여기서 $x$ 는 실수를 나타내는 변수이다.

$$\frac{1}{y^2+1} + y^2 + 1 \geq 2 \tag{6}$$

위의 부등식을 증명하기 위하여는 흔히 "산술-기하평균의 부등식"이라고 부르는 아래의 부등식을 이용하면 된다.

$$\forall x \forall y(x + y \geq 2\sqrt{xy}) \tag{7}$$

식 (7)의 $x$ 에 $\frac{1}{y}$ 을 넣으면

$$\forall y \left(\frac{1}{y} + y \geq 2\sqrt{\frac{1}{y} \cdot y} = 1\right) \tag{8}$$

를 얻으며, 여기서 다시 (8)의 $y$ 에 $y^2+1$ 을 넣으면 (6)을 얻을 수 있다.이 간단한 증명의 핵심은 (7)의 변수 $x$ 와 $y$ 는 전칭한정되어(universally quantified) 있으므로 이들 변수를 임의의 논리항으로 치환할 수 있다는 것이다.

이번엔 다음의 논리식을 생각해 보자. 이 문장의 대상영역으로 원소가 2개 이상인 아무런 집합, 예를 들어 $\mathbb{R}$ 을 취하면 이 문장은 참이다.

$$\forall x \exists y(y \neq x) \tag{9}$$

(9)에서 개체변수 $x$ 는 전칭한정되어 있으므로 이것을 논리항 $y$ 로 치환하면

$$\exists y(y \neq y) \tag{10}$$

를 얻게 되는데, 이것은 절대로 참이 될 수 없다.

자유변수를 다른 항으로 치환할 때 문제가 발생하는 현상은 미적분학에서도

흔히 관찰된다. 우선 아래에 주어진 명제는 참임을 쉽게 확인할 수 있다.

$$\int xy\,dx = \frac{x^2 y}{2} + Const, \text{ for all } y \tag{11}$$

여기서 $y$ 를 임의의 식으로 치환해도 된다. 예를 들어 $y$ 대신 $\sin(z+y^2)$ 를 넣어도 위의 등식은 성립한다. 그러나 여기서 $y$ 를 $x$ 로 치환하면

$$\int xy\,dx = \int x \cdot x\,dx = \frac{x^3}{3} + Const \neq \frac{x^2 \cdot x}{2} + Const$$

가 되어 (11)이 성립하지 않는다. 이 문제는 치환할 식이 $x$ 일 때, 혹은 $x$ 를 포함한 어떤 식일 때 발생한다. 그 이유는 "치환되어 들어가는 식에 포함된 $x$ 가 적분 연산에 사용되기 때문" 이다.

앞에서 든 2개의 예는 전칭한정된 변수라 해서 임의의 논리항으로 치환하면 안 될 수도 있다는 것을 보여준다. 이 절에서 우리는 논리식 $\forall x\,\varphi(x)$ 에서 $x$ 를 논리항 $t$ 로 치환하는 것이 정확히 어떤 상황에서 허용되는지를 알아 볼 것이다.

먼저 (9)의 $x$ 를 $y$ 로 치환하여 (10)을 얻을 때 무슨 일이 일어나는지 상세히 알아 보자. (9)는 참이지만 (10)은 참이 아닌 이유는 $x$ 를 치환하는 논리항 $y$ 는 (10)에서 한정사 $\exists y$ 에 붙들리게 되기 때문이다. 그러므로 다음과 같은 주장을 해 보기로 한다.

> *Claim*: 논리항 $t$ 가 논리식 $\forall x\,\varphi(x)$ 의 $x$ 를 치환해 들어가면서 $t$ 에 나타나는 어떤 변수도 $\varphi(x)$ 내부의 $\forall x$ 아닌 다른 한정사에 붙들리지 않는다면 이 치환은 허용된다. 좀 더 정확히 말하자면 논리식 $\varphi(x)$ 에 자유로이 나타나는 어떤 $x$ 도 $\varphi$ 안에서, $t$ 에 나타나는 변수를 한정변수로 하는 한정사의 영향범위에 들어 있지 않다면[†] 임의의 1계 해석 $\mathfrak{I}$ 에 대해서 $\mathfrak{I} \models \forall x\,\varphi(x) \to \varphi(t)$ 가 성립한다.

한정변수라는 용어는 위의 주장에서 처음 사용되었는데 이것은 한정기호의 직후에 나타나는 개체변수를 뜻한다. 예를 들어 $\forall x$ 의 한정변수는 $x$ 이고 $\exists y$ 의 한정변수는 $y$ 이다. 한정사의 영향범위(*scope of a determiner*)라는 개념은 생성수형도를 통하여 가장 쉽고 정확하게 이해할 수 있다. 즉, 생성수형도에서 한정사가 놓인 노드의 위쪽에 있는 노드들로 이루어진 부분논리식이 곧 그 한정사의 영향범위가 되는 것이다. 예를 들어 논리식 $\forall x(A(x,y) \to \exists y\,B(x+y,y))$ 에서 한정사 $\forall x$ 의

---

[†]이 까다로운 정의의 영어 버전은 다음과 같다: A term $t$ is said to be *free for substituting $x$ in a formula* $\alpha$ iff no free occurrence of $x$ in $\alpha$ lies within the scope of any determiner $\forall y$, where $y$ is a variable in $t$.

영향범위는 $A(x,y) \to \exists y\, B(x+y,y)$ 이고 한정사 $\exists y$ 의 영향범위는 $B(x+y,y)$ 이다.

그림 4.4: 1계논리식의 생성수형도 2

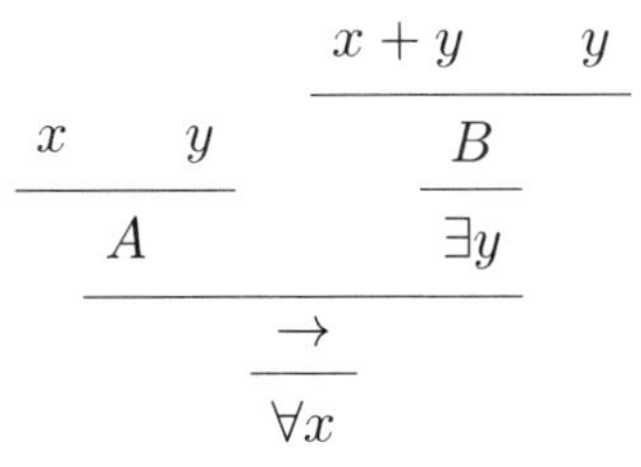


현재의 상황을 정리해 보자. 논리식 $\alpha$ 에서 개체변수 $x$ 의 모든 자유나타남(*free occurrence*)을[†] 논리항 $t$ 로 치환하여 얻은 논리식을 $\alpha(t/x)$ 로 표기할 때

$$\forall x\, \alpha(x) \to \alpha(t/x) \tag{12}$$

가 항진일 것이 기대된다. 그러나 때로는 (12)가 항진이 아닐 수 있다. 이 논제를 정확하게 분석해 보자.

4.22 DEFINITION "논리항 $t$ 가 논리식 $\alpha$ 에서 개체변수 $x$ 를 치환가능(*t is free for substituting x in* $\alpha$) 하다"는, 혹은 간단하게 표현하여 "$t$ 가 치환조건(*substitution condition*)을 만족한다"는 개념과, 이 경우 치환의 결과로 얻어지는 논리식 $\alpha(t/x)$ 를 다음과 같이 재귀적으로 정의한다.

먼저 논리항 $s$ 에서 개체변수 $x$ 를 논리항 $t$ 로 치환하여 얻어지는 논리항 $s(t/x)$ 를 정의한다.

(*i*) $s \equiv x$ 경우에는 $s(t/x) \equiv t$.

(*ii*) $s \equiv y \not\equiv x$ ($y$ 는 개체변수), 혹은 $s \equiv c$ 인 ($c$ 는 상수기호) 경우에는 $s(t/x) \equiv s$.

(*iii*) $s \equiv f(s_1, \ldots, s_n)$ 경우에는 $s(t/x) \equiv f(s_1(t/x), \ldots, s_n(t/x))$. (단, $f$ 는 $n$ 항 함수기호이고 $s_1 \ldots, s_n$ 은 논리항임.)

이제 $\alpha(t/x)$ 를 다음과 같이 정의한다.

---

[†]나타남, 혹은 자유나타남이라는 개념은 수학적으로 엄격하게 정의할 수 있지만 여기서는 그냥 직관적으로 이해하고 넘어가기로 한다.

(*i*) $\alpha$ 가 원자논리식인 경우, 즉 어떤 $n$ 항 술어기호 $P$ 와 논리항 $s_1, \ldots, s_n$ 에 대하여 $\alpha \equiv P(s_1, \ldots, s_n)$ 인 경우에는 $t$ 는 항상 $\alpha$ 에서 $x$ 를 치환가능하며

$$\alpha(t/x) \equiv P(s_1(t/x), \ldots, s_n(t/x))$$

로 정의한다.

(*ii*) $\alpha \equiv \neg\beta$ 인 경우 $t$ 는 $\beta$ 에서 $x$ 를 치환가능하면이 $\alpha$ 에서 $x$ 를 치환가능하며 이때 $\alpha(t/x) \equiv \neg\beta(t/x)$ 이다. (단, $\beta$ 는 논리식이다.)

(*iii*) $\alpha \equiv \beta \to \gamma$ 인 경우 $t$ 는 $\beta$ 와 $\gamma$ 에서 모두 $x$ 를 치환가능하면이 $\alpha$ 에서 $x$ 를 치환가능하며 이때 $\alpha(t/x) \equiv \beta(t/x) \to \gamma(t/x)$ 이다. (단, $\beta$ 와 $\gamma$ 는 논리식이다.)

(*iv*) $\alpha \equiv (\forall y)\beta$ 인 경우 다음 둘 중의 하나에 해당되면이 $t$ 는 $\alpha$ 에서 $x$ 를 치환가능하다.

(*a*) $x$ 는 $\alpha$ 의 자유변수가 아니다. 이 경우 $\alpha(t/x) \equiv \alpha$ 로 놓는다.

(*b*) $x$ 는 $\alpha$ 의 자유변수이고 (따라서 $x \not\equiv y$ 임), $t$ 는 $\beta$ 에서 $x$ 를 치환가능하며, $y$ 는 $t$ 에 나타나지 않는다. 이 경우 $\alpha(t/x) \equiv (\forall y)\beta(t/x)$ 로 놓는다.

⊣

4.23 FACT 위의 정의에서 다음과 같은 사실들이 쉽게 확인된다.

(1) $s(t/x)$ 라는 표현을 썼을 때 이것이 반드시 $s$ 에 $x$ 가 나타난다는 것을 의미하지는 않는다. $s$ 에 $x$ 가 나타나지 않는다고 해도 논리항 $s(t/x)$ 는 잘 정의된다: 즉, $s(t/x) \equiv s$ 이다. $\alpha(t/x)$ 라는 표현도 마찬가지로 $\alpha$ 안에 $x$ 가 자유변수로 나타나지 않으면 그냥 $\alpha(t/x) \equiv \alpha$ 일 뿐이다.

(2) 개체변수 $x$ 라는 논리항은 모든 논리식에서 자기 자신을 치환가능하다. 그리고

$$\forall x\, \alpha(x) \to \alpha(x)$$

는 항진이다.

(3) 논리항 $t$ 에 나타나는 개체변수 중에 $\alpha$ 에서 묶인변수로 나타나는 것이 하나도 없다면 $t$ 는 $\alpha$ 의 임의의 개체변수를 치환가능하다.

(4) $t$ 가 $\alpha$ 에서 $x$ 를 치환가능할 때 $\alpha(t/x)$ 에서 변수의 새로운 나타남이 있다면 그것들은 모두 자유나타남이다. ⊣

논리항 $s(t/x)$ 와 논리식 $\alpha(t/x)$ 의 의미론적 거동(semantic behavior)은 다음의 두 정리들이 명확하게 말해준다.

4.24 LEMMA *$t$ 와 $s$ 는 논리항, $x$ 는 개체변수일 때 임의의 해석 $\mathfrak{I}$ 에 대하여 다음이 성립한다.*

$$\mathfrak{I}(s(t/x)) = \mathfrak{I}(s(\mathfrak{I}(t)/x)) \tag{13}$$

*Proof.* 귀납법에 의해서 외길수순으로 증명된다. 상세한 증명은 생략한다. ⊣

4.25 THEOREM (치환정리, THE SUBSTITUTION THEOREM) *$\alpha$ 는 논리식, $x$ 는 개체변수, $t$ 는 $\alpha$ 에서 $x$ 를 치환가능한 논리항일 때, 임의의 해석 $\mathfrak{I}$ 에 대하여 다음이 성립한다.*

$$\mathfrak{I} \vDash \alpha(t/x) \iff \mathfrak{I}(t^{\mathfrak{I}}/x) \vDash \alpha \tag{14}$$

*Proof.* 귀납법에 의하여, 어렵지는 않으나 조금 복잡하게 증명된다. 상세한 증명은 생략한다. ⊣

이것으로 $t$ 가 $\alpha$ 에서 $x$ 를 치환가능한 경우에는 교통정리가 되었다. 그러나 치환불가능할 때는 어떻게 할 것인가?

4.26 DEFINITION 개체변수 $z$ 가 논리식 $\alpha$ 의 자유변수가 아니고 또한 $\alpha$ 에서 $x$ 를 치환가능할 때 논리식 $(\forall z)\varphi(z/x)$ 는 개체변수 바꾸기(*alphabetic change*)에 의하여 $(\forall x)\varphi$ 로부터 얻어졌다고 말한다. ⊣

4.27 LEMMA *개체변수 바꾸기에 의하여 얻은 논리식은 원래의 논리식과 논리적으로 동등하다.*

*$t$ 가 $\alpha$ 에서 $x$ 를 치환하기가 불가능한 경우에는 $\alpha$ 에 적절한 개체변수 바꾸기를 유한 번 적용하여, $t$ 가 $\alpha'$ 에서 $x$ 를 치환가능하며 $\alpha' \leftrightarrow \alpha$ 이 항진인 논리식 $\alpha'$ 을 얻을 수 있다.*

*Proof.* 연습문제로 풀어 보면 좋다. 상세한 증명은 생략한다. ⊣

아직도 남은 논제가 있으니 그것은 다중치환(*multiple substitution*)이다. 다중치환은 다중동시치환(multiple simultaneous substitution)이라고 하기도 한다.

예를 들어 논리항 $s$, $t_1$, $t_2$ 와 개체변수 $x_1$, $x_2$ 가 주어졌을 때 $s(t_1/x_1, t_2/x_2)$ 는 $s$ 에 나타나는 모든 $x_1$ 을 $t_1$ 으로 치환하고 모든 $x_2$ 를 $t_2$ 로 치환하여 얻는 논리항을 뜻하는데, 이것은 직관적인 정의일 뿐이고 엄격하게, 정의 4.22에서와 같이 정의하기는 그리 쉽지 않다. 예를 들어 $s(t_1/x_1, t_2/x_2) \stackrel{\text{def}}{\equiv} \big(s(t_1, x_1)\big)(t_2, x_2)$ 로 정의한다면 이것은 엄격한 정의이기는 하지만 우리가 원하는 개념이 아니다.

우리는 (13)과 (14)가 각각 다음과 같이 일반화 되기를 원한다.

$$\mathfrak{I}(s(t_1/x_1, \ldots, t_n/x_n)) = \mathfrak{I}(s(\mathfrak{I}(t_1)/x_1), \ldots, \mathfrak{I}(t_n)/x_n)) \tag{15}$$

$$\mathfrak{I} \vDash \alpha(t_1/x_1, \ldots, t_n/x_n) \Leftrightarrow \mathfrak{I}(\mathfrak{I}(t_1)/x_1, \ldots, \mathfrak{I}(t_n)/x_n) \vDash \alpha \tag{16}$$

이 문제의 해결은 다른 기회로 미룬다.

4.28 Exercise 다중치환의 정의로 $s(t_1/x_1, t_2/x_2) \stackrel{\text{def}}{\equiv} \big(s(t_1, x_1)\big)(t_2, x_2)$ 가 옳지 않음을 예를 들어 설명하시오. ⊣

4.29 Remark 표기법 $s(t_1/x_1, \ldots, t_n/x_n)$ 는 수학에서 통상적으로 잘 쓰지 않는 표현이다. 수학에서는 이것 대신 더 간단한 $s(t_1, \ldots, t_n)$ 을 쓰는 것이 보통이다. 우리도 이런 표기법을 앞으로 종종 사용하게 될 것이다. 다만 이 경우 처음에 논리항 $s$ 를 언급할 때 $s(x_1, \ldots, x_n)$ 으로 표기하여야 하는 것은 당연하다.

$s(x_1, \ldots, x_n)$ 라는 표현을 썼을 때 이것이 논리항 $s$ 에 나타나는 개체변수의 집합이 $\{x_1, \ldots, x_n\}$ 이 된다는 것을 의미하는 것이 아니며 또한 이것의 부분집합이 된다는 것을 의미하는 것도 아니다. 예를 들어 $s \equiv x + y \cdot z$ 일 때 $s(y, x, w)$ 라는 표현을 써도 무방하다.

흔히 논리항은 구조체가 주어지면 함수를 정의하게 된다고 하는데, 예를 들어 구조체가 $\langle \mathbb{N}, +, \cdot, 0 \rangle$ 일 때 $s \equiv x + y \cdot z$ 는 어떤 함수를 정의하게 되는가? 이 정의된 함수의 $(1, 2, 3)$ 에서의 값은 얼마인가? $1 + 2 \cdot 3 = 7$ 이라고 말하면 될까? 이 질문에 대한 답은 잠시 미루고 또 하나의 질문을 던져 보자.

2차원 공간에서 첫 좌표로의 사영함수 $f(x, y) = x$ 는 어떤 논리항으로 나타내는가? 그것은 당연히 $x$ 이다. 그런데 이 논리항은 항등함수 $x \mapsto x$, 그리고 3차원 공간에서의 첫 좌표로의 사영함수 $(x, y, z) \mapsto x$ 등 다른 함수들을 나타낼 때도 사용된다. 앞서 1장 7쪽에서 명제논리식은 진리값 함수와 대략 대응되지만 꼭 그렇지만은 않다고 하였는데 이제 이것이 무슨 의미인지 확실하게 되었을 것이다.

수학에서는 논리항 대신 식(formula)이라는 용어를 흔히 쓴다. 통상 식이 함수를 나타낸다고 하지만 정확히 말하자면 식과 그것에 나타나는 변수들의 열(sequence)이 함수를 규정하게 된다. (물론 함수를 규정하기 위하여는 정의역 및 식에 나타나는 기호들의 해석도 주어져야 한다.) 이제 예를 들어 $s(y,x,z) \overset{\text{def}}{\equiv} x+y\cdot z$ 가 나타내는 함수의 $(1,2,3)$ 에서의 값은 $2+1\cdot 3 = 5$ 라고 확실하게 말할 수 있다.

앞의 예 $s(y,x,w) \overset{\text{def}}{\equiv} x + y \cdot z$ 가 나타내는 함수는 3번째 변수 $w$ 의 값에 무관하며 $z$ 는 파라메터(parameter)가 된다.

논리항 $s(x_1,\ldots,x_n)$ 이라는 표현을 사용했을 때 이 논리항이 파라메터를 포함하고 있는지는 항상 문맥을 잘 살피어 판단하도록 유의하여야 한다.

수리논리학의 표기법에서 흔히 혼란을 느끼는 부분이 있는데 그것은 $f(x,y,z)$ 라는 표현에서 개체변수 $x$, $y$, $z$ 가 모두 서로 다르다고 가정해도 되느냐 하는 것이다. 대답은 "문맥에 따라 다르다." 이다. 만일 치환을 염두에 두고 $f(x,y,z)$ 를 사용했다면 그때는 이 3 변수가 모두 서로 다르다고 가정해도 된다. 그러나 만일 $f(x,y,z) \equiv f(t1/x1,t2/x2,t3/x3)$ 이고 $t1 \equiv x$, $t2 \equiv y$, $t3 \equiv z$ 인 상황이라면 이때는 이 3 변수들이 모두 서로 다르다고 가정할 수 없다.

지금까지 논리항에서 개체변수들을 논리항들로 치환하는 것에 대한 표기법을 알아 보았는데, 이제 논리식에서 개체변수들을 논리항들로 치환하는 것에 대한 표기법, 즉 논리식을 $\alpha(x_1,\ldots,x_n)$ 과 같이 도입하고 $\alpha(t_1/x_1,\ldots,t_n/x_n)$ 대신 $\alpha(t_1,\ldots,t_n)$ 을 쓰는 것에 대해서도 거의 같은 논의가 가능한 것은 당연하다. ⊣

# 3 피치 1계논리 추론규칙

1계논리에서의 증명관계 $\vdash$ 는 명제논리에서의 증명관계와 거의 같은 방식으로 정의된다. (정의 3.2를 참조하기 바란다.) 이 둘 사이의 유일한 차이는 추론규칙에 있다.

예를 들어 1계논리에서는 전제 $\forall x\,(f(x) > 0)$ 로부터 결론 $f(a) > 0$ 를 얻을 수 있어야 한다. 그러나 명제논리에서는 이러한 추론은 허용되지 않는다. 한편, 예를 들어 $(f(x)>0) \wedge (f(y)<0)$ 라는 전제로부터 $f(x) > 0$ 라는 결론을 얻는 것은 1계논리와 명제논리에서 모두 허용되는 추론이다. 1계논리의 추론규칙은 명제논리의 추론규칙의 초집합이라고 말할 수 있다.

1계논리의 증명관계와 명제논리의 증명관계를 첨자 FOL과 PL을 써서 $\vdash_{\text{FOL}}$, $\vdash_{PL}$ 등으로 나타내어 구별하기로 한다면, 명제논리에서의 증명관계가 1계논리에서의 증명관계의 부분집합이라는 사실을 다음과 같이 나타낼 수 있다.

$$\Phi \vdash_{\text{PL}} \alpha \;\Rightarrow\; \Phi \vdash_{\text{FOL}} \alpha.$$

1계논리 피치 증명시스템에서 사용하는 기본 추론규칙은 3.1절–3.3절에서 정의한다. 그리고 이어서 3.4절에서는 기본 추론규칙에 더하여 증명시스템을 확충할 추가 추론규칙들을 소개한다. 이것은 명제논리에서 12개의 기본 추론규칙에 반복과 배중률의 2개 추론규칙을 더하는 것과 같다고 보면 된다.

4.30 DEFINITION 1계논리식의 집합 $\Phi$가 $\Phi \vdash \bot$일 때 $\Phi$를 모순된다(*inconsistent*)고 말한다. $\Phi$가 모순되지 않을 때 이것을 모순없다, 혹은 무모순(*consistent*)이라고 한다. ⊣

## 3.1 명제논리적 귀결

명제논리의 추론규칙은 각 결합자마다 도입규칙과 소거규칙이 있어 모두 12개로 구성됨을 배웠다. 1계논리는 명제논리를 확장한 논리체계라고 볼 수 있으므로 명제논리의 추론규칙 12개 모두를 사용하고, 여기에 추가하여 새로운 요소인 한정기호(전칭과 존재의 2개)와 등호에 대하여 각각 도입규칙과 소거규칙이 필요할 것으로 짐작되며, 실제로 이 6개의 추론규칙을 추가하면 완전한(complete) 1계논리 증명시스템이 이루어지게 된다.

그렇다면 1계논리의 추론규칙의 개수는 12개 + 6개 = 18개가 되는데 이를 모두 그대로 사용하는 것은 썩 효율적이지 못하다. 우리는 증명의 효율성을 위하여 명제논리에서의 추론규칙 12개를 단 하나의 규칙, 명논귀결(명제논리적 귀결, *tautological consequence*)로 대체하여 사용한다. 아래에 명논귀결의 사용 예를 보였다.

| | | |
|---|---|---|
| | ⋮ | |
| | 2. $\forall x\, A(x) \to (\exists x\, B(x) \leftrightarrow C)$ | Rule ? |
| | 3. $\neg C$ | Rule ? |
| | 4. $\exists x\, B(x)$ | Rule ? |
| | ⋮ | |
| ▷ | 6. $\neg \forall x\, A(x)$ | ✓ 명논귀결 2,3,4 |

그러니까 $\forall x\, A(x) \stackrel{\text{def}}{\equiv} p$, $\exists x\, B(x) \stackrel{\text{def}}{\equiv} q$와 $C \stackrel{\text{def}}{\equiv} r$를 각각 하나의 명제문자로 보면

명제논리적 귀결관계

$$p \to (q \leftrightarrow r),\ \neg r,\ q \vDash_{PL} \neg p$$

가 성립하며, Proofmood의 명논귀결은 이를 추론규칙으로 구현하고 있다는 것이다. 또한 부분증명과 연속 2항술어기호문도 아래의 예에서 보듯이 제대로 처리한다.

| | | |
|---|---|---|
| | ⋮ | |
| | 2. a < b < c | Rule ? |
| | │ 3. b < c | hyp |
| | │ ⋮ | |
| | │ 5. $\varphi$ | Rule ? |
| ▷ | 6. $\varphi$ | ✓ 명논귀결 2,3-5 |

## 3.2 한정사의 도입과 소거

추론규칙 ∀ 소거를 그림 4.5에 보였다.

그림 4.5: ∀ 소거 추론규칙

| | | |
|---|---|---|
| | ⋮ | |
| | 2. ∀x $\varphi$(x) | Rule ? |
| | ⋮ | |
| ▷ | 4. $\varphi$(t) | ✓ ∀ 소거 2 |

단, 여기서 t는 x를 치환가능해야 하며 $\varphi(t) \overset{\text{def}}{\equiv} \varphi(t/x)$ 이다. 그리고 t와 $\varphi$는 각각 논리항과 논리식을 나타내는 메타기호이다. (메타기호에 대해서는 87쪽에 조금 언급하였다.) 아래의 그림에 ∀ 소거의 적용이 불가능한 예와 가능한 예를 각각 하나씩 보였다.

| | | |
|---|---|---|
| | ⋮ | |
| | 2. ∀x∃y A(x, y) | Rule ? |
| | ⋮ | |
| ▷ | 4. ∃y A(y, y) | x ∀ 소거 2 |

| | | |
|---|---|---|
| | ⋮ | |
| | 2. ∀x∃z A(x, y) | Rule ? |
| | ⋮ | |
| ▷ | 4. ∃z A(y, y) | ✓ ∀ 소거 2 |

∀ 소거 규칙의 타당성에 대해서는 앞서 여러 번 언급되었으므로 더 이상의 설명은 생략한다.

그러면 이제 ∀ 소거 규칙을 형식 증명에서 사용한 예를 알아 보자. 아주 간단한 예는 79쪽에 나와 있는 그림 4.1의 라인 3에서 찾아볼 수 있으며 이것보다 조금 더 현실적인 예를 아래의 그림에 보였다.

그림 4.6: ∀ 소거 추론규칙의 적용 예

| | | |
|---|---|---|
| | 1. ∀x∀y (x + y ≥ 2 · sqrt(x · y)) | hyp |
| | 2. ∀x (sqrt(frac(1, x) · x) = 1) | hyp |
| | 3. 2 · 1 = 2 | hyp |
| | 4. ∀y (frac(1, z · z + 1) + y ≥ 2 · sqrt(frac(1, z · z + 1) · y)) | ✓ ∀ 소거 1 |
| | 5. frac(1, z · z + 1) + (z · z + 1) ≥ 2 · sqrt(frac(1, z · z + 1) · (z · z + 1)) | ✓ ∀ 소거 4 |
| | 6. sqrt(frac(1, z · z + 1) · (z · z + 1)) = 1 | ✓ ∀ 소거 2 |
| | 7. frac(1, z · z + 1) + (z · z + 1) ≥ 2 · 1 | ✓ = 소거 6,5 |
| ▷ | 8. frac(1, z · z + 1) + (z · z + 1) ≥ 2 | ✓ = 소거 3,7 |

라인 4, 5, 6에서 ∀ 소거를 사용한 것을 볼 수 있으며, 라인 7과 8에서 사용한 = 소거 추론규칙에 대해서는 조금 후에 설명할 것이다.

추론규칙 ∀ 도입은 그림 4.7과 4.8에 보인 규칙이다. 단, 여기서 c와 x는 새로운 기호이어야 하며 $\varphi(c) \stackrel{\text{def}}{\equiv} \varphi(c/x)$ 이다. 상수기호 c가 새롭다 함은 이 부분증명의 첫 라인의 이전 위치의 라인에 c가 사용된 적이 없다는 뜻이며, 개체변수 x가 새롭다 함은 이 부분증명의 첫 라인의 이전 위치의 라인에 x가 자유변수로 사용된 적이 없다는 뜻이다. ∀ 도입에서 사용되는 새로운 기호를 신규기호(*fresh symbol*) 라고 부른다. 신규기호는 조금 후에 공부할 ∃ 소거 추론규칙에서도 쓰인다.

그림 4.7: ∀ 도입 추론규칙 1

| | | | | | |
|---|---|---|---|---|---|
| | ⋮ | | | ⋮ | |
| | 2. {c} | hyp | | 2. {x} | hyp |
| | ⋮ | | | ⋮ | |
| | 4. φ(c) | Rule ? | | 4. φ(x) | Rule ? |
| ▷ | 5. ∀x φ(x) | ✓ ∀ 도입 2-4 | ▷ | 5. ∀x φ(x) | ✓ ∀ 도입 2-4 |

신규기호는 2개 이상 사용해도 된다. 예를 들어 그림 4.8과 같은 증명도 허용된다. 라인 2와 4에서 c1, c2를 각각 x1, x2로 바꾸어도 됨은 물론이다.

그림 4.7과 4.8의 2번 라인에서 보듯이 신규기호를 도입할 때는 중괄호를 사용한다. 5번 라인의 묶인변수로는 아무 개체변수를 사용해도 된다. 예를 들면 그

그림 4.8: ∀ 도입 추론규칙 2

⋮
2. {c1, c2} hyp
⋮
4. $\varphi$(c1, c2) Rule ?
▷ 5. ∀x1∀x2 $\varphi$(x1, x2) ✓ ∀ 도입 2-4

림 4.7의 오른편 그림 5번 라인에 ∀y $\varphi$(y) 를 써도 된다.

아래에 ∀ 도입의 적용이 가능한 예를 하나 보였다.

⋮
3. x = 1 Rule ?
⋮
5. ∀x $\psi$(x) Rule ?
6. {x} hyp
⋮
8. $\varphi$(x) Rule ?
▷ 9. ∀x $\varphi$(x) ✓ ∀ 도입 6-8

6번 라인의 기호 x는 새로운 기호라고 말할 수 있다. 그 이유는, 3번 라인은 피치 증명 시스템의 라인 간 순서구조에서는 6번 라인 이전에 있지 않은 것으로 간주되며, 5번 라인의 x는 자유변수로 사용된 것이 아니기 때문이다.

이제 ∀ 도입 규칙의 타당성에 대해서 알아 보자. 논의에 들어가기에 앞서 명제 논리에서의 피치 증명에 대한 정의 3.2를 복습하기 바란다. 그림 4.7의 왼쪽 그림의 5번 라인의 가설집합을 $\Phi$라 하자. 5번 라인이 피치증명 내에서 증명되었음을 가정하고, 즉 $\Phi \vdash \forall x\, \varphi(x)$를 가정하고 $\Phi \vDash \forall x\, \varphi(x)$ 임을 보여야 한다. (오른쪽 그림에 대해서도 비슷한 방법으로 타당성을 보일 수 있다.) 4번 라인의 가설집합은 5번 라인의 가설집합과 동일한 $\Phi$이다. 왜냐하면 5번 라인의 가설은 4번 라인의 가설에 2번 라인을 더한 것인데 2번 라인에는 논리식이 없기 때문이다.

$\Phi$의 임의의 모델을 $(\mathfrak{A}, \bar{a})$라 하자. 우리는 $(\mathfrak{A}, \bar{a}) \vDash \forall x\, \varphi(x)$를 보여야 한다. 귀납가설에 의하여 $\Phi \vDash \varphi(c)$이다. 따라서 $(\mathfrak{A}, \bar{a}) \vDash \varphi(c)$이다. $\mathfrak{A}$에서 c의 해석을 임의의 $|\mathfrak{A}|$의 원소 $u$로 바꾼 구조체를 $\mathfrak{A}'$이라 하자. 그렇다면 $(\mathfrak{A}', \bar{a}) \vDash \Phi$이다.

왜냐하면 $\Phi$ 에는 c 가 나타나지 않기 때문이다. 그러므로 $(\mathfrak{A}', \bar{a}) \vDash \varphi(\mathsf{c})$ 도 역시 성립한다. 이제 양방향함의

$$(\mathfrak{A}', \bar{a}) \vDash \varphi(\mathsf{c}/\mathsf{x}) \;\Leftrightarrow\; (\mathfrak{A}, \bar{a}(u/x)) \vDash \varphi(\mathsf{x})$$

와 $u$ 가 임의의 원소라는 사실로부터 원하던 $\Phi \vDash \forall \mathsf{x}\, \varphi(\mathsf{x})$ 를 얻는다.

이상의 논의를 좀 더 간단하게 말하자면 다음과 같다. c 는 새로운 기호이므로 우리는 c(의 해석)에 대한 어떠한 조건, 혹은 정보도 가지고 있지 않다. 그런데 $\varphi(\mathsf{c})$ 가 증명되었다면 이것은 c 가 대상영역 내의 임의의 값 $u$ 를 취해도 $\varphi(\mathsf{c})$ 가 성립한다는 뜻이다. 다시 말해서 $\forall \mathsf{x}\, \varphi(\mathsf{x})$ 가 성립한다.

4.31 Exercise 그림 4.7의 오른쪽 그림에 보인 추론규칙의 타당성에 대하여 논하시오. ⊣

∀ 도입 규칙의 간단한 적용 예를 아래에 보였다.

| | | |
|---|---|---|
| | 1. $\forall \mathsf{x}\, (\mathsf{x} \cdot \mathsf{x} \geq 0)$ | hyp |
| | 2. $\{\mathsf{c}\}$ | hyp |
| | 3. $\mathsf{c} \cdot \mathsf{c} \geq 0$ | ✓ ∀ 소거 1 |
| ▷ | 4. $\forall \mathsf{y}\, (\mathsf{y} \cdot \mathsf{y} \geq 0)$ | ✓ ∀ 도입 2-3 |

추론규칙 ∃ 도입은 아래와 같다.

그림 4.9: ∃ 도입 추론규칙

| | | |
|---|---|---|
| | ⋮ | |
| | 2. $\varphi(\mathsf{t})$ | Rule ? |
| | ⋮ | |
| ▷ | 4. $\exists \mathsf{x}\, \varphi(\mathsf{x})$ | ✓ ∃ 도입 2 |

단, 여기서 t 는 $\varphi$ 안에서 x 를 치환가능해야 하며 $\varphi(\mathsf{t}) \stackrel{\text{def}}{\equiv} \varphi(\mathsf{t}/\mathsf{x})$ 이다. 아래 그림에 ∃ 도입 규칙의 적용 예를 보였다.

| | | |
|---|---|---|
| | 1. $\forall \mathsf{y}\, (0 + \mathsf{y} = \mathsf{y})$ | hyp |
| | 2. $\exists \mathsf{x} \forall \mathsf{y}\, (\mathsf{x} + \mathsf{y} = \mathsf{y})$ | ✓ ∃ 도입 1 |
| | 3. $0 + 0 = 0$ | ✓ ∀ 소거 1 |
| ▷ | 4. $\exists \mathsf{x}\, (\mathsf{x} + \mathsf{x} = \mathsf{x})$ | ✓ ∃ 도입 3 |

∃ 도입 규칙은 치환 조건이 만족되지 않으면 적용할 수 없다. 예를 들어 $\varphi(x) \equiv \forall y(y = x)$, $t \equiv y$ 로 놓으면 $\varphi(t) \equiv \forall y(y = y)$ 가 되는데 이런 경우에는 $\varphi(t)$ 로부터 $\exists x\varphi(x)$ 를 얻을 수 없음이 당연하며 이를 오른편 그림에 보였다.

| | | |
|---|---|---|
| | ⋮ | |
| | 2. $\forall y\,(y = y)$ | Rule ? |
| ▷ | 3. $\exists x \forall y\,(y = x)$ | x ∃ 도입 2 |

4.32 EXERCISE ∃ 도입 규칙의 타당성을 보이시오. ⊣

추론규칙 ∃ 소거를 그림 4.10과 4.11에 보였다. 단, 여기서 c와 x는 신규기호이고 c는 $\theta$ 에 나타나지 않으며 x는 $\theta$ 에 자유변수로 나타나지 않는다. 신규기호

그림 4.10: ∃ 소거 추론규칙 1

| | | |
|---|---|---|
| | ⋮ | |
| | 2. $\exists x\,\varphi(x)$ | Rule ? |
| | │ 3. $\{c\}\ \varphi(c)$ | hyp |
| | │ ⋮ | |
| | │ 5. $\theta$ | Rule ? |
| ▷ | 6. $\theta$ | ✓ ∃ 소거 2,3-5 |

| | | |
|---|---|---|
| | ⋮ | |
| | 2. $\exists x\,\varphi(x)$ | Rule ? |
| | │ 3. $\{x\}\ \varphi(x)$ | hyp |
| | │ ⋮ | |
| | │ 5. $\theta$ | Rule ? |
| ▷ | 6. $\theta$ | ✓ ∃ 소거 2,3-5 |

는 2개 이상 사용해도 된다. 예를 들어 그림 4.10과 같은 증명도 허용된다. 라인 3에서 c1, c2를 각각 x1, x2로 바꾸어도 됨은 물론이다. ∃ 소거를 사용할 때는 주석에서 전제의 순서가 지켜져야 한다. 즉, 그림 4.10의 라인 6에서 2,3-5를 3-5,2로 두면 안 된다.

그림 4.11: ∃ 소거 추론규칙 2

| | | |
|---|---|---|
| | ⋮ | |
| | 2. $\exists x1 \exists x2\,\varphi(x1, x2)$ | Rule ? |
| | │ 3. $\{c1, c2\}\ \varphi(c1, c2)$ | hyp |
| | │ ⋮ | |
| | │ 5. $\theta$ | Rule ? |
| ▷ | 6. $\theta$ | ✓ ∃ 소거 2,3-5 |

이 추론규칙의 적용 예로 미분학의 한 정리를 형식증명으로 나타내 보이겠다.

미분 가능한 함수 $f : \mathbb{R} \to \mathbb{R}$ 이 $x = c$ 에서 최대값을 가진다면 $(c, f(c))$ 에서 접선의 기울기 (slope) 는 0 이다. 그러므로 $f$ 가 최대값을 가진다는 가설로부터 $f$ 의 그래프에는 접선의 기울기가 0 인 점이 있다는 결론을 얻을 수 있다. 그림 4.12 는 이 논의의 형식증명이다.

그림 4.12: ∃ 소거 추론규칙 적용 예

| | | |
|---|---|---|
| 1. ∀x (Max(x) → (slope(x) = 0)) | hyp | |
| 2. ∃x Max(x) | hyp | |
|   3. {c} Max(c) | hyp | |
|   4. Max(c) → (slope(c) = 0) | ✓ ∀ 소거 | 1 |
|   5. slope(c) = 0 | ✓ 명논귀결 | 3,4 |
|   6. ∃x (slope(x) = 0) | ✓ ∃ 도입 | 5 |
| ▷ 7. ∃x (slope(x) = 0) | ✓ ∃ 소거 | 2,3-6 |

4.33 Exercise ∃ 소거 규칙이 명제논리에서의 ∨ 소거와 비슷한 부분을 찾으시오. ⊣

4.34 Exercise ∃ 소거 규칙의 타당성을 보이시오. ⊣

4.35 Remark 부분증명은 가설 라인 1 개와 결론 라인 1 개 이상으로 이루어진다. 명제논리에서 사용하는 부분증명의 가설 라인에는 반드시 논리식이 들어 있어야 한다. 그러나 1 계논리에서 사용하는 부분증명의 가설라인에는 논리식이 들어 있을 수도 있고, 신규기호가 들어 있을 수도 있으며 (∀ 도입), 신규기호와 또한 그 기호를 사용한 논리식이 들어 있을 수도 있음을 (∃ 소거) 알아야 한다.

부분증명의 가설 라인에 논리식 없이 신규기호만 들어 있는 경우 주석에 hyp 를 두는 것은 엄격하게 말하자면 부정확한 표현이라고 볼 수 있다. 이러한 부분증명은 새로운 가설의 적용범위를 지정해 주는 것이 아니라 새로 도입한 기호의 사용범위를 지정해 주는 역할을 한다. ⊣

## 3.3 등호의 도입과 소거

토톨로지는 피치 증명의 임의의 위치에 있는 라인에 자유로이 넣을 수 있다. t = t 형태의 논리식도 그러하다. 이 사실의 타당성은 정의 4.11 의 당연한 귀결이다. 이제 ∀ 도입 규칙과 ∃ 도입 규칙을 이용하면 등식 t = t의 앞에 임의의 한정사들을 붙인 논리식을 자유로이 사용할 수 있음을 알 수 있다.

그림 4.13: = 도입 추론규칙

| | | |
|---|---|---|
| | ⋮ | |
| ▷ | 2. $\forall x \exists y \ldots (t = t)$ | ✓ = 도입 |

이 규칙은 전제를 필요로 하지 않는 아주 간단하고 쉬운 추론규칙이며 그림 4.13에 이를 보였다.

다음에 공부할 = 소거 추론규칙은 이것보다는 조금 더 복잡하다. 등호(=)의 기본 성질은 다음과 같다.

> $x = y$ 이면 $x$에 대한 어떤 명제가 주어졌을 때 이 명제에서 $x$를 $y$로 바꾸어 얻은 명제는 원래의 명제와 동등하다.

위 사실의 기호논리 버전은 다음과 같다.

$$\forall x \forall y \left(x = y \;\Rightarrow\; (\varphi(x) \leftrightarrow \varphi(y))\right) \tag{17}$$

그런데 흔히 (17)을 다음과 같이 쓴다.

$$\forall x \forall y \left(x = y \;\Rightarrow\; (\varphi(x, x) \leftrightarrow \varphi(x, y))\right) \tag{18}$$

이는 $\varphi$에 $x$가 여러 군데 나타나는 경우, 이 중에 일부의 $x$만 $y$로 바꾸어도 된다는 것을 의미하는 것이다. 즉, (18)에서

> $\varphi(x, y)$는 $\varphi(x, x)$에서 $x$의 나타남의 일부, 혹은 전부를 $y$로 대체해서 얻은 논리식

을 나타내고 있는 것이다.

4.36 Remark 치환(*substitution*)과 대체(*replacement*)는 의미상의 중요한 차이가 있다. 치환이라 함은 어떤 표현에 나타나는 변수를 다른 것(변수 혹은 표현)으로 바꾸는 것으로, 별도의 설명이 없으면 그 변수의 모든 나타남을 바꾸는 것이다. 대체라 함은 어떤 표현에 나타나는 부분표현(*subexpression*)을 다른 것으로 바꾸는 것으로, 별도의 설명이 없으면 그 부분표현의 나타남의 일부만 바꾸는 것이다. ⊣

= 소거 추론규칙은 Proofmood 에서 그림 4.14 와 같이 구현되어 있다.

그림 4.14: = 소거 추론규칙

| | | |
|---|---|---|
| | ⋮ | |
| | 2. t1 = s1 | Rule ? |
| | ⋮ | |
| | 4. tn = sn | Rule ? |
| | 5. $\varphi$(t1, . . . , tn) | Rule ? |
| ▷ | 6. $\varphi$(s1, . . . , sn) | = 소거 2, . . .4,5 |

여기서 6 번 라인의 논리식 $\varphi$(s1, . . . , sn) 는 5 번 라인의 논리식 $\varphi$(t1, . . . , tn) 에서, 각 $i = 1, \ldots,$ n 에 대해서 t$i$ 들을 s$i$ 로 대체해서 얻은 논리식을 뜻한다.

4.37 EXERCISE = 도입 추론규칙과 = 소거 추론규칙의 타당성을 보이시오. ⊣

## 3.4 추론규칙의 확충

지금까지 설명한 7 개의 추론규칙, 즉 명제논리적 귀결, 전칭한정사의 도입과 소거, 존재한정사의 도입과 소거 및 등호의 도입과 소거는 모든 1 계항진 논리식을 증명하기에 충분하며 이 사실(완전성 정리)의 증명은 이 책의 범위를 넘는다.

그런데 실제로 수학의 증명을 작성할 때 이 7 개의 추론규칙만 사용해서는 불편한 점이 많다. Proofmood 에는 증명의 효율성을 위하여 더 풍부한 추론규칙들이 구현되어 있으며 이들을 이 절에서 공부할 것이다. 이 절부터 시작하여 앞으로 공부할 심화 추론규칙들은 항진 논리식을 증명하는 데 꼭 필요한 것이 아니며 다만 증명의 효율성을 위하여 도입된 것임을 다시 한 번 말해 둔다.

∀ 도입과 ∃ 소거에서 한정사 2 개 이상을 한꺼번에 사용할 수 있음을 그림 4.8 과 4.11 에서 설명했는데 이는 ∀ 소거와 ∃ 도입에서도 마찬가지다. 예를 들어 설명하겠다. 수학자라면 누구나 알고 있는 사실로 전칭한정사의 교환법칙이 있다. 이 법칙을 기호를 이용하여 나타내면 다음과 같다.

$$\forall x \forall y\, \varphi(x, y) \;\Leftrightarrow\; \forall y \forall x\, \varphi(x, y) \tag{19}$$

위의 양방향함의의 ⇒ 를 Proofmood 에서 증명하여 그림 4.15 에 보였다. (⇐ 는 똑같은 방법으로 증명되므로 생략한다.)

그림 4.15: ∀ 소거, 도입 추론규칙 2

| | | |
|---|---|---|
| | 1. $\forall x \forall y\, \varphi(x, y)$ | hyp |
| | 2. $\{x, y\}$ | hyp |
| | 3. $\varphi(x, y)$ | ✓ ∀ 소거 1 |
| ▷ | 4. $\forall y \forall x\, \varphi(x, y)$ | ✓ ∀ 도입 2-3 |

3번 라인의 ∀ 소거에서 두 한정사를 한꺼번에 처리하였으며 4번 라인의 ∀ 도입에서도 역시 그러하였다. 그런데 실은 3번 라인의 ∀ 소거에서는 두 개의 한정사를 동시에 처리할 수 있다는 규칙이 꼭 필요한 것은 아니다. 그림 4.16을 보면 이 사실을 알 수 있을 것이다.

그림 4.16: ∀ 소거, 도입의 예

| | | |
|---|---|---|
| | 1. $\forall x \forall y\, \varphi(x, y)$ | hyp |
| | 2. $\{x, y\}$ | hyp |
| | 3. $\forall y\, \varphi(x, y)$ | ✓ ∀ 소거 1 |
| ▷ | 4. $\varphi(x, y)$ | ✓ ∀ 소거 3 |
| | 5. $\forall y \forall x\, \varphi(x, y)$ | ✓ ∀ 도입 2-4 |

4.38 Exercise 존재한정사의 교환법칙을 쓰고 피치 증명을 찾으시오.

∃ 소거에서는 두 개의 한정사를 동시에 처리하는 규칙이 꼭 필요하지는 않음을 보이시오. ⊣

∀ 도입은 전제로 원래는 하나의 부분증명을 사용하게 되어 있는데, 그림 4.17.(*i*)과 같이 두 개의 라인을 전제로 사용해도 된다. 그리고 그림 4.17.(*ii*)와 같이 결론 $\forall x\, \varphi(x)$를 부분증명 내에 두어도 된다.

∀ 도입 규칙의 또 하나의 버전으로서 하나의 라인과 하나의 부분증명을 전제로 사용하는 것을 그림 4.18에 보였다. 이 규칙이 없어도 결론 라인 7은, 그림 4.18에서 부분증명 3-5 바로 아래에 명논귀결을 써서 $\varphi(c) \to \psi(c)$를 넣은 다음 그림 4.17.(*i*) 규칙을 사용하여 얻을 수 있다. 그러므로 이 규칙은 라인 하나를 절약하는 효과밖에 없으나 실제 피치 증명을 경험해 보면 상당히 편리함을 알 수 있을 것이다. 결론 라인 7은 라인 2를 가설로 하는 부분증명 내부에 넣어도 된다. 왜 그런지 생각해 보라. 이 규칙은 실은 ∀ 도입과 → 도입을 합쳐 놓은 것인데

그림 4.17: ∀ 도입 추론규칙 3

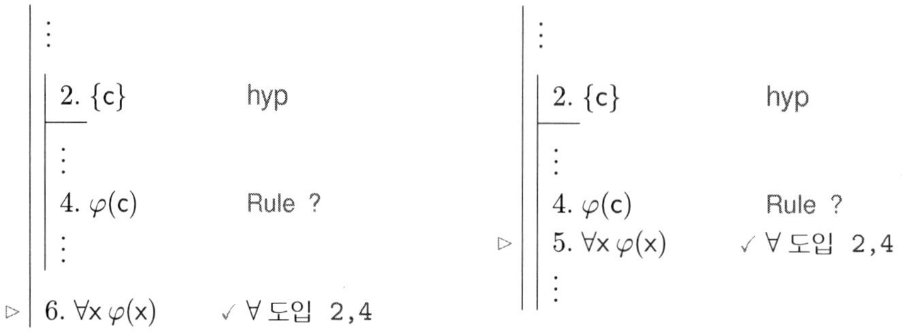


(*i*) (*ii*)

그림 4.18: ∀ 도입 추론규칙 4

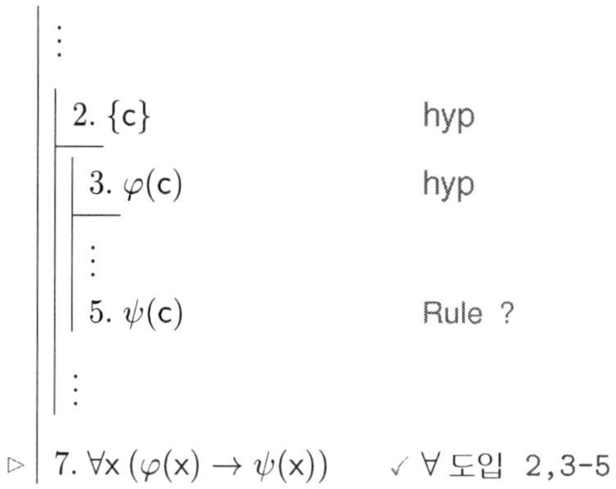


Proofmood 에서는 그냥 ∀ 도입 메뉴에서 처리하도록 하였다.

그림 4.17 과 4.18 에서 상수기호 대신 개체변수를 쓰거나 이 기호들을 2 개 이상 사용하는 것도 허용된다. 그리고 그림 4.15 에서 한정사 3 개 이상을 사용하는 것도 허용된다.

∀ 소거를 바탕으로 하는 유용한 심화 규칙 2 개를 그림 4.19 의 (*i*) 과 (*ii*) 에 보였다. 물론 (*ii*) 에서 $\varphi(t)$ 대신 $\psi(t)$ 를 써도 된다. 여기서 논리항 t 가 적절한 치환조건을 만족해야 하는 것은 당연하다. 이 규칙들도 라인 하나를 절약하는 효과를 가진다. 이 규칙들은 실은 각각 ∀ 소거와 → 소거, 혹은 ∧ 소거를 합쳐 놓은 것인데 Proofmood 에서는 그냥 ∀ 소거 메뉴에서 처리하도록 하였다. 연속 2 항술어기호문도 그림 4.20 에서 보듯이 ∀ 소거에서 제대로 처리된다. ∀ 소거와 ↔ 소거를 합쳐 놓은 규칙도 그림 4.21 에 구현되어 있다.

그림 4.19.$(i)$과 그림 4.21에 보인 추론규칙에서 전제의 순서는 지켜져야 한다. 즉, ∀ 소거 2,3을 ∀ 소거 3,2로 쓰면 안 된다.

그림 4.19: ∀ 소거 추론규칙 3

| | $(i)$ | | | $(ii)$ | |
|---|---|---|---|---|---|
| | $\vdots$ | | | $\vdots$ | |
| | 2. $\forall x\,(\varphi(x) \rightarrow \psi(x))$ | Rule ? | | 2. $\forall x\,(\varphi(x) \wedge \psi(x))$ | Rule ? |
| | 3. $\varphi(t)$ | Rule ? | | $\vdots$ | |
| | $\vdots$ | | ▷ | 4. $\varphi(t)$ | ✓ ∀ 소거 2 |
| ▷ | 5. $\psi(t)$ | ✓ ∀ 소거 2,3 | | $\vdots$ | |

그림 4.20: ∀ 소거, 연속2항술어문

| | | |
|---|---|---|
| | $\vdots$ | |
| | 2. $\forall x\,(f(x) < g(x) < h(x))$ | Rule ? |
| | $\vdots$ | |
| ▷ | 3. $f(t) < g(t)$ | ✓ ∀ 소거 2 |

그림 4.21: ∀ 소거 추론규칙 4

| | $(i)$ | | | $(i)$ | |
|---|---|---|---|---|---|
| | $\vdots$ | | | $\vdots$ | |
| | 2. $\forall x\,(\varphi(x) \leftrightarrow \psi(x))$ | Rule ? | | 2. $\forall x\,(\varphi(x) \leftrightarrow \psi(x))$ | Rule ? |
| | 3. $\varphi(t)$ | Rule ? | | 3. $\psi(t)$ | Rule ? |
| | $\vdots$ | | | $\vdots$ | |
| ▷ | 5. $\psi(t)$ | ✓ ∀ 소거 2,3 | ▷ | 5. $\varphi(t)$ | ✓ ∀ 소거 2,3 |

∃ 소거는 전제로 하나의 라인(존재문)과 하나의 부분증명을 사용하게 되어 있는데, 그림 4.22.$(i)$과 같이 3 개의 라인을 전제로 사용하는 규칙을 사용해도 된다. 그리고 그림 4.22.$(ii)$와 같이 $\theta$ 대신에 $\psi(c1, c2)$를 사용해도 된다. 즉, 신규기호를 포함한 논리식을 사용할 수 있다는 것이다. 단, 이때는 결론 라인 7에서 보듯이 존재한정사를 붙여 주어야 한다.

그림 4.22: ∃ 소거 추론규칙 3

|   | |   |
|---|---|---|
|   | ⋮ |   |
|   | 2. $\exists$x1 $\exists$x2 $\varphi$(x1, x2) | Rule ? |
|   |    3. {c1, c2} $\varphi$(c1, c2) | hyp |
|   |    ⋮ |   |
|   |    5. $\theta$ | Rule ? |
|   |    ⋮ |   |
| ▷ | 7. $\theta$ | ✓ ∃ 소거 2,3,5 |

(*i*)

|   | |   |
|---|---|---|
|   | ⋮ |   |
|   | 2. $\exists$x1 $\exists$x2 $\varphi$(x1, x2) | Rule ? |
|   |    3. {c1, c2} $\varphi$(c1, c2) | hyp |
|   |    ⋮ |   |
|   |    5. $\psi$(c1, c2) | Rule ? |
|   |    ⋮ |   |
| ▷ | 7. $\exists$x1 $\exists$x2 $\psi$(x1, x2) | ✓ ∃ 소거 2,3,5 |

(*ii*)

∀ 도입 규칙의 그림 4.17의 4번 라인에 있는 논리식 $\varphi$(c)를 그림 4.18에서는 부분증명 3–5로 바꾸어 결론으로 전칭한정함의문을 얻었는데 ∃ 소거에서도 이와 똑같이 할 수 있다. 그림 4.23에 이러한 추론의 예를 보였다.

4.39 Exercise 그림 4.17∼4.23에서 보인 추론규칙들이 타당함을 보이시오. ⊣

지금까지 한정사의 도입과 소거에 대한 추론규칙들의 확장 버전을 알아 보았다. 이제 등호에 대해서 알아 보자. 등호 도입 규칙에는 그림 4.13에서 보인 것 이상의 확장 버전이 없다. 등호 소거의 확장 규칙은 4.24와 4.25 및 4.27에 보였다.

그림 4.23: ∃ 소거 추론규칙 4

| | | |
|---|---|---|
| | ⋮ | |
| | 2. $\exists x\, \varphi(x)$ | Rule ? |
| | 3. $\{c\}\ \varphi(c)$ | hyp |
| | 4. $\theta 1$ | hyp |
| | ⋮ | |
| | 6. $\theta 2$ | Rule ? |
| | ⋮ | |
| ▷ | 8. $\theta 1 \rightarrow \theta 2$ | ✓ ∃ 소거 2,3,4-6 |

그림 4.24: = 소거 추론규칙 2

| | | |
|---|---|---|
| | ⋮ | |
| | 2. $t = s$ | Rule ? |
| | ⋮ | |
| ▷ | 4. $s = t$ | ✓ = 소거 2 |

(*i*)

| | | |
|---|---|---|
| | ⋮ | |
| | 2. $t1 = s1$ | Rule ? |
| | 3. $t2 = s2$ | Rule ? |
| | ⋮ | |
| ▷ | 5. $r(t1, t2) = r(s1, s2)$ | ✓ = 소거 2,3 |

(*ii*)

그림 4.24.(*i*) 은 등호의 대칭성이며 이 규칙의 타당성의 증명은 의미론적인 방법을 사용할 필요가 없이 피치 시스템을 사용하여 다음과 같이 얻을 수 있다.

| | | |
|---|---|---|
| | 2. $t = s$ | Rule ? |
| | 3. $t = t$ | ✓ = 도입 |
| ▷ | 4. $s = t$ | ✓ = 소거 2,3 |

$\varphi(x) \equiv (x = t)$ 로 두면 아래 그림의 3번 라인은 $\varphi(t)$ 이고 4번 라인은 $\varphi(s)$ 이므로 그림 4.14에서 보인 등호 소거 규칙이 4번 라인에 적용이 가능함을 알 수 있다. 이것이 그림 4.24.(*i*) 의 증명이다.

그림 4.24.(*ii*) 는 등식논리(equational logic)의 기본 규칙 중 하나이며 이 규칙의 타당성의 증명은 의미론적인 방법을 사용할 필요가 없이 다음과 같이 얻을 수 있다.

| | |
|---|---|
| 2. t1 = s1 | Rule ? |
| 3. t2 = s2 | Rule ? |
| 4. r(t1, t2) = r(t1, t2) | = 도입 |
| ▷ 5. r(t1, t2) = r(s1, s2) | ✓ = 소거 2,3,4 |

$\varphi(x1, x2) \equiv (r(t1, t2) = r(x1, x2))$ 로 두면 오른편 그림의 4번 라인은 $\varphi(t1, t2)$ 이고 5번 라인은 $\varphi(s1, s2)$ 이므로 그림 4.14에서 보인 등호 소거 규칙이 5번 라인에 적용이 가능함을 알 수 있다. 이것이 그림 4.24.(*ii*) 의 증명이다.

그림 4.24.(*ii*) 에서 t = t 형태의 라인은 항상 전제에 있는 것으로 가정해도 좋다. 예를 들어 아래 그림의 3번 라인은 = 소거 추론규칙 2를 통하여 얻었는데 이것은 전제에 라인 t = t와 s = s가 있는 것으로 가정하였기에 가능한 것이다.

| | |
|---|---|
| 2. r1 = r2 | Rule ? |
| ▷ 3. (r1 + t) · s = (r2 + t) · s | ✓ = 소거 2 |

그림 4.24.(*ii*) 에 보인 추론 규칙은 등호의 가로 소거(*horizontal elimination*) 라고 부르고, 그림 4.14에서 보인 추론 규칙은 등호의 세로 소거(*vertical elimination*) 라고 부르기로 하자. 이렇게 부르는 이유는 등호로 연결된 항들이($t_i$와 $s_i$ 가) 전자의 경우에는 가로로 놓여 있고 후자의 경우에는 세로로 놓여 있기 때문이다.

그림 4.25: = 소거 추론규칙 3

| | |
|---|---|
| ⋮ | |
| 3. t1 = t2 | Rule ? |
| 4. t2 = t3 | Rule ? |
| 5. t3 = t4 | Rule ? |
| 6. | Rule ? |
| ▷ 7. t1 = t4 | ✓ = 소거 3,4,5 |

그림 4.25는 전제가 3개인 경우의 등호의 추이율(*transitivity*) 이며 Proofmood 에는 이러한 등호의 추이율이 전제의 개수에 제한 없이 구현되어 있다. 이 규칙의 타당성은 의미론적 방법으로 쉽게 증명되며, 전제의 개수가 2인 경우에는 그림 4.26과 같은 형식 증명도 가능하다.

4.40 EXERCISE 위 그림의 증명을 그림 4.14의 틀에 맞추어 설명하시오. ⊣

그림 4.26: 추이율의 증명, 전제가 2개일 경우

| | | |
|---|---|---|
| | 2. t1 = t2 | Rule ? |
| | 3. t2 = t3 | Rule ? |
| | 4. t2 = t1 | ✓ = 소거 2 |
| | 5. t2 = t2 | ✓ = 도입 |
| ▷ | 6. t1 = t3 | ✓ = 소거 4,3,5 |

등호의 추이율은 부분항을 이해한다. 예를 들면 다음과 같은 증명이 가능하다.

| | | |
|---|---|---|
| | 1. a + c = d | hyp |
| | 2. a = b | hyp |
| ▷ | 3. d = b + c | ✓ = 소거 1,2 |

라인 2와 라인 1에는 공통되는 항이 없어 원래는 추이율을 적용할 수 없지만, 라인 2의 좌변 a는 라인 1의 좌변 a + c의 부분항임에 착안하면

라인 2가 a + c = b + c인 것처럼 사용해도 된다.

그래서 라인 3을 결론으로 얻을 수 있다. 등호의 추이율이 부분항을 이해한다는 것은 바로 이런 의미이다. 다시 말하면 아래의 그림에서 라인 2의 좌변이 라인 1의 좌변의 부분항인데, 이때 라인 2 대신 라인 2′이 존재하는 것으로 가정하고 = 소거를 적용하여 라인 3을 얻을 수 있다는 것이다.

그림 4.27: = 소거 추론규칙 4

| | |
|---|---|
| ⋮ | |
| 1. r(t) = p | hyp |
| 2. t = s | hyp |
| 2′. r(t) = r(s) | hyp |
| 3. r(s) = p | ✓ = 소거 1,2 |
| ⋮ | |

라인 2의 t가 라인 1의 한 항의 부분항으로 두 가지 이상의 방법으로 나타날 때는 문제가 발생할 수 있다. 아래의 예를 보면 이 문제를 파악할 수 있을 것이다.

| | | |
|---|---|---|
| | 1. f(a) + a = c | hyp |
| | 2. a = b | hyp |
| | 3. f(b) + a = c | x = 소거 1,2 |
| | 4. f(b) + b = c | ✓ = 소거 1,2 |
| | 5. f(a) + b = c | x = 소거 1,2 |
| | 6. f(a) = f(b) | ✓ = 소거 2 |
| | 7. f(b) + a = c | ✓ = 소거 1,6 |
| | 8. f(a) + b = f(a) + a | ✓ = 소거 2 |
| ▷ | 9. f(a) + b = c | ✓ = 소거 1,8 |

라인 2의 a를 라인 1의 f(a) + a의 부분항으로 보는 방법은 3가지가 있다.

$$\mathsf{r1(x) \equiv f(x) + a,\ r2(x) \equiv f(x) + x,\ r3(x) \equiv f(a) + x}$$

로 두었을 때 r1(a/x) = r2(a/x) = r3(a/x) = f(a) + a가 되는 것이다. Proofmood의 현재 버전에서는 이 셋 중에 r2(x)만 채택하여 사용한다.

입증에 실패한 라인 3은 라인 6을 도입한 후에 라인7에서 입증하였고, 라인 5는 라인 8을 도입한 후에 라인 9에서 입증하였다. 일반적으로 = 소거에서 부분항 처리에 관련된 문제는 추이율에서만 나타나므로 가로 소거, 혹은 세로 소거를 이용하여 하나의 라인을 추가로 얻은 후에 추이율을 쓰면 해결된다.

수학에서 흔히 3등식, 즉 $t_1 = t_2 = t_3$ 형태의 표현을 사용하는데 이것은 $(t_1 = t_2) \wedge (t_2 = t_3)$를 줄여 쓴 것이다. 이 경우 등호의 추이율에 의하여 $t_1 = t_3$도 성립한다. 따라서 Proofmood는 t1 = t2 = t3 형태의 전제가 있으면 이를 마치 3 개의 전제 t1 = t2, t2 = t3, t1 = t3가 있는 것처럼 취급한다. 예를 들어 다음과 같은 증명이 가능하다.

| | | |
|---|---|---|
| | ⋮ | |
| | 2. t1 = t2 = t3 | Rule ? |
| | 3. s1 = s2 | Rule ? |
| ▷ | 4. r(t1, s1) = r(t3, s2) | ✓ = 소거 2,3 |

그림 4.14, 4.24 및 4.25에 기술된 = 소거 규칙은 전제들과 결론의 일부, 혹은 전부의 좌변과 우변을 바꾸어도 잘 적용된다. 다만 결론의 주석에서 전제들의 순서는 때로 중요할 수 있는데 그림 4.14에서 결론의 주석의 마지막 전제는 반드시 5가 되어야 한다. 즉, 세로 소거에서는 마지막 전제의 위치가 지켜져야 한다. 그리고 그림 4.25에서는 전제들의 순서가 하나라도 뒤바뀌면 안 된다. 즉, 추이율에서는 모든 전제들이 제 자리에 있어야만 한다.

등호의 추이율의 적용 예를 하나 더 아래에 보였다.

| | | |
|---|---|---|
| | 1. t(a) = c = a1 | hyp |
| | 2. a1 = a = s(b) | hyp |
| | 3. d = e = b | hyp |
| ▷ | 4. c = t(s(d)) | ✓ ∀= 소거 1,2,3 |

위의 증명은 등호의 추이율을 사용하고 있는데, 라인 1과 라인 2의 연결은 2가지 방법으로 가능하다. 즉 라인 2의 a1 이 라인 1에 나타나고 있음을 이용해도 되고, 라인 2의 a 의 초항(superterm) t(a) 가 라인 1에 있음을 이용해도 된다. 그런데 여기서 전자를 취하면 라인 4까지 이어지지 못하고 후자를 취하면 라인 4까지 이어진다. Proofmood는 이렇게 추이율의 적용에 2가지 이상의 경로가 존재할 경우 잘못된 경로는 버리고 올바른 경로를 취할 수 있도록 구현되어 있다.

= 소거 규칙에서는 전제로 등식, 혹은 3등식을 사용할 수 있음을 보았는데, 여기에 더하여 등식 2개의 논리곱, 혹은 등식 3개의 논리곱도 전제로 사용할 수 있도록 구현되어 있다. 아래의 그림에 하나의 예를 보였다.

| | | |
|---|---|---|
| | 1. (a = b) ∧ (c = d) | hyp |
| | 2. b = c | hyp |
| | 3. d = a1 | hyp |
| ▷ | 4. a = a1 | ✓ = 소거 1,2,1,3 |

이 그림의 라인 4의 주석을 보면 전제에 1이 2번 나온다. 두 번째 1을 넣을 때는 첫 번째 1이 지워지는 것을 막기 위하여 컨트롤키(Ctrl)를 누른 상태에서 오른쪽 마우스를 클릭해야 한다.

이제까지 증명의 효율을 높이기 위한 확장된 추론 규칙들을 몇 개 소개하였는데, 실제 수학에서 사용되는 증명 규칙은 이보다 훨씬 더 많다.† 현재 Proofmood에 구현된 것만 해도 ∀= 소거, 결합법칙, 결합교환, 1논공식(1계 논리 추론 공식), 귀납법 및 메타치환이 있으며 이들에 대한 설명은 5장으로 미룬다. ([Jeo12b] 참조.)

†물론 수학자들은 이런 규칙들을 사용하고 있다는 사실을 의식하지도 않고 그냥 자연스레 사용한다.

*날카로운 첫 증명의 추억은*
*나의 운명의 지침을 돌려 놓고*
*뒷걸음쳐서 사라졌습니다.*

한용운님에 대한 오마주

# 5 1계논리 증명 작성 기법

## 1 군론

### 1.1 군의 공리계와 기본 정리

5.1 DEFINITION 1계 언어 $L_{GR} \stackrel{\text{def}}{=} \{\cdot, ', 1\}$ 을

$\cdot$ : 가운데 쓰기 2항 함수기호

$'$ : 뒤에 쓰기 1항 함수기호

1 : 상수기호

로 두었을 때, $L_{GR}$-구조체 $\mathbf{G} \stackrel{\text{def}}{=} \langle G, \cdot, ', 1\rangle$ 가 다음의 공리를 만족하면[†] 군(*group*)이라 정의한다.

(*i*) $\forall x \forall y \forall z\, \big(x \cdot (y \cdot z) = (x \cdot y) \cdot z\big)$

(*ii*) $\forall x\, \big(x \cdot x' = 1 = x' \cdot x\big)$

(*iii*) $\forall x\, \big(x \cdot 1 = x = 1 \cdot x\big)$

만일 $\mathbf{G} \vDash \forall x \forall y \big(x \cdot y = y \cdot x\big)$ 가 만족되면 $\mathbf{G}$ 를 가환군(*abelian group, commutative group*) 이라고 한다.

(*i*) 은 $\cdot$ 의 결합법칙을 말하고 있다. (*ii*) 에서 $x'$ 은 $x$ 의 역원(*inverse*) 이라고 한다. (*iii*) 에서 1 은 $\mathbf{G}$ 의 항등원(*identity element*) 라고 한다.

(*i*), (*ii*), (*iii*) 의 세 논리식으로 이루어진 집합을 기호 $AX_{GR}$ 로 나타내기로 한다. 논리식 $\varphi$ 가 모든 군에서 참이라는 것은 곧 $AX_{GR} \vDash \varphi$ 를 뜻한다. ⊣

[†] 엄격하게 말하자면 "‥ 공리를 만족하면 군이라 정의한다." 가 아니라 "‥ 공리를 만족하면, 그리고 이때만 군이라 정의한다." 가 옳은 것으로 보인다. 그러나 수학에서 어떤 용어나 개념을 정의할 때 양방향함의문 대신 함의문을 쓰는 것이 일반적인 관례이다.

군의 예를 들어 보자. $G = \mathbb{N}$, $x \cdot y = x + y$, $x' = -x$, $1 = 0$로 두면 이것은 가환군이 된다. $\mathbb{N}$ 대신 $\mathbb{Q}$나 $\mathbb{R}$을 취해도 마찬가지다.

이번에는 $G = \mathbb{R}$, $x \cdot y = x \times y$, $x' = x^{-1}$, $1 = 1$로 두어 보자. 이것은 군을 이루지 못한다. 왜냐하면 $x = 0$일 때 $x'$이 존재하지 않기 때문이다. 그러나 대상 영역을 $G = (0, \infty)$ 혹은 $G = \mathbb{R} - \{0\}$로 두면 이때는 가환군을 이룬다. $\mathbb{R}$ 대신 $\mathbb{Q}$를 사용해도 마찬가지다. 그러나 $\mathbb{R}$ 대신 $\mathbb{N}$ 혹은 $\mathbb{Z}$를 사용하면 군을 이루지 못한다.

가환군이 아닌 군의 예로는

$$G = \left\{ \begin{bmatrix} a & b \\ c & d \end{bmatrix} \mid a, b, c, d \in \mathbb{R},\ ad - bc \neq 0 \right\},$$

$\cdot =$ 행렬곱,

$x' = x^{-1}$ (역행렬)

$$1 = \begin{bmatrix} 1 & 0 \\ 0 & 1 \end{bmatrix} \text{ (항등행렬)}$$

를 들 수 있다. 물론 $2 \times 2$ 행렬뿐만이 아니라 각 $n = 2, 3, \ldots$에 대하여 가역 $n \times n$ 행렬들의 집합은 $\cdot$를 행렬곱, $x'$을 $x$의 역행렬, 1을 항등행렬로 해석했을 때 비가환군을 이룬다.

지금까지 예로 든 군들은 모두 무한군이다. 유한군에도 흥미있고 중요한 예가 많이 있지만 여기서는 다루지 않겠다.

군에서 성립하는 여러 수학적 사실들 중에 $L_{GR}$-논리식으로 표현이 가능한 것은 모두 Proofmood에서 증명이 가능하며 이 중 중요한 몇 개의 예를 아래에 나열하였다.

5.2 Fact $\mathbf{G} \stackrel{\text{def}}{=} (G, \ldots)$를 군이라 하자.

(*i*) $x$에 대한 방정식 $a \cdot x = b$와 $x \cdot a = b$는 각각 유일한 해를 가진다.

(*ii*) $x'' = x$

(*iii*) $a \cdot x = a \cdot y \Rightarrow x = y$ (왼쪽 소거), $x \cdot a = y \cdot a \Rightarrow x = y$ (오른쪽 소거)

(*iv*) 멱등원소(*idempotent element*), 즉 방정식 $x \cdot x = x$의 해는 1밖에 없다.

(*v*) 모든 $x \in G$에 대하여 $x \cdot e = e$를 만족하는 $e \in G$는 유일하게 존재한다. 이 사실은 역원공리 없이 결합법칙과 항등원 공리만 가지고도 증명된다.

(*vi*) $(x \cdot y)' = y' \cdot x'$

(*vii*) $\forall x(x \cdot x = 1)$이 성립하는 군은 가환군이다.

(*viii*) 군의 정의 5.1의 (*ii*)를 $\forall x\big(x \cdot x' = 1\big)$로, (*iii*)을 $\forall x\big(x \cdot 1 = x\big)$로 바꾸어도 된다. (둘 중의 하나만 바꾸면 안 되고 둘 다 바꾸어야 한다.) 혹은 (*ii*)를 $\forall x\big(x' \cdot x = 1\big)$로, (*iii*)을 $\forall x\big(1 \cdot x = x\big)$로 바꾸어도 된다.†

(*ix*) 정의 5.1의 (*i*)을 만족하는 $L_{GR}$-구조체 $\mathbf{G}$는 모든 방정식 $a \cdot x = b$와 $y \cdot a = b$가 해를 가질 때면이 군을 이룬다. (정확히 하자면 "기호 $'$와 1에 적당한 해석을 줌으로써 군을 이룰 수 있다."고 말해야 할 것이다.) ⊣

## 1.2 방정식 $a \cdot x = b$는 유일한 해를 가진다.

팩트 5.2.(*i*)의 형식증명을 찾아 보자. 두 개의 방정식 $a \cdot x = b$와 $x \cdot a = b$에 대한 것이지만 이 중에 하나, $a \cdot x = b$에 대해서만 설명하겠다.

제일 먼저 해야 할 일은 증명하고자 하는 명제를 논리식으로 정확하게 표현하는 것이다. 먼저 해(solution)의 '유일성'은 생략하고 '존재성'만 보자면 "$a \cdot x = b$가 해를 가진다."는 $\exists x(a \cdot x = b)$로 나타낼 수 있음을 쉽게 알 수 있다.

유일성이라 함은 $x$와 $y$가 이 방정식의 해일 때 $x = y$가 성립해야 한다는 뜻이다. 즉 $(a \cdot x = b) \wedge (a \cdot y = b) \to (x = y)$이다. 그러므로 이제 "방정식 $a \cdot x = b$는 유일한 해를 가진다."는 다음의 논리식으로 나타낼 수 있다.

$$\exists x\big((a \cdot x = b) \wedge \forall y((a \cdot y = b) \to y = x)\big) \tag{1}$$

그런데 여기서 약간의 문제가 있다. (1)에서 사용한 기호 $a$와 $b$는 5.1에서 정의한 $L_{GR}$에 속하는 기호가 아니라는 것이다. 그러므로 기술적으로 엄격하게 하자면 $a$와 $b$를 신규기호로 도입·사용하여 (1)을 증명한 다음에 ∀-도입에 의하여

$$\forall x_a \forall x_b \Big(\exists x\big((x_a \cdot x = x_b) \wedge \forall y((x_a \cdot y = x_b) \to y = x)\big)\Big) \tag{2}$$

† 원래의 공리계를 양면(two-sided)이라 하면 이렇게 바꾼 공리계를 1면(one-sided)이라고 할 수 있다. 군은 1면공리로 정의해도 충분하다는 것을 여기서 말하고 있다.

를 증명하면 된다.[†] 그러나 우리는 편의상 이렇게까지 엄격하게 하지는 않고 그냥 $L_{GR}$에 원래부터 상수기호 $a$, $b$가 있었던 것으로 가정하여 쉽게 처리할 것이다.

(1)의 증명을 얻는 첫 단계는 당연히 $a \cdot x = b$를 만족하는 $x$를 찾는 것이다. 이를 위하여 이 방정식의 양변의 왼편에 $a$의 역원인 $a'$을 곱하면 좌변은 결합법칙과 역원공리 및 항등원공리에 의하여 $x$가 되고, 우변은 $a' \cdot b$가 되어 결국 $x = a' \cdot b$를 얻게 된다. 이 과정을 Proofmood에서 보이면 그림 5.1과 같다.

그림 5.1: 군론의 방정식 풀기

| | | |
|---|---|---|
| | 1. $\forall x \forall y \forall z\,(x \cdot (y \cdot z) = x \cdot y \cdot z)$ | hyp |
| | 2. $\forall x\,(x \cdot x' = 1 = x' \cdot x)$ | hyp |
| | 3. $\forall x\,(x \cdot 1 = x = 1 \cdot x)$ | hyp |
| | 4. $a \cdot x = b$ | hyp |
| | 5. $a' \cdot (a \cdot x) = a' \cdot b$ | ✓ = 소거 4 |
| | 6. $a' \cdot (a \cdot x) = a' \cdot a \cdot x$ | ✓ ∀ 소거 1 |
| | 7. $a' \cdot a = 1$ | ✓ ∀ 소거 2 |
| | 8. $a' \cdot a \cdot x = 1 \cdot x$ | ✓ = 소거 7 |
| | 9. $1 \cdot x = x$ | ✓ ∀ 소거 3 |
| ▷ | 10. $x = a' \cdot b$ | ✓ = 소거 5,6,8,9 |

라인 1의 항등식의 우변 $x \cdot y \cdot z$는 Proofmood가 택하고 있는 왼쪽결합 표기법에 의하여 $(x \cdot y) \cdot z$를 나타낸다.

라인 5는 라인 4의 양변의 왼편에서 $a'$을 곱한 것이며, Proofmood에서는 이를 '= 소거', 더 구체적으로는 '= 가로 소거'라고 한다. 라인 6는 결합법칙의 치환예이다. 라인 7은 역원공리의 치환예이다. 라인 8은 라인 7의 우변에서 $x$를 곱한 것이다. 라인 9는 항등원공리의 치환예이다. 마지막으로 라인 10은 등식의 추이율이다.

위에서 보인 증명은 상당히 번거롭다. 이 번거로움의 해소를 위하여 Proofmood에 [∀ = 소거] 규칙을 추가로 구현하였다. 이 심화 규칙을 이용한 증명을 그림 5.2에 보였다.

원래 증명에서는 6 줄이 필요했었는데 이를 ∀ = 소거를 이용하여 단 한 줄로 처리하였다. 이 추론규칙은 간단히 말하자면 ∀ 소거와 = 소거를 합쳐 놓은

[†] 1계언어에 새로운 상수기호만을 추가하는 것은 *inessential extension*이라 부르며, 이것은 *conservative extension*의 일종으로서 원래의 언어와 공리계에 기반한 이론에 어떤 실질적인 영향도 미치지 않는다. Conservative extension은 논리학의 중요한 논제이며 이에 대한 설명은 다른 기회로 미룬다.

그림 5.2: 군론의 방정식 풀기, 간편 해법

| | | |
|---|---|---|
| | 1. $\forall x \forall y \forall z\,(x\cdot(y\cdot z) = x\cdot y\cdot z)$ | hyp |
| | 2. $\forall x\,(x\cdot x' = 1 = x'\cdot x)$ | hyp |
| | 3. $\forall x\,(x\cdot 1 = x = 1\cdot x)$ | hyp |
| | 4. $a\cdot x = b$ | hyp |
| ▷ | 5. $x = a'\cdot b$ | ✓ ∀= 소거 4,1,2,3 |

것이라고 할 수 있다. = 소거에 가로 소거, 세로 소거 및 추이율이 있듯이 ∀ = 소거에도 가로 소거, 세로 소거 및 추이율이 있다. 그림 5.2의 라인 5는 추이율을 사용한 예이다.

∀ = 소거에는 다음과 같은 3가지가 있다.

- 가로 소거: 전제가 등식 $p_1 = p_2$, 혹은 항등식 $\forall x(q_1(x) = q_2(x))$ 들로 이루어져 있을 때 $t(p_1, q_1(r)) = t(p_2, q_2(r))$ 형태의 결론을 얻는다. 단, 여기서 $t$ 와 $r$ 은 임의의 논리항이다.
- 세로 소거: 전제 $n$ 개 중에 첫 $n-1$ 개는 등식 $p_1 = p_2$ 이거나 혹은 항등식 $\forall x\big(q_1(x) = q_2(x)\big)$ 이고 마지막 전제는 $\varphi(p_1, q_1(r))$ 형태일 때 결론 $\varphi(p_2, q_2(r))$ 을 얻는다.
- 추이율: 등호의 추이율은 부분항을 이해한다고 121쪽에서 말했는데, 항등식의 추이율은 등호의 추이율과 같이 부분항을 이해하며 이에 더하여 치환을 이해한다. 이것의 의미를 예를 들어 설명하면 다음과 같다.

  그림 5.3의 라인 2에 항등식이 있으며 라인 1에는 이 항등식의 좌변의 치환예 (substitution instance) 인 $t(\bar{q})$ 가 부분항으로 나타나고 있다. 이런 경우 라인 2에 의하여 $t(\bar{q})$ 를 $s(\bar{q})$ 로 대체해도 된다. 즉, 라인 2 대신 라인 2′ 이 존재하는 것으로 가정하고 ∀ = 소거를 적용하여 라인 3을 얻을 수 있다. 그림 4.27과 비교해 보기 바란다.

그림 5.3을 풀어서 말하면 다음과 같다:

하나의 등식이 있고 이어서 항등식 $\forall y(t(y) = s(y))$ 가 있으며,
항등식의 한 변의 적당한 치환예 $t(q)$ 가
등식의 한 변 $r(t(q))$ 의 부분항일 때,
$r(t(q)) = r(s(q))$ 가 항등식 자리에 있는 것으로 생각한다. (3)

그림 5.3: ∀= 소거는 부분항과 치환을 이해한다.

$$\begin{array}{l|ll} & \vdots & \\ & 1.\ \mathsf{r}(\mathsf{t}(\bar{\mathsf{q}})) = \mathsf{p} & \mathsf{hyp} \\ & 2.\ \forall \bar{\mathsf{y}}\,(\mathsf{t}(\bar{\mathsf{y}}) = \mathsf{s}(\bar{\mathsf{y}})) & \mathsf{hyp} \\ & 2'.\ \mathsf{r}(\mathsf{t}(\bar{\mathsf{q}})) = \mathsf{r}(\mathsf{s}(\bar{\mathsf{q}})) & \mathsf{hyp} \\ & 3.\ \mathsf{r}(\mathsf{s}(\bar{\mathsf{q}})) = \mathsf{p} & \checkmark\ \forall = \text{소거 1,2} \\ & \vdots & \end{array}$$

(3)에서의 항등식이 등식일 때는 다음과 같이 쓸 수 있다.

등식1이 있고 이어서 등식2 ($t = s$)가 있으며,
등식2의 한 변 $t$가 등식1의 한 변 $r(t)$의 부분항일 때, (4)
$r(t) = r(s)$가 등식2 자리에 있는 것으로 생각한다.

이제 (3)과 (4)를 사용하여, 그림 5.2에서 라인 5를 ∀= 소거에 의하여 얻은 것을 설명해 보자. 그림 5.4는 그림 5.2에서 라인 1, 2, 3에 있는 항등식을 각각 그것의 적당한 치환예로 대체한 것이다. 그리고 라인 5의 추론규칙은, 전제였던 항등식들이 등식으로 바뀜에 따라 ∀= 소거로부터 = 소거로 바꾸었다.

그림 5.4: 군론의 방정식 풀기, 간편 해법′

$$\begin{array}{l|ll} & 1'.\ \mathsf{a}' \cdot (\mathsf{a} \cdot \mathsf{x}) = \mathsf{a}' \cdot \mathsf{a} \cdot \mathsf{x} & \mathsf{hyp} \\ & 2'.\ \mathsf{a}' \cdot \mathsf{a} = 1 & \mathsf{hyp} \\ & 3'.\ 1 \cdot \mathsf{x} = \mathsf{x} & \mathsf{hyp} \\ & 4.\ \mathsf{a} \cdot \mathsf{x} = \mathsf{b} & \mathsf{hyp} \\ \hline \triangleright & 5.\ \mathsf{x} = \mathsf{a}' \cdot \mathsf{b} & \checkmark = \text{소거 4,1',2',3'} \end{array}$$

(3)은 치환을 이용하는 것인데 그림 5.4는 이미 모든 치환이 이루어진 상태이므로 이제 (3)은 역할을 완수했고 앞으로는 (4)만 사용하면 된다.

먼저 라인 4는 (4)에 의하여 다음과 같은 라인 4′으로 바꾸어 생각할 수 있다.

$$4'.\ \mathsf{a}' \cdot (\mathsf{a} \cdot \mathsf{x}) = \mathsf{a}' \cdot \mathsf{b}$$

이것은 라인5가 (4)에서 등식1의 역할을 맡고 라인 4가 등식2의 역할을 맡으면 된다. (라인 4의 b와 a · x가 각각 (4)의 $t$ 및 $s$의 역할을 맡고 $r(y) = a' \cdot y$로

생각한다.)

라인 $2'$은 $\mathsf{a}' \cdot \mathsf{a} \cdot \mathsf{x} = 1 \cdot \mathsf{x}$로 바꾸어 생각해야 하는데 이때 다시 한 번 (4)를 사용한다. 이 과정을 상세히 설명하는 것은 독자에게 연습문제로 넘긴다.

그림 5.5에 팩트 5.2.$(i)$의 증명을 보였는데 이 증명의 라인 4와 7에서도 $\forall =$ 소거 추이율이 사용되었다.

그림 5.5: $a \cdot x = b$의 해는 유일하게 존재한다.

| | | |
|---|---|---|
| | 1. $\forall \mathsf{x} \forall \mathsf{y} \forall \mathsf{z} \, (\mathsf{x} \cdot (\mathsf{y} \cdot \mathsf{z}) = \mathsf{x} \cdot \mathsf{y} \cdot \mathsf{z})$ | hyp |
| | 2. $\forall \mathsf{x} \, (\mathsf{x} \cdot \mathsf{x}' = 1 = \mathsf{x}' \cdot \mathsf{x})$ | hyp |
| | 3. $\forall \mathsf{x} \, (\mathsf{x} \cdot 1 = \mathsf{x} = 1 \cdot \mathsf{x})$ | hyp |
| | 4. $\mathsf{a} \cdot (\mathsf{a}' \cdot \mathsf{b}) = \mathsf{b}$ | ✓ $\forall =$ 소거 1,2,3 |
| | 5. $\{\mathsf{x1}\}$ | hyp |
| | 6. $\mathsf{a} \cdot \mathsf{x1} = \mathsf{b}$ | hyp |
| | 7. $\mathsf{x1} = \mathsf{a}' \cdot \mathsf{b}$ | ✓ $\forall =$ 소거 6,1,2,3 |
| | 8. $\forall \mathsf{x1} \, ((\mathsf{a} \cdot \mathsf{x1} = \mathsf{b}) \to (\mathsf{x1} = \mathsf{a}' \cdot \mathsf{b}))$ | ✓ $\forall$ 도입 5,6-7 |
| | 9. $(\mathsf{a} \cdot (\mathsf{a}' \cdot \mathsf{b}) = \mathsf{b}) \wedge \forall \mathsf{x1} \, ((\mathsf{a} \cdot \mathsf{x1} = \mathsf{b}) \to (\mathsf{x1} = \mathsf{a}' \cdot \mathsf{b}))$ | ✓ 명논귀결 4,8 |
| ▷ | 10. $\exists \mathsf{x} \, ((\mathsf{a} \cdot \mathsf{x} = \mathsf{b}) \wedge \forall \mathsf{x1} \, ((\mathsf{a} \cdot \mathsf{x1} = \mathsf{b}) \to (\mathsf{x1} = \mathsf{x})))$ | ✓ $\exists$ 도입 9 |

5.3 EXERCISE 그림 5.5의 라인 4에 적용된 항등식 추이율, 즉 $\forall =$ 소거 추이율의 적용 과정을 (3)과 (4)를 이용하여 상세하게 설명하시오. 라인 7에 대해서도 마찬가지로 설명하시오. ⊣

5.4 EXERCISE 그림 5.4의 라인 5의 전제들은 순서를 뒤집어 $3', 2', 1', 4$로 바꾸어도 된다. 그러나 그림 5.2의 라인 4의 전제들의 순서를 뒤집어 $3, 2, 1, 4$로 바꾸면 안 된다. (줄검사를 통과하지 못한다.) 왜 이렇게 되는지 설명하시오. ⊣

이제 역원의 역원은 자기 자신이라는, 즉 $AX_{GR} \vDash \forall x(x'' = x)$를 증명해 보자. 이 문장은 팩트 5.2.$(ii)$를 1계논리식으로 나타낸 것이다. 이것은 아래의 그림과 같이 간단하게 증명된다.

한편 $\forall x(x'' = x)$는 방정식 $a \cdot x = b$의 해가 유일하다는 사실의 따름정리로도 얻을 수 있다. 즉 $x''$과 $x'$는 둘 다 $y$에 대한 방정식 $x' \cdot y = 1$의 해이므로 이 두 해는 동일해야 한다는 것이다.

그림 5.6: 역원의 역원은 자기자신이다.

| | | |
|---|---|---|
| | 1. $\forall x \forall y \forall z\,(x \cdot (y \cdot z) = x \cdot y \cdot z)$ | hyp |
| | 2. $\forall x\,(x \cdot x' = 1 = x' \cdot x)$ | hyp |
| | 3. $\forall x\,(x \cdot 1 = x = 1 \cdot x)$ | hyp |
| | 4. $\{x\}$ | hyp |
| | 5. $(x'' \cdot x') \cdot x = x''$ | ✓ ∀= 소거 1,2,3 |
| | 6. $(x'' \cdot x') \cdot x = x$ | ✓ ∀= 소거 2,3 |
| | 7. $x'' = x$ | ✓ = 소거 5,6 |
| ▷ | 8. $\forall x\,(x'' = x)$ | ✓ ∀ 도입 4-7 |

5.5 Exercise 다음과 같은 형식증명을 구성하시오: ① 가설은 $AX_{GR}$와

$$\forall u1 \forall u2 \exists z\,((u1 \cdot z = u2) \land \forall x1\,((u1 \cdot x1 = u2) \to (x1 = z)))$$

의 4개 라인으로 이루어진다. ② 결론은 $\forall x(x'' = x)$ 이다. ③ 방정식 $x' \cdot y = 1$ 의 해가 유일하다는 사실을 이용한다.

(힌트: 추론규칙 ∀ 소거, 명논귀결, = 소거, ∃ 소거, ∀ 도입 등이 사용된다. 증명은 길이는 라인 15개 정도가 되도록 구성할 수 있다.) ⊣

## 1.3 $a \cdot x = a \cdot y \Rightarrow x = y$ (왼쪽 소거)

군론에서 왼쪽 소거의 법칙이 성립한다는 사실, 즉 팩트 5.2.(*iii*)의 증명을 그림 5.7에 보였는데, 독자들은 이제 Proofmood의 증명에 경험을 좀 가졌으므로 이 증명을 한 눈에 읽고 이해할 수 있을 것이다.

라인 6에서 동일한 전제 라인 1을 2번 사용하였다는 것에 주목하라. 하나 알아 두어야 할 것은 Proofmood의 인터페이스에서는 이미 지정된 전제를 다시 한 번 지정하려고 오른쪽 마우스를 클릭하면 그 전제 번호가 사라지게 된다는 것이다. 이런 경우에는 Ctrl 키를 누른 상태에서 오른쪽 마우스를 클릭하면 원래의 전제 번호는 그대로 있는 상태로 다시 그 번호가 해당 라인의 주석에 추가된다.

그런데 전제 $a \cdot x = a \cdot y$로부터 결론 $x = y$를 얻고자 할 때 통상 수학에서 다음과 같이 하기도 한다.

$$x = 1 \cdot x = (a' \cdot a) \cdot x = a' \cdot (a \cdot x) = a' \cdot (a \cdot y) = (a' \cdot a) \cdot y = 1 \cdot y = y \quad (5)$$

그림 5.7: 왼쪽 소거 법칙

| | | |
|---|---|---|
| | 1. $\forall x \forall y \forall z\,(x \cdot (y \cdot z) = x \cdot y \cdot z)$ | hyp |
| | 2. $\forall x\,(x \cdot x' = 1 = x' \cdot x)$ | hyp |
| | 3. $\forall x\,(x \cdot 1 = x = 1 \cdot x)$ | hyp |
| | 4. $\{x, y\}$ | hyp |
| | 5. $a \cdot x = a \cdot y$ | hyp |
| | 6. $a' \cdot a \cdot x = a' \cdot a \cdot y$ | ✓ ∀= 소거 1,5,1 |
| | 7. $x = a' \cdot a \cdot x$ | ✓ ∀= 소거 2,3 |
| | 8. $y = a' \cdot a \cdot y$ | ✓ ∀= 소거 2,3 |
| | 9. $x = y$ | ✓ = 소거 7,6,8 |
| ▷ | 10. $\forall x \forall y\,((a \cdot x = a \cdot y) \to (x = y))$ | ✓ ∀ 도입 4,5-9 |

하지만 (5)를 Proofmood에서 구성해 보면 아래의 그림과 같이 실패한다. 이 현상에 대한 설명은 연습문제 5.6.($i$) 로 넘겼다.

그림 5.8: ∀= 소거, 실패.

| | | |
|---|---|---|
| | 1. $\forall x \forall y \forall z\,(x \cdot (y \cdot z) = x \cdot y \cdot z)$ | hyp |
| | 2. $\forall x\,(x \cdot x' = 1 = x' \cdot x)$ | hyp |
| | 3. $\forall x\,(x \cdot 1 = x = 1 \cdot x)$ | hyp |
| | 4. $\{x, y\}$ | hyp |
| | 5. $a \cdot x = a \cdot y$ | hyp |
| ▷ | 6. $x = y$ | x ∀= 소거 3,2,1,5,1,2,3 |
| | 7. $\forall x \forall y\,((a \cdot x = a \cdot y) \to (x = y))$ | ∀ 도입 4,5-6 |

5.6 Exercise

($i$) "항등식의 추이율이 치환을 이해" 하는 것의 의미는 129쪽에 기술되어 있다. 위 그림의 증명에서 라인 6은 이 기술에 부합되지 못하는 이유를 설명하시오. (이 문제는 연습문제 5.4와 비슷하다.)

($ii$) 군론에서 오른쪽 소거의 법칙이 성립함을 Proofmood에서 증명하시오.

($iii$) 군론에서 왼쪽 소거의 법칙이 성립함을 보이는, 라인 9개로 이루어진 피치 증명을 찾으시오. (그림 5.7의 증명은 라인 10개로 이루어져 있다.)

(*iv*) 멱등원소는 반드시 1 임을, 즉 팩트 5.2.(*iv*) 를 `Proofmood` 에서 증명하시오. 단, 왼쪽 소거를 이용해야 한다. 즉, 가설부에 군의 3 공리에 추가하여 왼쪽 소거 법칙을 나타내는 1 계문장을 넣고 시작한다. (힌트: 그림 5.9 의 가설부를 참조하시오.)

(*v*) 팩트 5.2.(*v*) 를 `Proofmood` 에서 증명하시오. (이 문제의 풀이에는 팩트 5.2 에서 지금까지 얻은 결과를 이용할 필요가 없음.) ⊣

## 1.4 1 면-공리계

아래의 3 문장으로 이루어진 공리계를 군의 1 면-공리계, 혹은 오른쪽 공리계라고 한다.

(*i*) $\forall x \forall y \forall z \left(x \cdot (y \cdot z) = (x \cdot y) \cdot z\right)$

(*ii*) $\forall x \left(x \cdot x' = 1\right)$

(*iii*) $\forall x \left(x \cdot 1 = x\right)$

이 공리계는 원래 군의 공리계 $AX_{GR}$ 와 동등하다. 즉 위의 3 문장으로부터 $\forall x \left(x' \cdot x = 1\right)$ 와 $\forall x \left(1 \cdot x = x\right)$ 를 증명할 수 있다. 이 사실은 군론을 공부할 때 처음으로 만나는 덜 자명한(non-trivial) 정리이다.

지금까지 공부한 군론의 정리들, 팩트 5.2.(*i*)–(*iv*) 는 모두 사실상 중학교에서 배운 '식의 계산'을 크게 벗어나지 않는 것이지만 이 '1 면-공리계 정리' 5.2.(*viii*) 은 1 계논리의 핵심적 아이디어를 이해해야만 이해가 가능하다.

1 면-공리계 정리에 앞서 먼저 결합법칙에 대하여 알아 보기로 한다. 예를 들어

$$a \cdot ((b \cdot c) \cdot (d \cdot e)) = ((a \cdot b) \cdot (c \cdot d)) \cdot e$$

같은 논리식은 결합법칙에 의하여 당연히 성립해야 하는 것인데 이를 `Proofmood` 에서 증명하려면 상당히 번거롭다. 아래에 증명의 예를 보였다.

| | 식 | 규칙 | 근거 |
|---|---|---|---|
| | 1. ∀x∀y∀z (x · (y · z) = x · y · z) | hyp | |
| | 2. a · (b · c · (d · e)) = a · (b · c) · (d · e) | ✓ ∀ 소거 | 1 |
| | 3. a · (b · c) · (d · e) = a · b · c · (d · e) | ✓ ∀= 소거 | 1 |
| | 4. a · b · c · (d · e) = a · b · (c · (d · e)) | ✓ ∀= 소거 | 1 |
| | 5. a · b · (c · (d · e)) = a · b · (c · d · e) | ✓ ∀= 소거 | 1 |
| | 6. a · b · (c · d · e) = a · b · (c · d) · e | ✓ ∀= 소거 | 1 |
| ▷ | 7. a · (b · c · (d · e)) = a · b · (c · d) · e | ✓ = 소거 | 2,3,4,5,6 |

이러한 번거로움을 피하려면 추론규칙 메뉴에서 계산–결합법칙을 택하여 아래의 그림에서 보듯이 주석을 넣어 주면 된다. 물론 전제로 결합법칙 공리를 지정해 주어야 한다.

| | | |
|---|---|---|
| | 1. ∀x∀y∀z (x · (y · z) = x · y · z) | hyp |
| ▷ | 2. a · (b · c · (d · e)) = a · b · (c · d) · e | ✓ 결합법칙 1 |

이제 팩트 5.2.$(vi)$를 증명해 보자. $(x \cdot y) \cdot (x \cdot y)' = 1 = (x \cdot y) \cdot (y' \cdot x')$이므로 왼쪽 소거를 이용하여 양변의 왼쪽에 공통으로 있는 $(x \cdot y)$를 소거하면 $(x \cdot y)' = y' \cdot x'$를 얻게 되는데, $1 = (x \cdot y) \cdot (y' \cdot x')$을 보일 때 결합법칙이 유용하게 쓰인다.

그림 5.9에 팩트 5.2.$(vi)$의 형식증명을 보였다. 여기서 라인 4는 왼쪽 소거법칙을 나타내는 1계문장으로서 가설부에 추가된 것이다.

그림 5.9: $(x \cdot y)' = y' \cdot x'$

| | | | |
|---|---|---|---|
| | 1. ∀x∀y∀z (x · (y · z) = x · y · z) | hyp | |
| | 2. ∀x (x · x′ = 1 = x′ · x) | hyp | |
| | 3. ∀x (x · 1 = x = 1 · x) | hyp | |
| | 4. ∀u∀x∀y ((u · x = u · y) → (x = y)) | hyp | |
| | 5. {x, y} | hyp | |
| | 6. x · y · (x · y)′ = 1 | ✓ ∀= 소거 | 2 |
| | 7. x · y · (y′ · x′) = x · (y · y′) · x′ | ✓ 결합법칙 | 1 |
| | 8. x · (y · y′) · x′ = 1 | ✓ ∀= 소거 | 2,3,2 |
| | 9. x · y · (y′ · x′) = 1 | ✓ = 소거 | 7,8 |
| | 10. x · y · (x · y)′ = x · y · (y′ · x′) | ✓ = 소거 | 6,9 |
| | 11. (x · y)′ = y′ · x′ | ✓ ∀ 소거 | 4,10 |
| ▷ | 12. ∀x∀y ((x · y)′ = y′ · x′) | ✓ ∀ 도입 | 5-11 |

5.7 Exercise

$(i)$ 팩트 5.2.$(vii)$을 증명하시오. 단, 그림 5.9에서와 같이 왼쪽 소거 법칙을 가설에서 사용해도 좋다.

$(ii)$ $AX_{GR} \vdash \forall x \forall y (x \cdot y = 1 \to y \cdot x = 1)$을 `Proofmood`에서 증명하시오. (힌트: $y \cdot x$가 멱등원소임을 이용한다.) ⊣

선형대수의 중요한 정리로 정방행렬 $A$와 $B$의 곱이 항등행렬이면 곱의 순서를 바꾸어도 항등행렬이 된다는 사실이 있는데, 이것의 증명은 가역행렬들이 행렬곱에 대하여 군을 이룬다는 가정하에 바로 위의 연습문제 5.7.$(ii)$를 활용하여 얻을 수 있다.

군의 정의는 1면-공리계로도 충분하다는 사실(팩트 5.2.$(viii)$)을 그림 5.10에 보였다. 이 증명에서는 가설에 연습문제 5.6.$(iv)$, 즉 멱등원소는 항등원이라는 사실을 넣어 사용하였다. 가설부의 라인 2와 라인 3은 오른쪽 공리이며 결론 라인 13과 14는 왼쪽 공리이다.

그림 5.10: 군의 1면-공리계

| | | |
|---|---|---|
| 1. $\forall x \forall y \forall z\, (x \cdot (y \cdot z) = x \cdot y \cdot z)$ | hyp | |
| 2. $\forall x\, (x \cdot x' = 1)$ | hyp | |
| 3. $\forall x\, (x \cdot 1 = x)$ | hyp | |
| 4. $\forall x\, ((x \cdot x = x) \to (x = 1))$ | hyp | |
| 5. $\{x\}$ | hyp | |
| 6. $x' \cdot x \cdot (x' \cdot x) = x' \cdot (x \cdot x') \cdot x$ | ✓ 결합법칙 | 1 |
| 7. $x' \cdot (x \cdot x') \cdot x = x' \cdot x$ | ✓ ∀= 소거 | 2,3 |
| 8. $x' \cdot x \cdot (x' \cdot x) = x' \cdot x$ | ✓ = 소거 | 6,7 |
| 9. $x' \cdot x = 1$ | ✓ ∀ 소거 | 4,8 |
| 10. $1 \cdot x = x \cdot x' \cdot x$ | ✓ ∀= 소거 | 2 |
| 11. $x \cdot x' \cdot x = x$ | ✓ ∀= 소거 | 1,9,3 |
| 12. $1 \cdot x = x$ | ✓ = 소거 | 10,11 |
| 13. $\forall x\, (x' \cdot x = 1)$ | ✓ ∀ 도입 | 5,9 |
| ▷ 14. $\forall x\, (1 \cdot x = x)$ | ✓ ∀ 도입 | 5,12 |

위 그림의 라인 6의 우변은 라인 7의 좌변과 같다. 라인 8과 라인 9, 그리고 라인 10과 라인 11간의 관계도 이러하다. 연속한 두 등식에서 앞 등식의 우변이 뒤 등식의 좌변과 일치하는 경우가 많은데 이럴 때는 뒤 등식에서 좌변을 입력하지 않고 그냥 = 기호와 우변만 넣고 엔터키를 치거나 [다시 그리기]를 클릭하면 좌변이 자동으로 생성·입력되어 편리하다.

5.8 Exercise

$(i)$ 그림 5.10은 군의 오른쪽 공리로부터 왼쪽 공리를 얻을 수 있음을 증명한 것이다. 군의 왼쪽 공리로부터 오른쪽 공리를 얻는 Proofmood 증명을 구성하시오.

(*ii*) 그림 5.10의 가설에서 4번 라인을 제거하고 증명을 완성하시오. 단, 증명의 길이는 18을 넘지 않아야 한다. ⊣

5.9 Exercise 팩트 5.2.(*ix*)를 `Proofmood`에서 증명하시오.

힌트: $\mathbf{G} \stackrel{\text{def}}{=} (G, \ldots)$가 군이라면 모든 $a, b \in G$에 대해서 $a \cdot x = b$의 해와 $y \cdot a = b$의 해가 존재한다는 것은 쉽게 증명할 수 있다. (단, `Proofmood`는 $\forall a$, $\forall b$ 같이 상수기호에 한정기호를 붙이는 것을 허용하지 않으므로 $a$ 대신 $u1$, $b$ 대신 $u2$를 쓴다든지 하는 작업이 필요할 것이다.) 이것의 역을 증명하기는 쉽지 않다. 해가 유일하다는 조건이 없기 때문에 그러하다.

먼저 항등원을 찾아야 한다. $G$의 아무 원소나 취해서 $a$로 놓고 $e \cdot a = a$가 성립하는 $e$를 하나 취하는 수밖에 없다. 그리고 $e$가 왼쪽 항등원임을, 즉 $\forall x(e \cdot x = x)$를 보여야 한다. 그 다음에는 모든 $x \in G$에 대하여 $x' \cdot x = e$인 $x'$이 유일하게 존재함을 증명해야 한다.

$e$가 왼쪽 항등원임을 보이기 위하여 $x = a \cdot x_a$인 $x_a$를 하나 취한다. 그러면

$$e \cdot x = e \cdot (a \cdot x_a) = (e \cdot a) \cdot x_a = a \cdot x_a = x$$

이다. 그 다음 왼쪽 역원의 유일성을 위하여는 $x_1 \cdot x = e = x_2 \cdot x \;\Rightarrow\; x_1 = x_2$임을 보여야 한다. 여기서 $x_1 \cdot x = x_2 \cdot x$의 양변의 오른쪽에 $x$의 오른쪽 역원을 곱하고 싶어진다. 오른쪽 항등원이 존재하는 것은 왼쪽 항등원에서와 같은 방법으로 보일 수 있다. 이것을 $e_r$이라 놓는다. 그리고 $x \cdot x_r = e_r$이 성립하는 $x_r$을 취한다. 이제 거의 다 되었으므로 더 이상의 설명은 생략하겠다.

이상의 논의를 `Proofmood`의 언어로 번역하면 이 문제의 완성된 답을 얻을 수 있을 것이다. ⊣

지금까지 군론의 입문 단계에서 배우게 되는 여러 사실들을 `Proofmood`에서 증명하여 보았다. 그런데 더 이상의 군론은 `Proofmood`에서 공부하기에 썩 적합하지 않다. 예를 들어 부분군이나 준동형사상 등의 개념을 `Proofmood`에서 다루기는 대단히 불편하다. 그 이유는 이러한 개념들을 $L_{GR}$-논리식으로 표현할 수 없기 때문이다. 부분군, 준동형사상 등의 개념을 논리식으로 표현하려면 집합론의 언어를 사용해야 한다.

# 2 페아노 산술

논리학에서 가장 유명한 정리는 괴델의 불완전성 정리일 것이다. 위키백과에 의하면 이 정리의 내용은

> 자연수의 이론을 포함하며 모순이 없는 모든 공리계에는 참이지만 증명될 수 없는 명제가 존재한다.

인 것으로 되어 있다.

여기서 "자연수의 이론"이 정확히 무엇을 의미하는지 알아보는 것이 이 절의 목표이다. 괴델의 위의 결과를 발표한 논문에서는 이것은 1계 페아노 산술을 의미한다.

## 2.1 페아노 산술의 정의와 공리계

5.10 Definition 페아노 산술(*Peano Arithmetic*)의 언어는 $L_{PA} \stackrel{\text{def}}{=} \{+, \cdot, ', 0\}$,

$+, \cdot$ : 가운데 쓰기 2항 함수기호

$'$ : 뒤에 쓰기 1항 함수기호

$0$ : 상수기호

로 정의된다. 이들 기호 간의 우선순위는 83쪽에 나와있는 표준을 따른다. 페아노 산술의 공리는 아래에 보인 1계문장들이다.

$(i)$ $\forall x \neg(x' = 0)$

$(ii)$ $\forall x \forall y((x' = y') \to (x = y))$

$(iii)$ $\forall x(x + 0 = x)$

$(iv)$ $\forall x \forall y(x + y' = (x + y)')$

$(v)$ $\forall x(x \cdot 0 = 0)$

$(vi)$ $\forall x \forall y(x \cdot y' = x \cdot y + x)$

$(vii)$ $\varphi(0) \to (\forall x(\varphi(x) \to \varphi(x')) \to \forall x\, \varphi(x))$

위의 모든 논리식들이 이루는 집합을 PA로 나타낸다. ⊣

위 정의의 $(vii)$은 수학적 귀납법의 원리(*Principle of Mathematical Induction*)를 말하고 있는데, 여기서 $\varphi$는 임의의 논리식을 나타내는 메타기호이다. 따라서 PA

는 무한집합이 된다. 이것은 군의 공리계가 단 3개의 1계문장으로 이루어져 있다는 사실과 대조된다.

페아노 산술이 염두에 둔 모델은 당연히 $\mathfrak{N} \stackrel{\text{def}}{=} \langle \mathbb{N}, +, \cdot, ', 0 \rangle$ 이며 여기서 $+$ 는 더하기, $\cdot$ 는 곱하기, $'$ 는 다음수 함수(*successor function*) 이다. 독자들은 각 페아노 공리의 의미를 잘 음미하며 이들이 모두 $\mathfrak{N}$ 에서 성립함을 확인해 보기 바란다.

자연수의 원리를 엄격하게 기술하기 위한 연구는 19세기 후반에 Grassmann, C. Peirce, R. Dedekind 등 수학자에 의하여 활발히 이루어졌으며, 1888년 Giuseppe Peano가 발표한 페아노 공리계에 이르러 일단락 되었다. 일단락 되었다는 말은 그 이후에는 이 공리계에 본질적인 변화가 없었다는 뜻이다.

다만, 당시의 페아노 공리계는 $x = x$ 등의 논리적 공리, 그리고 "0은 자연수이다." 등의 명제를 포함하는 등 현대 수리논리학의 틀에는 정확히 맞지 않았다는 것을 말해 둔다.

또한 원래의 페아노 공리계에서 공리 (*vii*) 은 다음과 같은 형식을 취한다.

$$(\forall X \subseteq \mathbb{N})\big(0 \in X \wedge (\forall n \in \mathbb{N})(n \in X \to n' \in X) \to (\forall n \in \mathbb{N})(n \in X)\big) \quad (6)$$

(6)과 정의 5.10.(*vii*) 을 비교해 보자. 일반적으로 $\alpha \to (\beta \to \gamma)$ 가 $\alpha \wedge \beta \to \gamma$ 와 논리적으로 동등하므로 이 부분은 문제될 것이 없다.

그리고 집합 $X \subseteq \mathbb{N}$ 와 논리식 $\varphi(x)$ 을 $X = \{x \in \mathbb{N} \mid \varphi(x)\}$, 혹은 $x \in X \Leftrightarrow \varphi(x)$ 로 대응시키면 (6)은 5.10.(*vii*) 과 같은 내용을 말하고 있는 것으로 보인다.

그러나 문제는 $X \subseteq \mathbb{N}$ 가 임의로 주어졌을 때 $x \in X \Leftrightarrow \varphi(x)$ 가 모든 자연수 $x$ 에 대해서 항등적으로 성립하는 논리식 $\varphi(x)$ 가 존재하느냐이다. $X$ 의 개수와 $\varphi(x)$ 의 개수를 따져 보면 답이 나오는데, $\mathbb{N}$ 의 부분집합은 비가산(uncountable) 개 존재하지만 $L_{PR}$-논리식은 가산(countable) 개만 존재하므로 이것은 불가능하다.

그러므로 (6)는 5.10.(*vii*) 보다 더 강한 공리이다. 간단히 말하자면 5.10.(*vii*) 은 1계 귀납 공리 (*1st-order induction axiom*) (6)은 2계 귀납 공리(*2nd-order induction axiom*) 라고 할 수 있다.

PA 는 상당히 약해 보이지만 $L_{PA}$-논리식으로 표현 가능한 거의 모든 수학적 명제들을 PA 로부터 증명할 수 있으며, 우리는 $L_{PA}$-논리식으로 표현 가능한 수학적 명제들 중 실제로 `Proofmood` 에서 어렵지 않게 증명되는 몇 개의 예를 공부할 것이다. $\mathfrak{N}$ 에서 참이지만 PA 로부터는 증명할 수 없는 $L_{PA}$-논리식의 최초의 예가 바로 괴델의 불완전성 정리에서 발견되었다.

## 2.2 페아노 산술의 정리

자연수에서 성립하는 여러 수학적 사실들 중에 $L_{PA}$-논리식으로 표현이 가능한 것은 모두 Proofmood에서 증명이 가능하며, 이 중 몇 개의 예를 아래에 나열하였다.

5.11 FACT 페아노 산술의 기본 정리 1

(*i*) $\forall x(x = 0 + x)$

(*ii*) $\forall x \forall y(x' + y = (x + y)')$

(*iii*) $\forall x \forall y(x + y = y + x)$

(*iv*) $\forall x \forall y \forall z((x + y) + z = x + (y + z))$

(*v*) $\forall x(0 \cdot x = 0)$

(*vi*) $\forall x \forall y(x' \cdot y = x + x \cdot y)$

(*vii*) $\forall x \forall y(x \cdot y = y \cdot x)$

(*viii*) $\forall x \forall y \forall z(x \cdot (y + z) = x \cdot y + x \cdot z)$

(*ix*) $\forall x \forall y \forall z((x \cdot y) \cdot z = x \cdot (y \cdot z))$

(*x*) $\forall x \forall y \forall z(x + z = y + z \rightarrow x = y)$ ⊣

팩트 5.11.(*i*)의 Proofmood 증명을 141쪽의 그림 5.11에 보였다. 7개의 PA 공리 라인들 중에 실제로 이 증명에 사용되는 3개 라인만 그림에 나타내었다. 4번 라인에 귀납공리(라인 3)의 치환예를 두었는데 여기서 사용된 추론규칙은 메타치환이라고 부른다. 라인 3의 논리식 $\varphi(x)$를 $0 + x = x$로 대체한 것이 바로 라인 4이다.

팩트 5.11.(*ii*)의 Proofmood 증명을 142쪽의 그림 5.12에 보였다. 가설부의 라인 4는 방금 증명한 5.11.(*i*)이다.

이 증명에서는 귀납법(*induction*)을, 메타치환을 통하지 않고 Proofmood에 구현되어 있는 추론규칙을 직접 사용하였다. 라인 18의 주석에서 전제들을 보라. 첫 번째 전제는 귀납공리여야 한다. 두 번째 전제는 $\varphi(0)$의 메타치환 예이다. 마지막 3번째 전제는 부분증명으로서 첫 라인은 귀납변수 y를 신규기호로 지정하며, 부분증명 내에 다시 부분증명을 열어 전제에 $\varphi(\mathsf{y})$의 메타치환 예, 결론에 $\varphi(\mathsf{y}')$의 메타치환 예를 둔다. 귀납공리 라인 3에서는 귀납변수가 x이지만 실제 이 증명은 y에 대한 귀납을 사용하고 있는데 Proofmood는 이 부분을 알아서 매끄럽게 처리해 준다.

그림 5.11: $0 + x = x$ 의 형식증명

| | | |
|---|---|---|
| 1. $\forall x\,(x + 0 = x)$ | hyp | |
| 2. $\forall x \forall y\,(x + y' = (x + y)')$ | hyp | |
| 3. $\varphi(0) \to (\forall x\,(\varphi(x) \to \varphi(x')) \to \forall x\,\varphi(x))$ | hyp | |
| 4. $(0 + 0 = 0) \to (\forall x\,((0 + x = x) \to (0 + x' = x')) \to \forall x\,(0 + x = x))$ | ✓ 메타치환 | 3 |
| 5. $0 + 0 = 0$ | ✓ ∀ 소거 | 1 |
| 6. $\{c\}$ | hyp | |
| 7. $0 + c = c$ | hyp | |
| 8. $0 + c' = (0 + c)'$ | ✓ ∀ 소거 | 2 |
| 9. $0 + c' = c'$ | ✓ = 소거 | 7,8 |
| 10. $\forall x\,((0 + x = x) \to (0 + x' = x'))$ | ✓ ∀ 도입 | 6,7-9 |
| ▷ 11. $\forall x\,(0 + x = x)$ | ✓ 명논귀결 | 4,5,10 |

그림 5.12의 증명에는 귀납법 외에도 한정교환이라는 새로운 추론규칙이 라인 19에 사용되었는데 이것은 Proofmood의 추론규칙 메뉴에서 [1논 공식]을 거쳐서 입력할 수 있다. 이에 대한 설명은 146 쪽에 나와 있다.

5.12 EXERCISE 팩트 5.11.(*iii*)–(*x*) 의 Proofmood 증명을 작성하시오. 이전에 얻은 결과는 가설부에 넣어 사용해도 된다.

(힌트): ① 모든 증명은 길이가 과도하게 길지 않으며, 대략 25 라인을 넘지 않는 범위에서 가능하다. ② 분배법칙 5.11.(*viii*) 을 증명할 때는 추론규칙 메뉴에 있는 결합교환을 사용하면 좋다. 만일 이 규칙을 사용하지 않고 결합법칙과 ∀ = 소거 및 = 소거만 사용한다면 증명의 길이가 3 라인 정도 늘게 될 것이다. 아래의 그림에 (*viii*) 의 증명에서 결합교환을 사용한 부분만 보였다.

| | | |
|---|---|---|
| 2. $\forall x \forall y \forall z\,(x + y + z = x + (y + z))$ | hyp | |
| 3. $\forall x \forall y\,(x + y = y + x)$ | hyp | |
| ▷ 20. $x \cdot y + y + (x \cdot z + z) = x \cdot y + x \cdot z + (y + z)$ | 결합교환 | 2,3 |

⊣

그림 5.12: $x' + y = (x + y)'$ 의 형식증명

| | | | |
|---|---|---|---|
| 1. $\forall x\,(x + 0 = x)$ | hyp | | |
| 2. $\forall x \forall y\,(x + y' = (x + y)')$ | hyp | | |
| 3. $\varphi(0) \to (\forall x\,(\varphi(x) \to \varphi(x')) \to \forall x\,\varphi(x))$ | hyp | | |
| 4. $\forall x\,(0 + x = x)$ | hyp | | |
| 5. $\{x\}$ | hyp | | |
| 6. $x' + 0 = x'$ | ✓ | ∀ 소거 | 1 |
| 7. $x' = (x + 0)'$ | ✓ | ∀= 소거 | 1 |
| 8. $x' + 0 = (x + 0)'$ | ✓ | = 소거 | 6,7 |
| 9. $\forall x\,(x' + 0 = (x + 0)')$ | ✓ | ∀ 도입 | 5-8 |
| 10. $\{y\}$ | hyp | | |
| 11. $\forall x\,(x' + y = (x + y)')$ | hyp | | |
| 12. $\{x\}$ | hyp | | |
| 13. $x' + y' = (x' + y)'$ | ✓ | ∀ 소거 | 2 |
| 14. $(x' + y)' = (x + y)''$ | ✓ | ∀= 소거 | 11 |
| 15. $(x + y)'' = (x + y')'$ | ✓ | ∀= 소거 | 2 |
| 16. $x' + y' = (x + y')'$ | ✓ | = 소거 | 13,14,15 |
| 17. $\forall x\,(x' + y' = (x + y')')$ | ✓ | ∀ 도입 | 12-16 |
| 18. $\forall y \forall x\,(x' + y = (x + y)')$ | ✓ | 귀납법 | 3,9,10-17 |
| ▷ 19. $\forall x \forall y\,(x' + y = (x + y)')$ | ✓ | 한정교환 | 18 |

5.13 FACT 페아노 산술의 기본 정리 2

아래의 논리식에서 1은 $0'$을 줄여 쓴 것이다.

(*i*) $\forall x(x + 1 = x')$

(*ii*) $\forall x(x \cdot 1 = x)$

(*iii*) $\forall x((x \neq 0) \leftrightarrow \exists y(y' = x))$

(*iv*) $\forall x \forall y((x + y = 0) \leftrightarrow (x = 0) \wedge (y = 0))$

(*v*) $\forall x \forall y((x \cdot y = 0) \leftrightarrow (x = 0) \vee (y = 0))$

(*vi*) $\forall x \forall y((x + y = 1) \to (x = 0) \vee (y = 0))$

(*vii*) $\forall x((x = 0) \vee (x = 1) \vee \exists y(y'' = x))$

(*viii*) $\forall x \forall y(\exists z(z'' = x) \wedge \exists w(w' = y) \rightarrow (x \cdot y \neq 1))$

(*ix*) $\forall x((x \cdot y = 1) \leftrightarrow (x = 1) \wedge (y = 1))$

(*x*) $\forall x((x \neq 0) \leftrightarrow \forall y \forall z((x \cdot y = x \cdot z) \rightarrow (y = z)))$ ⊣

모든 논리항 $t$ 와 $s$ 에 대해서 $t \neq s$ 는 명논귀결에서는 전제와 결론 모두에서 $\neg(t = s)$ 와 마음대로 바꿔 사용할 수 있도록 Proofmood 에 구현되어 있다.

(*iv*) 의 한쪽 방향은 아주 쉽게 증명되는데, 여기서 = (세로) 소거의 전제로 등식의 논리곱을 사용하는 예를 볼 수 있다.

| | | |
|---|---|---|
| | 1. $\forall$x (x + 0 = x) | hyp |
| | 2. (x = 0) $\wedge$ (y = 0) | hyp |
| | 3. 0 + 0 = 0 | ✓ $\forall$ 소거 1 |
| ▷ | 4. x + y = 0 | ✓ = 소거 2,3 |

(*v*) 의 증명에는 그림 5.13 에 보인 새로운 $\exists$ 소거 심화 규칙을 사용하면 좋다. 전제에 존재한정문 2 개를 사용하는 것이다. 여기서 논리식 $\theta$ 대신 부분증명을 쓰고 결론은 함의문으로 얻는 것도 가능하며, $\theta$ 에 신규기호를 포함시키고 결론은 존재문으로 얻는 것도 가능하다. (118 쪽에 있는 그림 4.22, 4.23 참조.)

그림 5.13: $\exists$ 소거 추론규칙 5

| | | |
|---|---|---|
| | 1. $\exists$x $\varphi$(x) | hyp |
| | 2. $\exists$y $\psi$(y) | hyp |
| | 3. {c, d} $\varphi$(c) $\wedge$ $\psi$(d) | hyp |
| | 4. ⋮ | Rule ? |
| | 5. $\theta$ | Rule ? |
| ▷ | 6. $\theta$ | ✓ $\exists$소거 1,2,3-5 |

(*v*) 의 증명의 양 방향 중에 덜 자명한 한 방향을 145 쪽의 그림 5.14 에 보였다. 여기서 방금 소개한 $\exists$ 소거 심화규칙을 사용한다. (*vi*) 와 (*vii*) 의 증명에도 이 심화규칙을 사용한다.

5.14 Exercise 픽드 5.13.(*i*)–(*x*) 의 Proofmood 증명을 작성하시오. 이전에 얻은 결과는 가설부에 넣어 사용해도 된다.

(힌트): ① 증명의 길이는 이전보다 다소 더 길 것이다. 그러나 대략 45 라인을 넘지 않는 범위에서 모든 증명이 가능하다.

② 곱셈의 왼편소거 $(x)$. $\forall x((x \neq 0) \leftrightarrow \forall y \forall z((x \cdot y = x \cdot z) \rightarrow (y = z)))$를 증명할 때는 $z$에 대한 귀납을 사용하는 것이 좋다. $x$에 대한 귀납으로는 증명이 잘 되지 않는다. ⊣

5.15 Notation 다음과 같은 줄여쓰기를 사용한다.

$$x < y \equiv (\exists z)(x + z' = y),$$
$$x > y \equiv y < x,$$
$$x \leq y \equiv (\exists z)(x + z = y),$$
$$x \geq y \equiv y \leq x,$$
$$x \,|\, y \equiv \exists z(y = x \cdot z).$$

그리고 $x \neq y \equiv \neg(x = y)$, $x \not< y \equiv \neg(x < y)$ 등과 같이 가운데 쓰기 2항술어의 부정을 나타낼 때, 논리식 앞에 $\neg$를 쓰는 대신 그 술어기호에 /를 겹쳐 사용하여 줄여쓰기 하는 것은 언제든지 허용한다. ⊣

이제 새로운 표기법을 사용하는 페아노 산술의 정리 중 기본적인 것 몇 개를 골라 팩트 5.16에 보였다.

5.16 Fact 페아노 산술의 기본 정리 3
한 항목에 두 개, 혹은 3개의 논리식을 넣기도 하였다.

(i) $\forall x(x \not< x)$

(ii) $\forall x \forall y((x < y) \rightarrow (y \not< x) \wedge (x \neq y))$,
$\forall x \forall y \forall z((x < y) \rightarrow ((y < z) \rightarrow (x < z)))$

(iii) $\forall x \forall y((x \leq y) \leftrightarrow (x < y) \vee (x = y))$,
$\forall x \forall y \forall z((x \leq y) \rightarrow ((y \leq z) \rightarrow (x \leq z)))$

(iv) $\forall x \forall y((x \leq y) \wedge (y \leq x) \leftrightarrow (x = y))$,
$\forall x \forall y((x \leq y) \vee (y \leq x))$

(v) $\forall x \forall y \forall z((x \leq y) \leftrightarrow (x + z \leq y + z))$,
$\forall x \forall y \forall z((z \neq 0) \rightarrow ((x < y) \leftrightarrow (x \cdot z < y \cdot z)))$

(vi) $\forall x(x \,|\, x)$, $\forall x(1 \,|\, x)$, $\forall x(x \,|\, 0)$

(*vii*) $\forall x \forall y \forall z((x \mid y) \wedge (y \mid z) \to (x \mid z))$,
$\forall x \forall y((x \mid y) \wedge (y \mid x) \to (x = y))$

(*viii*) $\forall x \forall y \forall z((x \mid y) \to (x \mid y \cdot z))$,
$\forall x \forall y \forall z((x \mid y) \wedge (x \mid z) \to (x \mid y + z))$ ⊣

그림 5.14: ∃ 소거 규칙 5, 적용 예

| | | | |
|---|---|---|---|
| 1. | $\forall x \neg(x' = 0)$ | hyp | |
| 2. | $\forall x \forall y\, (x + y' = (x + y)')$ | hyp | |
| 3. | $\forall x \forall y\, (x \cdot y' = x \cdot y + x)$ | hyp | |
| 4. | $\forall x\, ((x \neq 0) \leftrightarrow \exists y\, (y' = x))$ | hyp | |
| 5. | $\{x, y\}$ | hyp | |
| 6. | $x \cdot y = 0$ | hyp | |
| 7. | $\neg((x = 0) \vee (y = 0))$ | hyp | |
| 8. | $x \neq 0$ | ✓ 명논귀결 | 7 |
| 9. | $\exists u1\, (u1' = x)$ | ✓ ∀ 소거 | 4,8 |
| 10. | $y \neq 0$ | ✓ 명논귀결 | 7 |
| 11. | $\exists u2\, (u2' = y)$ | ✓ ∀ 소거 | 4,10 |
| 12. | $\{u1, u2\}\ (u1' = x) \wedge (u2' = y)$ | hyp | |
| 13. | $x \cdot y = u1' \cdot u2'$ | ✓ = 소거 | 12 |
| 14. | $u1' \cdot u2' = u1' \cdot u2 + u1'$ | ✓ ∀ 소거 | 3 |
| 15. | $u1' \cdot u2 + u1' = (u1' \cdot u2 + u1)'$ | ✓ ∀ 소거 | 2 |
| 16. | $x \cdot y = (u1' \cdot u2 + u1)'$ | ✓ = 소거 | 13,14,15 |
| 17. | $\neg((u1' \cdot u2 + u1)' = 0)$ | ✓ ∀ 소거 | 1 |
| 18. | $\neg(x \cdot y = 0)$ | ✓ = 소거 | 16,17 |
| 19. | $\perp$ | ✓ 명논귀결 | 6,18 |
| 20. | $\perp$ | ✓ ∃ 소거 | 9,11,12-19 |
| 21. | $(x = 0) \vee (y = 0)$ | ✓ 명논귀결 | 7-20 |
| 22. | $(x \cdot y = 0) \to (x = 0) \vee (y = 0)$ | ✓ 명논귀결 | 6-21 |
| ▷ 23. | $\forall x \forall y\, ((x \cdot y = 0) \to (x = 0) \vee (y = 0))$ | ✓ ∀ 도입 | 5-22 |

지금까지 페아노 산술의 많은 기본정리들을 알아 보았으며 이제는 다음의 정리에 대한 형식증명도 얻을 수 있다.

5.17 LEMMA (몫과 나머지 정리)

$$\forall x \forall y \big(y \neq 0 \rightarrow \exists^1 u \exists^1 v((x = y \cdot u + v) \wedge (v < y))\big). \qquad \dashv$$

이 보조정리의 증명은 먼저 $x$에 대한 귀납법을 써서 $u$와 $v$의 존재성을 증명한 다음에 (귀납법을 쓰지 않고) 이들의 유일성을 증명하는 순서로 진행하면 된다. 실은 이를 위하여는 팩트 5.16에 언급되지 않은 소소한 정리가 몇 개 더 필요하지만 더 이상의 설명은 생략하기로 한다.

지금까지 PA에서 형식증명을 많이 연습하였는데 아마도 간단한 수학적 사실의 증명에 너무 많은 수고를 들여야 한다는 느낌을 받았을 것이다. 그런데 이러한 이유는 실은 `Proofmood`의 기능의 부족함보다는 애초에 페아노 공리계가 빈약하다는 데에 기인한다. 간단한 정수론의 정리를 하나 선택하여 형식증명이 아닌 '엄격한 수학적 증명'을 페아노 공리계로부터 출발하여 만들어 보라. `Proofmood`의 형식증명보다 어느 정도 간단하기는 하겠지만 길이나 난이도가 대폭 줄어드는 일은 없을 것이다.

페아노 공리계가 빈약하다고 불평하거나 비난할 것은 없다. 애초에 페아노 공리계는 자연수에 대한 여러 사실들을 "쉽고 편리하게 증명하려고 만든 것이 아니고", 이 사실들을 엄격하게 증명할 수 있는 최소한의 공리계를 찾은 결과이기 때문이다.

이제 페아노 산술의 형식증명은 더 이상 하지 않을 것인데 그 이유는 다음과 같다. 우리에게 중요한 것은 자연수에 대한 어떤 사실을 페아노 공리계로부터 출발하여 엄격하게 증명하는 것이다. `Proofmood`에서의 형식증명은 증명이 엄격하게 되었음을 확인하는 아주 좋은 방법이다. 이러한 형식증명에 익숙해진 이후에는, 엄격한 수학적 증명을 형식증명으로 변환하는, 혹은 번역하는 것은 어렵거나 창의적인 일이 아니고 다만 시간과 수고를 필요로 하는 기계적인 작업일 뿐이다.

## 3 1계논리 형식 증명의 공식과 기법

아래의 보조정리 5.18은 수학자들이 증명을 할 때 늘 사용하는 것이다. $(i)$부터 $(xix)$에 이르는 19개의 명제 중에 일부는 의식하면서 사용하고 일부는 무의식 중에 사용한다. 예를 들어 드모르강의 법칙 $(vii)$와 $(ix)$는 의식하면서 사용하는 경우가 많을 것으로 짐작된다.

5.18 LEMMA (1계논리의 공식)

| | | |
|---|---|---|
| $(i)$ | $\forall x\, \alpha(x) \;\Leftrightarrow\; \forall y\, \alpha(y)$ | *(Alphabetic change* $\forall$*)* |
| $(ii)$ | $\exists x\, \alpha(x) \;\Leftrightarrow\; \exists y\, \alpha(y)$ | *(Alphabetic change* $\exists$*)* |
| $(iii)$ | $\forall x\, \beta \;\Leftrightarrow\; \beta$ | *(Dummy* $\forall$*)* |
| $(iv)$ | $\exists x\, \beta \;\Leftrightarrow\; \beta$ | *(Dummy* $\exists$*)* |
| $(v)$ | $\forall x \forall y\, \alpha(x,y) \;\Leftrightarrow\; \forall y \forall x\, \alpha(x,y)$ | *(Commutativity* $\forall\forall$*)* |
| $(vi)$ | $\exists x \exists y\, \alpha(x,y) \;\Leftrightarrow\; \exists y \exists x\, \alpha(x,y)$ | *(Commutativity* $\exists\exists$*)* |
| $(vii)$ | $\forall x \exists y\, \alpha(x,y) \;\Leftarrow\; \exists y \forall x\, \alpha(x,y)$ | *(nonCommutativity* $\forall\exists$*)* |
| $(viii)$ | $\forall x\, \neg\alpha(x) \;\Leftrightarrow\; \neg\exists x\, \alpha(x)$ | *(De Morgan* $\forall\neg$*)* |
| $(ix)$ | $\exists x\, \neg\alpha(x) \;\Leftrightarrow\; \neg\forall x\, \alpha(x)$ | *(De Morgan* $\exists\neg$*)* |
| $(x)$ | $\forall x\, (\alpha(x) \wedge \beta(x)) \;\Leftrightarrow\; \forall x\, \alpha(x) \wedge \forall x\, \beta(x)$ | *(Distributivity* $\forall\wedge$*)* |
| $(xi)$ | $\forall x\, (\alpha(x) \vee \beta(x)) \;\Leftarrow\; \forall x\, \alpha(x) \vee \forall x\, \beta(x)$ | *(1-way Distributivity* $\forall\vee$*)* |
| $(xii)$ | $\forall x\, (\alpha(x) \to \beta(x)) \;\Rightarrow\; \forall x\, \alpha(x) \to \forall x\, \beta(x)$ | *(1-way Distributivity* $\forall\!\to$*)* |
| $(xiii)$ | $\exists x\, (\alpha(x) \wedge \beta(x)) \;\Rightarrow\; \exists x\, \alpha(x) \wedge \exists x\, \beta(x)$ | *(1-way Distributivity* $\exists\wedge$*)* |
| $(xiv)$ | $\exists x\, (\alpha(x) \vee \beta(x)) \;\Leftrightarrow\; \exists x\, \alpha(x) \vee \exists x\, \beta(x)$ | *(Distributivity* $\exists\vee$*)* |
| $(xv)$ | $\exists x\, (\alpha(x) \to \beta(x)) \;\Leftarrow\; \exists x\, \alpha(x) \to \exists x\, \beta(x)$ | *(1-way Distributivity* $\exists\!\to$*)* |
| $(xvi)$ | $\forall x\, \alpha(x) \to \beta \;\Leftrightarrow\; \exists x\, (\alpha(x) \to \beta)$ | $\forall$ *on antecedent* |
| $(xvii)$ | $\exists x\, \alpha(x) \to \beta \;\Leftrightarrow\; \forall x\, (\alpha(x) \to \beta)$ | $\exists$ *on antecedent* |
| $(xviii)$ | $\beta \to \forall x\, \alpha(x) \;\Leftrightarrow\; \forall x\, (\beta \to \alpha(x))$ | $\forall$ *on consequent* |
| $(xix)$ | $\beta \to \exists x\, \alpha(x) \;\Leftrightarrow\; \exists x\, (\beta \to \alpha(x))$ | $\exists$ *on consequent* |

*단, 위의 공식에서* $\beta$ *에는* $x$ *가 자유변수로 나타나지 않는다.* ⊣

추론규칙 메뉴의 [1논 공식]에는 드모르강, 더미한정, 한정분배, 한정교환, 부분한정, 변수바꿈의 6개 하위메뉴가 있다. 이들 하위메뉴는 각각 다음과 같이 보조정리 5.18의 항목들과 대응된다.

- 드모르강: $(viii)$, $(ix)$
- 더미한정: $(iii)$, $(iv)$
- 한정분배: $(x)$–$(xv)$
- 한정교환: $(v)$, $(vi)$, $(vii)$
- 부분한정: $(xvi)$–$(xix)$
- 변수바꿈: $(i)$, $(ii)$

보조정리 5.18의 논리식들에서 $\rightarrow$ 와 $\leftrightarrow$ 대신 각각 $\Rightarrow$ 와 $\Leftrightarrow$ 를 사용한 것이 눈에 띌 것이다. $\Leftarrow$ 를 사용한 것도 있다. 그 이유는 아래의 그림을 보면서 설명하겠다. 이 그림은 5.18.$(xii)$ 를 사용하는 두 가지 경우를 보여 주고 있다.

| | | |
|---|---|---|
| | 1. $\forall x\,(\alpha(x) \rightarrow \beta(x))$ | hyp |
| | 2. $\forall x\,\alpha(x) \rightarrow \forall x\,\beta(x)$ | ✓ 한정분배 1 |
| ▷ | 3. $\forall x\,(\alpha(x) \rightarrow \beta(x)) \rightarrow (\forall x\,\alpha(x) \rightarrow \forall x\,\beta(x))$ | ✓ 한정분배 |

하나는 라인 3에서 보듯이 주석에 전제 없이 추론규칙만 지정하는 것이다. 이렇게만 사용한다면 $\rightarrow$ 대신 $\Rightarrow$ 를 사용할 이유가 없다. 한편 라인 2에서는 주석에 추론규칙과 아울러 하나의 전제를 지정하였다. 만일 $\rightarrow$ 를 사용했다면 이런 사용법을 나타내는 데 부족함이 있다고 보인다. 따라서 조금 더 포괄적인 의미를 가지는 $\Rightarrow$ 를 사용한 것이다.

아래에 드모르강 추론규칙의 사용 예를 몇 개 보였다.

| | | |
|---|---|---|
| | 1. $\neg\forall x\,\exists y\;A(x, y)$ | hyp |
| | 2. $\exists x\,\forall y\;\neg A(x, y)$ | ✓ 드모르강 1 |
| | 3. $\neg\forall x\,\exists y\;A(x, y) \leftrightarrow \exists x\,\forall y\;\neg A(x, y)$ | ✓ 드모르강 |
| | 4. $\exists x\,\forall y\;\neg A(x, y) \leftrightarrow \neg\forall x\,\exists y\;A(x, y)$ | ✓ 드모르강 |
| ▷ | 5. $\forall x\;B(x) \leftrightarrow \neg\exists x\;\neg B(x)$ | ✓ 드모르강 |

보조정리 5.18의 19개의 추론규칙은 모두 형식증명이 가능하다. 실은 그 이상도 가능한데 예를 들어 $(i)$ 과 $(ii)$ 를 결합한 다음과 같은 증명이 가능하다.

| | | |
|---|---|---|
| | 1. $\forall x1\,\exists x2\;\varphi(x1, x2)$ | hyp |
| | 2. $\{y1\}$ | hyp |
| | 3. $\exists x2\;\varphi(y1, x2)$ | ✓ ∀ 소거 1 |
| | 4. $\{y2\}\;\varphi(y1, y2)$ | hyp |
| | 5. $\exists y2\;\varphi(y1, y2)$ | ✓ ∃ 도입 4 |
| | 6. $\exists y2\;\varphi(y1, y2)$ | ✓ ∃ 소거 3,4-5 |
| ▷ | 7. $\forall y1\,\exists y2\;\varphi(y1, y2)$ | ✓ ∀ 도입 2-6 |

변수바꿈 추론규칙은 부분논리식의 한정변수를 유연한 처리를 가능하게 한다. 이러한 변수바꿈은 ∀ 소거 추론규칙에도 포함·구현되어 있다. 이를 그림 5.15의 예를 통하여 설명하겠다. 이 그림의 라인 1은 $\forall x\,\varphi(x)$ 로 쓸 수 있으며 이때

$\varphi(x) \equiv \exists y(y \neq x)$ 이다. 개체변수 $y$ 가 어떤 모델에서 어떤 개체를 나타내든 간에 $x$ 를 $y$ 로 치환하는 것은 의미론적으로 볼 때 허용되어야 한다. 문제는 구문론적으로는 $y$ 가 $\varphi$ 내에서 이미 묶인 변수로 사용되고 있으므로[†] $\forall x\, \varphi(x)$ 로부터 $\varphi(y)$ 를 직접 얻을 수는 없다는 것이다. 해결책은 $\varphi(x)$ 와 논리적으로 동등한 $\varphi^*(x)$ 를 취하여 $y$ 가 $\varphi^*$ 내에서 $x$ 의 자유나타남을 치환하는 것이 허용되도록 하는 것이다.

그림 5.15: $\forall$ 소거 추론규칙 5

| | | |
|---|---|---|
| | 1. $\forall x \exists y\ (y \neq x)$ | hyp |
| | 2. $\exists z\ (z \neq y)$ | ✓ $\forall$ 소거 1 |
| ▷ | 3. $\exists x\ (x \neq y)$ | ✓ $\forall$ 소거 1 |

예를 들어 $\varphi^*(x) \equiv \exists z(z \neq x)$ 로 두었을 때 $\varphi^*(y)$ 가 라인 2 이다. 한 걸음 더 나아가서 라인 3 도 라인 1 로부터 $\forall$ 소거에 의하여 단번에 얻을 수 있는데, 이때는 $\varphi^*(x) \equiv \exists x(x \neq x)$ 로 두어서는 되지 않는다. 일단 $\varphi^*(x) \equiv \exists z(z \neq x)$ 로 두어 라인 2 를 얻은 후 다시 라인 2 와 (보조정리 4.27 에 의하여) 논리적으로 동등한 라인 3 을 얻은 것으로 보면 된다. 이 과정은 `Proofmood` 에서 내부적으로 처리되며 사용자는 한 단계로 인식하게 된다.

그림 5.16 에 드모르강 $\forall\neg$ (5.18.$(viii)$) 의 형식증명을 보였다. 양방향 모두 귀류법을 사용하였는데, 특히 한 방향은 귀류법을 2중으로 사용하여 좀 난해하다.

[†] 그리고 또 $x$ 가 이 $y$ 를 묶인변수로 사용하는 한정사의 영향범위 내에 자유변수로 나타나고 있으므로

그림 5.16: 드모르강 ∀¬

| 줄 | 근거 | 참조 |
|---|---|---|
| 1. | hyp | |
| 2. $\forall x\, \neg\varphi(x)$ | hyp | |
| 3. $\exists x\, \varphi(x)$ | hyp | |
| 4. $\{c\}\ \varphi(c)$ | hyp | |
| 5. $\neg\varphi(c)$ | ✓ ∀ 소거 | 2 |
| 6. $\bot$ | ✓ 명논귀결 | 4,5 |
| 7. $\bot$ | ✓ ∃ 소거 | 3,4-6 |
| 8. $\neg\exists x\, \varphi(x)$ | ✓ 명논귀결 | 3-7 |
| 9. $\neg\exists x\, \varphi(x)$ | hyp | |
| 10. $\neg\forall x\, \neg\varphi(x)$ | hyp | |
| 11. $\{c\}$ | hyp | |
| 12. $\varphi(c)$ | hyp | |
| 13. $\exists x\, \varphi(x)$ | ✓ ∃ 도입 | 12 |
| 14. $\bot$ | ✓ 명논귀결 | 9,13 |
| 15. $\neg\varphi(c)$ | ✓ 명논귀결 | 12-14 |
| 16. $\forall x\, \neg\varphi(x)$ | ✓ ∀ 도입 | 11-15 |
| 17. $\bot$ | ✓ 명논귀결 | 10,16 |
| 18. $\forall x\, \neg\varphi(x)$ | ✓ 명논귀결 | 10-17 |
| ▷ 19. $\neg\exists x\, \varphi(x) \leftrightarrow \forall x\, \neg\varphi(x)$ | ✓ 명논귀결 | 2-8,9-18 |

5.19 EXERCISE 보조정리 5.18의 모든 항목에 대한 형식증명을 작성하시오. (힌트: 가장 긴 증명도 길이 30라인 이내임.) ⊣

*In mathematics, the curse is set theory illiteracy.*

Anonymous

# 6 집합론

## 1 집합과 증명과 역설

### 1.1 기본 개념과 용어

집합론의 아버지로 불리는 Georg Cantor (1845–1918)는 집합을 다음과 같이 정의하였다.

> 명확히 구별이 가능한 사물의 모임을 하나의 대상으로 본 것을 집합(*set*)이라 한다.

집합을 이루기 위하여 모인 개개의 사물을 원소(*element*)라 하며, $a$가 집합 $X$의 원소임을 기호로 나타내면

$$a \in X$$

이고 이를 "$a$가 $X$에 속한다(*belongs to*)", 혹은 "$a$는 $X$의 원소이다"라고 읽는다.

집합론을 위한 언어 $L_{SET}$는 단 1개의 2항 가운데 쓰기 술어기호 $\in$를 기호집합(signature)로 취한다.

$$L_{SET} = \{\in\}.$$

집합론같이 풍부한 이론을 논리외적 기호 1개만 가지고 나타내는 것은 당연히 불가능하다. 우리는 많은 기호를 집합론에서 사용할 것인데, 첫 번째로 추가할 기호는 2항 가운데 쓰기 술어기호 $\subseteq$로서 다음과 같이 줄여쓰기로써 정의된다.

$$t \subseteq s \overset{\text{def}}{\equiv} \forall x(x \in t \to x \in s) \tag{1}$$

단, 여기서 $t$와 $s$는 임의의 논리항이다.

$t \subseteq s$가 성립할 때면이 $t$는 $s$의 부분집합(*subset*)이라고 한다. (2)

위의 (2)를 이 책에서 우리가 공부한 형식에 맞추어 정확히 쓰면 다음과 같다.

$L_{SET}$-해석 $\mathcal{I}$가 $\mathcal{I} \models t \subseteq s$를 만족할 때 $t^{\mathcal{I}}$를 $s^{\mathcal{I}}$의 부분집합이라 한다. (3)

(2)는 비형식으로(*informally*) 표현한 것이고 (3)은 형식을 갖추어(*formally*) 표현한 것이다. 앞으로 우리는 주로 (2)와 같은 형식으로 말할 것이다. 그러나 독자들은 우리가 (2)를 말할 때 이것이 엄격하게는 (3)을 의미하는 것이라는 사실을 알고 있어야 하며, 또한 만일 필요하다면 (3)과 같이 말할 수 있어야 한다.

(2)를 좀 더 비형식으로 표현하면

$t$에 속하는 모든 원소가 $s$에 속할 때면이 $t$를 $s$의 부분집합이라고 한다.

가 될 것이다.

우리는 비형식 표현과 형식을 갖춘 표현을 상황에 따라 알맞게 혼용할 것이며 그때마다 일일이 "이것은 비형식 표현인데 .." 혹은 "지금 형식을 갖추어 말하자면 .." 등으로 부언하지는 않을 것임을 말해 둔다.

$t \in s$일 때 $t$와 $s$는 원소관계(*membership relation*)에 있다고 말하며, $t \subseteq s$일 때 $t$와 $s$는 부분집합관계(*subset relation*)에 있다고 말한다. '포함관계'나 'containment relation'이라는 말은 $\in$과 $\subseteq$ 둘 중 어느 것을 의미하는지가 불분명하므로 사용하지 않기로 하겠다. '*Inclusion relation*'이라는 용어는 $\subseteq$를 의미하는 것으로 사용해도 좋다.

흔히 집합은 $A$, $B$, $X$ 등의 대문자로 나타내고 집합의 원소는 $a$, $b$, $x$ 등의 소문자로 나타내는데 `Proofmood`에서는 대문자로 시작하는 기호는 술어를 나타내도록 되어 있으므로 이러한 표현상의 관례를 따르기가 어렵다.[†]

집합의 집합은 $\mathcal{A}$, $\mathcal{B}$ 등으로 멋부린 글꼴을 사용하여 나타내기도 한다. (집합의 집합은 흔히 집합족(*family of sets*)이라고 한다.) 그렇다면 집합의 집합의 집합은 어떻게 나타낼 것인가? 통상 수학에서는 이렇게 '높은 단계'의 집합을 자주 사용하지 않으므로 별로 문제될 것이 없으나 집합론에서는 $x_1 \in x_2 \in x_3 \in \ldots$과

[†]대문자로 시작하는 기호라 해도 타입을 선언(declare)해 주어 개체변수나 상수기호로 사용할 수 있는 기능이 `Proofmood`에 있다면 좋을 것이다.

같이 원소관계가 무한히 이어지는 예가 수시로 등장한다. 따라서 집합론에서는 집합의 단계에 따른 기호 사용의 관례가 지켜지지 않는 경우가 많다.

집합을 나타내는 방법으로는 잘 알려진 대로 원소나열법(*member listing notation*)과 조건제시법(*set builder notation*) 이 있다. 예를 들어 5개의 원소 1,3,5,7,9로 이루어진 집합을 원소나열법으로 나타내려면 $\{1,3,5,7,9\}$와 같이 중괄호 안에 집합의 원소들을 중복과 누락없이 나열하면 된다. 이 집합을 조건제시법으로 나타내려면

$$\{x \mid 1 \leq x \leq 10,\ (\exists n \in \mathbb{N})(x = 2n-1)\} \tag{4}$$

와 같이 표현 전체를 중괄호로 둘러 싸고, 집합의 원소를 나타내는 개체 변수를 기호 | 왼편에 두고, 집합의 원소가 갖추어야 할 '조건'을 나타내는 논리식을 | 오른편에 두면 된다. 기호 '|'는 '바(bar)'로 읽으면 된다.

집합의 원소를 나타내는 개체변수는 조건을 나타내는 논리식에서 자유변수로 나타나야 한다. 즉, 조건을 나타내는 논리식의 묶인변수로 나타나지 않는다면 어떤 개체변수를 사용하여도 무방하다. 조건제시법은 $\{x \mid \varphi(x)\}$ 형태이며 여기서 $\varphi(x)$를 $x$에 대한 조건식, 혹은 $x$에 대한 명제라고 부른다. 또는 이 집합의 조건식이라고 불러도 된다.

(4)에서 보듯이 조건을 나타내는 논리식에서는 논리곱 기호 $\wedge$ 대신 쉼표(comma)를 사용하는 것이 관례적으로 허용된다.

주어진 집합을 조건제시법으로 나타내기 위한 조건식 $\varphi(x)$는 유일하지 않다. 예를 들어 (4)에서

$$\varphi(x) \overset{\text{def}}{\equiv} (x=1) \vee \big((2 \leq x < 11) \wedge (\exists n \in \mathbb{N})(x = 2n-1)\big)$$

로 두어도 안될 것 없다. 물론 $\varphi(x)$를 이렇게 취하는 것은 (4)보다 불편한 것이 당연하다.

집합론에 대한 이해의 첫 걸음은 조건제시법을 확실히 이해하고, 능숙하게 활용하는 능력을 기르는 것이다. 즉,

$$A = \{x \mid \varphi(x)\} \;\Leftrightarrow\; \forall x\big(x \in A \leftrightarrow \varphi(x)\big) \tag{5}$$

를 자연수의 덧셈만큼 자연스럽게 활용할 수 있어야 한다는 것이다.[†]

원소나열법과 조건제시법은 부분집합 기호 $\subseteq$ 에 이어 두 번째로 $L_{SET}$ 에 추가되는 기호들이다. 그러나 이렇게 새로운 기호를 도입하여 사용하는 표기법들을 (1)에서 보듯이 명확하게 '형식을 갖추어' 정의하는 것은 썩 쉬운 일이 아니다. 이러한 정의는 충분히 가능하며 또한 현대 수리논리학의 핵심적인 개념이지만 아쉽게도 이 책의 범위를 넘는다.

6.1 EXERCISE 다음의 집합들을 조건제시법으로 나타내시오.

(*i*) $\{2, 4, 6, 8, 102, 104, 106, 108\}$

(*ii*) $\{121, 144, 169, 196, 225, 256, 289, 324, 361\}$ ⊣

조건제시법을 사용하면 $L_{SET}$ 에 새로운 기호들을 추가하는 것이 용이하다. 교집합, 합집합, 차집합 등의 2항 함수기호들과 공집합이라는 상수기호를 정의해 보자.

6.2 DEFINITION $A$ 와 $B$ 가 집합일 때

(*i*) $A \cap B \stackrel{\text{def}}{=} \{x \mid (x \in A) \wedge (x \in B)\}$, 교집합(*intersection*)

(*ii*) $A \cup B \stackrel{\text{def}}{=} \{x \mid (x \in A) \vee (x \in B)\}$, 합집합(*union*)

(*iii*) $A - B \stackrel{\text{def}}{=} \{x \mid (x \in A) \wedge \neg(x \in B)\}$, 차집합(*difference*)

(*iv*) $\varnothing \stackrel{\text{def}}{=} \{x \mid x \neq x\}$. 공집합(*empty set*) ⊣

공집합이 아닌 집합을 공아닌 집합(*nonempty set*)이라고 한다. 두 집합 $A$ 와 $B$ 가 $A \cap B = \varnothing$ 을 만족할 때 이 둘을 서로소(*disjoint*)라고한다.

기호 $\notin$ 을

$$x \notin A \stackrel{\text{def}}{\equiv} \neg(x \in A)$$

와 같은 줄여쓰기로 도입하면 차집합 $A - B$ 는 $\{x \mid (x \in A) \wedge (x \notin B)\}$ 로 쓸 수 있다.

---

[†]여기서 황급히 말해 둘 것은 조건제시법으로 규정한 집합이 항상 존재하는 것은 아니라는 것이다. 지금은 일단 집합을 기술하는 방법인 조건제시법을 쉽게, 그리고 조금 부정확하게 설명하고 있으며, 이 이슈는 171쪽에 다시 엄격하게 다룰 것이다.

여집합(*complement*)은 다음과 같이 정의하면 될 듯 하다.

$$A^c \stackrel{\text{def}}{=} \{x \mid x \notin A\} \tag{6}$$

그런데 문제는 이러한 집합이 존재함을 증명할 수 없다는 것이다. 실은 이러한 집합은 존재하지 않으며 이 사실을 현대의 공리적 집합론에서 엄격하게 증명할 수 있다. 이 증명은 177쪽의 6.32에 연습문제로 두었다.

여집합은 전체집합(*universal set*)을 염두에 두면 비로소 의미를 가진다. 즉, 전체집합을 $U$라 두었을 때 $A^c \stackrel{\text{def}}{=} U - A$인 것이다. 이런 경우 여집합은 상당히 편리한 개념인데, 예를 들어 $U-(A\cap B) = (U-A)\cup(U-A)$ 라고 쓰는 것보다는 $(A\cap B)^c = A^c \cup B^c$ 라고 쓰는 것이 분명히 더 편할 뿐만 아니라 개념의 파악에도 도움이 된다. 다시 말하면 여집합은 전체집합이 문맥상 혼동의 여지가 없이 주어져 있을 때 사용하면 좋다. 163쪽의 보조정리 6.15.(*viii*)는 여집합 기호 활용의 좋은 예이다.

여집합 $\{\}^c$는 1항 함수기호처럼 취급하면 편리하다. 또 하나의 중요한 1항 함수로 '멱집합'이 있는데 이것은 여집합 기호와 달리 $L_{SET}$의 원소로 보아도 된다.

6.3 Definition 집합 $A$의 멱집합(*power set*)은 $A$의 모든 부분집합의 집합이며 기호로는 $\mathcal{P}(A)$로 나타낸다. 즉,

$$\mathcal{P}(A) \stackrel{\text{def}}{=} \{x \mid x \subseteq A\} \tag{7}$$

이다. ⊣

6.4 Exercise $A \subseteq B$이면 $\mathcal{P}(A) \subseteq \mathcal{P}(B)$ 임을 벤 다이어그램을 이용하여 설명해 보시오. ⊣

집합론의 중요 용어 몇 개를 더 정의하자.

6.5 Definition

- $A \subseteq B$일 때 $B$는 $A$의 초집합(*superset*)이다. 이때 $B \supseteq A$로 쓰기도 한다.
- $A \subseteq B$ and $A \neq B$일 때 $A$는 $B$의 진부분집합(*proper subset*)이고 $A \subsetneq B$로 표기한다. 이때 $B$는 $A$의 진초집합(*proper superset*)이다. ⊣

수학에서 흔히 쓰이는 기호 표현으로 $A \subset B$ 이 있는데 이것은 많은 경우 부분집합의 의미로 쓰이지만 때로는 진부분집합의 의미로도 쓰인다. 게다가 $A \supset B$ 는 많은 수리논리학 책에서 함의문 $A \to B$ 의 의미로 쓰인다. 이 책에서는 표기상의 혼동을 피하기 위하여 이 두 기호 $\subset$ 과 $\supset$ 은 사용하지 않을 것이다.

집합론을 공부할 때 처음 만나는 문제는 대략 다음과 같은 형태이다: $A$ 와 $B$ 가 집합일 때 ① $A \subseteq B$ 임을 보여라, ② $A = B$ 임을 보여라, ③ $A \neq B$ 임을 보여라. 물론 우리는 $A$ 와 $B$ 가 원소나열법이 아닌 조건제시법으로 주어졌을 때 이런 문제에 관심을 둔다.

유형 ①의 경우 부분집합 관계의 정의식 (1)을 이용하면 된다. 예를 들어

$$A = \{x \mid \varphi(x)\}, \quad B = \{x \mid \psi(x)\}$$

라면 $A \subseteq B$ 를 증명하기 위하여 $\forall x(\varphi(x) \to \psi(x))$ 를 보이면 된다.

유형 ②, 즉 $A = B$ 를 보이려면 흔히 다음의 '정의'를 이용한다.

$$A = B \;\Leftrightarrow\; (A \subseteq B) \wedge (B \subseteq A) \tag{8}$$

그런데 실상 이것은 정의가 될 수 없다. 동일관계(*equality relation*) '=' 는 논리의 가장 기본적인 개념인데 이것을 일종의 하위 개념인 $\subseteq$ 를 이용하여 정의한다는 것은 본말이 바뀐 것이다.

아무튼 (8)을 이용하면 유형 ③, 즉 $A \neq B$ 도 증명할 수 있다: $(A \not\subseteq B) \vee (B \not\subseteq A)$ 를 보이면 된다. 그리고 $A \not\subseteq B$ 는 앞 장에서 공부한 대로 $\forall x(\varphi(x) \to \psi(x))$ 의 부정인 $\exists x(\varphi(x) \wedge \neg\psi(x))$ 를 보임으로써 증명할 수 있다.

(8)의 한 방향 $\Rightarrow$ 는 [= 소거]에 의하여 간단하게 증명된다. 문제는 $\Leftarrow$ 방향이며 이를 위하여 우리는 다음의 공리를 사용한다. 이것은 집합론의 첫 공리이다.

6.6 DEFINITION 외연공리(*Axiom of Extension*)

$$\forall x \forall y(\forall z(z \in x \leftrightarrow z \in y) \to x = y) \qquad \dashv$$

흔히 외연공리를 '확장공리' 라고 하는데 이것은 잘못된 것이다. 여기서 'extension' 은 '확장' 이라는 의미가 아니라 논리학에서 '외연' 이라고 부르는 개념의 의미로 쓰였다. 외연은 내포(intension)와 대응되는 개념이다.

집합과 그 집합의 외연 간의 관계는 추상적이고 미묘하다. 그림 6.1에 집합 $d \stackrel{\text{def}}{=} \{a, b, c\}$ 와 그것의 외연을 보였다.

그림 6.1: 집합의 외연

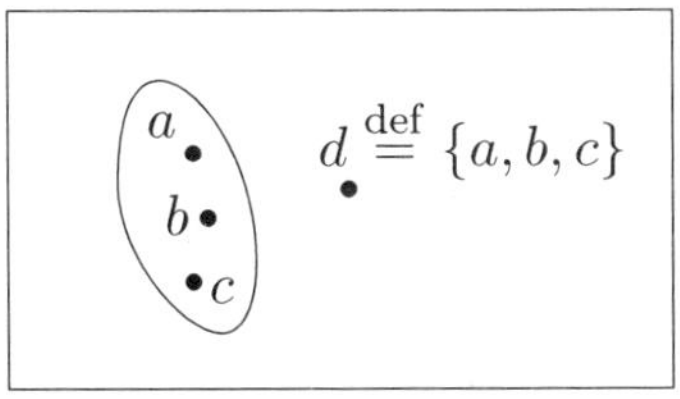


이 그림에서 직사각형의 내부는 우리의 사유의 대상이 되는 모든 것을 나타낸다. 특정한 대상 $a$, $b$, $c$의 모임을 하나의 대상으로 보아 $d$라 부르면, 이 $d$도 직사각형 내부에 존재한다는 것이 바로 칸토르가 생각하는 집합의 기본 아이디어이다.(151쪽) 여기서 $d$는 집합이고 그림에서 폐곡선으로 둘러싸인 $a$, $b$, $c$는 $d$의 외연인 것이다.

외연공리를 기호를 사용하지 않고 말하면 "집합은 그것의 외연에 의해서 규정된다.(A set is determined by its extension.)" 이 된다.

부분집합 관계 $\subseteq$의 정의 (1)과 집합의 동일함에 대한 외연공리를 이용하여 우리는 1.3절까지 나오는 집합론의 가장 기본적인 정리들을 대부분 증명할 수 있다.

## 1.2 형식증명과 비형식증명

수학을 전공하지 않은 사람들은 잘 알고 있는 수학적 내용에 대해서도 증명을 쓰는 데 어려움을 경험하는데, 이 이유는 많은 경우 논리의 부족 때문이 아니라 증명에서 어떠한 형식을 따라야 하며 또한 어느 정도의 엄격성이 요구되는지를 모르기 때문이다. 우리는 이 절에서, 이 책에서 요구하는 증명의 형식과 엄격성에 대하여 말하고자 한다.

$A \cap B \subseteq A$의 증명은 다음과 같이 하면 된다.

> $z \in A \cap B$일 때 $z \in A$를 보이면 된다. $z \in A \cap B$를 가정하자. 그러면 교집합의 정의에 의하여 $(z \in A) \wedge (z \in B)$이다. 그런데 $(z \in A) \wedge (z \in B) \to (z \in A)$이므로 결국 원하던 $z \in A$를 얻게 된다. (∗1)

위의 증명은 형식증명에 상당히 근접한 비형식증명(informal proof)이다. 이보다 더 비형식인 증명의 예를 들어 보자.

- $z \in A \cap B$ 이면 $z \in A$ 이고 또한 $z \in B$ 이므로 $z \in A$ 이다. (∗2)
- $\cap$ 을 논리곱으로 생각하면 $\wedge$ 소거에 의하여 성립한다. (∗3)

만일 $A \cap B \subseteq A$ 를 증명하라는 문제에 대한 답안으로 위의 3개가 나왔다면 모두 정답으로 채점해야 할 것이다. 그러나 주어진 답안을 형식증명으로 변환하기 용이한 정도를 본다면 3개의 답안을 똑같이 평가할 수는 없다. 그림 6.2에 보인 형식증명을 보면서 위에 주어진 3개의 비형식증명 각각에서 형식증명으로 변환하는 작업의 용이도를 생각해 보라.

그림 6.2: $a \cap b \subseteq a$ 의 형식증명

| | | | |
|---|---|---|---|
| | 1. $\forall x \forall y\, ((x \subseteq y) \leftrightarrow \forall z\, ((z \in x) \rightarrow (z \in y)))$ | hyp | |
| | 2. $\forall x \forall y \forall z\, ((z \in x \cap y) \leftrightarrow (z \in x) \wedge (z \in y))$ | hyp | |
| | 3. $\{z\}$ | hyp | |
| | 4. $z \in a \cap b$ | hyp | |
| | 5. $(z \in a) \wedge (z \in b)$ | ✓ ∀ 소거 | 2,4 |
| | 6. $(z \in a)$ | ✓ 명논귀결 | 5 |
| | 7. $\forall z\, ((z \in a \cap b) \rightarrow (z \in a))$ | ✓ ∀ 도입 | 3,4-6 |
| ▷ | 8. $a \cap b \subseteq a$ | ✓ ∀ 소거 | 1,7 |

(∗1), (∗2), (∗3) 순서대로 변환이 용이함을 알 수 있을 것이다. 그런 의미에서 (∗1) 이 가장 좋은 답안이라고 말할 수 있다.

사실 이렇게 간단한 문제의 비형식증명은 웬만한 답안은 다 맞다고 하는 수밖에 없다. 하지만 조금 더 복잡한 집합론 문제에 대해서는, 잘못된 비형식증명은 얼핏 보기에는 옳은 것 같아도 형식증명으로 변환하는 데 도움이 되지 못한다. 바로 이런 답안이 틀린 답안이다.

6.7 Exercise 공집합은 임의의 집합의 부분집합임을 보이는 아래의 형식증명을 완성하시오.

| | | |
|---|---|---|
| | 1. $\forall x\, ((x \in \varnothing) \leftrightarrow (x \neq x))$ | hyp |
| | 2. $\forall x \forall y\, ((x \subseteq y) \leftrightarrow \forall z\, ((z \in x) \rightarrow (z \in y)))$ | hyp |
| ▷ | 3. ⋮ | Rule ? |
| | 4. $\varnothing \subseteq a$ | 명논귀결 |

⊣

위의 연습문제의 증명에서

$$\neg(z = z),\ z = z \vdash z \in a$$

를 사용하게 될 것이다. 이렇듯 모순되는 전제들로부터 임의의 결론 $\theta$를 얻을 때 "$\theta$는 허무하게 성립한다.(*vacuosly holds*)", 혹은 "$\theta$는 볼것 없이 성립한다." 고 말한다.

6.8 Exercise 다음 사실에 대한 비형식증명을 하고, 이를 바탕으로 형식증명을 작성하시오.

$$(A \cap B) \subseteq (A \cap C) \cup (B - C). \qquad \dashv$$

6.9 Exercise

① 부분집합 관계는 추이적임을, 즉 $(A \subseteq B) \wedge (B \subseteq C) \Rightarrow (A \subseteq C)$의 형식증명을 그림 6.3에 보였다. 이를 바탕으로 비형식증명을 작성하시오.

② $\forall x \forall y \forall z(x \in y \subseteq z \to (x \in z))$의 형식증명을 작성하고, 이를 이용하여 $\subseteq$의 추이율의 비형식증명과 형식증명을 각각 작성하시오. $\dashv$

이제 외연공리를 사용하는 증명을 하나 해 보자.

6.10 Lemma

$$A \cap B = A \Leftrightarrow A \subseteq B.$$

*Proof.* $\Rightarrow$를 보이기 위하여 $A \cap B = A$를 가정하자. 그림 6.2는 아주 조금만 바꾸면

$$A \cap B \subseteq B \tag{9}$$

의 증명이 된다. 따라서 $A \cap B = A$라면 (9)의 좌변의 $A \cap B$를 $A$로 대체하여 원하는 $A \subseteq B$를 얻을 수 있다.

역으로 $\Leftarrow$를 보이기 위하여 $A \subseteq B$를 가정하자. 얻어야 할 결론 $A \cap B = A$는 외연공리에 의해서 $A \cap B \subseteq A$이고 또한 $A \subseteq A \cap B$이면 성립한다. 이 두 곱인자 중에 $A \cap B \subseteq A$는 이미 그림 6.2에 증명되어 있으므로 $A \subseteq A \cap B$만 보이면 충분하다.

그림 6.3: ⊆의 추이율의 형식증명

| | | |
|---|---|---|
| | 1. $\forall y \forall z\,((y \subseteq z) \leftrightarrow \forall x\,((x \in y) \to (x \in z)))$ | hyp |
| | 2. $(a \subseteq b) \wedge (b \subseteq c)$ | hyp |
| | 3. $\{x\}$ | hyp |
| | 4. $x \in a$ | hyp |
| | 5. $a \subseteq b$ | ✓ 명논귀결 2 |
| | 6. $\forall x\,((x \in a) \to (x \in b))$ | ✓ ∀ 소거 1,5 |
| | 7. $x \in b$ | ✓ ∀ 소거 6,4 |
| | 8. $b \subseteq c$ | ✓ 명논귀결 2 |
| | 9. $\forall x\,((x \in b) \to (x \in c))$ | ✓ ∀ 소거 1,8 |
| | 10. $x \in c$ | ✓ ∀ 소거 9,7 |
| | 11. $\forall x\,(x \in a \to x \in c)$ | ✓ ∀ 도입 3,4-10 |
| | 12. $a \subseteq c$ | ✓ ∀ 소거 1,11 |
| ▷ | 13. $(a \subseteq b) \wedge (b \subseteq c) \to (a \subseteq c)$ | ✓ 명논귀결 2-12 |

$x \in A$라 하자. 이제 $x \in A \cap B$, 즉 $x \in A$와 $x \in B$를 보이면 된다. 첫 곱인자는 이미 주어졌으니 $x \in B$만 보이자. 그런데 $A \subseteq B$가 가정되어 있으므로, 연습문제 6.9.②에 의하여, $x \in A \subseteq B$로부터 $x \in B$를 얻을 수 있다. □

보조정리 6.10의 형식증명은 29라인으로 다소 길므로 일부는 생략하고 3 개의 그림으로 나누어 보이겠다. 첫 번째 그림은 이 증명에서 사용한 가설 5개다. 각 라인은 기호의 정의이거나 혹은 앞에서 이미 증명된 사실들이다.

| | |
|---|---|
| 1. $\forall x \forall y\,(\forall z\,((z \in x) \to (z \in y)) \leftrightarrow (x \subseteq y))$ | hyp |
| 2. $\forall x \forall y \forall z\,((z \in x \cap y) \leftrightarrow (z \in x) \wedge (z \in y))$ | hyp |
| 3. $\forall x \forall y\,((x \cap y \subseteq x) \wedge (x \cap y \subseteq y))$ | hyp |
| 4. $\forall x \forall y \forall z\,(x \in y \subseteq z \to (x \in z))$ | hyp |
| 5. $\forall x \forall y\,((x \subseteq y) \wedge (y \subseteq x) \to (x = y))$ | hyp |

두 번째 그림은 $x \cap y = x \to x \subseteq y$의 증명이다.

| | | |
|---|---|---|
| 7. $x \cap y = x$ | hyp | |
| 8. $\{z\}$ | hyp | |
| 9. $z \in x$ | hyp | |
| 10. $z \in x \cap y$ | = 소거 | 7,9 |
| 11. $x \cap y \subseteq y$ | ∀ 소거 | 3 |
| 12. $z \in x \cap y \subseteq y$ | 명논귀결 | 10,11 |
| 13. $z \in y$ | ∀ 소거 | 4,12 |
| 14. $\forall z\,((z \in x) \to (z \in y))$ | ∀ 도입 | 8,9-13 |
| 15. $x \subseteq y$ | ∀ 소거 | 1,14 |

3 번째 그림은 역방향, $x \subseteq y \to x \cap y = x$ 의 증명이다.

| | | |
|---|---|---|
| 16. $x \subseteq y$ | hyp | |
| 17. $\{z\}$ | hyp | |
| 18. $z \in x$ | hyp | |
| 19. $z \in x \subseteq y$ | 명논귀결 | 18,15 |
| 20. $z \in y$ | ∀ 소거 | 4,19 |
| 21. $(z \in x) \wedge (z \in y)$ | 명논귀결 | 18,20 |
| 22. $z \in x \cap y$ | ∀ 소거 | 2,21 |
| 23. $\forall z\,((z \in x) \to (z \in x \cap y))$ | ∀ 도입 | 17,18-22 |
| 24. $x \subseteq x \cap y$ | ∀ 소거 | 1,23 |
| 25. $x \cap y \subseteq x$ | ∀ 소거 | 3 |
| 26. $(x \cap y \subseteq x) \wedge (x \subseteq x \cap y)$ | 명논귀결 | 24,25 |
| 27. $x \cap y = x$ | ∀ 소거 | 5,26 |
| 28. $(x \cap y = x) \leftrightarrow (x \subseteq y)$ | 명논귀결 | 7-15,16-27 |

6.11 EXERCISE $A$, $B$, $C$ 가 집합일 때 아래 사실들의 비형식증명과 형식증명을 각각 작성하시오.

① $A \subseteq A \cup B$.

② $A \cup B = A$ 이면이 $B \subseteq A$.

③ $A \subseteq C$ 이고 $B \subset C$ 이면 $A \cup B \subseteq C$.

④ $A \supseteq C$ 이고 $B \supseteq C$ 이면 $A \cap B \supseteq C$. ⊣

6.12 EXERCISE 공집합은 모든 집합의 부분집합임을 비형식증명 하고 또한 형식증명 하시오. ⊣

집합론을 공부할 때 초기에는 벤 다이어그램으로 충분하지만, 곧 벤 다이어그램으로는 설명할 수 없는 수준의 내용들을 만나게 된다. 이 내용들을 정확히 이해하고 다루기 위하여는 엄격한 논리에 의한 증명을 할 줄 알아야 한다. 집합론의 정리들의 '증명'에서 벤 다이어그램의 역할은 우리의 직관을 표현하는 것이다. 기호논리는 벤 다이어그램으로 표현할 수 없는 직관의 표현을 가능하게 하며, 또한 때로는 직관으로 파악되지 않는 내용까지도 표현해 준다.

기호논리를 자유자재로 사용하여 우리의 수학적 생산성을 높이기 위하여는 당연히 연습과 훈련이 필요하다. 문제는 이 훈련과정이 결코 짧지 않다는 것이다. 이 문제의 극복하는 키워드는 재미다. 비형식증명과 형식증명 둘을 모두 즐길 줄 알아야 한다. 이 절에 있는 연습문제들을 반드시, 하나도 빼놓지 않고 하는 것이 논리학 공부의 필수요소이다.

이 절(6장 1절)에 나오는 사실들은 대부분 형식증명이 가능하다. (특히 1.3 절까지 나오는 사실들은 모두 형식증명이 가능하다.) 그러나 아쉽게도 그 다음부터 나오는 집합론의 정리들은 대부분 형식증명하기가 불가능할 것이다.

이유는 아직 Proofmood에 원소나열법과 조건제시법이 구현되어 있지 않기 때문이다. 하지만 이 절에서의 형식증명까지만 충분히 연습이 되어 있다면 앞으로의 집합론의 공부에 있어 모든 증명을 비형식으로만 작성해도 충분하리라고 본다. 즉, 여기까지 훈련된 사람이라면, 언젠가 모든 기능이 구현된 컴퓨터 증명시스템이 주어진다면 모든 수학적 증명을 어렵지 않게 형식증명할 수 있을 것이다.

### 1.3 집합의 기본 성질

이 절에서는 집합의 기본성질을 소개할 것이다. 증명은 제공하지 않는다. 대부분은 아주 쉽고 당연한 사실들이므로 썩 흥미롭지는 않을 것이다. 이 절에 나오는 사실들을 전부 다 엄격하게 증명할 필요는 없다. 그러나 벤 다이어그램이라든지, 어떤 방법으로든 이 사실들의 확인은 필요하며, 일부는 형식증명까지 해 보는 것이 좋다. 이 일부를 정하는 것은 가르치는 사람의 몫이다.

먼저 집합의 연산과 결합자를 하나씩 소개한다.

6.13 DEFINITION $A$와 $B$가 집합이고 $\alpha$와 $\beta$가 논리식일 때

$$A \oplus B \stackrel{\text{def}}{=} (A - B) \cup (B - A), \quad \text{대칭적 차집합}(\textit{symmetric difference}).$$

(기호 $\oplus$는 널리 표준화된 표기법이 아니다.)

17쪽에서 xor를 진리값함수 0110을 가지는 결합자로 정의했었는데 이제 이것을 '배타적 논리합'이라 부르기로 한다.

$$\alpha \texttt{ xor } \beta \stackrel{\text{def}}{\equiv} (\alpha \wedge \neg\beta) \vee (\neg\alpha \wedge \beta).$$ 배타적 논리합(*exclusive disjunction*)

(기호 xor는 널리 표준화된 표기법이 아니다.) ⊣

6.14 Lemma *A와 B가 집합, α와 β는 논리식일 때*

(*i*) $\forall x\big(x \in (A \oplus B) \leftrightarrow (x \in A) \texttt{ xor } (x \in B)\big)$,

(*ii*) $A \oplus B = (A \cup B) - (A \cap B)$,

(*iii*) $\alpha \texttt{ xor } \beta \leftrightarrow (\alpha \vee \beta) \wedge \neg(\alpha \wedge \beta)$. ⊣

6.15 Lemma *A, B, C를 집합이라 할 때 아래의 등식들이 성립한다.*

(*i*) $A \cup B = B \cup A$, (교환법칙)

(*ii*) $(A \cup B) \cup C = A \cup (B \cup C)$, (결합법칙)

(*iii*) $A \cap B = B \cap A$, (교환법칙)

(*iv*) $(A \cap B) \cap C = A \cap (B \cap C)$, (결합법칙)

(*v*) $A \oplus B = B \oplus A$, (교환법칙)

(*vi*) $(A \oplus B) \oplus C = A \oplus (B \oplus C)$, (결합법칙)

(*vii*) $(A^c)^c = A$,

(*viii*) $A - B = A \cap B^c$,

(*ix*) $(A \cup B)^c = A^c \cap B^c$, (드모르강의 법칙)

(*x*) $(A \cap B)^c = A^c \cup B^c$, (드모르강의 법칙)

(*xi*) $A - (A - B) = A \cap B$,

(*xii*) $A \cap (B - C) = A \cap B - A \cap C$, (분배법칙)

(*xiii*) $A \cup (B \cap C) = (A \cup B) \cap (A \cup C)$, (분배법칙)

(*xiv*) $A \cap (B \cup C) = (A \cap B) \cup (A \cap C)$. (분배법칙)

*단, (vii)–(x) 에서는 여집합을 사용하므로 어떤 고정된 전체집합의 존재를 가정 해야 한다.* ⊣

6.16 EXERCISE $A$, $B$, $C$ 는 집합이다. 아래의 명제 각각에 대해서 맞다고 생각하면 증명하고 틀리다고 생각하면 반례를 드시오.

*(i)* $(A - B) \cup B = A$.

*(ii)* $(A \cup B) - B = A$.

*(iii)* $A \subseteq B \Leftrightarrow A - B = \varnothing \Leftrightarrow A^c \supseteq B^c$.

*(iv)* $(A \cap B) \cup C \supseteq A \cap (B \cup C)$.

*(v)* $(A \cap B) \cup C = A \cap (B \cup C) \Leftrightarrow C \subseteq A$.

*(vi)* $A \cup \varnothing = A$.

*(vii)* $A \cap \varnothing = \varnothing$.

*(viii)* $A \cap B = A \cap C \Rightarrow B = C$.

*(ix)* $A \cup B = C \cup B \Rightarrow A = C$.

*(x)* $A \oplus B = A \oplus C \Rightarrow B = C$.

*(xi)* $A \oplus B = (A \cup B) - (A \cap B)$.

*(xii)* $A \oplus B = \varnothing \Leftrightarrow A = B$.

*(xiii)* $A \oplus \varnothing = A$.

*(xiv)* $A \oplus A = \varnothing$.

*(xv)* $(A \oplus B) \oplus B = A$.

*(xvi)* $A \subseteq B \Leftrightarrow \mathcal{P}(A) \subseteq \mathcal{P}(B)$. ⊣

## 1.4 기수, 역설, 집합의 존재성 공리

집합 $A$ 의 원소의 개수를 그 집합의 기수(*cardinality, cardinal, cardinal number*) 라고 부르고 기호로는 $|A|$ 로 나타내기로 하자. 다음은 우리가 유한집합의 기수에

대해서 잘 알고 있는 사실이다.

$$|A \cup B| = |A| + |B| - |A \cap B|, \tag{10}$$

$$|A \cup B| = |A| + |B| \quad \text{if } A \cap B = \varnothing. \tag{11}$$

위의 사실이 무한집합에 대해서도 성립하는지를 알아보기 전에 먼저 아래의 질문에 대한 답을 생각해 보자.

QUESTION. 진부분집합의 기수는 원래의 집합의 기수보다 작은가?

유한집합의 진부분집합의 기수는 원래 집합의 기수보다 더 작은 것이 당연하다.†

무한집합 $\mathbb{N} = \{0, 1, 2, 3, \ldots\}$ 와 이것의 진부분집합 $\mathbb{N}^+ = \{1, 2, 3, \ldots\}$ 를 생각해 보자. 이 두 집합의 기수는 동일하다는 것을 다음과 같이 증명한다.

함수 $f : \mathbb{N} \to \mathbb{N}^+$ 을

$$f(n) = n + 1$$

로 정의한다.

이제 $\mathbb{N}$ 의 임의의 원소 $n$ 은 $f$ 에 의해서 그것에 대응하는 원소 $n+1$ 을 $\mathbb{N}^+$ 안에 유일하게 가지며, 역으로 $\mathbb{N}^+$ 의 임의의 원소 $n$ 은 $f$ 의 역함수 $f^{-1}(n) = n - 1$ 에 의하여 대응하는 원소 $n-1$ 을 $\mathbb{N}$ 안에 유일하게 가진다. 즉, 그림 6.4

그림 6.4: $\mathbb{N}$ 과 $\mathbb{N}^+$ 의 1대1 대응

$$\begin{array}{ccccccc}
\mathbb{N} & = & 0 & 1 & 2 & \cdots & n & \cdots \\
f\big\downarrow\big\uparrow f^{-1} & & \updownarrow & \updownarrow & \updownarrow & & \updownarrow & \\
\mathbb{N}^+ & = & 1 & 2 & 3 & \cdots & n+1 & \cdots
\end{array}$$

에서 보듯이, 함수 $f$ 에 의하여 $\mathbb{N}$ 의 원소들은 $\mathbb{N}^+$ 의 원소들과 1대1 대응(*1-to-1 correspondence*)이 된다.

6.17 DEFINITION 두 집합 $A_1$ 과 $A_2$ 의 원소들 사이에 적당한 방법으로 1대1 대응이 이루어질 때 이 두 집합의 기수(*cardinality*)가 같다, 혹은 서로 대등(*equipollent*)하다고 정의하고 $|A_1| = |A_2|$ 로 나타낸다. 두 집합 $A_1$ 과 $A_2$ 가 대등하지

†이것은 대단히 당연하기는 하지만, 우리는 나중에 기수를 엄격하게 정의한 다음에 집합의 기수에 대한 수학적 귀납법에 의하여 이 사실을 엄격하게 증명할 것이다.

않으며 $A_1$ 이 집합 $A_2$ 의 어떤 진부분집합과 대등할 때 $A_1$ 의 기수가 $A_2$ 의 기수보다 작다고 정의하고 $|A_1| < |A_2|$ 로 나타낸다. ⊣

6.18 EXERCISE

(*i*) $\mathbb{N}$ 의 진부분집합 $\{0, 2, 4, 6, 8, \ldots\}$ 이 $\mathbb{N}$ 과 기수가 같음을 보이려면 어떤 함수를 사용하면 될까? 홀수의 집합에 대해서도 마찬가지로 이것이 $\mathbb{N}$ 과 기수가 같음을 보이기 위한 함수를 찾으시오.

(*ii*) 제곱수들의 집합 $\{0, 1, 4, 9, 16, \ldots\}$ 도 $\mathbb{N}$ 과 기수가 같음을 보이시오. (*Galileo's paradox*) ⊣

6.19 DEFINITION 무한집합의 정의로 다음의 2 가지를 제시한다.

데데킨트(*Richard Dedekind*): 어떤 집합이 그것의 진부분집합과 같은 기수를 가질 때 이 집합을 무한집합(*infinite set*) 이라고 정의한다.

타스키(*Alfred Tarski*): 집합 $X$ 가, 그것의 멱집합의 어떤 부분집합 $S \subseteq \mathcal{P}(X)$ 가 존재하여, $S$ 의 각 원소마다 그것의 진초집합이 $S$ 의 원소로 존재하는 성질을 가질 때, 이 $X$ 를 무한집합이라고 한다. ⊣

유한집합(*finite set*) 의 정의는 일단 무한집합이 아닌 집합으로 해 둔다. 현실적으로 유용하고 실제로 수학에서 가장 많이 쓰이는 유한집합의 정의는 $\{x_1, \ldots, x_n\}$ 와 같이 원소나열법으로 표현이 가능한 집합이라고 하는 것일 것이다. 이 정의는 유용하기는 하지만 엄격하게 논리식으로 쓰려면 준비작업이 좀 필요하다.(정의 7.67 참조.)

데데킨트의 정의에서는 $x$ 가 무한집합임을 나타내는 논리식을

$$\exists y\Big(y \subsetneq x \ \wedge\ (\exists f \subseteq x \times y)(f\text{는 전단사})\Big)$$

과 같이 비교적 간단하게 쓸 수 있다. 물론 "$f$ 는 전단사" 부분을 논리식으로 쓰는 작업이 필요하지만 이건 간단한 연습문제에 불과하다. 타스키의 정의에서는 $x$ 가 무한집합임을 이보다도 더 간단한 논리식으로 다음과 같이 표현이 가능하다:

$$(\exists y \subseteq \mathcal{P}(x))(\forall z \in y)(\exists w \in y)(w \supsetneq z).$$

연습문제 6.18은 흥미롭다. $\mathbb{N}^+ = \mathbb{N} - \{0\}$ 은 $\mathbb{N}$ 에서 무한히 많은 원소 중에 단 1개의 원소만을 제거한 것이므로 $\mathbb{N}^+$ 가 $\mathbb{N}$ 과 같은 기수를 가진다는 사실이 그리 놀랍지는 않아 보인다. 하지만 $\mathbb{N}_e \stackrel{\text{def}}{=} \{0, 2, 4, \ldots\} = \{2n \mid n \in \mathbb{N}\}$,

$\mathbb{N}_o \stackrel{\text{def}}{=\!=} \{1,3,5,\ldots\} = \{2n{+}1 \mid n \in \mathbb{N}\}$ 으로 두었을 때, $\mathbb{N}_e \cup \mathbb{N}_o = \mathbb{N}$, $\mathbb{N}_e \cap \mathbb{N}_o = \varnothing$ 이므로 (11)에 의하면

$$|\mathbb{N}_e| + |\mathbb{N}_o| = |\mathbb{N}|$$

이고 6.18.$(i)$ 에 의하여 $|\mathbb{N}_e| = |\mathbb{N}_o| = |\mathbb{N}|$ 이므로 결국 $2|\mathbb{N}| = |\mathbb{N}|$ 인 다소 역설적인 결과가 얻어진다. 6.18.$(ii)$ 는 여기서 조금 더 나아간다. 제곱수들은 크기가 커짐에 따라 간격이 늘어나므로 자연수 전체 중에 제곱수는 극히 일부일 것이기 때문이다.

6.20 FACT (GEORG CANTOR (1878)) 양의 유리수 전체의 집합 $\mathbb{Q}^+$ 는 $\mathbb{N}^+$ 와 같은 기수를 가진다. ⊣

어떤 집합 $X$ 가 $\mathbb{N}^+$ 와 같은 기수를 가진다면 1과 대응되는 $X$ 의 원소를 $x_1$, 2와 대응되는 원소를 $x_2$, 그리고 일반적으로 $n \in \mathbb{N}^+$ 과 대응되는 원소를 $x_n$ 으로 놓을 수 있다. 그리고 함수 $f : \mathbb{N}^+ \to X$ 를 $f(n) \stackrel{\text{def}}{=} x_n$ 으로 놓는다면 이 함수가 1대1 대응함수임을 알 수 있다. 역으로 $f : \mathbb{N}^+ \to X$ 가 1대1 대응함수이면 $x_n \stackrel{\text{def}}{=} f(n)$ 으로 두었을 때 $X$ 의 모든 원소들은 $x_1, x_2, x_3, \ldots$ 와 같이 중복과 누락없이 나열됨을 알 수 있다.

그러므로 $\mathbb{Q}^+$ 와 $\mathbb{N}^+$ 가 대등함을 보이기 위하여 모든 양의 유리수를 중복과 누락없이 일렬로 나열해 보기로 한다. 다음과 같이 하면 될 것이다.

$$\frac{1}{1}, \frac{1}{2}, \frac{2}{1}, \frac{1}{3}, \frac{3}{1}, \frac{1}{4}, \frac{2}{3}, \frac{3}{2}, \frac{4}{1}, \frac{1}{5}, \frac{5}{1}, \frac{1}{6}, \frac{2}{5}, \frac{3}{4}, \frac{4}{3}, \frac{5}{2}, \frac{6}{1}, \frac{1}{7}, \frac{3}{5} \cdots$$

이해를 돕기 위해서 위의 유리수들의 열을 그림 6.5와 같이 나열해 보자. $n$ 번째 행에는 분자와 분모의 합이 $n{+}1$ 인 분수 $n$ 개가 놓이는데, 이들 중에 이미 나왔던 것은 × 표 하여 제외시킴으로써 기약분수만 남게 한 것이다. 모든 양의 유리수는 단 한 번 이 열에 등장하므로 $\mathbb{Q}^+$ 와 $\mathbb{N}^+$ 의 대등함이 증명된다.

이 증명은 실질적으로 $|\mathbb{N}|^2 = |\mathbb{N}|$ 을 증명한 것이라 볼 수 있다. 그렇다면 $|\mathbb{N}|^3 = (|\mathbb{N}|^2)|\mathbb{N}| = |\mathbb{N}||\mathbb{N}| = |\mathbb{N}|$ 이 될 것이고, 이런 식으로 계속하면 결국 모든 자연수 $n$ 에 대해서 $|\mathbb{N}|^n = |\mathbb{N}|$ 이라는 결과를 얻는다. 칸토르는 더 나아가서 $|\mathbb{R}|^n = |\mathbb{R}|$ 이며, 모든 무한집합 $X$ 에 대해서 $|X|^n = |X|$ 임을 증명하였다.

여기서 "모든 무한집합의 기수가 같은 것은 아닐까?" 하는 의문이 자연스럽게 떠오르는데, 그렇지 않다는 것이 바로 유명한 칸토르의 대각성리이다.

그림 6.5: $\mathbb{Q}^+$ 와 $\mathbb{N}^+$ 의 1대1 대응

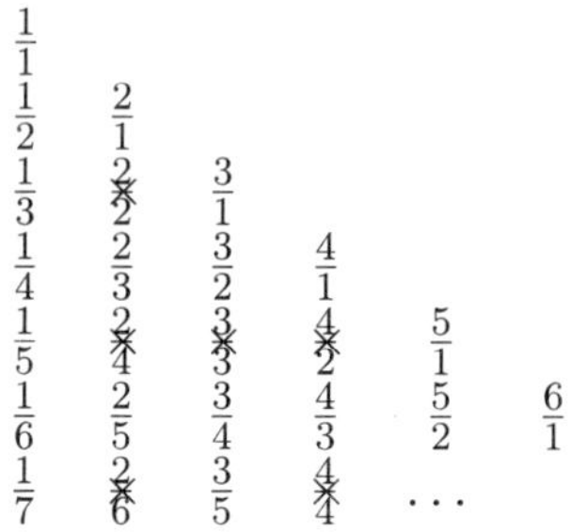

6.21 Theorem (Cantor's Diagonal Lemma (1891)) *임의의 집합 $A$ 에 대해서 ($A$ 가 유한집합이든 무한집합이든 상관없이) 그것의 멱집합 $\mathcal{P}(A)$ 의 기수는 $|A|$ 의 기수와 같지 않다.*

*Proof.* $A$ 의 원소들과 $\mathcal{P}(A)$ 의 원소들을 1대1 대응시킬 수 없음을, 즉 임의의 함수 $f : A \to \mathcal{P}(A)$ 가 주어졌을 때 이것이 1대1 대응함수가 아님을 보이면 된다.

$f$ 의 공역 $\mathcal{P}(A)$ 의 어떤 원소 $B \in \mathcal{P}(A)$ 를 찾아서, $f(a) = B$ 인 $a \in A$ 가 존재하지 않음을 보이겠다. 이러한 $B$ 를 잘 정의함으로써 $f$ 는 1대1 대응함수가 아님이 증명되는 것이다.

$B$ 를 다음과 같이 정의한다.

$$B = \{x \mid x \in A \text{ and } x \notin f(x)\} \tag{12}$$

그 다음에 우리는 $f(a) = B$ 인 $a \in A$ 가 존재한다고 가정하고 모순을 얻을 것이다.

$a \in B$ 와 $a \notin B$ 의 두 경우를 나누어 생각한다.

만일 $a \in B$ 라면 $B$ 의 원소로서의 조건인 $a \notin f(a)$ 가 성립해야 하는데 이건 $f(a) = B$ 때문에 불가능하다. 반대로 $a \notin B = f(a)$ 라면 이는 곧 $a \notin f(a)$, 즉 $a$ 가 $B$ 의 원소일 조건이 만족된 것이므로 이것 역시 불가능하다.

$a \in B$ 와 $a \notin B$ 두 경우 모두 모순이 도출됨을 확인하였다. □

칸토르의 대각정리는 $|A| \neq |\mathcal{P}(A)|$ 를 증명한 것이다. 이제 $|A| < |\mathcal{P}(A)|$ 를 보이려면 $A$ 가 $\mathcal{P}(A)$ 의 어떤 진부분집합과 대등함을 보이면 되는데 이것은 다음과 같이 쉽게 증명된다.

$\mathcal{A} \overset{\text{def}}{=} \{\{x\} \mid x \in A\}$ 로 두면 이것은 $\mathcal{P}(A)$ 의 진부분집합이고, 또한 $\mathcal{A}$

는 $A$와 함수 $\{x\} \mapsto x$에 의하여 1대1 대응된다. □

6.22 Exercise 칸토르의 대각정리를 형식증명하시오. (힌트: 아래의 그림을 참고할 것.†)

| | | |
|---|---|---|
| | 1. ∀x ((x ∈ cB) ↔ (x ∈ cA) ∧ (x ∉ f(x))) | hyp |
| | │ 2. ∃x ((x ∈ cA) ∧ (f(x) = cB)) | hyp |
| | │ │ 3. {a} (a ∈ cA) ∧ (f(a) = cB) | hyp |
| | │ │ │ 4. a ∈ cB | hyp |
| | │ │ │ 5. a ∈ f(a) | ✓ = 소거 3,4 |
| | │ │ │ 6. (a ∈ cA) ∧ (a ∉ f(a)) | ✓ ∀ 소거 1,4 |
| | │ │ │ 7. ⊥ | ✓ 명논귀결 5,6 |
| | ⋮ | |
| ▷ | 14. ¬∃x ((x ∈ cA) ∧ (f(x) = cB)) | ✓ 명논귀결 2-13 |

⊣

대각정리를 더욱 명확하게 이해하기 위하여 하나의 예를 들어 보자. $A = \{1,2,3,4\}$에 대해서 $f : A \to \mathcal{P}(A)$를 $f(1) = \{1,2\}$, $f(2) = \{1,3,4\}$, $f(3) = \{2\}$, $f(4) = \{2,3\}$으로 정의한다. $A$의 부분집합 16개 중에는 $f$의 값이 되지 않는 것이 여럿 있는 것이 당연하다. 그런데 이 중에 특별히 대각정리의 (12)에 의하여 찾을 수 있는 것은 $\{2,3,4\}$가 된다. 왜냐하면 $1 \in f(1)$, $2 \notin f(2)$, $3 \notin f(3)$, $4 \notin f(4)$이기 때문이다.

$A$의 부분집합은 0과 1로 이루어진 길이 4의 수열에 대응된다. 예를 들어 $\{1,2\}$는 $(1,1,0,0)$에 대응된다. 왜냐하면 이 수열은 집합에 속하는 1과 2에 대응되는 자리에는 1이 있고 집합에 속하지 않는 3과 4에 대응되는 자리에는 0이 있기 때문이다. 그러므로 이제 $f(1) = (1,1,0,0)$, $f(2) = (1,0,1,1)$, $f(3) = (0,1,0,0)$, $f(4) = (0,1,1,0)$으로 쓸 수 있으며 따라서 함수 $f$는 다음과 같은 표로 나타낼 수 있다.

---

† 이 증명에서는 상수기호 a, cA, cB와 함수기호 f가 사용되었는데 실은 집합론의 언어 $L_{SET}$에는 2항 술어기호 ∈ 외엔 아무런 기호도 없다. 원래의 언어에 속하지 않는 상수기호를 사용하는 것에 대해서는 128쪽에서 언급한 바 있다. 새로운 함수기호를 사용하는 것에 대해서는 정확히 어떤 조건 하에 허용되는지 나중에 공부할 것이다.

| $f$ | 1 | 2 | 3 | 4 |
|---|---|---|---|---|
| 1 | 1 | 1 | 0 | 0 |
| 2 | 1 | 0 | 1 | 1 |
| 3 | 0 | 1 | 0 | 0 |
| 4 | 0 | 1 | 1 | 0 |

이 표의 대각선(diagonal)을 따라 얻어지는 수열은 (1,0,0,0)이다 이 수열의 1을 0으로 바꾸고, 0을 1로 바꾸면 새로운 수열 $\bar{b} \stackrel{\text{def}}{=} (0,1,1,1)$을 얻는데 이 수열은 위 표의 어떤 행에도 나타날 수 없다. 왜냐하면 각 $i = 1,2,3,4$에 대하여 $i$ 번째 행의 수열 $f(i)$와 $\bar{b}$를 $i$번째 위치에서 비교해 보면 $\bar{b}(i) \neq f(i)(i)$이기 때문이다. 이 $\bar{b}$에 대응되는 $A$의 부분집합은 앞서 (12)에 의해서 구했던 대로 $\{2,3,4\}$이다. 이것이 바로 정리 6.21을 "대각정리"라고 부르는 이유이다.

6.23 Remark 엄격하게 말하자면 아직 우리는 집합의 기수가 무엇인지를 정의하지 않았으며 단지 "두 집합의 기수가 같음", 그리고 "한 집합의 기수가 다른 집합의 기수보다 작음"의 개념만을 정의하였을 뿐이다. 이 부분의 명확한 이해는 앞으로 단사함수, 전사함수, 반순서집합 등을 공부한 이후에 가능하다. ⊣

칸토르의 대각정리의 결과 우리는 어떤 무한보다도 더 큰 무한이 존재한다는 것을 알게 되었다. 어떤 집합이 아무리 크다 해도 그것보다 더 큰 집합(그것의 멱집합)이 존재한다는 것이다.

칸토르의 역설(*Cantor's Paradox*)을 쉽게 말하면 다음과 같다:

> *모든 것의 집합 $\{x \mid x = x\}$을 생각해 보자. 이 집합은 가장 큰 집합이어야 한다. 그러나 이 집합의 멱집합은 이 집합보다 더 크다.*

이번에는 집합론의 또 하나의 유명한 역설인 러셀의 역설(*Russel's Paradox*)에 대해서 알아 보자. 다음과 같이 집합 $S$를 정의한다.

$$S = \{x \mid x \notin x\}$$

이제 $S \in S$가 성립하는지 생각해 보자.

만일 이것이 참이라면 $S$는 $S$의 원소로서의 조건, 즉 $S \notin S$를 만족해야 한다. 이것은 모순이므로 이번에는 $S \notin S$를 가정해 보자. 그렇다면 $S$는 $S$의 원소로서의 조건을 만족하므로 $S$의 원소이어야만 한다. 이것은 명백한 모순이다.

위의 논의를 형식증명으로 나타낸 것이 그림 6.6이다.

그림 6.6: 러셀의 역설

| | | | |
|---|---|---|---|
| | 1. $\forall x\,((x \in c) \leftrightarrow (x \notin x))$ | hyp | |
| | 2. $c \in c$ | hyp | |
| | 3. $c \notin c$ | ✓ ∀ 소거 | 1,2 |
| | 4. $c \notin c$ | hyp | |
| | 5. $c \in c$ | ✓ ∀ 소거 | 1,4 |
| ▷ | 6. $\bot$ | ✓ 명논귀결 | 2-3,4-5 |

6.24 Exercise 러셀의 역설을 이용하여

$$\neg\exists X\big(\mathcal{P}(X) \subseteq X\big)$$

를 증명하시오. ⊣

이제 칸토르의 역설을 분석해 보자. $C \overset{\text{def}}{=} \{x \mid x = x\}$ 의 멱집합을 취하는 것에서 문제가 발생하였다. 그러므로

$C$ 는 집합이 아니며 따라서 멱집합을 취할 수도 없다.

고 하면 역설은 해결된다. 더 쉽게 말하자면 $C$ 는 멱집합을 취하기에는 너무 크다는 것이다.

$C$ 는 조건제시법에 의하여 정의되었다. 여기서 관건은 조건을 제시하면 그 조건에 맞는 집합이 반드시 존재하느냐는 것인데, 이러한 집합이 항상 존재한다는 명제가 바로 내포공리(*Axiom of Comprehension*) 이다. 이 공리를 논리식으로 쓰면 다음과 같다.

$$\exists x \forall y\big(y \in x \ \leftrightarrow\ \varphi(y)\big) \tag{13}$$

정확히 말하면 이것은 하나의 공리가 아니라 논리식 $\varphi(x)$ 마다 (13)이라는 공리를 사용하는 공리틀(*axiom scheme*) 이다. 공리틀의 개념은 이미 페아노 산술 공리의 귀납법에서 사용한 적이 있다. 우리는 문맥상 혼동의 여지가 없을 때는 공리틀을 그냥 공리라고 부르기도 한다.

현대의 수리논리학에서는 내포공리를 공리로 인정하지 않는다. 내포공리는 한마디로 말해서, 아무런 조건이든 주어지면 그 조건을 만족하는 사물들의 모임이

집합으로 존재한다는 것이다. 이를 그림 6.1과 연관지어 생각하면, 직사각형 내부의 임의의 폐곡선에 의하여 둘러싸인 부분에 (예를 들어 $a$, $b$, $c$) 대해서도 그것의 내포 (예를 들어 $d$) 가 직사각형 내에 존재한다는 것이다. 자명한 것으로 생각했던 이 공리로부터 칸토르의 역설, 러셀의 역설 등의 모순이 발생한다는 것이 19세기말에 알려지게 되었다.

내포공리를 버린다고 해서 조건제시법마저도 포기할 이유는 없다. 우리는 조건제시법을 사용하기 위하여 내포공리를 대신하는 여러 공리를 사용한다.

6.25 DEFINITION 분리공리(*Axiom of Separation*)

$$\forall x \exists y \forall z \big(z \in y \;\leftrightarrow\; z \in x \wedge \varphi(z)\big). \tag{14}$$

단, (14)에서 $\varphi(z)$는 임의의 1계논리식이다. 그리고 집합 $x$와 논리식 $\varphi(z)$로부터 얻어지는 집합 $y$를

$$\{z \in x \mid \varphi(z)\}$$

로 표기한다. ⊣

분리공리라는 단어에서 '분리'는 (14)의 $y$의 원소에서 $\varphi$를 만족하는 것들을 따로 분리해 내어 집합을 구성한다는 뜻으로 이해하면 된다.

6.26 EXERCISE (14)은 원래는 $\forall x \exists^1 y \forall z \big(z \in y \;\leftrightarrow\; z \in x \wedge \varphi(z)\big)$로 되어 있어야만

$$z \in y \;\leftrightarrow\; z \in x \wedge \varphi(z)$$

를 만족하는 $y$가 유일하게 존재하여 비로소 $\{z \in x \mid \varphi(z)\}$라는 표기법을 사용할 수 있는 것이다. 그렇다면 $\exists^1$ 대신 $\exists$를 사용해도 되는 이유는 무엇인가? ⊣

6.27 REMARK 분리공리를 이용한 조건제시법에 의하여 어떤 집합을 $\{x \in A \mid \varphi(x)\}$로 나타낼 때 $\varphi(x)$에 $x$ 이외의 자유변수가 나타날 수 있으며 이러한 자유변수를 파라메터(*parameter*)라고 한다.† 가령 $B = \{x \in \mathbb{N} \mid y \le x \le y^2\}$로

† 파라메터는 수학에서 여러 의미로 쓰인다. 예를 들어 $x = \cos t$, $y = \sin t$로 두면 $(x, y)$들은 좌표평면 상에서 원점을 중심으로 하고 반지름이 1인 원을 이루게 되는데 이때 $t$를 $x$와 $y$의 관계를 이어 주는 parameter, 우리말로 '매개변수'라고 한다. 단평 6.27에서의 parameter는 매개변수가 아니므로 그냥 소리나는 대로 파라메터라고 부르기로 하자. 참고로 통계학에서는 parameter를 모수(母數)라고 하는데 이 '모수'라는 용어도 두 가지 다른 의미로 사용되므로 유의해야 한다.

놓는다면 $y = 1$ 일 때는 $B = \{1\}$, $y = 2$ 일 때는 $B = \{2, 3, 4\}$ 가 된다. 즉 $B$ 는 파라메터 $y$ 의 함수가 된다.

조건제시법의 용법에 또 하나 알아야 할 것은 $B = \{x \in A \mid \varphi(x, y),\ \theta(y)\}$ 같은 경우에는 조건식에 나타나는 $\varphi(x, y)$ 와 $\theta(y)$ 사이의 쉼표를 논리곱 $\wedge$ 로 해석해야 한다고 했는데 이것만으로는 설명이 불충분하다. 이때는

$$B = \{x \in A \mid \exists y\big(\varphi(x, y) \wedge \theta(y)\big)\}$$

로 해석해야 한다. 가령 $B = \{x \in \mathbb{N} \mid y \leq x \leq y^2,\ y < 3\}$ 으로 놓는다면 $B = \{0, 1, 2, 3, 4\}$ 가 되며, 이것은 $y$ 의 함수가 아니다.

많은 경우 $\theta(y)$ 는 $y \in Y$ 의 형태로 쓰이며

$$B = \{x \in A \mid \varphi(x, y),\ y \in Y\}$$

로 두었을 때

$$B = \bigcup_{y \in Y} B(y), \quad \text{단, } B(y) \stackrel{\text{def}}{=} \{x \in A \mid \varphi(x, y)\}$$

가 된다. ⊣

분리공리로는 이미 존재하던 집합의 부분집합밖에는 만들 수 없으므로 멱집합이나 합집합을 만들기 위하여는 별도의 공리가 필요하다.

6.28 Definition 멱집합공리(*Axiom of Power*)

$$\forall x \exists y \forall z (z \in y \ \leftrightarrow\ z \subseteq x) \tag{15}$$

(15)에서 집합 $x$ 로부터 얻어지는 집합 $y$ 는 앞서 나왔듯이 $\mathcal{P}(x)$ 로 표기한다. ⊣

(15)에서 $\exists y$ 가 원래는 $\exists^1 y$ 이어야 함은 앞서 연습문제 6.26 에서 말한 바와 같다.

수학에서 합집합은 $\cup$ 을 가운데 쓰기 2 항 함수기호로 취급하여 $x \cup y$ 와 같이 사용하는 경우가 많은데, 이것 말고 $\bigcup x$ 와 같은 형태도 있다. 후자의 예로는

$x = \{\{a, b\}, \{b, c\}\}$ 일 때

$\bigcup x = \{a, b\} \cup \{b, c\} = \{a, b, c\}$

인 것을 들 수 있다. 즉, $\bigcup x$ 는 $x$ 의 원소들의 합집합을 의미하며, 우리는 먼저 $\bigcup x$ 의 존재성에 대한 공리를 준 후에 $x \cup y$ 를 만드는 방법을 알아 볼 것이다.

6.29 DEFINITION 합집합공리(*Axiom of Union*)

$$\forall x \exists y \forall z \big(z \in y \;\leftrightarrow\; \exists u (z \in u \in x)\big). \tag{16}$$

(16)에서 집합 $x$ 로부터 얻어지는 집합 $y$ 는 $\bigcup x$ 로 표기한다. ⊣

(16)에서 $\exists y$ 가 원래는 $\exists^1 y$ 이어야 함은 앞서 말한 바와 같다. (이제부터는 집합의 존재성에 대한 공리를 제시할 때 항상 따라야 하는 이러한 코멘트는 더 이상 하지 않겠다.) 이제 $x \cup y$ 는

$$x \cup y = \bigcup \{x, y\}$$

로 얻어진다. 그런데 여기서 문제는 위 식의 우변이다. 집합 $\{x, y\}$ 의 존재성은 어떻게 보장 받는가? 이 $\{x, y\}$ 는 그동안 자명한 것을 알고 있었던 원소나열법의 예인데, 이제 이 원소나열법의 적법성에 대하여 생각해 보자. 우리는 아래의 공리를 필요로 한다.

6.30 DEFINITION 2점집합공리(*Axiom of Pairing*)

$$\forall x \forall y \exists z \forall u \big(u \in z \;\leftrightarrow\; (u \in x) \vee (u \in y)\big). \tag{17}$$

(17)에서 $x$, $y$ 로부터 얻어지는 집합 $z$ 는 $\{x, y\}$ 로 표기한다. ⊣

한점집합(*sigleton*) $\{x\}$ 는 $\{x\} = \{x, x\}$ 에 의하여 2점집합공리로부터 얻어진다. 3점집합 $\{x, y, z\}$ 은 $\{x, y, z\} = \{x, y\} \cup \{z\}$ 에 의하여 얻을 수 있다. 임의의 유한한 집합은 모두 이런 식으로 얻을 수 있으며 이것을 원소나열법에 대한 공리적 처리라고 보면 될 것이다.

아직 교집합에 대한 공리를 말하지 않았는데 이것은 필요하지 않다. 왜냐하면

$$x \cap y = \{z \in x \mid z \in y\}$$

로 놓을 수 있기 때문이다.

그리고 $\bigcap x = \{y \mid \forall z \in x(y \in z)\}$는 존재성이 보장되지 않으므로 이에 대한 공리도 없다—문제는 $x$가 공집합인 경우에 발생한다. 이때는 모든 $y$가 "볼 것도 없이" $x$의 원소가 되므로 $x$는 모든 것의 집합이 되어 칸토르의 역설을 얻게 된다.

따라서 $\bigcap x$라는 표기법을 사용할 때는 먼저 다음의 두 가지 경우 (1), (2) 중 적어도 어느 하나에 해당됨을 확인해야 할 것이다.

(1) 전체집합 $u$가 문맥상 뚜렷하게 주어져 있다. 이때는

$$\bigcap x = \{y \in u \mid \forall z\big((z \in x) \to (y \in z)\big)\}$$

로서 분리공리에 의하여 존재성이 보장된다.

(2) $x$가 공집합이 아니어서 어떤 $u_0 \in x$이다. 이때는

$$\bigcap x = \{y \in u_0 \mid \forall z\big((z \in x) \to (y \in z)\big)\}$$

로서 역시 분리공리에 의하여 존재성이 보장된다.

지금까지 집합론의 Zermelo-Fraenkel(ZF) 공리 8개 중에 5개를 소개하였다. 남은 3개 중 2개(무한공리와 대체공리)는 존재성 공리이고 1개(정칙성공리)는 존재성과 무관한 공리이다.[†] 그리고 여기에 선택공리(Axiom of Choice)를 더하면 ZFC(Zermelo-Fraenkel with axiom of Choice)를 이루며 이것으로 현대 수학이 필요로 하는 모든 공리가 완비된다. 사실은 정칙성공리는 수리논리학 이외의 수학에서는 거의 사용되지 않는다. 그리고 연속성가설(CH, Continuum Hypothesis)은 공리로 인정받고 있지 않으며 하나의 가설로 취급·연구되고 있다.

무한공리는 쉽게 말하면 자연수 전체의 집합 $\mathbb{N} = \{0, 1, 2, \ldots\}$이 존재를 보장해 주는 공리이다. 대체공리는 쉽게 말하면 $f$가 함수이고 $A$가 집합일 때 $\{f(x) \mid x \in A\}$가 집합으로서 존재한다는 것을 보장해 주는 공리이다. 정칙성공리와 선택공리의 의미는 나중에 설명할 것이다.

[†]ZF 8개 공리 중 2개, 2짐집합공리와 분리공리는 다른 공리들로부터 증명하는 것이 가능하다. 따라서 ZF의 공리는 6개라고 해야 하겠지만, 2점집합공리와 분리공리도 (정리가 아닌) 공리로 취급하여 ZF의 공리는 8개라고 말하기도 한다.

무한공리와 대체공리로부터, 각 $i \in \mathbb{N}$에 대해서 $x_i$가 집합이면 $\{x_i \mid i \in \mathbb{N}\}$이 집합임을 알 수 있으며, 이것의 합집합은

$$\bigcup\{x_i \in i \in \mathbb{N}\} \overset{\text{def}}{=} \bigcup_{i=0}^{\infty} x_i, \text{ 또는 } \bigcup_{i\in\mathbb{N}} x_i$$

로 표기한다.

$\{x_i \mid i \in \mathbb{N}\}$, 혹은 일반적으로 $\{x_i \mid i \in I\}$는 집합의 집합, 즉 집합족인데 첨수집합(index set) $I$를 사용했으므로 이 집합족을 첨수집합족(*indexed family of sets*)라고 하기도 한다.

6.31 Exercise $\{A_i \mid A_i \in I\}$가 집합첨수족이고 $B$가 집합일 때 다음을 증명하시오.

(*i*) $(\bigcap_{i\in I} A_i)^c = \bigcup_{i\in I} A_i^c$

(*ii*) $(\bigcup_{i\in I} A_i)^c = \bigcap_{i\in I} A_i^c$

(*iii*) $(\forall i \in I)(A_i \subseteq B) \Rightarrow \bigcup_{i\in I} A_i \subseteq B$

(*iv*) $(\forall i \in I)(A_i \supseteq B) \Rightarrow \bigcap_{i\in I} A_i \supseteq B$

(*v*) $(\forall i \in I)(A_i \subseteq A_{i_0}) \Rightarrow \bigcup_{i\in I} A_i = A_{i_0}$ (단, $i_0 \in I$.)

(*vi*) $(\forall i \in I)(A_i \supseteq A_{i_0}) \Rightarrow \bigcap_{i\in I} A_i = A_{i_0}$ (단, $i_0 \in I$.) ⊣

ZFC의 모든 공리는 270쪽에 나와 있다.

ZFC의 존재성 공리 8개를 보면 무한공리를 제외한 7개의 공리는 모두 기존의 집합으로부터 새로운 집합을 만들어 내는 기능을 하고 있다. 그래서 흔히 무한공리가 없이 7개의 공리만 가지고는 공집합의 존재성도 증명할 수 없다고 알고 있는데 이것은 사실이 아니다. (실제로 270쪽에 나와 있는 무한공리를 보면 정의에서 이미 공집합을 사용하고 있다.) 그림 6.7에 공집합의 존재성의 형식증명을 보였다. 라인 1의 가설은 분리공리이다.

이제 분리공리를 이용하면 칸토르의 역설(170쪽), 즉 모든 것을 원소로 가지는 집합의 존재는 모순을 야기한다는 사실을 더 형식을 갖추어 설명할 수 있게 되었다. 모든 것의 집합을 $A$라 하자. 그러면 분리공리에 의하여

$$S \overset{\text{def}}{=} \{x \in A \mid x \notin x\}$$

는 집합이다. $S \in A$도 성립한다. 이제 러셀의 역설을 적용하면 모순을 얻는다.

그림 6.7: 공집합의 존재성

| | | |
|---|---|---|
| 1. $\forall x \exists y \forall z ((z \in y) \leftrightarrow (z \in x) \wedge \varphi(z))$ | hyp | |
| 2. $\exists x (x = x)$ | ✓ = 도입 | |
| 3. $\{c\}$ $c = c$ | hyp | |
| 4. $\exists y \forall z ((z \in y) \leftrightarrow (z \in c) \wedge \varphi(z))$ | ✓ ∀ 소거 | 1 |
| 5. $\exists y \forall z ((z \in y) \leftrightarrow (z \in c) \wedge (z \neq z))$ | ✓ 메타치환 | 4 |
| 6. $\{y\}$ $\forall z ((z \in y) \leftrightarrow (z \in c) \wedge (z \neq z))$ | hyp | |
| 7. $\{z\}$ | hyp | |
| 8. $(z \in y) \leftrightarrow (z \in c) \wedge (z \neq z)$ | ✓ ∀ 소거 | 6 |
| 9. $z = z$ | ✓ = 도입 | |
| 10. $z \notin y$ | ✓ 명논귀결 | 8,9 |
| 11. $\forall z (z \notin y)$ | ✓ ∀ 도입 | 7-10 |
| 12. $\exists y \forall z (z \notin y)$ | ✓ ∃ 도입 | 11 |
| 13. $\exists y \forall z (z \notin y)$ | ✓ ∃ 소거 | 5,6-12 |
| ▷ 14. $\exists y \forall z (z \notin y)$ | ✓ ∃ 소거 | 2,3-13 |

6.32 EXERCISE $A$가 집합일 때 그것의 여집합 $A^c$가 존재하지 않음을 형식증명하려면 어떻게 해야 하는지 설명하시오. ⊣

$\{x \mid \varphi(x)\}$가 집합을 이루지 못할 때도 이것을 우리의 사유의 대상으로 삼을 수 있다. 다만 이런 경우에는 이 사유의 대상을 집합이 아니라 클래스(*class*)라고 부른다. 정확히 말하자면 클래스에는 집합과 집합이 아닌 것이 있으며, 집합이 아닌 클래스를 진클래스(*proper class*)라고 한다.

클래스는 집합과는 달리 이것을 원소로 하는 다른 집합이나 클래스에 대해서 말할 수 없다. 클래스의 사용에 있어서 이것 및 이것으로부터 파생되는 것들 외의 다른 제한은 없다. 예를 들어 클래스들의 합집합은 허용된다.

$C_1 = \{x \mid \varphi_1(x)\}$이고 $C_2 = \{x \mid \varphi_2(x)\}$로 두고, $C_1 \cup C_2$라는 표현을 쓰는 것은 가능하다. $x \in C_1 \cup C_2$는 $\varphi_1(x) \vee \varphi_2(x)$의 다른 표현이라고 생각하면 되는 것이다. $C_1 \cap C_2$와 $C_1 - C_2$와 같은 표현도 같은 이유로 허용된다.

$C_1 \subseteq C_2$는 $\forall x(\varphi_1(x) \to \varphi_2(x))$의 다른 표현으로 생각하여 사용할 수 있다. 그리고 $C = \{x \mid \varphi(x)\}$일 때 $\bigcup C$도 허용된다. $x \in \bigcup C$를 $(\exists y)(\varphi(y) \wedge x \in y)$의 다른 표현으로 생각하면 되기 때문이다.

그러나 $C_1 \cup C_2 \in D$, 혹은 $\{C_1, C_2, C_1 \cup C_2\}$ 같은 표현은 허용되지 않는다.

모든 것의 클래스 $\{x \mid x = x\}$ 를 V 로 나타낸다. 칸토르의 역설은 V 가 진클래스임을 말해준다.

# 2 관계와 함수

집합론은 수학과 논리학을 명확하게 사유하기 위한 도구로 쓰인다. 집합론을 명확하게 이해하기 위하여는 공리적 집합론을 공부해야 하고, 공리적 집합론을 제대로 공부하기 위하여는 함수(*function*), 관계(*relation*) 등의 수학적 개념에 대한 정확한 이해가 선행조건으로 요구된다. 그런데 함수, 관계 등의 개념은 집합론적 언어를 사용하여 기술하고 이들 개념에 대한 명제는 논리학을 이용하여 증명해야 하므로 결국 우리는 순환론적 굴레에 빠지게 된 셈이다.

수학과 집합론과 논리학은 서로가 서로에게 의존하며 동시에 지탱해 주는 역할을 한다. 따라서 이 셋 중의 어느 하나를 먼저 확실하게 익히고 그 후에 다른 것을 공부하는 방식은 통하지 않는다.

그러므로 수학과 집합론과 논리학을 입문하여 공부하려면 직관적으로 쉽게 이해할 수 있는 수준에서, 다소의 부정확을 감수하면서, 어느 정도 공부를 한 후에 조금 더 엄격하고 정확한 단계로 옮겨가는 수순을 밟아야 한다.

## 2.1 카티지언곱

순서쌍은 평면 상의 점의 좌표로 쓰이기 때문에 모든 학생에게 친숙한 개념이다. 순서쌍의 가장 중요한 성질을 아래에 보였다.

$$(x_1, y_1) = (x_2, y_2) \ \Leftrightarrow\ (x_1 = x_2) \wedge (y_1 = y_2). \tag{18}$$

6.33 DEFINITION 순서쌍(*ordered pair*)은 집합론적으로 다음과 같이 표상(*represent*)[†] 한다.

$$(x, y) \overset{\text{def}}{=} \{\{x\}, \{x, y\}\}$$

$(x, y)$ 는 $\langle x, y \rangle$ 로 나타내기도 한다. ⊣

[†]표상하다(동사): 추상적이거나 드러나지 아니한 것을 구체적인 형상으로 드러내어 나타내다. 순서쌍을 이렇게 표상하는 것은 K. Kuratowski 의 아이디어이다.

위의 집합은 2점집합 공리를 2번 적용하여 얻어진다.

6.34 Exercise 정의 6.33을 이용하여 (18)을 증명하시오. ⊣

여기서 중요한 것은 $\{\{x\},\{x,y\}\}$은 순서쌍이라는 대상 자체가 아니라 이 대상을 집합론적으로 나타내는 표상에 불과하다는 보아야 한다는 것이다. 순서쌍의 표상은 다른 방법으로도 얼마든지 가능하며 예를 들어 $(x,y) \stackrel{\text{def}}{=} \{\{x,\varnothing\},\{y,\{\varnothing\}\}\}$, 혹은 $(x,y) \stackrel{\text{def}}{=} \{\{x,y\},\{x\}\}$로 두어도 된다.

6.35 Definition 집합 $X$와 $Y$의 원소들로 구성된 모든 순서쌍들의 집합을 $X$와 $Y$의 카티지언곱(*Cartesian product*)이라 하고 기호로는 $X \times Y$로 나타낸다. 즉,

$$X \times Y \stackrel{\text{def}}{=} \{(x,y) \in \mathcal{P}(\mathcal{P}(X \cup Y)) \mid x \in X,\ y \in Y\}$$ ⊣

6.36 Exercise $x \in X$, $y \in Y$일 때 $(x,y) \in \mathcal{P}(\mathcal{P}(X \cup Y))$임을 증명하시오. ⊣

위의 정의 6.35는 정확히 분리공리의 형식에 들어 맞지는 않으며 사실은 대체공리를 이용한 것이다. 만일 대체공리를 이용하지 않고 분리공리만으로 집합의 카티지언곱을 나타내려면, 즉 존재성을 증명하려면 다음과 같이 하면 된다.

$$X \times Y \stackrel{\text{def}}{=} \{z \in \mathcal{P}(\mathcal{P}(X \cup Y)) \mid z = (x,y),\ x \in X,\ y \in Y\}$$

6.37 Exercise $A$, $B$, $X$, $Y$가 집합일 때 다음을 증명하시오.

(*i*) $(A \cup B) \times X = (A \times X) \cup (B \times X)$

(*ii*) $(A \cap B) \times (X \cap Y) = (A \times X) \cap (B \times Y)$

(*iii*) $(A \cup B) \times (X \cup Y) \supseteq (A \times X) \cup (B \times Y)$

(*iv*) $(A - B) \times X = (A \times X) - (B \times X)$

(*v*) $(A = \varnothing) \vee (B = \varnothing) \Leftrightarrow A \times B = \varnothing$

(*vi*) $(A \subseteq X) \wedge (B \subseteq Y) \Rightarrow (A \times B) \subseteq (X \times Y)$.

(*vii*) $(A \subseteq X) \wedge (B \subseteq Y) \Leftarrow (A \times B) \subseteq (X \times Y)$, if $A \times B \neq \varnothing$.

(*viii*) $(A \subseteq X) \wedge (B \subseteq Y) \not\Leftarrow (A \times B) \subseteq (X \times Y)$. ⊣

순서쌍을 일반화 한 $(x_1, x_2, \ldots, x_n)$ 를 길이 $n$ 의 유한열(*finite sequence*), 혹은 $n$-튜플($n$-*tuple*) 이라 부른다. 이 $n$-튜플은 $\langle x_1, x_2, \ldots, x_n \rangle$ 으로 나타내기도 한다.

만일 튜플 $\bar{x}$ 를 도입한 후 $x_i$ 에 대해서 말을 한다면 이것은 $\bar{x} = (x_1, \ldots, x_n)$ 이라는 언급을 생략한 것으로 보면 된다.

형식을 갖추자면 각 $n \geq 2$ 에 대하여

$$(x_1, \ldots, x_{n+1}) \stackrel{\text{def}}{=} ((x_1, \ldots, x_n), x_{n+1}) \tag{19}$$

로 정의하면 된다. $n = 3$ 인 경우, 즉 3-튜플은 순서3항(*ordered triple*) 이라고 하기도 한다. $n$-튜플을 표상하는 방법에는 이것 말고도 $\{1, \ldots, n\}$, 혹은 $\{0, \ldots, n-1\}$ 을 정의역으로 하는 함수로 보는 방법 등이 있는데 이에 대해서는 192쪽에서 설명할 것이다.

6.38 Exercise 순서3항을 $(x_1, x_2, x_3) \stackrel{\text{def}}{=} \{\{x\}, \{x, y\}, \{x, y, z\}\}$ 로 정의하는 방법에 대하여 논하시오. ⊣

6.39 Definition $n \geq 2$ 일 때 모든 $n$-튜플 전체의 집합

$$\{(x_1, \ldots, x_n) \mid x_1 \in X_1, \ldots, x_n \in X_n\}$$

을 $X_1$, …, $X_n$ 의 카티지언곱이라 정의하고 $X_1 \times \cdots \times X_n$ 으로, 혹은 $\prod_{i=1}^{n} X_i$ 로 나타낸다.†

$X_1 = \cdots = X_n$ 일 때는 이들의 카지지언곱을 $X^n$ 으로 표기한다.

$X^1 = X$, $X^0 = \{\varnothing\}$ 으로 정의한다. ⊣

6.40 Definition 집합 $X$ 위의 문자열(*string*) 이란 다음과 같이 정의되는 집합 $X^*$ 의 원소를 말한다.

$$X^* = \bigcup_{n=0}^{\infty} X^n.$$

$X^*$ 는 $X^{<\omega}$ 로 나타내기도 한다. 문자열은 실상은 유한열과 완전히 동일한 개념이다. 다만 $X$ 의 원소들을 기호로 보았을 때 유한열 대신 문자열이라는 용어를 사용하는 것 뿐이다. 통상 문자열들의 집합을 $X^*$, 유한열들의 집합을 $X^{<\omega}$ 로 나타낸다고 보면 된다.

† 정의 6.39의 식에서 $(x_1, \ldots, x_n)$ 은 실은 $(x_1, \ldots, x_n) \in \mathcal{P}(\mathcal{P}(\ldots \mathcal{P}(X_1 \cup \cdots \cup X_n) \ldots)$ 로 써야 할 것이다.

두 문자열 $a, b \in X$ 가 주어졌을 때 이들의 연접(*concatenation*) $ab$ 는 다음과 같이 정의되는 길이 $\ell_a + \ell_b$ 의 문자열이다.

$$ab(i) = \begin{cases} a(i) & i < \ell_a \text{ 이면,} \\ b(i - \ell_a) & i \geq \ell_a \text{ 이면.} \end{cases}$$

단, $\ell_a$, $\ell_b$ 는 $a \in X^{\ell_a}$, $b \in X^{\ell_b}$ 를 만족하는 자연수이다.†

문자열 $a$, $b$, $c$ 가 $a = bc$ 를 만족할 때 $b$ 를 $a$ 의 절편(*initial segment*) 이라고 한다. ⊣

## 2.2 관계

수학에서 변수 $x$ 와 $y$ 의 관계는 통상 이 변수들을 포함하는 관계식을 이용하여 규정한다. 예를 들어 관계식 $x^2 + y^2 = 1$ 에 의하여 규정된 관계를 만족하는 점 $(x, y)$ 들의 집합은 원점을 중심으로 하고 반지름이 1 인 원의 호를 이룬다.

관계식은 꼭 등식이 되어야 하는 것은 아니다. 예를 들어 관계식 $x^2 + y^2 < 1$ 이 규정하는 관계를 만족하는 점들의 집합은 원점을 중심으로 하고 반지름이 1 인 원의 내부를 이룬다.

$n$ 과 $m$ 이 자연수일 때 "$n$ 은 $m$ 의 약수" 관계는 다음과 같이 나타낼 수 있다.

$$(\exists k)(k \cdot n = m)$$

위의 (논리) 식을 관계식이라고 말할 수 있겠는가?

수학적 대상 사이의 "관계"는 대단히 다양하다. 수학적으로 의미있는 모든 관계를 관계식, 혹은 논리식으로 표상하는 것은 그리 편리한 방법이 아니다.

집합론에서는 관계식과 전혀 무관한 방법으로 관계를 정의한다.

6.41 DEFINITION 두 집합 $X$ 와 $Y$ 의 카티지언곱 $X \times Y$ 의 임의의 부분집합을 <u>$X$ 에서 $Y$ 로 가는</u> 2항관계(*binary relation*), 혹은 간단하게 관계(*relation*) 라고 한다. $Y = X$ 인 경우에는 $X$ 에서 $X$ 로 가는 관계 대신 <u>$X$ 위의</u> 관계라고 한다. ⊣

---

† 혹자는 문자열을 논할 때 $X$ 내의 한 기호가 다른 기호들의 유한열이 아니라는 조건이 필요하다고 하지만 이것은 옳지 않다. 집합 $X$ 의 원소들은, 집합의 정의에 의하여, 서로 다르기 때문에 어떠한 혼동이 일어날 염려는 없다. 예를 들어 $X = \{a, b, c\}$ 이고 $c = (a, b)$ 라면 문자열 $(a, c) = (a, (a, b)) \neq (a, a, b)$ 인 것이다.

집합론적 정의에 의하면 실수 $x$와 $y$ 사이의 순서관계 $x \leq y$는 다음의 집합이다.

$$\{(x,y) \in \mathbb{R}^2 \mid x \leq y\}$$

이 집합을 $\leq^{\mathbb{R}}$로 표기한다. 즉 $\leq^{\mathbb{R}} = \{(x,y) \in \mathbb{R}^2 \mid x \leq y\}$이다. 마찬가지 방법으로 정수 사이의 순서관계는 집합 $\leq^{\mathbb{Z}}$로 나타낸다.

그런데 문맥상 혼동의 우려가 없을 때는 위첨자 $^{\mathbb{R}}$, $^{\mathbb{Z}}$ 등을 쓰지 않는 것이 일반적이다. 그러므로 예를 들어 다음과 같이 쓸 수 있다.

$$\leq \ = \ \{(x,y) \in \mathbb{R}^2 \mid x \leq y\}$$

$a$, $b$, $c$를 자연수라 할 때 "$a$는 $b$와 $c$의 공약수" 관계는 다음과 같이 나타낼 수 있다.

$$\{(a,b,c) \in \mathbb{N}^3 \mid (\exists k_1 \in \mathbb{N})(k_1 \cdot a = b) \ \wedge \ (\exists k_2 \in \mathbb{N})(k_2 \cdot a = c)\}$$

이 관계는 카티지언곱 $\mathbb{N}^3 \stackrel{\text{def}}{=} \mathbb{N} \times \mathbb{N} \times \mathbb{N}$의 부분집합이며 이런 관계를 3항관계라고 한다.

6.42 DEFINITION $n \geq 1$일 때 $\prod_{i=1}^{n} X_i$의 임의의 부분집합을 $n$항관계(*n-ary relation*)라고 한다. $n = 1$인 경우, 즉 1항관계는 성질(*property*)이라고 한다. ⊣

6.43 NOTATION 다음과 같은 줄여쓰기를 사용한다.

$$(\forall x \in y)\varphi(x) \stackrel{\text{def}}{\equiv} \forall x((x \in y) \ \rightarrow \ \varphi(x)),$$
$$(\exists x \in y)\varphi(x) \stackrel{\text{def}}{\equiv} \exists x((x \in y) \ \wedge \ \varphi(x)).$$

$(\forall x < y)\varphi(x)$, $(\exists x \geq y)\varphi(x)$ 등의 표기법도 얼마든지 가능하다. 이러한 한정사를 조건한정사라고[†] 부르기로 하자. ⊣

6.44 EXERCISE 다음을 형식증명하시오. (조건한정사가 `Proofmood`에서 입력되지 않는 경우에는 줄여쓰지 않은 표현(6.43의 정의식들에서 우변에 나타나는)을

[†] 영어로는 bounded quantifier, relativized quantifier 등의 표현이 있는데 이 용어들이 확실하게 표준화 되어 있지는 않다.

사용한다.)

$$\neg\big((\forall x\in y)\varphi(x)\big) \;\Leftrightarrow\; (\exists x\in y)(\neg\varphi(x)),$$
$$\neg\big((\exists x\in y)\varphi(x)\big) \;\Leftrightarrow\; (\forall x\in y)(\neg\varphi(x)). \qquad \dashv$$

6.45 DEFINITION $X$를 집합, $R \subseteq X^2$를 $X$ 위의 관계라 하자. 흔히 $(x, y) \in R$을, 가운데 쓰기 표기법을 사용하여 $x\,R\,y$로 나타내기도 한다.

(1) $(\forall x\in X)(x\,R\,x)$ 일 때면이 $R$을 반사적(*reflexive*) 이라고 한다.

(2) $(\forall x\in X)\neg(x\,R\,x)$ 일 때면이 $R$을 비반사적(*irreflexive*) 이라고 한다.

(3) $(\forall x, y\in X)(x\,R\,y \to y\,R\,x)$ 일 때면이 $R$을 대칭적(*symmetric*) 이라고 한다.

(4) $(\forall x, y\in X)(x\,R\,y \to \neg(y\,R\,x))$ 일 때면이 $R$을 비대칭적(*asymmetric*) 이라고 한다.

(5) $(\forall x, y\in X)\big((x\,R\,y)\wedge(y\,R\,x) \to (x = y)\big)$ 일 때면이 $R$을 반대칭적(*antisymmetric*) 이라고 한다.

(6) $(\forall x, y, z\in X)\big((x\,R\,y)\wedge(y\,R\,z) \to (x\,R\,z)\big)$ 일 때면이 $R$을 추이적(*transitive*) 이라고 한다. $\dashv$

6.46 EXERCISE 집합 $\mathbb{Z}$ 위에 주어진 아래의 관계들에 대하여 각각 정의 6.45에 나와 있는 6개의 성질 중 어떤 성질을 가지는지 답하시오.

(*i*) $\varnothing$

(*ii*) $\mathbb{Z}^2$

(*iii*) $\{(x, x) \mid x \in \mathbb{Z}\}$

(*iv*) $\leq$

(*v*) $<$

(*vi*) $\{(x, y) \mid x - y \leq 1\}$

(*vii*) $\{(x, y) \mid |x - y| \leq 1\}$

(*viii*) $\{(x, y) \mid |x - y| \geq 1\}$

(*ix*) $\{(x, y) \mid x$는 $y$의 약수$\}$

(x) $\{(x,y) \mid x$와 $y$는 서로소$\}$

(xi) $\{(x,y) \mid x-y$는 3의 배수$\}$ ⊣

6.47 EXERCISE $X$가 집합일 때 $\mathcal{P}(X)$ 위의 관계 $\subseteq$는 정의 6.45의 6 성질 중 어떤 성질을 가지는지 답하시오. ⊣

6.48 DEFINITION 공아닌 집합 $X \neq \varnothing$ 위의 관계 $R$이 반사적, 반대칭적, 추이적일 때 $R$을 순서관계(*order relation*), 혹은 반순서관계(*partial order relation*) 라고[†] 흔히 순서관계의 기호로는 $R$ 대신 $\leq$를 사용한다.

그리고 1계구조체 $(X, \leq)$을 (반)순서집합(*(partially) ordered set*) 이라고 한다. 때로는 partially ordered set을 간단하게 *poset*이라고 부르기도 한다. 문맥상 $\leq$이 확실하게 정의되어 있을 때는 그냥 $X$를 순서집합이라고 불러도 된다. ⊣

순서관계 $\leq$가 정의되었다면

$$x \leq y \iff (x < y) \vee (x = y) \iff y \geq x \iff (y > x) \vee (y = x)$$

를 이용하여 기호 $<$, $\geq$, $>$들을 자유롭게 사용해도 된다.

$<$는 추이적이고 또한 비반사적이다. 일반적으로 추이적, 비반사적인 관계를 진순서(*strict order*) 관계라고 한다.

많은 반순서, 예를 들어 수 직선(real line) 위의 순서관계 $\leq$은 다음과 같은 성질을 가진다.

$$(\forall x, y)\big((x < y) \vee (x = y) \vee (x > y)\big) \quad (Trichotomy)$$

이러한 반순서를 전순서(*total order*), 혹은 선형순서(*linear order*) 라고 부른다. 실수, 유리수, 정수, 자연수의 순서는 전순서이고 2개 이상의 원소를 가진 집합에서의 부분집합 관계 $\subseteq$는 전순서가 아닌 반순서이다. 선형순서집합(*linearly ordered set*) 은 당연한 방법으로 정의된다. 3자택일(*trichotomy*) 은

$$(\forall x, y)\big((x \leq y) \vee (x \geq y)\big)$$

와 동등하다.

---

[†]여기서 반순서는 反순서가 아니라 半순서를 뜻한다. Partial order를 직역하면 '부분순서'라고 하는 것이 맞는 것 같지만, 이미 반순서라는 용어가 널리 쓰이고 있으므로 우리도 이를 따를 것이다.

반순서집합의 두 원소 $x$, $y$ 가 $(x \le y) \vee (y \le x)$ 를 만족할 때 이들을 비교가능(*comparable*) 하다고 말한다. 그러므로 임의의 두 원소가 비교가능한 반순서는 전순서가 된다. ⊣

6.49 DEFINITION 집합 $X$ 위의 관계 $R_1$ 과 $R_2$ 가 주어졌을 때 이들의 관계곱(*relational product*) 을

$$R_1 \circ R_2 \stackrel{\text{def}}{=} \{(x,y) \in X^2 \mid \exists z \in X(x\, R_1\, z\, R_2\, y)\}$$

로 정의한다. 관계 $R \subseteq X^2$ 의 $n$-거듭제곱 $R^n$ 은[†] $\overbrace{R \circ \cdots \circ R}^{n\text{ 개}}$ 로 정의한다.

관계 $R \subseteq X^2$ 의 역관계(*inverse relation*) 는

$$R^{-1} \stackrel{\text{def}}{=} \{(x,y) \in X^2 \mid (y,x) \in R\}$$

로 정의한다. ⊣

6.50 EXERCISE $X$ 를 집합이라 하자.

(*i*) $R_1$ 과 $R_2$ 가 $X$ 위의 관계일 때 $(R_1 \circ R_2)^{-1} = R_2^{-1} \circ R_1^{-1}$ 임을 증명하시오.

(*ii*) $X$ 위의 관계들 간의 관계곱 $\circ$ 에 대하여 결합법칙이 성립함을 증명하시오. ⊣

6.51 DEFINITION $R_1$ 과 $R_2$ 가 집합 $X$ 위의 관계라 하자. 만일 $R_2$ 가 ① $R_1$ 의 초집합이고, ② 반사적이며, ③ 이런 것들 중에 가장 작다면, 즉

$$(R_2 \supseteq R_1) \wedge (R_2 \text{ 반사적}) \wedge \Big(\forall R \subseteq X^2\big((R \supseteq R_1) \wedge (R \text{ 반사적}) \to (R \supseteq R_2)\big)\Big)$$

가 성립할 때 $R_2$ 를 $R_1$ 의 반사폐포(*reflexive closure*) 라고 한다.

위의 정의에서 '반사적'을 '대칭적' 혹은 '추이적'으로 바꾸면 각각 대칭폐포(*symmetric closure*) 와 추이폐포(*transitive closure*) 의 정의를 얻는다. ⊣

6.52 LEMMA *$R$ 을 집합 $X$ 위의 관계라 하자.*

[†] $R^n$ 은 원래 집합 $R$ 의 보는 $n$-튜플들의 집합을 뜻하는 것으로 정의되었다. 그러므로 이 기호 $R^n$ 을 관계의 거듭제곱의 의미로 사용할 때는 집합의 카티지언 거듭제곱과 혼동하지 않도록 문맥에 각별히 주의해야 한다.

(i) $R \cup \{(x,x) \mid x \in X\}$ 는 $R$ 의 반사폐포이다.

(ii) $R \cup R^{-1}$ 은 $R$ 의 대칭폐포이다.

(iii) $\bigcup_{i=1}^{\infty} R^i$ 는 $R$ 의 추이폐포이다.

*Proof.* (i). $Q \overset{\text{def}}{=} R \cup \{(x,x) \mid x \in X\}$ 로 두면 $Q \supseteq R$ 이고 $Q$ 가 반사적임은 당연하다. 이제 $P \subseteq X^2$ 이 반사적인 $R$ 의 초집합이라고 가정하자. $Q \subseteq P$ 를 보이면 된다.

$(x,y) \in Q$ 라면 $(x,y) \in R$ 이거나 혹은 $x = y$ 이다. $(x,y) \in R$ 인 경우에는 $R \subseteq P$ 로부터 $(x,y) \in P$ 를 얻을 수 있고, $x = y$ 인 경우에는 $P$ 가 반사적이므로 $(x,y) \in P$ 가 성립한다. 두 경우 모두 $(x,y) \in P$ 이므로 결국 $Q \subseteq P$ 임을 알 수 있다. ⊣

(ii). $Q \overset{\text{def}}{=} R \cup R^{-1}$ 로 두면 $Q \supseteq R$ 은 당연하다. $Q$ 의 임의의 원소를 $(x,y)$ 라 하면 $(x,y) \in R$ 이거나 혹은 $(x,y) \in R^{-1}$ 이다. 전자의 경우에는 $(y,x) \in R^{-1} \subseteq Q$ 이며 후자의 경우에는 $(y,x) \in R \subseteq Q$ 이다. 따라서 $Q$ 는 대칭적이다. 이제 $P \subseteq X^2$ 이 대칭적인 $R$ 의 초집합이라고 가정하자. $Q \subseteq P$ 를 보이면 된다.

$(x,y) \in Q$ 라면 $(x,y) \in R$ 이거나 혹은 $(x,y) \in R^{-1}$ 이다. $(x,y) \in R$ 인 경우에는 $R \subseteq P$ 로부터 $(x,y) \in P$ 를 얻을 수 있고, $(x,y) \in R^{-1}$ 인 경우에는 $(y,x) \in R \subseteq P$ 이고 $P$ 가 대칭적이므로 $(x,y) \in P$ 가 성립한다. 두 경우 모두 $(x,y) \in P$ 이므로 결국 $Q \subseteq P$ 임을 알 수 있다. ⊣

(iii). $Q \overset{\text{def}}{=} \bigcup_{i=1}^{\infty} R^i$ 로 두면 $Q \supseteq R^1 = R$ 은 당연하다. $Q$ 가 추이적임을 보이기 위하여 $(x,y) \in Q$, $(y,z) \in Q$ 를 가정하자. 그리고 $(x,y) \in R^{i_1}$, $(y,z) \in R^{i_2}$ 이 성립하도록 $i_1, i_2 \geq 1$ 을 취한다. 그러면 $(x,z) \in R^{i_1} \circ R^{i_2} = R^{i_1+i_2} \subseteq Q$ 가 성립하므로 우리는 $Q$ 가 추이적임을 알 수 있다. 이제 $P \subseteq X^2$ 이 추이적인 $R$ 의 초집합이라고 가정하자. $Q \subseteq P$ 를 보이면 된다.

우리는 모든 $i \geq 1$ 에 대해서 $P \supseteq R^i$ 임을 $i$ 에 대한 귀납법을 사용하여 보일 것이다. $P \supseteq R^1$ 은 당연하다. 이제 $P \supseteq R^i$ 를 가정하자. 그리고 $(x,y) \in R^{i+1}$ 일 때 $(x,y) \in P$ 를 보이면 된다.

$(x,y) \in R^{i+1} = R^i \circ R$ 이므로 $x\, R^i\, z\, R\, y$ 인 어떤 $z \in X$ 가 존재할 것이다. 그러면 $(x,z) \in P$ 이고 $(z,y) \in P$ 이므로 $P$ 의 추이성에 의하여 $(x,y) \in P$ 가 성립한다. □

6.53 EXERCISE $R$을 집합 $X$ 위의 관계라 할 때 $R$의 반사대칭폐포를 구성하시오. 반사추이폐포, 대칭추이폐포도 구성하시오. 그리고 반사대칭추이폐포도 구성하시오. $R$의 반대칭폐포를 구성할 수 있는가? ⊣

6.54 DEFINITION 집합 $X \neq \varnothing$의 분할(*partition*)이란 $X$의 부분집합들로 이루어진 집합

$$\{X_i \mid i \in I\} \subseteq \mathcal{P}(X)$$

로서

(1) $\bigcup_{i\in I} X_i = X$,

(2) $X_i \cap X_j = \varnothing$, 모든 $i \neq j \in I$에 대해서

(3) $X_i \neq \varnothing$, 각 $i \in I$에 대해서.

를 만족하는 것이다. $X_i$들을 $P$의 조각(*piece*)이라고 한다. ⊣

예를 들어 집합 $\{a, b, c\}$의 분할은

$$\{\{a,b,c\}\},\ \{\{a,b\},\ \{c\}\},\ \{\{a,c\},\{b\}\},\ \{\{b,c\},\{a\}\},\ \{\{a\},\{b\},\{c\}\}$$

등 총 5 개가 있다.

6.55 EXERCISE $P \subseteq \mathcal{P}(X)$를 $X$의 분할이라 할 때 $X$ 위의 관계 $\sim$을 다음과 같이 정의한다.

$$x \sim y \overset{\text{def}}{\Leftrightarrow} (\exists Y \in P)(\{x, y\} \subseteq Y)$$

즉 $x$, $y$가 $P$의 어떤 하나의 조각에 동시에 속하면이 $x \sim y$이다.

이때 $\sim$은 반사적, 대칭적, 추이적임을 증명하시오. ⊣

6.56 DEFINITION 집합 $X$ 위의 관계 $\sim$이 반사적, 대칭적, 추이적일 때 $\sim$을 동등관계(*equivalence relation*)라고 한다.

$R \subseteq X^2$을 부분집합으로 가지는 최소의 $X$ 위의 동등관계를 동등폐포(*equivalence closure*)라고 한다. ⊣

6.57 DEFINITION 집합 $X$ 위의 동등관계 $\sim$ 이 주어졌을 때 각 $x \in X$ 에 대해서

$$a/{\sim} \stackrel{\text{def}}{=} \{x \in X \mid x \sim a\} \subseteq X$$

를 $a$ 의 $\sim$-동등류(*equivalence class*) 라고 한다.

$A \subseteq X$, $R \subseteq X^2$ 일 때 $A/{\sim}$ 와 $R/{\sim}$ 을 각각

$$A/{\sim} \stackrel{\text{def}}{=} \{a/{\sim} \mid a \in A\} \subseteq \mathcal{P}(X),$$
$$R/{\sim} \stackrel{\text{def}}{=} \{(a/{\sim}, b/{\sim}) \mid (a,b) \in R\} \subseteq \mathcal{P}(X) \times \mathcal{P}(X)$$

로 정의한다. ⊣

6.58 LEMMA *집합 $X \neq \varnothing$ 위의 동등관계 $\sim$ 이 주어졌을 때 모든 $a, b \in X$ 에 대해서*

$$a \sim b \Leftrightarrow (a/{\sim}) = (b/{\sim})$$

*이고 또한*

$$(a/{\sim}) \cap (b/{\sim}) \neq \varnothing \Rightarrow (a/{\sim}) = (b/{\sim})$$

*이다. 그리고 $X/{\sim}$ 은 $X$ 의 분할이다.*

*Proof.* 독자에게 넘긴다. □

6.59 EXERCISE 연습문제 6.55 의 방법으로 분할 $P$ 로부터 얻어진 동등관계를 $X/P$ 로 나타내고, 보조정리 6.58 의 방법으로 동등관계 $\sim$ 으로부터 얻어진 분할을 $X/{\sim}$ 로 나타내기로 한다면, $X$ 가 집합이고 $P$ 가 $X$ 의 분할이며 $\sim$ 이 $X$ 위의 동등관계일 때

$$X/(X/P) = P,$$
$$X/(X/{\sim}) = {\sim}$$

임을 증명하시오. ⊣

## 2.3 함수

함수의 집합론적 정의는 잠시 뒤로 미루고 우선 함수에 대한 일반적인 사항들을 알아 보자. $X$ 와 $Y$ 가 집합일 때 함수

$$f : X \to Y$$

는 정의역(*domain*) $X$ 의 각 원소 $x \in X$ 에 대해서 공역(*codomain*) $Y$ 의 원소 $y \in Y$ 를 대응시키는 규칙이다.

이때 $x$ 에 대응되는 $y$ 를 $f$ 의 $x$ 에서의 '값', 혹은 '함수값'이라고 하며 $f(x)$ 로 나타낸다. 혹은, "독립변수(*independent variable*)의 값으로 $x$ 가 배정(assign)되었을 때 이에 대응되는 종속변수(*dependent variable*)의 값을 $f(x)$ 로 나타낸다." 고 말하는 것이 더 정확한 표현이 될 것이다.† 독립변수를 입력변수(*input variable*), 종속변수를 출력변수(*output variable*)라고 부르고, 독립변수의 값을 입력값(*input value*), 종속변수의 값을 출력값(*output value*)이라고 불러도 된다.

함수값 $f(x)$ 는 통상 식으로 나타낸다. $f(x) = x^2 + 1$, 혹은 $f(x) = \sqrt{\sin x + 1}$ 등이 그 예이다. 수리논리학에서는 '식(formula)'을 '논리항(term)'이라고 부른다. 논리항과 함수와의 관계의 이해를 위하여 단평 4.29을 참조하기를 바란다.

수학자가 아닌 대부분의 사람들은 함수의 개념에 혼란을 겪는다. 예를 들어 수학자가 아니라면 $(f + g)(x) = f(x) + g(x)$ 라는 식이 무엇을 의미하는지 정확히 설명하기 힘들 것이다. 이러한 혼란은 대개의 경우 '함수'와 '그 함수를 나타내는 식'을 혼동하는 데서 비롯된다.

흔히 "함수 $x^2 + 1$ 를 미분하면 ..."와 같은 표현을 하는데 엄격히 말하자면 $x^2 + 1$ 은 함수 자체가 아니라 함수의 출력값을 계산하는 규칙을 기술하는 식이므로, 이 표현 대신 "함수 $f$ 를 $f(x) = x^2 + 1$ 로 정의했을 때 $f$ 를 미분하면 ..." 이라고 말하는 것이 정확할 것이다. 그런데 이러한 표현은 사용하기에 사실 너무 성가시다. 사용하기에 그다지 성가시지 않고 또한 정확한 표현을 원한다면 "함수 $x \mapsto x^2 + 1$ 를 미분하면 ..." 이라고 하면 된다.

기호 $\mapsto$ 는 "보내기를(*maps to*)" 이라고 읽는다.

함수의 '이름' $f$ 를 계속 사용할 것이 아니라면 이 $\mapsto$ 기호는 대단히 편리하다.

---

†여기서 독립변수는 $x$ 이므로 결국 "$x$ 의 값으로 $x$ 가 배정되었을 때..."와 같은 우스꽝스러운 표현을 얻게 된다. 종속변수에 대해서도 비슷한 문제가 발생하는데, 이러한 상황은 구문론적 변수와 의미론적 변수를 구분하여 별도의 기호를 사용함으로써 피할 수 있다.

함수는 사상(*mapping*), 변환(*transformation*), 범함수(*functional*), 연산(*operation*), 연산자(*operator*) 등의 다양한 이름으로 불린다.

통상 함수의 그래프(*graph*)는 함수를 시각적으로 나타내기 위한 도형을 뜻하는데, 도형은 결국 점들의 집합이므로 함수 $f : X \to Y$의 그래프를 집합으로 나타낼 수 있다. 그것은

$$\{(x, f(x)) \in X \times Y \mid x \in X\} \tag{20}$$

이다. 이제 함수를 집합론적으로 정의하겠다.

6.60 Definition $X$와 $Y$가 집합일 때 함수(*function*) $f : X \to Y$는 다음의 순서3항이다.

$$(G_f, X, Y) \tag{21}$$

단, $G_f$는 $X$에서 $Y$로 가는 관계이며 아래의 조건을 만족한다.

$$(\forall x \in X)(\exists^1 y \in Y)\big((x, y) \in G_f\big) \tag{22}$$

$G_f$를 $f$의 그래프라 한다. 표현상의 편이를 위하여 함수와 그것의 그래프는, 다소의 혼동을 감수하고, 혼용해서 사용한다. 따라서 $G_f = f$로 두어도 되며, 보기에 다소 이상하지만 $f = (f, X, Y)$와 같이 쓰기도 한다. 그리고 함수는 (22)를 만족하는 관계라고 말할 수 있다.

$(x, y) \in f$일 때면이 $y = f(x)$로 쓰고 $f(x)$를 $f$의 $x$에서의 값(*value*)이라고 한다. ⊣

정의역이 공집합인 함수도 허용한다. 만일 $X = \varnothing$이라면 $f : X \to Y$의 그래프는 $\varnothing \subseteq X \times Y$이라 했을 때 (22)가 볼것 없이 성립하기 때문이다.

입력변수가 여러 개 있는 함수에 대하여 별도로 정의할 필요는 없다. 예를 들어 2변수함수 $f : X \times Y \to Z$는 1개의 순서쌍을 입력변수의 값으로 취하는 1변수함수로 볼 수 있기 때문이다. 즉 $f(x, y) = f(\langle x, y \rangle)$로 보는 것이다.

6.61 Definition 정의역과 변역의 개념을 함수가 아닌 일반적인 2항관계에 대

해서도 아래와 같이 정의하기로 한다. $R \subseteq X \times Y$ 일 때

$$\mathrm{Dom}(R) \stackrel{\mathrm{def}}{=} \{x \in X \mid (\exists y \in Y)(x\, R\, y)\}, \quad (R\text{의 정의역})$$
$$\mathrm{Ran}(R) \stackrel{\mathrm{def}}{=} \{y \in X \mid (\exists x \in X)(x\, R\, y)\}, \quad (R\text{의 변역})$$

로 정의한다. ⊣

이제 $f : X \to Y$ 는

$$f \subseteq X \times Y,\ \mathrm{Dom}(f) = X,\ \mathrm{Ran}(f) \subseteq Y$$

를 의미하는 것이라고 말할 수 있다.

6.62 Definition 함수 $f : X \to Y$ 가

$$(\forall x_1, x_2 \in X)\Big(x_1 \neq x_2 \to f(x_1) \neq f(x_2)\Big)$$

를 만족할 때 $f$ 를 단사(*one-to-one, injective*) 함수라고 하고,

$$(\forall y \in Y)(\exists x \in X)(f(x) = y)$$

를 만족할 때 $f$ 를 전사(*onto, surjective*) 라고 한다.

단사인 동시에 전사인 함수를 전단사(*bijective*) 함수, 혹은 1대1 대응 함수(*1-to-1 correspondence*) 라고 한다. 집합 $f : X \to Y$ 가 전단사함수일 때 $f : X \stackrel{\approx}{\to} Y$ 로 나타낸다. $X$ 와 $Y$ 사이에 전단사 함수가 존재할 때 $X \approx Y$ 로 나타낸다. ⊣

6.63 Exercise

(*i*) $f : \mathbb{R} \to \mathbb{R}$ 가 1차함수, 즉 어떤 상수 $a \neq 0, b$ 에 대하여 $f(x) = ax + b$ 이면 $f$ 는 전단사함수임을 보이시오.

(*ii*) $f : \mathbb{R} \to \mathbb{R}$ 가 2차함수라면 $f$ 는 단사함수일 수도 없고 전사함수일 수도 없음을 증명하시오. ⊣

6.64 Definition $f : X \to Y$ 가 함수이고 $A \subseteq X$ 일 때

$$f(A) \stackrel{\mathrm{def}}{=} \{f(x) \mid x \in A\}$$

를 $A$의 $f$에 의한 상(*image*)이라고 한다.

정의역 $X$의 $f$에 의한 상을 $f$의 변역(*range*)이라고 한다.† $f$의 변역이 공역과 일치할 때 $f$는 전사함수가 된다.

$B \subseteq Y$ 일 때

$$f^{-1}(B) \stackrel{\text{def}}{=} \{x \in X \mid f(x) \in B\}$$

를 $B$의 $f$에 의한 역상(*inverse image*)이라고 한다. ⊣

함수의 공역의 역상은 반드시 정의역이 된다. 그러나 일반적으로 정의역의 상, 즉 변역은 공역의 부분집합이다.

6.65 Exercise 관계 $R \subseteq X \times Y$가 주어졌을 때 $A \subseteq X$의 상 $R(A)$와 $B \subseteq Y$의 역상 $R^{-1}(B)$을 아래와 같이 정의한다.

$$R(A) = \{y \in Y \mid (\exists x \in A)(x\ R\ y)\},$$
$$R^{-1}(B) = \{x \in X \mid (\exists y \in B)(x\ R\ y)\}.$$

만일 $R$이 함수이면, 즉 (22)를 만족하면 $R$의 함수로서의 상과 역상은 각각 관계로서의 상과 역상임을 보이시오. ⊣

6.66 Exercise $f(x) = x^2$, $A = [-1, 2]$, $B_1 = [0, 4]$, $B_2 = [-2, 4]$, $B_3 = [1, 4]$라 할 때 다음을 구하시오.

(*i*) $f(A)$

(*ii*) $f^{-1}(B_1)$

(*iii*) $f^{-1}(B_2)$

(*iv*) $f^{-1}(B_3)$ ⊣

6.67 Notation 정의역이 집합 $I$인 함수의 $i \in I$에서의 값을 나타내는 방법으로는, 함수에 $f$와 같은 기호를 부여한 후 $f(i)$로 나타내는 것이 일반적이다. 그런데 함수값을 나타내는 또 하나의 좋은 방법이 있으니 그것은 $x_i$, 혹은 $x^i$이다. 즉, 함수값에 기호 $x$를 부여한 다음 입력값은 첨자로 두는 것이다.

---

†변역을 흔히 '치역'이라고 하는데 이는 일본식 표현이다.

이 표기법에 따르면 정의역이 $\{0, 1, \ldots, n-1\}$ 인 함수의 값은 $x_0$, $x_1$,..., $x_{n-1}$ 이다. 함수의 값이 아닌 '함수 자체'를 나타낼 때는 $\langle x_0, \ldots, x_{n-1}\rangle$ 으로 함수값을 일일이 나열해서 보여주거나 혹은 $\langle x_i\rangle_{i=0}^{n-1}$, $\langle x_i\rangle_{i<n}$, $\langle x_i \mid i < n\rangle$ 등의 표현을 사용한다.

이렇게 표현을 하고 보면 함수 $\langle x_i\rangle_{i<n}$ 는 유한열에 다름 아님을 알 수 있다. 180쪽의 (19)에서 정의한 유한열과 같은 개념이지만 표상 방법만 다를 뿐이다.

이 표기법으로 $I \neq \{0, 1, \ldots, n-1\}$ 인 일반적인 함수도 $\langle x_i\rangle_{i\in I}$, 혹은 $\langle x_i \mid i \in I\rangle$ 로 나타낼 수 있다. $I$ 에 어떤 '유용한' 순서구조가 있을 때 이런 표기법을 흔히 사용하며 이렇게 나타낸 함수를 $I$-열($I$-*sequence*) 이라고 부른다.

$I$ 에 아무런 (순서)구조가 없을 때도 이 표기법을 사용하는 경우를 아래의 정의에서 볼 수 있다. 이것은 정의 6.39를 일반화 한 것이다. ⊣

6.68 Definition 첨수집합족 $\{X_i\}_{i\in I}$ 의 카티지언곱은

$$\prod_{i\in I} X_i \stackrel{\text{def}}{=} \{f : I \to \bigcup_{i\in I} X_i \mid (\forall i \in I)(f(i) \in X_i)\}$$

로 정의한다. 통상 $f(i)$를 $x_i$ 로 쓰고 $f = \langle x_i\rangle_{i\in I}$, 또는 $f = \bar{x}$ 로 나타낸다. 즉, $f(i) = \bar{x}(i) = x_i$ 이다. $\bar{x}(i) = a$ 인 상수열은 $\bar{a}$ 로 나타낸다.

모든 $i, j \in I$ 에 대하여 $X_i = X_j = X$ 로 동일할 때는 $\prod_{i\in I} X_i$ 를 $X^I$ 로 표기한다. 즉, $A$ 와 $B$ 가 집합일 때

$$A^B \stackrel{\text{def}}{=} B\text{에서 } A\text{로 가는 모든 함수들의 집합} \tag{23}$$

이 된다. ⊣

$I$-열의 원소 $\langle x_0, \ldots, x_{n-1}\rangle$, $\langle x_i\rangle_{i\in I}$, $\langle x_i \mid i \in I\rangle$ 는 각각 $(x_0, \ldots, x_{n-1})$, $(x_i)_{i\in I}$, $(x_i \mid i \in I)$ 로 쓰기도 한다. 그러나 $\{x_0, \ldots, x_{n-1}\}$, $\{x_i\}_{i\in I}$, $\{x_i \mid i \in I\}$ 로 쓰지는 않는다. 왜냐하면 이것은 열의 공역이지 열 자체가 아니기 때문이다. 첨수집합 $I$ 가 문맥상 확실할 경우에는 $(x_i)_i$ 같은 표현도 허용된다. 그러나 $(x_i)$ 혹은 $\{x_i\}$ 같은 표현은 허용되지 않는다. 왜냐하면 이들은 각각 길이 1인 열, 그리고 한점집합을 나타내는 데 사용되는 표현이기 때문이다.

6.69 Exercise 집합 $A$ 와 $B$ 중에 어느 하나가 공집합이면 $A^B$ 는 무엇인가? $\varnothing$ 인가, 아니면 $\{\varnothing\}$ 인가. $A = \varnothing = B$ 일 때는 어떻게 되는가? ⊣

6.70 EXERCISE 함수 $f : X \to Y$ 와 $g : Y \to Z$ 가 주어졌을 때 관계곱 $f \circ g$ 는 $X$ 에서 $Z$ 로 가는 함수임을 증명하시오. ⊣

6.71 DEFINITION 함수 $f : X \to Y$ 와 $g : Y \to Z$ 가 주어졌을 때 $X$ 에서 $Z$ 로 가는 함수

$$x \mapsto g(f(x))$$

를 $f$ 와 $g$ 의 합성(*composition*), 혹은 합성함수라고 부르며 기호로는

$$g \circ f : X \to Z$$

로 나타낸다. ⊣

6.72 REMARK 연습문제 6.70의 $f \circ g$ 는 정의 6.71의 $g \circ f$ 와 일치한다. 즉 함수의 합성은 관계곱의 특수한 경우이지만, 함수 합성의 표기법은 관계곱의 표기법과 순서가 뒤바뀌어 있다. 따라서 수학에서 함수의 합성 기호를 보면 두 표기법 중 어떤 것을 사용하였는지 잘 살펴 보아야 한다. (대부분 전자일 것이다.) 이러한 표기의 혼란을 혹자는 수학의 수치라고 말하기도 한다. ⊣

연습문제 6.50.(*ii*) 에서 관계곱의 결합법칙이 성립함을 보았다. 함수의 합성은 관계곱의 특수한 경우이므로 함수의 합성에도 결합법칙이 성립한다. 즉 3개의 함수 $f : X \to Y$, $g : Y \to Z$ 와 $h : Z \to W$ 가 주어졌을 때

$$(h \circ g) \circ f = h \circ (g \circ f)$$

이다.

6.73 EXERCISE 함수의 합성에는 일반적으로 교환법칙이 성립하지 않음을 보이시오. ⊣

다변수함수의 합성은 별도의 정의를 필요로 한다. 정확히 말하자면 다변수함수의 합성을 위하여는 먼저 함수의 카티지언곱의 개념을 정의해야 한다.

6.74 DEFINITION 정의역이 일치하는 두 함수 $g_1 : X \to Y_1$ 과 $g_2 : X \to Y_2$ 가

주어졌을 때 $g_1$ 과 $g_2$ 의 카티지언곱 $g_1 \times g_2 : X \to Y_1 \times Y_2$ 는

$$(g_1 \times g_2)(x) = (g_1(x), g_2(x))$$

로 정의된다. 일반적으로 $I \neq \varnothing$ 가 첨수집합일 때 각 $i \in I$ 에 대하여 함수 $g_i : X \to Y_i$ 가 주어졌을 때 $(g_i)_{i\in I}$ 의 카티지언곱 $\prod_{i\in I} g_i : X \to \prod_{i\in I} Y_i$ 는

$$\left(\prod_{i\in I} g_i\right)(x) \overset{\text{def}}{=} \langle g_i(x)\rangle_{i\in I}$$

로 정의한다. ⊣

이제 $x \mapsto f(g(x), h(x))$ 같은 함수는 집합론적으로는 $f \circ (g \times h)$ 로 정의할 수 있다. 왜냐하면

$$f(g(x), h(x)) = \big(f \circ (g \times h)\big)(x)$$

이기 때문이다. 아직도 해결이 안 된 것은 $(x, y) \mapsto f(g(x), h(y))$ 같은 함수의 집합론적 정의인데, 이것은 다음과 같이 사영함수의 개념을 써서 처리한다.

6.75 Definition $X_1$, $X_2$ 가 집합일 때 사영함수(*projection function*) $\pi_1 : X_1 \times X_2 \to X_1$ 과 $\pi_2 : X_1 \times X_2 \to X_2$ 를 각각

$$\pi_1(x_1, x_2) = x_1, \quad \text{첫째 좌표로의 사영}$$
$$\pi_2(x_1, x_2) = x_2, \quad \text{둘째 좌표로의 사영}$$

로 정의한다. 일반적인 카티지언곱에서의 사영함수 $\pi_i : \prod_{j\in I} X_j \to X_i$ 는

$$\pi_i(\langle x_j\rangle_{j\in I}) = x_i, \quad i\text{번째 좌표로의 사영}$$

로 정의한다. ⊣

이제 $(x, y) \mapsto f(g(x), h(y))$ 는

$$f(g(x), h(y)) = \big(f \circ ((g \circ \pi_1) \times (h \circ \pi_2))\big)(x, y)$$

를 이용하여 집합론적으로 잘 정의된다.

6.76 REMARK 지수법칙 $(a^b)^c = a^{bc} = a^{cb}$ 는 $a$, $b$, $c$ 가 집합일 때도 성립한다고 말할 수 있다. $X$, $Y$, $Z$ 가 집합일 때 전단사 함수

$$h : (Z^Y)^X \to Z^{X\times Y}$$

를 구성해 보자. $f \in (Z^Y)^X$ 일 때 $h(f)$ 는 $X \times Y$ 에서 $Z$ 로 가는 함수이므로 $(x, y) \in X \times Y$ 에 대해서 $(h(f))(x, y)$ 의 값을 지정해 주어야 한다. 그런데 $f(x)$ 는 $Y$ 에서 $Z$ 로 가는 함수이므로 $f(x) \stackrel{\text{def}}{=} f_x : Y \to Z$ 로 놓으면 다음과 같은 정의가 가능하다.

$$(h(f))(x, y) = f_x(y) \in Z.$$

이 함수 $h$ 가 전단사임을 증명하는 것은 독자들에게 연습문제로 넘긴다.

$h$ 는 두 개의 1변수 함수의 합성을 2변수 함수로 바꾸는 사상이라고 볼 수 있는데 이것을 *uncurrying* 이라고 하며, $h$ 의 역을 *currying* 이라고 한다.

Curry-Howard correspondence 에 의하면 currying 은 토톨로지

$$A \wedge B \to C \vdash A \to (B \to C)$$

와 대응된다. Currying 은 또한 재귀함수이론(recursive function theory)의 $s_{mn}$ 정리와 대응된다. ⊣

6.77 EXERCISE $|\mathcal{P}(X)^Y| = |\mathcal{P}(X \times Y)|$ 를 증명하시오. (힌트: 보조정리 6.98을 참조할 것.) ⊣

6.78 DEFINITION 함수 $f : X \to Y$ 의 역관계 $f^{-1}$ 이 함수일 때, 즉

$$(\forall y \in Y)(\exists^1 x \in X)\big((y, x) \in f^{-1}\big)$$

일 때 $f$ 와 $f^{-1}$ 을 각각 서로의 역함수(*inverse function*)라고 한다. ⊣

6.79 FACT 함수 $f : X \to Y$ 와 $g : Y \to X$ 가

$$(\forall x \in X)((g \circ f)(x) = x) \ \wedge \ (\forall y \in Y)((f \circ g)(y) = y) \tag{24}$$

를 만족할 때면이 $f$ 와 $g$ 는 서로의 역함수가 된다.

흔히 $f$ 와 $g$ 가 서로의 역함수일 필요충분조건으로

$$(\forall x \in X)(\forall y \in Y)(f(x) = y \leftrightarrow g(y) = x)$$

를 사용하는데, 물론 이렇게 해도 되지만, 이것보다 (24)가 사용하기에 더 편리한 경우가 많다.

$X = Y$ 일 때는 조건 (24)를

$$(\forall x \in X)((f \circ g)(x) = x = (g \circ f)(x)) \tag{25}$$

로 쓸 수 있다. ⊣

6.80 LEMMA *함수는 전단사함수일 때면이 역함수를 가진다.*

*Proof.* 연습문제로 풀어 볼 것. □

6.81 DEFINITION $X$ 가 집합일 때 함수 $x \mapsto x$ 를 $X$ 위의 항등함수(*identity function*) 라고 하고 $id_X$ 로 나타낸다.

함수 $f : X \to Y$, $g : Y \to X$, $h : Y \to X$ 가 주어졌을 때, $g \circ f = id_X$ 이면이 $g$ 를 $f$ 의 좌역함수(*left inverse (function)*) 라고 하고 $f \circ h = id_Y$ 이면이 $h$ 를 $f$ 의 우역함수(*right inverse*) 라고 한다. ⊣

6.82 EXERCISE 함수는 단사함수이면이 좌역함수를 가짐을 보이시오. 또한 전사함수이면이 우역함수를 가짐을 보이시오. ⊣

6.83 EXERCISE 두 단사함수(전사함수, 전단사함수)들의 합성은 단사함수(전사함수, 전단사함수) 임을 보이시오. ⊣

$f : X \to Y$ 가 함수일 때 $f(a)$ 는 $a$ 의 타입에 따라 서로 다른 의미를 가진다. 즉 $a \in X$ 일 때는 $f(a)$ 는 $f$ 의 $a$ 에서의 값이고, $a \subseteq X$ 일 때는 $f(a)$ 는 $a$ 의 $f$ 의 의한 상이다.

$f^{-1}(b)$ 의 의미는 $f$ 의 역함수가 존재할 경우와 그렇지 않은 경우로 나누어 생각해야 한다. 전자의 경우, $b \in Y$ 일 때는 $f^{-1}(b)$ 는 $f^{-1}$ 의 $b$ 에서의 값이고, $b \subseteq Y$ 일 때는 $f^{-1}(b)$ 는 $b$ 의 $f^{-1}$ 에 의한 상이다. 이것은 $f$ 에 의한 역상이라 해도 된다. 후자의 경우, $b \in Y$ 일 때는 이것은 $\{b\}$ 의 $f$ 에 의한 역상이고, $b \subseteq Y$ 일 때는 이것은 $b$ 의 $f$ 에 의한 역상이다.

두 집합 $A$와 $B$가 동일함을 보이는 방법에는 여러 가지가 있겠지만 그 중 가장 기본적인 것은 $A \subseteq B$와 $B \subseteq A$를 보이는 것이다. 그렇다면 두 함수 $f$와 $g$가 동일함을 보이는 가장 기본적인 방법은 무엇일까?

두 함수가 모두 식을 이용하여 주어졌을 때는 '계산'에 의하여 같음을 보일 수 있다. 예를 들어 $f(x) \stackrel{\text{def}}{=} \cos 2x$와 $g(x) \stackrel{\text{def}}{=} 2\cos^2 x - 1$이 같은 함수임을 보이려면 $\cos 2x = \cos(x+x) = \cos x \cos x - \sin x \sin x = \cos^2 x - (1-\cos^2 x) = 2\cos^2 x - 1$과 같이 계산하면 된다. 그러나 집합론에서는 함수들이 식으로 주어지는 경우가 드물므로 이런 방법은 거의 무용지물이다.

6.84 FACT 두 함수 $f$와 $g$가 같음을 보이는 데는 아래의 방법이 유용하다.

(1) $f$와 $g$의 <u>정의역</u>들이 동일한 집합임을 보인다.

(2) $f$와 $g$의 <u>공역</u>들이 동일한 집합임을 보인다.

(3) $f$와 $g$의 <u>값</u>이 정의역의 모든 원소에서 같음을 보인다. 즉, 정의역을 $X$라 했을 때

$$(\forall x \in X)(f(x) = g(x))$$

를 보인다. ⊣

6.85 EXERCISE $a$, $b$, $c$를 자연수라 하자. $f$와 $g$는 정의역과 공역이 모두 $\mathbb{N}$인 함수로서 각각 다음과 같이 정의된다.

$$\langle f(0), f(1), f(2), f(3), \ldots \rangle = \langle a, b, c, a, b, c, a, b, c, \ldots \rangle.$$

즉 $f$는 $a$, $b$, $c$가 반복되는 주기 3의 무한수열이다.

$$g(n) = \frac{a+b+c}{3} + \frac{a+b\omega^2+c\omega}{3}\omega^n + \frac{a+b\omega+c\omega^2}{3}\omega^{2n}.$$

단, $\omega = \frac{-1+\sqrt{3}i}{2}$이고 여기서 $i$는 $i^2 = -1$을 만족하는 복소수이다.

$f = g$임을 보이시오. ⊣

6.86 EXERCISE 함수 $f : X \to Y$와 집합 $A \subseteq X$, $B \subseteq Y$가 주어졌을 때

$$f(A) \subseteq B \Leftrightarrow A \subseteq f^{-1}(B)$$

가 성립함을 보이시오. 또한 집합 $A_1, A_2, B_1, B_2$ 에 대하여

$$A_1 \subseteq A_2 \subseteq X \Rightarrow f(A_1) \subseteq f(A_2),$$
$$B_1 \subseteq B_2 \subseteq Y \Rightarrow f^{-1}(B_1) \subseteq f^{-1}(B_2)$$

임을 보이시오. ⊣

6.87 EXERCISE 함수 $f : X \to Y$ 와 집합 $A, B \subseteq X$ 가 주어졌을 때 다음을 증명하시오.

(i) $f(A \cup B) = f(A) \cup f(B)$

(ii) $f(A \cap B) \subseteq f(A) \cap f(B)$

(iii) $f(A - B) \supseteq f(A) - f(B)$

단, $f$ 가 단사일 때는 (ii) 와 (iii) 에서 등호가 성립함을 보이시오. 그리고 만일 모든 $A, B \subseteq X$ 에 대하여 (ii) 가 성립하면 $f$ 가 단사임을 보이시오. 또한 만일 모든 $A, B \subseteq X$ 에 대하여 (iii) 이 성립하면 $f$ 가 단사임을 보이시오. ⊣

6.88 EXERCISE 함수 $f : X \to Y$ 와 집합 $A, B \subseteq Y$ 가 주어졌을 때 다음을 증명하시오.

(i) $f^{-1}(A \cup B) = f^{-1}(A) \cup f^{-1}(B)$

(ii) $f^{-1}(A \cap B) = f^{-1}(A) \cap f^{-1}(B)$

(iii) $f^{-1}(B - A) = f^{-1}(B) - f^{-1}(A)$ ⊣

6.89 EXERCISE 위의 두 연습문제 6.87과 6.88에서 $A \cup B$ 를 $\bigcup_{i \in I} A_i$ 로, 그리고 $A \cap B$ 를 $\bigcap_{i \in I} A_i$ 로 바꾸어 풀어 보시오. ⊣

6.90 EXERCISE 함수 $f : X \to Y$ 와 집합 $A \subseteq X$, $B \subseteq Y$ 에 대해서

$$f^{-1}(f(A)) = A$$

인가? 등호를 $\subseteq$, 혹은 $\supseteq$ 로 바꾸면 어떻게 되는가?

$f(f^{-1}(B)) = B$ 인가? 등호를 $\subseteq$, 혹은 $\supseteq$ 로 바꾸면 어떻게 되는가?

위의 두 문제에서 $f$ 가 단사, 혹은 전사일 때는 등호가 성립하는가? ⊣

6.91 EXERCISE 함수 $f:\mathbb{R}\to\mathbb{R}$의 그래프를 오른쪽으로 $a$, 위쪽으로 $b$만큼 이동한 것을 그래프로 가지는 함수는 $y=f(x-a)+b$ 임을 증명하시오.

함수, 혹은 관계의 그래프의 이동, 대칭 등을 일반화 해 보시오. ⊣

6.92 DEFINITION 두 함수 $f:X_1\to Y_1$와 $g:X_2\to Y_2$가 있어

$$X_1\subseteq X_2 \quad \text{and} \quad (\forall x\in X_1)(f(x)=g(x))$$

이면이 $g$를 $f$의 확장(*extension*)이라고 하고 또한 $f$를 $g$의 제한(*restriction*)이라고 한다.

임의의 함수 $f:X\to Y$와 집합 $A\subseteq X$에 대하여

$$f\restriction A \overset{\text{def}}{=} \{(x,f(x)) \mid x\in A\}$$

로 정의한다. ⊣

6.93 REMARK $f$와 $g$가 함수이고 $f$의 정의역이 $X$라 하자. 그러면 $g$가 $f$의 확장이면이 $g\restriction X=f$가 됨은 당연하다. (여기서 $f$와 $g$는 함수를 나타내는 기호인 동시에 그래프를 나타내는 기호로 쓰였다.)

함수의 그래프만 놓고 볼 때는 $g$가 $f$의 확장이라는 것은 $g\supseteq f$의 필요충분조건이다. 그러므로 이 관계는 반순서관계를 이룰 것이다. 함수들로 이루어진 어떤 집합 $\mathcal{F}$의 원소 $f$, $g$ 간의 반순서관계 $\leq$를 다음과 같이 정의했을 때

$$f\leq g \Leftrightarrow g\text{가 } f\text{의 확장}$$

이 순서관계를 함수의 확장에 의한 순서(*order by function extension*)라 한다. (엄격히 말하여 이 관계가 반대칭적이기 위하여는 $\mathcal{F}$의 원소들은 동일한 공역을 가지고 있어야 한다.) ⊣

6.94 EXERCISE 두 함수 $f_1$과 $f_2$가

$$(\forall x\in \mathrm{Dom}(f_1)\cap\mathrm{Dom}(f_2))\big(f_1(x)=f_2(x)\big)$$

을 만족할 때 이 두 함수는 융화한다, 혹은 서로 융화적(*compatible*)이라고 한다.

함수들의 집합족 $\{f_i\}_{i\in I}$ 의 임의의 두 함수가 융화한다면, 즉 이 집합족이 다음의 조건을 만족한다면,

$$(\forall i, j \in I)(\forall x \in \mathrm{Dom}(f_i) \cap \mathrm{Dom}(f_j))\big(f_i(x) = f_j(x)\big)$$

$\bigcup_{i\in I} f_i$ 는 정의역을 $\bigcup_{i\in I} \mathrm{Dom}(f_i)$, 변역을 $\bigcup_{i\in I} \mathrm{Ran}(f_i)$ 로 하는 함수임을 증명하시오. ⊣

6.95 Example 이제 함수의 유용함을 잘 보여주는 하나의 예를 들어 보겠다.

> [문제] 집합 $\{1, 2, \ldots, 10\}$ 에서 3개의 수를 뽑되 인접하지 않도록 하는 경우의 수는 얼마인가?

이 문제는 다음의 집합 $A$ 의 원소의 개수를 묻고 있다.

$$A \overset{\text{def}}{=} \{(x_1, x_2, x_3) \mid 1 \le x_1, x_2, x_3 \le 10,\ x_1 + 1 < x_2,\ x_2 + 1 < x_3\}$$

먼저 이보다 조금 더 쉬운 문제를 생각해 보자. 집합 $A$ 의 조건식에서 $x_1 + 1 < x_2,\ x_2 + 1 < x_3$ 을 $x_1 < x_2,\ x_2 < x_3$ 로 바꾸어 얻은 집합을 $B$ 라고 한다면 $B$ 는 $\binom{10}{3}$ 개의 원소를 갖게 될 것이다.

이제 집합 $A$ 로 돌아와서, 만일 $y_1 = x_1,\ y_2 = x_2 - 1,\ y_3 = x_3 - 2$ 로 놓는다면 $1 \le y_1 < y_2 < y_3 \le 8$ 이 만족된다. 그리고 이러한 순서3항 $(y_1, y_2, y_3)$ 들의 개수는 $\binom{8}{3}$ 이 된다. 따라서 $A$ 의 원소의 개수는 $\binom{8}{3}$ 이다.

함수의 개념을 사용하면 이상의 논의를 좀 더 명확하게 할 수 있다. 함수 $f : A \to \mathbb{N}^3$ 를

$$f(x_1, x_2, x_3) = (x_1, x_2 - 1, x_3 - 2)$$

로 둔다. 그러면 $f$ 는 집합 $A$ 와 아래의 집합 $A'$ 의 원소들을 1대1대응 시킨다.

$$A' \overset{\text{def}}{=} \{(y_1, y_2, y_3) \mid 1 \le y_1 < y_2 < y_3 \le 8\}$$

따라서 $|A| = |A'| = \binom{8}{3}$ 이다. ⊣

6.96 Exercise $n$ 개의 원소를 가지는 집합에서 $k$ 개의 원소를 중복을 허락하여 뽑는 방법의 수 ${}_nH_k$ 를 예 6.95와 비슷한 방법으로 구하시오. ⊣

함수의 중요한 응용 중 하나는 얼핏 달라 보이는 두 대상이 실은 동일한 현상에 대한 서로 다른 표상들에 불과함을 보이는 것이다. 그 현상을 분석할 때는 상황에 따라 두 표상 중에 더 편리한 것을 골라 쓰면 된다. 이러한 것을 쌍대(duality)라 하는데 아래에 쌍대의 아주 간단한 예를 들어 보았다.

6.97 DEFINITION 집합 $X$가 주어졌을 때, 각 부분집합 $A \subseteq X$에 대한 특성함수(*characteristic function*)

$$\chi_A : X \to \{0, 1\}$$

는

$$\chi_A(x) = \begin{cases} 1 & \text{if } x \in A, \\ 0 & \text{otherwise} \end{cases}$$

로 정의한다. ⊣

6.98 LEMMA $A \mapsto \chi_A$는 $\mathcal{P}(X)$에서 $\{0,1\}^X$로 *가는 전단사 함수이다. (즉 각* $A \subseteq X$*는 그것의 특성함수* $\chi_A$*와 동일시 할 수 있다.)*

*Proof.* $A \mapsto \chi_A$가 단사임을 보이기 위하여 $A_1 \neq A_2 \subseteq X$가 주어졌다 하자. $\chi_{A_1}$과 $\chi_{A_2}$가 다름을 보이려면 $\chi_{A_1}(x) \neq \chi_{A_2}(x)$인 $x \in X$를 찾아야 할 것이다.

$A_1 \neq A_2$이므로 아무 $x \in A_1 \oplus A_2 \neq \varnothing$를 취한다. 일반성의 손실 없이 $x \in A_1 - A_2$라 하자. 그러면 $\chi_{A_1}(x) = 1 \neq 0 = \chi_{A_2}(x)$이 된다.

이번에는 $A \mapsto \chi_A$가 전사임을 보이기 위하여 $f \in 2^X$가 주어졌다 하고 $\chi_A = f$인 $A$를 찾아 보자.

$$(\forall x \in X)(\chi_A(x) = f(x))$$

가 성립해야 하므로

$$\chi_A(x) = 1 \iff f(x) = 1$$

이면 된다. 그런데 $\chi_A(x) = 1 \iff x \in A$이므로 결국 $x \in A \iff f(x) = 1$를 원하는 것이다. 그러므로

$$A \stackrel{\text{def}}{=} \{x \in X \mid f(x) = 1\}$$

로 놓으면 된다. □

쌍대성이란 두 종류의 대상들을 1대1 대응시키는 것만으로는 부족하다. 한

종류의 대상 간의 기본적 연산이 다른 종류의 대상 간의 기본적 연산과 자연스러운 방법으로 대응되어야 비로소 이 두 종류의 대상들 간의 쌍대성을 얘기할 수 있다.

특성함수 $f$ 와 $g$ 가 주어졌을 때 $\max(f,g)$ 를

$$\max(f,g)(x) \stackrel{\text{def}}{=} \begin{cases} 1, & (f(x)=1) \text{ 혹은 } (g(x)=1)\text{일 때}, \\ 0, & \text{아닐 때} \end{cases}$$

로 정의하고 $\min(f,g)$ 를

$$\min(f,g)(x) \stackrel{\text{def}}{=} \begin{cases} 1, & (f(x)=1) \text{ 그리고 } (g(x)=1)\text{일 때}, \\ 0, & \text{아닐 때} \end{cases}$$

로 정의하면 부분집합들의 합집합과 교집합은 각각 대응하는 특성함수 간의 max 와 min 에 대응하는 것을 쉽게 알 수 있다. 즉

$$\chi_{A\cup B} = \max(\chi_A, \chi_B),$$
$$\chi_{A\cap B} = \min(\chi_A, \chi_B)$$

이 성립한다.

*Where were you when I laid the earth's foundation? Tell me, if you understand.*

Job 38:4, The Bible

# 7 수학의 기반과 공리적 집합론

## 1 순서집합

7.1 DEFINITION $(X, \leq)$ 가 반순서집합이고 $A \subseteq X$ 일 때, $A$ 의 최대원, 최소원, 극대원, 극소원 $a$ 를 아래와 같이 정의한다. 우선 $a \in A$ 이어야 하며,

- $(\forall x \in A)(a \geq x)$ 일 때 $a$ 는 $A$ 의 최대원(*greatest element*).
- $(\forall x \in A)(a \leq x)$ 일 때 $a$ 는 $A$ 의 최소원(*least element*).
- $(\forall x \in A)(a \not< x)$ 일 때 $a$ 는 $A$ 의 극대원(*maximal element*).
- $(\forall x \in A)(a \not> x)$ 일 때 $a$ 는 $A$ 의 극소원(*minimal element*).

$A$ 의 최대원은 $\max A$, 혹은 $\max(A)$ 로 나타내며 $A$ 의 최소원은 $\min A$, 혹은 $\min(A)$ 로 나타낸다. ⊣

7.2 EXAMPLE

(*i*) $(0, 1] \subseteq \mathbb{R}$ 의 최대원과 극대원은 1 이고 최소원과 극소원은 존재하지 않는다.

(*ii*) $X = (\mathcal{P}(\{a, b\}), \subseteq)$, $A = \{\varnothing, \{a\}, \{b\}\} \subseteq X$ 일 때 $A$ 의 최소원과 극소원은 $\varnothing$ 이고 극대원은 $\{a\}$ 와 $\{b\}$ 2개 존재하며 최대원은 존재하지 않는다. ⊣

7.3 EXERCISE 전순서집합에서 극대원(극소원)은 곧 최대원(최소원)임을 증명하시오. 그리고 $\mathbb{N}$, $\mathbb{Z}$, $\mathbb{Q}$, $\mathbb{R}$ 의 최대원, 최소원, 극대원, 극소원이 존재하는지 답하시오. ⊣

7.4 EXERCISE 최대원은 극대원이지만 이것의 역은 성립하지 않음을 보이시오. 반순서집합의 부분집합은 최대원을 기껏해야 1 개 가짐을 보이시오. ⊣

7.5 LEMMA *공아닌 유한한 순서집합은 반드시 극소원과 극대원을 각각 1 개 이상 가진다.*

*Proof.* 유한한 순서집합을 $X$ 라 하고 $|X| \stackrel{\text{def}}{=} n \geq 1$ 에 대한 귀납법을 사용한다. 우리는 극소원이 존재함을 증명할 것이며 극대원에 대한 증명은 생략한다.

$|X| = 1$ 일 때는 $X = \{a\}$ 로 두면 $a$ 가 $X$ 의 극소원이 된다.

$|X| = n+1$ 인 경우에 $X = \{a_1, \ldots, a_n, a_{n+1}\}$ 이라 하자. $\{a_1, \ldots, a_n\}$ 의 극소원은 귀납가설에 의하여 존재할 것인데 그것을, 일반성을 잃지 않고 $a_1$ 이라 두자. 이제 $a_1 > a_{n+1}$ 인 경우와 $a_1 \not> a_{n+1}$ 인 경우를 나누어 생각하자.

전자의 경우에는 $a_{n+1}$ 이 $X$ 의 극소원이 된다. 왜냐하면, 만일 $a_{n+1}$ 이 $X$ 의 극소원이 아니라면 $\neg(\forall a_i \in X)(a_{n+1} \not> a_i)$, 즉 $(\exists a_i \in X)(a_{n+1} > a_i)$ 가 성립해야 한다. $a_{n+1} \not> a_{n+1}$ 이므로 $i \leq n$ 이어야 함은 당연하다. 그런데 지금 $a_1 > a_{n+1}$ 를 가정하고 있으므로 $>$ 의 추이성에 의하여 $a_1 > a_i$ 가 성립해야 한다. 그러나 이것은 $a_1$ 이 $\{a_1, \ldots, a_n\}$ 의 극소값이라는 귀납가설에 모순이 된다.

후자의 경우에는 $a_1 \not> a_i$ 가 모든 $i = 1, \ldots, n+1$ 에 대하여 성립하므로 $a_1$ 이 $X$ 의 극소원이 된다.

두 경우 모두 $X$ 의 극소원이 존재함을 확인하였다. □

작은 순서집합은 핫세 다이어그램(*Hasse diagram*)으로 나타내면 편리하다. 핫세 다이어그램은 순서집합의 원소를 꼭짓점으로 하고, 순서관계를 변으로 나타낸 그래프이다.[†] 변의 양 끝 꼭짓점 중에 위 쪽에 있는 것이 더 큰 것이다. 순서관계는 추이적이므로 꼭짓점 $a$ 에서 두 개 이상의 변을 거쳐 위로 올라가서 꼭짓점 $b$ 를 만났다면 $a < b$ 로 해석한다. 그러므로 핫세 다이어그램에서는 수평인 변이 존재할 수 없다.

그림 7.1 에 핫세 다이어그램의 예를 몇 개 들어보았다. 그림 (*ii*) 와 (*iii*) 에서는 순서집합의 원소들을, 다이어그램의 해당 꼭짓점 옆에 보였다. 이렇게 그래프의 각 꼭짓점이 무엇인지 보여주는 것을 레이블(*label*) 한다고 말한다.

7.6 EXERCISE 순서집합 $\langle \mathcal{P}(\{a, b, c\}), \subseteq \rangle$ 의 핫세 다이어그램을 그리고 레이블 하시오. ⊣

[†] 수학에서 그래프(graph) 라는 용어는 두 가지 다른 뜻을 가지고 있다. 하나는 함수 $f : X \to Y$ 의 그래프 집합 $\{(x, f(x)) \mid x \in X\}$ 이고 다른 하나는 꼭짓점과 변으로 구성된 도형이다.

그림 7.1: 핫세 다이어그램

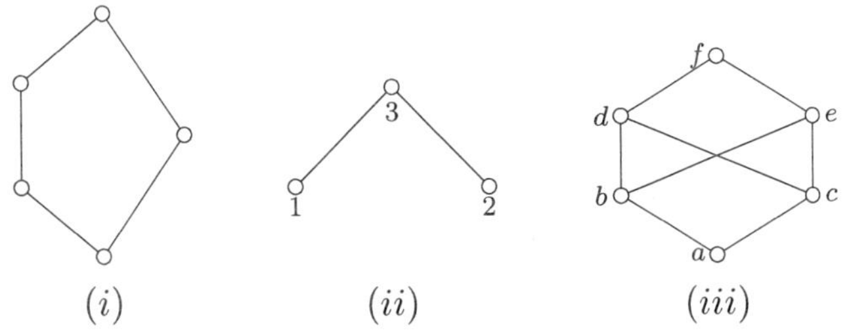


순서집합을 $(X, \leq)$로 나타냈을 때 $\leq$는 집합 $\{(x,y) \in X^2 \mid x \leq y\}$임은 앞서 말한 바 있다. 그러므로 그림 7.1.$(ii)$를 집합론적으로 나타내면

$$(\{1,2,3\}, \{(1,3),(2,3)\})$$

이 된다. 만일 그림 7.1.$(iii)$을 집합론적으로 나타낸다면 $\leq$는 13개의 원소를 가지게 될 것이다.

순서집합은 하나로 연결되어 있을 필요는 없다. 예를 들어 그림 7.1.$(ii)$의 순서집합 구조체를 $\mathbf{P}_1$이라 하고, 이 그림에서 오른쪽 변을 제거한 그림으로 나타내어 지는 순서집합을 $\mathbf{P}_2$라 하면 $\mathbf{P}_2 = (\{1,2,3\}, \{(1,3)\})$이 되며, 이 순서집합은 2 개의 성분(*component*) $\{1,3\}$과 $\{2\}$로 분할됨을 쉽게 알 수 있을 것이다.

$I_n = \{1, \ldots, n\}$으로 놓고 $\{0,1\}^{I_3}$를 생각해 보자. 표기법 6.67과 (23)에 의하여 이 집합은 길이가 3인 0,1-문자열들의 집합

$$\{000, 001, 010, 011, 100, 101, 110, 111\}$$

로 볼 수 있다. 유한한 길이를 가지는 모든 0,1-문자열들의 집합을 $\mathcal{F}$라 하자. 즉,

$$\mathcal{F} \stackrel{\text{def}}{=} \bigcup_{n \in \mathbb{N}} \{0,1\}^{I_n}$$

이다. $\mathcal{F}$는 자연수 전체의 집합 $\mathbb{N}$과 1대1 대응이 된다. (증명은 정리 7.115 참조.)

$\mathcal{F}$에 함수의 확장에 의한 순서 $\leq_1$을 주자. 그러면 $01 \leq_1 010$, $1001 \leq_1 100110$, $100 \not\leq_1 101$, $101 \not\leq_1 100$ 등이 성립한다. 즉, 문자열 $f$가 문자열 $g$의 절편일 때면 이 $f \leq_1 g$이다. 이것은 반순서이지만 선순서가 아님을 쉽게 알 수 있다. $(\mathbb{N}, \leq)$은 전순서집합이므로 $(\mathcal{F}, \leq_1)$은 $(\mathbb{N}, \leq)$와 다른 순서집합이다.

$f, g \in \mathcal{F}$에 대해서 다음과 같이 순서 $\le_2$를 주면 이것은 선형순서이다.

$$f \le_2 g \ \Leftrightarrow \ \Big( (f \le_1 g) \ \vee \ \big( f(n) < g(n), \ \text{단}, \ n = \min\{m \mid f(m) \ne g(m)\} \big) \Big).$$

임의의 두 원소가 비교가능함을 보이기 위하여 $f, g \in \mathcal{F}$가 주어졌다 하자. 일반성의 손실 없이 $f$의 길이를 $g$의 길이보다 작거나 같다고 하자. 즉, $f \in \{0,1\}^{I_k}$, $g \in \{0,1\}^{I_\ell}$이고 $k \le \ell$인 것으로 한다. 두 가지 경우가 있다. $f$가 $g$의 절편인 경우와 그렇지 않은 경우이다. 전자의 경우에는 $f \le_1 g$이므로 정의에 의하여 $f \le_2 g$이다. 후자의 경우에는 $f(m) \ne g(m)$인 $m \le k$가 존재한다. 이러한 $m$들 중에 가장 작은 것을 $n$이라 한다. 그렇다면 ① $f(n) < g(n)$이거나 혹은 ② $f(n) > g(n)$일 것이다. ①의 경우에는 $f \le_2 g$이고 ②의 경우에는 $g \le_2 f$가 된다. 결국 모든 경우에 $f$와 $g$는 비교가능하며 따라서 $\le_2$는 선형순서이다. $\le_2$가 반사적, 반대칭적, 추이적임을, 즉 순서관계임을 보이는 것은 별로 어렵지 않으며 독자에게 연습문제로 넘기겠다. 이 순서는 사전식 순서(*lexicographic order*)라고 부른다.

이제 $(\mathcal{F}, \le_2)$는 $(\mathbb{N}, \le)$와 같이 선형순서이다. 그리고 기수도 서로 같다. 그럼에도 불구하고 $(\mathcal{F}, \le_2)$는 $(\mathbb{N}, \le)$와 같은 순서집합이라고 볼 수 없다. 즉 순서동형이 아니다. 왜냐하면

$$0 <_2 00 <_2 000 <_2 \cdots <_2 1 <_2 10 <_2 100 <_2 \cdots$$

에서 보듯이 $(\mathcal{F}, \le_2)$에서는 $1 \in \{0,1\}^{I_1}$보다 작은 원소가 무한히 많은데 $\mathbb{N}$의 원소중에서는 어떠한 것도 그것보다 작은 원소가 유한 개 밖에 없기 때문이다. $1 \in \mathcal{F}$에 대응하는 원소가 $\mathbb{N}$에는 없다는 얘기다. 실은 1뿐만이 아니라 01, 00101 등 1이 하나라도 들어있는 문자열은 그것보다 작은 원소가 $(\mathcal{F}, \le_2)$ 안에 무한히 많으므로 그것에 대응하는 원소가 $\mathbb{N}$에 없다.

$f, g \in \mathcal{F}$에 대해서 다음과 같이 순서 $\le_3$을 준다면 이때는 $(\mathcal{F}, \le_3)$는 $(\mathbb{N}, \le)$와 순서동형을 이룬다. (이 사실의 증명은 260쪽에 나와 있다.)

$$(f \le_3 g) \ \Leftrightarrow \ \Big( |f| < |g| \ \vee \ \big( (|f| = |g|) \ \wedge \ (f \le_2 g) \big) \Big).$$

단 여기서 $|f|$와 $|g|$는 각각 $f$와 $g$의 길이를 말한다. 참고로 어떤 사람들은 $\le_3$를 사전식배열이라고 말하기도 하지만 이는 잘못된 것이다.

앞서 '순서동형'이라는 용어를 정의 없이 사용하였는데 이제 이 중요한 용어

의 정의를 내려 보자.

7.7 DEFINITION 두 순서집합 $(P_1, \leq_1)$ 과 $(P_2, \leq_2)$ 이 주어졌을 때 $P_1$ 에서 $P_2$ 로 가는 순서동형사상(*order isomorphism*) 이란 다음과 같은 함수 $h : P_1 \to P_2$ 를 뜻한다.

(*i*) $h$ 는 전단사함수이다.

(*ii*) $h$ 는 순서관계를 양방향으로 보존(*preserve*) 한다, 즉

$$(\forall x, y \in P_1)\big(x \leq_1 y \ \leftrightarrow\ h(x) \leq_2 h(y)\big)$$

가 성립한다.

두 순서집합 사이에 순서동형사상이 존재할 때면이 이 두 순서집합은 순서동형(*order isomorphic*) 이라고 한다. ⊣

7.8 LEMMA *순서집합간의 순서동형관계는 동등관계이다.*

*Proof.* 독자에게 연습문제로 넘긴다. □

7.9 EXERCISE 두 순서집합 $(P_1, \leq_1)$ 과 $(P_2, \leq_2)$ 이 주어졌을 때 $h : P_1 \to P_2$ 가

(*i*) 양방향 순서보존사상이라는 것은

$$(\forall x, y \in P_1)\big(x <_1 y \ \leftrightarrow\ h(x) <_2 h(y)\big)$$

의 충분조건임을 증명하시오.

(*ii*) $(\forall x, y \in P_1)\big(x \leq_1 y \to h(x) \leq_2 h(y)\big)$ 를 만족한다는 것은

$$(\forall x, y \in P_1)\big(x <_1 y \to h(x) <_2 h(y)\big) \tag{1}$$

의 필요조건임을 증명하시오.

(*iii*) $h$ 가 단사함수라는 조건 하에서는 (*i*) 의 '충분조건' 과 (*ii*) 의 '필요조건' 을 모두 '필요충분조건' 으로 바꾸어 말할 수 있음을 증명하시오.

(*iv*) $P_1$ 이 전순서집합인 경우에는 (1)은 $h$ 가 양방향으로 순서를 보존할 필요충분조건임을 보이시오. ⊣

두 순서집합이 순서동형임을 보이려면 적당한 순서동형사상을 하나만 찾으면 된다. 그러나 두 순서집합이 순서동형이 아님을 보이려면 이와는 상당히 다른 방법을 써야 한다. 흔히 학생들이 범하는 잘못으로 순서동형이 아님을 증명할 때 하나의 순서동형사상의 후보인 전단사 함수를 정의한 다음 그것이 실은 순서를 보존하지 않음을 보이는 것이다. 그러나 순서동형사상을 사용하여 순서동형이 아님을 보이려면 두 순서집합 사이의 무수히 많은 전단사함수 중에 단 하나도 순서를 보존하는 것이 없음을 보여야 하므로 이러한 방법은 옳지 않다.

만일 주어진 두 순서집합이 유한하다면 이 두 집합 간의 전단사 함수는 유한개밖에 없으므로 이들을 하나씩 확인하는 방법이, 집합의 크기가 아주 작을 때는, 통할 수 있다.

두 개의 순서집합

$$\mathbf{P}_1 \stackrel{\text{def}}{=} (\{a,b,c,d\}, \{(a,b),(a,c),(a,d),(b,d),(c,d)\})\text{과 } \mathbf{P}_2 \stackrel{\text{def}}{=} (\{1,2,3,4\}, \leq)$$

가 순서동형이 아님을 증명해 보자. 가장 단순한 방법은 $\mathbf{P}_1$ 에서 $\mathbf{P}_2$ 로 가는 24개의 전단사함수에 대해서 하나씩, 이 함수가 순서를 보존하지 않음을 보이는 것이다. 이것은 분명 가능하기는 하지만 상당히 시간이 걸리는 작업이다.

잘 보면 $a$ 가 $P_1$ 의 최소원이고 1 이 $P_2$ 의 최소원임을 알 수 있다. 그러므로 $P_1$ 에서 $P_2$ 로 가는 전단사함수 $f$ 중 $a \mapsto 1$ 인 것만 살펴 보면 될 것이다. 마찬가지 방법으로 $d$ 는 $P_1$ 의 최대원이고 4는 $P_2$ 의 최대원이므로 $d \mapsto 4$ 인 함수만 살펴 보기로 한다.

그러면 남은 것은 이제 $f_1(b) = 2,\ f_1(c) = 3$ 과 $f_2(b) = 3,\ f_2(c) = 2$ 의 두 함수밖에 없다. 그러나

$$\neg(b \leq c \leftrightarrow f_1(b) \leq f_1(c)), \quad \neg(b \leq c \leftrightarrow f_2(b) \leq f_2(c))$$

이므로 결국 $\mathbf{P}_1$ 와 $\mathbf{P}_2$ 는 순서동형이 아님이 증명되었다. ($\mathbf{P}_1$ 에서의 순서관계도 기호 $\leq$ 를 써서 나타내었다.)

독자들이 이미 알아차렸을 수도 있는데 실은 이것보다 훨씬 더 좋은 방법이 있다. 그것은 $\mathbf{P}_2$ 는 선형순서집합이지만 $\mathbf{P}_1$ 은 그렇지 않다는 것이다. 즉 아래의

1 계문장은 $\mathbf{P}_2$ 에서만 성립한다.

$$\forall x \forall y (x \leq y \vee y \leq x)$$

엄격하게 말하자면 이 방법은 아래의 보조정리를 필요로 한다.

7.10 LEMMA *두 순서집합* $\mathbf{P}_1$ *과* $\mathbf{P}_2$ *가 순서동형이면 임의의 1 계문장* $\theta$ *에 대해서*

$$\mathbf{P}_1 \models \theta \Leftrightarrow \mathbf{P}_2 \models \theta$$

*가 성립한다.* ⊣

위의 보조정리의 증명은 이 책에서는 생략하겠다. 그러므로 이제 두 순서집합이 순서동형이 아님을 증명하려면 둘 중에 어느 하나에서만 성립하는 어떤 수학적 성질을 찾으면 된다.

위의 보조정리는 1 계문장 $\theta$ 에 대해서만 말하고 있지만 사실은 1 계문장으로는 표현할 수 없는 어떠한 수학적 성질이라도 $\theta$ 대신 쓸 수 있다. 이 부분은 상당히 미묘하며 이 책의 범위를 넘는다.

7.11 DEFINITION 반순서집합 $(X, \leq)$ 의 부분집합 $A \subseteq X$ 와 원소 $a \in X$ 에서

$$(\forall x \in A)(a \geq x) \tag{2}$$

일 때 $a$ 는 $A$ 의 $X$ 안에서의 상계(*upper bound*)라고 한다. 상계 중에 가장 작은 것이 존재하면 그것을 최소상계(*supremum*)라고 한다. 하계(*lower bound*)와 최대하계(*infimum*)의 정의는 (2)에서 $\geq$를 $\leq$로 바꾸면 된다.

$A$ 의 모든 상계들의 집합을 $A\uparrow$ 로, 하계들의 집합을 $A\downarrow$ 로 나타낸다. $A \subseteq X$ 의 최소상계와 최대하계는 각각 $\sup A$(혹은 $\sup(A)$)와 $\inf A$(혹은 $\inf(A)$)로 나타낸다. 즉,

$$\sup A \stackrel{\text{def}}{=} \min(A\uparrow),$$
$$\inf A \stackrel{\text{def}}{=} \max(A\downarrow)$$

이 된다. ⊣

7.12 EXAMPLE 순서집합 $(\mathbb{R}, \leq)$ 에서

- $\varnothing\uparrow = \varnothing\downarrow = \mathbb{R}$ 이므로 $\sup\varnothing$ 과 $\inf\varnothing$ 는 존재하지 않는다.
- $\mathbb{R}\uparrow = \mathbb{R}\downarrow = \varnothing$ 이므로 $\sup\mathbb{R}$ 과 $\inf\mathbb{R}$ 은 존재하지 않는다.
- $\sup(0,1) = \sup(0,1] = 1$.
- $A = \{\frac{1}{n} \mid n \geq 1\}$ 인 경우에 $\sup A = \max A = 1$, $\inf A = 0$ 이고 $\min A$ 는 존재하지 않는다.

이번에는 순서집합 $(\mathbb{Q}, \leq)$ 와 $(\mathbb{R}, \leq)$ 를 비교해 보자.

- $(X, \leq) = (\mathbb{Q}, \leq)$, $A = \{x \in \mathbb{Q} \mid x^2 < 2\}$ 인 경우에 $\sup A$ 와 $\inf A$ 는 존재하지 않는다.
- $(X, \leq) = (\mathbb{R}, \leq)$, $A = \{x \in \mathbb{R} \mid x^2 < 2\}$ 인 경우에 $\sup A = \sqrt{2}$, $\inf A = -\sqrt{2}$ 가 된다.

$\varnothing \neq A \subseteq \mathbb{R}$ 가 상계를 하나라도 가진다면 $\sup A$ 가 존재한다는 사실이 알려져 있다. 이것을 두고 $\mathbb{R}$ 은 최소상계 성질(*least upper bound property*)을 가진다고 말한다. ⊣

정의 2에서 주의할 것은 $a$ 가 $A$ 의 원소일 필요가 없다는 것이다. 이 점은 $A$ 의 최대원이나 극대원은 모두 $A$ 의 원소여야 하는 것과 비교된다. 물론 $a$ 가 $A$ 의 원소인 경우도 있다.

"$A \subseteq X$ 가 극대원(최대원, 극소원, 최소원)을 가진다." 는 표현은 "$A$ 의 극대원(최대원, 극소원, 최소원)이 존재한다." 는 것과 똑같은 의미로 해석하면 되므로 사용에 아무런 문제가 없지만, "$A \subseteq X$ 가 최소상계(최대하계)를 가진다." 고 하는 표현은 이 최소상계(최대하계)가 $A$ 의 원소라는 것까지 함의하는 것인지가 불분명할 수 있으므로 주의해서 사용해야 한다. 예를 들어 개구간 (0,1)의 최소상계 1은 (0,1)의 원소가 아니지만 "(0,1)은 최소상계를 가진다." 를 참인 것으로 보는 경우가 많다.

또 하나 주의할 것은 $A$ 의 상계는 원칙적으로 "$A$ 의 <u>$X$ 안에서의</u> 상계" 와 같이 $A$ 를 품고 있는, 즉 $A$ 를 부분구조체로 가지고 있는 순서집합을 명시해야 한다는 것이다. 예를 들어 $A = \{x \in \mathbb{Q} \mid x^2 < 2\}$ 일 때 $A$ 의 $\mathbb{Q}$ 안에서의 최대상계는 존재하지 않지만 $A$ 의 $\mathbb{R}$ 안에서의 최대상계는 존재한다. (이것은 예 7.12에서 본 것과 거의 비슷하다.)

7.13 DEFINITION $(X, \leq)$가 순서집합이고 $A \subseteq X$ 라 하자.

$$(\forall x \in A)(\forall y \in X)(y \leq x \to y \in A), \text{ 혹은}$$
$$A{\downarrow} \subseteq A$$

일 때 $A$는 아래로 닫혀있다(*closed downward*)고 한다. 위로 닫혀있음(*closed upward*)은 당연한 방법으로 정의한다.

$(X, \leq)$가 선형순서집합일 때 아래로 닫힌 $X$의 부분집합을 절편(*initial segement*)이라고 한다. 절편이 $X$의 진부분집합일 때 이를 진절편(*proper initial segment*)이라고 한다. 절편 중에 $\{x \in X \mid x < a\}$ 형태인 것을 $\underline{a\text{에 의한}}$ 절편이라고 한다. ⊣

7.14 EXERCISE $\mathbb{R}$의 최소상계 성질을 이용하여 $\varnothing \neq A \subseteq \mathbb{R}$가 하계를 하나라도 가진다면 $\inf A$가 존재함을 증명하시오. ⊣

7.15 EXERCISE 그림 7.1.(*iii*)의 반순서집합에서 $\{b, e\}$의 최소상계가 존재하는가? $\{d, e\}$와 $\{b, c\}$에 대해서도 같은 질문에 답하시오. ⊣

## 2 동등관계와 상구조와 준동형사상

$\mathbb{Z}$ 위의 관계 $\equiv_3$을 다음과 같이 정의하자.

$$a \equiv_3 b \Leftrightarrow (a - b)\text{가 } 3\text{의 배수}$$

$\equiv_3$가 동등관계임은 쉽게 증명할 수 있다. 그리고 보조정리 6.58에 의하여 이 동등류들은 $\mathbb{Z}$의 분할을 이룸을 알 수 있다.

7.16 EXERCISE $\mathbb{Z}/{\equiv_3}$는 몇 개의 원소로 이루어져 있는가? ⊣

두 수가 $\equiv_3$ 관계를 가진다는 것은 각 수를 3으로 나눈 나머지가 같다는 뜻이다. 즉, 함수 $f : \mathbb{Z} \to \mathbb{Z}$을

$$f(n) = n\text{을 } 3\text{으로 나눈 나머지}$$

로 정의했을 때 $x \equiv_3 y \Leftrightarrow f(x) = f(y)$가 성립한다.

7.17 Lemma 함수 $f : X \to Y$ 가 주어졌을 때 $X$ 위의 관계 $R$ 을

$$x_1 \, R \, x_2 \;\Leftrightarrow\; f(x_1) = f(x_2)$$

로 정의하면 $R$ 은 동등관계이다.

역으로 모든 동등관계는 이런 방식으로 얻어진다. 즉, $R \subseteq X^2$ 이 동등관계라면 어떤 집합 $Y$ 와 함수 $f : X \to Y$ 가 존재하여

$$(\forall x_1, x_2 \in X)\big(x_1 \, R \, x_2 \;\leftrightarrow\; f(x_1) = f(x_2)\big)$$

가 성립한다.

*Proof.* 순방향은 쉬우므로 독자에게 넘기고, 여기서는 역방향만 증명하겠다. $R \subseteq X^2$ 을 동등관계라 하자.

$$Y \stackrel{\text{def}}{=} X/{\sim}$$

로 둔다. 그리고 $f : X \to Y$ 를

$$f(x) = x/{\sim}$$

으로 정의한다. 그러면 모든 $x_1, x_2 \in X$ 에 대하여 $x_1 \, R \, x_2 \;\Leftrightarrow\; f(x_1) = f(x_2)$ 이 성립함은 보조정리 6.58에 의하여 바로 나온다. □

7.18 Exercise 함수 $f : X \to Y$ 와 공역 $Y$ 위의 동등관계 $\sim \subseteq Y^2$ 가 주어졌을 때 $X$ 위의 관계 $R$ 을

$$x_1 \, R \, x_2 \;\Leftrightarrow\; f(x_1) \sim f(x_2)$$

로 정의하면 $R$ 은 동등관계임을 증명하시오. ⊣

7.19 Definition $X$ 위의 동등관계 $\sim$ 이 주어졌을 때

$$f(x) = x/{\sim}$$

으로 정의된 함수 $f : X \to X/{\sim}$ 을 표준사상(*canonical map*), 혹은 표준사영함수(*canonical projection*) 라고 한다. ⊣

7.20 Exercise 모든 표준사영함수는 전사함수임을 증명하시오. ⊣

213쪽에서 정의했던 $\mathbb{Z}$ 위의 동등관계 $\equiv_3$ 에 대해서 좀 더 알아 보자. $a_1 \equiv_3 b_1$, $a_2 \equiv_3 b_2$ 일 때

$$a_1 + a_2 \equiv_3 b_1 + b_2, \tag{3}$$
$$a_1 \cdot a_2 \equiv_3 b_1 \cdot b_2 \tag{4}$$

이 성립한다. 이 사실은 $a_1 - b_1 = 3m$, $a_2 - b_2 = 3k$ 로 두고 계산하면 쉽게 확인된다.

7.21 DEFINITION 집합 $X$ 위의 $n$ 항연산 $f : X^n \to X$ 와 2항관계 $R$ 이 주어졌을 때,

$$(\forall \bar{x}, \bar{y} \in X^n)\Big((x_1\, R\, y_1) \wedge \cdots \wedge (x_n\, R\, y_n) \to \big(f(\bar{x})\, R\, f(\bar{y})\big)\Big)$$

가 성립하면이 $f$ 는 $R$ 을 보존(*preserve*)한다고 한다.

$L$ 이 대수적 언어일 때 $L$-구조체 $\mathfrak{A} \stackrel{\text{def}}{=} (A, f_1, f_2, \ldots)$ 위의 동등관계 $R \subseteq A^2$ 이 모든 $f_1$, $f_2$ ... 에 의해서 보존될 때 $R$ 을 $\mathfrak{A}$ 위의 합동관계(*congruence relation*)라고 한다. ⊣

우리는 앞서 (3)과 (4)에서 $\equiv_3$ 가 $(\mathbb{Z}, +, \cdot)$ 위의 합동관계임을 확인하였다.

$\mathbb{Z}/{\equiv_3}$ 는 3개의 원소 $0/{\equiv_3}$, $1/{\equiv_3}$, $2/{\equiv_3}$ 로 이루어졌다. 이 집합에 다음과 같이 연산 $+/{\equiv_3}$ 를 정의한다.

| $+/{\equiv_3}$ | $0/{\equiv_3}$ | $1/{\equiv_3}$ | $2/{\equiv_3}$ |
|---|---|---|---|
| $0/{\equiv_3}$ | $0/{\equiv_3}$ | $1/{\equiv_3}$ | $2/{\equiv_3}$ |
| $1/{\equiv_3}$ | $1/{\equiv_3}$ | $2/{\equiv_3}$ | $0/{\equiv_3}$ |
| $2/{\equiv_3}$ | $2/{\equiv_3}$ | $0/{\equiv_3}$ | $1/{\equiv_3}$ |

이 연산 $+/{\equiv_3}$ 는 다음과 같은 아주 흥미로운 성질을 가지고 있다.

그것은 모든 $i, j \in \mathbb{Z}$ 에 대해서

$$(i/{\equiv_3})\ +/{\equiv_3}\ (j/{\equiv_3})\ =\ (i + j)/{\equiv_3} \tag{5}$$

가 성립한다는 사실이다. ($i, j \in \{0, 1, 2\}$ 일 때는 쉽게 확인된다. 모든 $i, j \in \mathbb{Z}$ 에 대해서 이것이 성립함을 곧 확인할 것이다.)

(5)는

$$\mathbb{Z}/{\equiv_3} \stackrel{\text{def}}{=} \{x/{\equiv_3} \mid x \in \mathbb{Z}\}$$

위의 연산 $+/{\equiv_3}$ 가 잘 정의되어 있다(*well-defined*)는 것을 나타내고 있다.

(5)의 의미는 잘 새겨서 이해해야 한다. $\mathbb{Z}/{\equiv_3}$ 의 두 원소 $i/{\equiv_3}$ 와 $j/{\equiv_3}$ 가 주어졌다면 $(i/{\equiv_3}) = (i'/{\equiv_3})$ 인 $i' \in \mathbb{Z}$ 이 얼마든지 존재한다. 마찬가지로 $(j/{\equiv_3}) = (j'/{\equiv_3})$ 인 $j' \in \mathbb{Z}$ 도 많이 존재한다. 그렇다면

$$\begin{aligned}(i/{\equiv_3})\ +/{\equiv_3}\ (j/{\equiv_3}) &= (i'/{\equiv_3})\ +/{\equiv_3}\ (j'/{\equiv_3}) \\ &= (i'+j')/{\equiv_3} \\ &= (i+j)/{\equiv_3}\end{aligned} \tag{6}$$

이 성립해야 할 것이다. 실제로 어떤 동등류들의 집합에 연산이 잘 정의되어 있음을 확인하려면 (5)보다는 (6)이 훨씬 쓸모 있다는 사실을 알아 두어야 한다.

(6)의 등호 3개 중 마지막 것을 확인하기 위하여 $(i/{\equiv_3}) = (i'/{\equiv_3})$ 와 $(j/{\equiv_3}) = (j'/{\equiv_3})$ 인 $j' \in \mathbb{Z}$ 를 가정하자. 그러면 $(i+j)/{\equiv_3} = (i'+j')/{\equiv_3}$ 는 (3) 에 의하여 성립한다.

7.22 Exercise $\mathbb{Z}/{\equiv_3}$ 위의 연산 $\cdot/{\equiv_3}$ 의 표를 그리시오. ⊣

동등류의 집합 $\mathbb{Z}/{\equiv_3}$ 는 두 개의 연산 $+/{\equiv_3}$ 와 $\cdot/{\equiv_3}$ 를 가지는 대수적 구조체가 된다. 이렇게 합동관계의 동등류들의 집합을 대상영역으로 하고 원래의 구조체의 구조를 물려 받아 이루어진 수학적 구조체를 상 구조체(*quotient structure*)라고 한다. 대수적 구조체뿐만이 아니라 위상수학 등 다른 여러 형태의 수학적 구조체에 적당한 "합동관계"가 있으면 이로부터 상 구조체를 만들 수 있다.

$\mathbb{Z}/{\equiv_3}$ 위의 연산 $+/{\equiv_3}$ 의 표에서 우리는 $\mathbb{Z}/{\equiv_3}$ 를 $\{0/{\equiv_3}, 1/{\equiv_3}, 2/{\equiv_3}\}$ 로 두었는데, 실은 꼭 이렇게 할 필요는 없다. 예를 들어 $\mathbb{Z}/{\equiv_3}$ 를 $\{3/{\equiv_3}, 4/{\equiv_3}, -1/{\equiv_3}\}$ 로 두어도 수학적으로 아무 문제가 없다.

다만 첫번째 경우에는 주어진 $n \in \mathbb{Z}$ 이 속하는 동등류의 대표원을 알고 싶다면 $n$ 을 3으로 나눈 나머지를 계산하여 간단하게 구할 수 있지만 두번째 경우에는 그렇지 않다는 차이가 있다. 첫번째 경우에는 동등류들의 대표원(*representative*)으로 0,1,2를 취한 것이고, 두번째 경우에는 동등류들의 대표원으로 $3, 4, -1$ 을 취한 것이라고 말한다.

정리하면 동등류의 대표원은 그 동등류의 임의의 원소를 취해 사용해도 되나, 사용의 편리성 등의 요소를 고려하여 잘 취하는 것이 좋다는 것이다.

마지막으로 $\equiv_3$ 뿐만이 아니라 임의의 $n \geq 1$ 에 대해서도 상구조체 $\mathbb{Z}/{\equiv_n}$ 을 구성할 수 있음을 말해 둔다.

우리는 두 순서집합의 동형에 대해서 공부한 바 있다. 일반적으로 두 구조체 간의 동형에 대한 정의는 다음과 같다.

7.23 DEFINITION $L$이 1계언어일 때 $L$-구조체 $\mathbf{A}$에서 $L$-구조체 $\mathbf{B}$로 가는 준동형사상(*homomorphism*) $h : \mathbf{A} \to \mathbf{B}$는 $A$를 정의역으로 하고 $B$를 공역으로 하는 함수로서

(*i*) 각 $n > 0$와 각 $n$항 술어기호 $P \in L$에 대하여

$$(\forall \bar{a} \in A^n)\big(P^{\mathbf{A}}(\bar{a}) \to P^{\mathbf{B}}(h(\bar{a}))\big),$$

(*ii*) 각 $n > 0$와 각 $n$항 함수기호 $f \in L$에 대하여

$$(\forall \bar{a} \in A^n)\big(h(f^{\mathbf{A}}(\bar{a})) = f^{\mathbf{B}}(h(\bar{a}))\big),$$

(*iii*) 각 상수기호 $c \in L$에 대하여

$$h(c^{\mathbf{A}}) = c^{\mathbf{B}}$$

를 만족하는 것이다. 단, 표기의 편의를 위하여 $\bar{a} \overset{\text{def}}{=} (a_1, \ldots, a_n)$일 때 $h(\bar{a}) \overset{\text{def}}{=} (h(a_1), \ldots, h(a_n))$인 것으로 한다. ((*ii*)를 두고 $h$는 $f$와 교환가능하다(*h commutes with f*)라고 말한다.)

준동형사상이 ① 단사이고, ② (*ii*)를

$$(\forall \bar{a} \in A^n)\big(P^{\mathbf{A}}(\bar{a}) \leftrightarrow P^{\mathbf{B}}(h(\bar{a}))\big)$$

로 강화한 것을 만족할 때면이 이를 묻음(*embedding*)이라고 한다.

묻음이 전사함수일 때면이 이를 동형사상(*isomorphism*)이라고 한다.

준동형사상 $h : \mathbf{A} \to \mathbf{A}$를 자기준동형사상(*endomorphism*)이라고 하고, 동형사상 $h : \mathbf{A} \to \mathbf{A}$를 자기동형사상(*automorphism*)이라고 한다.

두 $L$-구조체 $\mathbf{A}$와 $\mathbf{B}$ 간에 동형사상이 존재할 때면이 $\mathbf{A}$와 $\mathbf{B}$가 동형(*isomorphic*)이라 하고 기호로는 $\mathbf{A} \cong \mathbf{B}$로 나타낸다. ⊣

7.24 FACT 아래의 사실들은 모두 중요하다. 이 사실들의 증명은 특별한 아이디이나 기법을 필요로 하지 않으며, 증명하는 과정에서 이들 개념을 확실히 익힐 수 있으므로 독자에게 연습문제로 넘긴다.

- 두 준동형사상의 합성은 준동형사상이다.
- 두 묻음의 합성은 묻음이다.
- 항등함수는 동형사상이다.
- 동형사상의 역함수는 동형사상이다.
- 두 동형사상의 합성은 동형사상이다.
- 동형관계는 동등관계이다. ⊣

7.25 EXERCISE 정의 7.23.(*ii*) 의 $(\forall \bar{a} \in A^n)\big(h(f^{\mathbf{A}}(\bar{a})) = f^{\mathbf{B}}(h(\bar{a}))\big)$ 는

$$(\forall \bar{a} \in A^n, b \in A)\Big(\big(f^{\mathbf{A}}(\bar{a}) = b\big) \to \big(f^{\mathbf{B}}(h(\bar{a})) = h(b)\big)\Big) \tag{7}$$

과 동등함을 증명하시오. 그리고 만일 $h$ 가 단사함수라면 (7)에 나오는 $\to$ 는 $\leftrightarrow$ 로 바꾸어도 됨을 보이시오.

대수적 구조체 간의 단사 준동형사상은 묻음이지만, 일반적인 1계구조체 간의 단사 준동형 사상은 묻음이 되지 않는 이유를 설명하시오. ⊣

그림 7.2는 두 순서집합 간의 준동형사상의 한 예를 보여 준다. 이 준동형사상은 전단사이지만 동형사상은 아니다.

그림 7.2: 전단사 준동형사상이지만 동형사상이 아닌 예

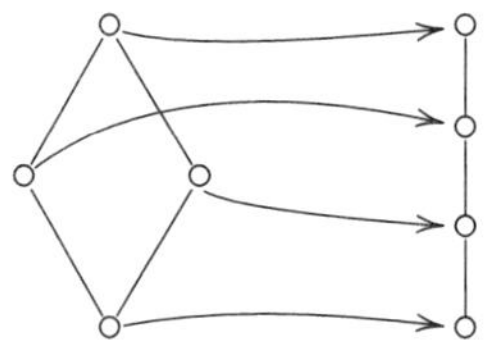

7.26 DEFINITION $L$ 을 대수적 1계언어, $\mathbf{A}$ 와 $\mathbf{B}$ 를 $L$-구조체라 하자. 준동형사상 $h : \mathbf{A} \to \mathbf{B}$ 에 대해서 $A$ 위의 관계 $\sim$ 을

$$a_1 \sim a_2 \iff h(a_1) = h(a_2)$$

로 정의했을 때 이 $\sim$ 을 $h$ 의 항등역상관계(*kernel*)라 하고 $\ker h$ 로 나타낸다. ⊣

7.27 EXERCISE 집합 $A$ 위에 동등관계 $\sim$ 이 주어졌을 때 $A$ 에서 $A/\!\sim$ 으로 가는 표준사영함수의 항등역상관계는 $\sim$ 과 동일함을 보이시오. ⊣

합동관계는 7.21에서 대수적 구조체에 대해서만 정의하였다. 술어기호를 가지는 일반적인 1계언어의 구조체에 대해서는 아래와 같이 정의한다.

7.28 DEFINITION 1계언어 $L$의 구조체 $\mathbf{A}$ 위의 관계 $\sim \subseteq A^2$은 아래의 조건을 만족할 때 합동관계(*congruence relation*)라고 한다.

(*i*) $\sim$은 동등관계이다.

(*ii*) $\sim$은 모든 함수기호 $f \in L$에 대해서 $f^{\mathbf{A}}$에 의하여 보존된다. 즉, 모든 $n$항 함수기호 $f \in L$와 모든 $a_1, \ldots, a_n, b_1, \ldots, b_n \in A$에 대해서

$$(a_1 \sim b_1) \wedge \cdots \wedge (a_n \sim b_n) \;\Rightarrow\; f^{\mathbf{A}}(a_1, \ldots, a_n) \sim f^{\mathbf{A}}(b_1, \ldots, b_n)$$

이다.

(*iii*) $\sim$은 모든 술어기호 $P \in L$에 대해서 $P^{\mathbf{A}}$를 존중한다. 즉, 모든 $n$항 술어기호 $P \in L$와 모든 $a_1, \ldots, a_n, b_1, \ldots, b_n \in A$에 대해서

$$(a_1 \sim b_1) \wedge \cdots \wedge (a_n \sim b_n) \;\Rightarrow\; \big(P^{\mathbf{A}}(a_1, \ldots, a_n) \Leftrightarrow P^{\mathbf{A}}(b_1, \ldots, b_n)\big)$$

이다. ⊣

7.29 DEFINITION 1계언어 $L$의 구조체 $\mathbf{A}$ 위의 관계 $\sim \subseteq A^2$이 합동관계일 때 $\mathbf{A}$를 $\sim$으로 나눈 상구조체(*quotient structure*)는 다음과 같이 정의된 $L$-구조체 $\mathbf{A}/\!\sim$이다.

(*i*) $\mathbf{A}/\!\sim$의 대상영역은 $A/\!\sim$이다.

(*ii*) 각 $n$항 술어기호 $P \in L$와 $a_1/\!\sim, \ldots, a_n/\!\sim \in A/\!\sim$에 대하여

$$P^{\mathbf{A}/\sim}(a_1/\!\sim, \ldots, a_n/\!\sim) \Leftrightarrow P^{\mathbf{A}}(a_1, \ldots, a_n).$$

(*iii*) 각 $n$항 함수기호 $f \in L$와 $a_1/\!\sim, \ldots, a_n/\!\sim \in A/\!\sim$에 대하여

$$f^{\mathbf{A}/\sim}(a_1/\!\sim, \ldots, a_n/\!\sim) = f^{\mathbf{A}}(a_1, \ldots, a_n)/\!\sim.$$

(*iv*) 각 상수기호 $c \in L$과 $a \in A$에 대하여 $c^{\mathbf{A}/\sim} = c^{\mathbf{A}}/\!\sim$. ⊣

7.30 EXERCISE 정의 7.29의 상구조체 $\mathbf{A}/\!\sim$은 잘 정의됨을 증명하시오. ⊣

7.31 Lemma *$L$-구조체 $\mathbf{A}$ 에서 그것의 상구조체 $\mathbf{A}/\!\sim$ 으로 가는 표준사영함수*

$$x \mapsto x/\!\sim$$

*는 준동형사상이고 또한 전사이다.*

*Proof.* 독자에게 연습문제로 넘긴다. □

7.32 Lemma *대수적 구조체 간의 준동형사상 $h : \mathbf{A}_1 \to \mathbf{A}_2$ 의 항등역상관계 $\ker h$ 는 합동관계이다. 그리고 이 경우에 만일 $h$ 가 전사라면 $\mathbf{A}_1/(\ker h) \cong \mathbf{A}_2$ 의 동형관계가 성립한다. 그러나 일반적인 1 계구조체 간의 준동형사상의 항등역상관계는 합동관계가 아닐 수 있다.*

*Proof.* 독자에게 연습문제로 넘긴다. ⊣

기존의 구조체(들)로부터 새로운 구조체를 구성(construct)하는 것은 수학에서 중요하고 또한 빈번하다. 가장 중요한 구성 기법 3 개를 든다면 부분구조체, 카티지언곱 구조체 및 상구조체라고 하면 될 것이다. 부분구조체와 카티지언곱 구조체는 바로 다음 절에서 소개할 것이다. 처음 배우는 학생에게는 이 셋 중에 방금 배운 상구조체가 가장 어렵게 느껴지기 쉽다. 우리는 수학에서 상구조체의 예를 많이 보게 될 것이므로 여기서 하나의 중요한 예를 가지고 공부해 보자.

연습문제 6.53 에서 집합 $X$ 위의 임의의 2 항관계 $R \subseteq X^2$ 에 대해서 그것의 동등폐포가 존재함을 보았다. 그렇다면 순서폐포는 어떠한가? 이것은 일반적으로 불가능함을 곧 알 수 있는데 그 이유는 $R \subseteq X^2$ 이 반대칭적이 아닌 경우 $R$ 보다 더 큰 어떠한 관계도 반대칭적이 될 수 없기 때문이다. 하지만 $R$ 의 반사추이폐포를 $R_1$ 이라 했을 때 어떤 적당한 동등관계 $\sim \subseteq X^2$ 에 대해서 $(X, R_1)$ 의 상구조체 $(X/\!\sim, R_1/\!\sim)$ 가 순서집합이 되도록 할 수는 있다. ($R_1/\!\sim$ 의 의미는 6.57 참조.)

한 예로 $X = \{a, b_1, b_2, c\}$, $R = \{(a, b_1), (b_1, b_2), (b_2, b_1), (b_2, c)\}$ 라 하자. 그리고

$$R_0 \stackrel{\text{def}}{=} \{(x, y) \in R \mid (x, y) \in R,\ (y, x) \in R\}$$

로 두고 $R_0$ 의 동등폐포를 $\sim$ 라 하자. 이 경우

$$R_0 = \{(b_1, b_2), (b_2, b_1)\},$$
$$\sim\, = \{(b_1, b_2), (b_2, b_1)\} \cup \{(a, a), (b_1, b_1), (b_2, b_2), (c, c)\}$$

가 된다. 그리고

$$a' \stackrel{\text{def}}{=} a/\sim,\ b' \stackrel{\text{def}}{=} b_1/\sim,\ c' \stackrel{\text{def}}{=} c/\sim$$

으로 두면

$$X/\sim = \{a', b', c'\}$$

이 되고, 여기서 $R$의 반사추이폐포를 $R_1$ 이라 하고 $\leq' \stackrel{\text{def}}{=} R_1/\sim$ 으로 두면 이것은

$$a' \leq' b' \leq' c'$$

를 만족하는 $X/\sim$ 위의 순서관계가 된다. 이 구성 과정을 그림 7.3에 나타내었다.

그림 7.3: 상구조 순서집합

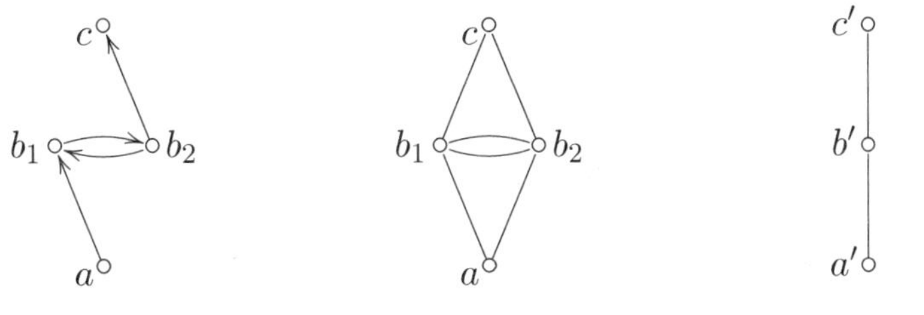


지금까지의 논의에서 생략된 것은 $\sim$ 이 $(X, R_1)$ 의 합동관계임의 증명이다. 정리하여 간단히 말하자면 집합 $X$ 위의 임의의 2항관계 $R$이 주어졌을 때, 이것의 반사추이폐포에서, 서로(양방향으로) $R$-관계에 있는 점들을 동일시(identify)하면 순서관계가 얻어진다는 것이다.

위에서 구성한 $R_1/\sim$ 은 $R$의 초집합은 아니지만 그래도 $R$의 순서폐포(*order closure*)라고 부르기로 한다.

## 3 부분구조체와 카티지언곱 구조체

7.33 Definition $L$이 1계언어이고 $\mathbf{A} \stackrel{\text{def}}{=} (A, \ldots)$와 $\mathbf{B} \stackrel{\text{def}}{=} (B, \ldots)$가 $L$-구조체일 때 아래의 조건이 만족되면 $\mathbf{B}$를 $\mathbf{A}$의 부분구조체(*substructure*)라고 한다.

(*i*) $B \subseteq A$.

(*ii*) 모든 $n$ 항 술어기호 $P \in L$ 에 대해서 $P^{\mathbf{B}} = P^{\mathbf{A}} \cap B^n$.

(*iii*) 모든 $n$ 항 함수기호 $f \in L$ 와 $b_1, \ldots, b_n \in B$ 에 대해서

$$f^{\mathbf{B}}(b_1, \ldots, b_n) = f^{\mathbf{A}}(b_1, \ldots, b_n).$$

(*iv*) 모든 상수기호 $c \in L$ 에 대해서 $c^{\mathbf{B}} = c^{\mathbf{A}}$. ⊣

7.34 EXERCISE $L$ 이 1 계언어라 하자. $L$-구조체 $\mathbf{B}$ 가 $L$-구조체 $\mathbf{A}$ 의 부분구조체임을 $\mathbf{B} \leq \mathbf{A}$ 로 나타내면, $\leq$ 는 $L$-구조체 간의 순서관계임을 보이시오. ⊣

7.35 DEFINITION $n$ 항 연산 $f : X^n \to X$ 와 부분집합 $A \subseteq X$ 가 주어졌을 때 $f(A^n) \subseteq A$ 이면이 $A$ 는 $f$ 에 대해서 닫혀있다(*closed*) 고 말한다. ⊣

7.36 LEMMA *$L$ 이 1 계언어이고 $\mathbf{A} \stackrel{\text{def}}{=} (A, \ldots)$ 는 $L$-구조체, $B$ 는 $A$ 의 부분집합일 때 $B$ 를 대상영역으로 하는 $\mathbf{A}$ 의 부분구조체가 존재하기 위한 필요충분조건은 다음과 같다.*

(*i*) *모든 $n$ 항 함수기호 $f \in L$ 와 $b_1, \ldots, b_n \in B$ 에 대해서 $f^{\mathbf{A}}(b_1, \ldots, b_n) \in B$. ($B$ 는 $\mathbf{A}$ 의 모든 기본 연산에 대하여 닫혀있다.)*

(*ii*) *모든 상수기호 $c \in L$ 에 대해서 $c^{\mathbf{A}} \in B$. ($B$ 는 $\mathbf{A}$ 의 모든 상수들을 원소로 가진다.)*

*Proof.* 독자에게 연습문제로 넘긴다. □

보조정리 7.36의 상황에서 $B$ 를 대상영역으로 하는 $\mathbf{A}$ 의 부분구조체를 $\mathbf{A}$ 의 $B$ 로의 제한(*restriction*) 이라고 하고 $\mathbf{A} \restriction B$ 로 나타낸다.

7.37 EXERCISE $\mathbf{A} \leq \mathbf{B}$ 이면 임의의 전칭논리식 $\sigma$ 에 대하여 $\mathbf{B} \models \sigma \;\Rightarrow\; \mathbf{A} \models \sigma$ 임을 증명하시오.

순서집합의 부분구조체는 순서관계집합인가? 전순서관계는 어떠한가? 동등관계는 어떠한가? ⊣

7.38 DEFINITION $L$ 이 1 계언어이고 $\mathbf{A}_1 \stackrel{\text{def}}{=} (A_1, \ldots)$ 과 $\mathbf{A}_2 \stackrel{\text{def}}{=} (A_2, \ldots)$ 가 $L$-구조체일 때 $\mathbf{A}_1$ 과 $\mathbf{A}_2$ 의 카티지언곱(*Cartesian product*) $\mathbf{A}_1 \times \mathbf{A}_2$ 는 다음과 같이 정의되는 $L$-구조체이다. 단, 아래에서 $\bar{a} \stackrel{\text{def}}{=} (a_1, \ldots, a_n)$, $\bar{b} \stackrel{\text{def}}{=} (b_1, \ldots, b_n)$ 이다.

(*i*) 대상영역은 $A \times B$ 이다.

(*ii*) 모든 $n$ 항 술어기호 $P \in L$ 에 대해서

$$P^{\mathbf{A}\times\mathbf{B}} = \{((a_1,b_1),\ldots,(a_n,b_n)) \in (A\times B)^n \mid \bar{a}\in P^{\mathbf{A}},\ \bar{b}\in P^{\mathbf{B}}\}.$$

(*iii*) 모든 $n$ 항 함수기호 $f \in L$ 와 $((a_1,b_1),\ldots,(a_n,b_n)) \in (A\times B)^n$ 에 대해서

$$f^{\mathbf{A}\times\mathbf{B}}((a_1,b_1),\ldots,(a_n,b_n)) = (f^{\mathbf{A}}(\bar{a}), f^{\mathbf{B}}(\bar{b})).$$

(*iv*) 모든 상수기호 $c \in L$ 에 대해서 $c^{\mathbf{A}\times\mathbf{B}} = (c^{\mathbf{A}}, c^{\mathbf{B}})$.

$L$-구조체들의 첨수집합족 $(\mathbf{A}_i)_{i\in I}$ 의 카티지언곱은 다음과 같이 정의되는 $L$-구조체 $\prod_{i\in I}\mathbf{A}_i$ 이다. 단, 아래에서 각 $j=1,\ldots,n$ 에 대해서 $\tilde{a}_j \overset{\text{def}}{=} (a^i_j)_{i\in I}$ 이다.

(*i*) 대상영역은 $\prod_{i\in I} A_i$ 이다. (단, 각 $i\in I$ 에 대하여 $A_i$ 는 $\mathbf{A}_i$ 의 대상영역임.)

(*ii*) 모든 $n$ 항 술어기호 $P \in L$ 에 대해서

$$P^{\prod_{i\in I}\mathbf{A}_i} = \{(\tilde{a}_1,\ldots,\tilde{a}_n) \in \left(\prod_{i\in I} A_i\right)^n \mid (\forall i\in I)((a^i_1,\ldots,a^i_n)\in P^{\mathbf{A}_i})\}.$$

(*iii*) 모든 $n$ 항 함수기호 $f \in L$ 와 $(\tilde{a}_1,\ldots,\tilde{a}_n) \in \left(\prod_{i\in I} A_i\right)^n$ 에 대해서

$$f^{\prod_{i\in I}\mathbf{A}_i}(\tilde{a}_1,\ldots,\tilde{a}_n) = (f^{\mathbf{A}}_i(a^i_1,\ldots,a^i_n))_{i\in I}.$$

(*iv*) 모든 상수기호 $c \in L$ 에 대해서 $c^{\prod_{i\in I}\mathbf{A}_i} = (c^{\mathbf{A}}_i)_{i\in I}$. ⊣

7.39 DEFINITION $L$-구조체들의 첨수집합족 $(\mathbf{A}_j)_{j\in I}$ 의 카티지언곱 $\prod_{j\in I}\mathbf{A}_j$ 가 주어졌을 때, 각 $i\in I$ 에 대하여 표준사영함수(*canonical projection*) $\pi_i$ 를 다음과 같이 정의한다.

$$\pi_i(\tilde{x}) = x_i, \quad \text{모든 } \tilde{x}\in \prod_{j\in I} A_j$$ ⊣

상구조 관련하여 표준사영함수라는 용어가 따로 7.19 에 정의되어 있으며 이것은 바로 위의 정의와는 조금 다른 의미를 가진다. 위의 표준사영함수도 전사 준동형사상이라는 점에서는 같다. 그러나 상구조 표준사영함수는 양방향으로 술어를 보존한다는 점에서 카티지언곱 표준사영함수와 다르다.

# 4 토픽 몇 가지

## 4.1 폐포연산

7.40 Definition $X$ 는 집합이고 함수 $C : \mathcal{P}(X) \to \mathcal{P}(X)$ 가 모든 $A, A1, A2 \in \mathcal{P}(X)$ 에 대해서

(*i*) $C(A) \supseteq A$, (확장적, extensive)

(*ii*) $A1 \subseteq A2 \Rightarrow C(A1) \subseteq C(A2)$. (증가함수, increasing)

(*iii*) $C(C(A)) = C(A)$, (멱등적, idempotent)

를 만족할 때 $C$ 를 $\mathcal{P}(X)$ 위의 폐포연산(*closure operator*) 이라 한다.

우리는 $X$ 가 집합을 이루지 못하는 진클래스일 때도 폐포연산이라는 용어를 사용한다. 물론 이럴 때는 $C$ 를 함수가 아니라 클래스 함수(*class function, class operator*) 라고 부른다. ⊣

$C(A) = A$ 인 $A$ 를 닫힌 집합(*closed set*) 이라고 하고 이때 $A$ 를 $C$ 에 대하여 닫혀있다(*closed*) 고 한다. 폐포연산의 가장 잘 알려진 예로는 위상수학의 $A \to \overline{A}$, 선형대수학의 $A \mapsto \mathrm{Span}(A)$ 등이 있다. 후자는 생성연산의 일종이다. 예를 들어 군의 생성연산은 $\mathbf{G} = (G, ..)$ 가 군이고 $A \subseteq G$ 일 때

$$\langle A \rangle \stackrel{\text{def}}{=} \min\{G' \mid A \subseteq G' \subseteq G,\ \mathbf{G} \restriction G \text{는 부분군}\}$$

로 두었을 때 $A \mapsto \langle A \rangle$ 는 폐포연산이다. 이때 $\langle A \rangle$ 는 $A$ 에 의해서 생성된 (generated) $\mathbf{G}$ 의 부분군이라고 한다.

임의의 1 계구조체에도 생성연산의 개념을 정의할 수 있다. (함수기호와 상수기호가 없는 언어의 구조체에서는 $\langle A \rangle = A$ 가 된다.) 이러한 일반적인 부분구조체의 생성연산에 대한 논의는 지면 관계상 연습문제 7.41 로 미루겠다. 그 대신 보조정리 6.52.(*iii*) 에서 나왔던 2 항관계의 추이폐포에 대해서 조금 분석해 보겠다.

$R \subseteq X^2$ 을 2 항관계라 하자. $C(R)$ 을

$$C(R) \stackrel{\text{def}}{=} \min\{R \subseteq R' \subseteq X^2,\ R' \text{은 추이적}\}$$

으로 두면 $C : \mathcal{P}(X^2) \to \mathcal{P}(X^2)$ 은 폐포연산임을 어렵지 않게 보일 수 있다.

문제는 이런 $C(R)$ 이 존재하느냐 하는 것인데 이에 대하여 2 가지 방법으로 대답이 가능하다.

우선 $\mathcal{R} \overset{\text{def}}{=} \{R \subseteq R' \subseteq X^2,\ R'$은 추이적$\}$ 은 공집합이 아니다. 왜냐하면 $X^2$ 이 $\mathcal{R}$의 원소이기 때문이다. 그리고 추이적인 관계들의 집합의 교집합은 추이적임을 쉽게 보일 수 있다. 이 교집합은 당연히 $\mathcal{R}$의 최소원이며 따라서 $C(R)$ 은 존재한다. 이런 방식을 위에서 아래로(*top-down*) 방식이라 한다.

또 하나의 방법은 보조정리 6.52.(*iii*) 에 나온 방법(과 거의 같은) 방법이다. 만일 어떤

$$(a,b),(b,c) \in R \overset{\text{def}}{=} R_0$$

에 대해서 $(a,c) \notin R$ 이라면 이러한 모든 $(a,c)$ 들을 $R$의 원소로 추가한 것을 $R_1$ 으로 둔다. $R_1$ 은 $R$ 보다는 더 추이적에 가까와졌다고 볼 수 있다. 이번에는 만일 $(a_1,b_1)$ 과 $(b_1,c_1)$ 이 $R_1$ 에 속하되 $(a_1,c_1)$ 이 $R_1$ 에 속하지 않는다면 이러한 모든 $(a_1,c_1)$ 들을 $R_1$ 에 추가하여 얻은 관계를 $R_2$ 라 둔다. 이런 식으로 계속하면 언젠가는 추이적인 관계를 얻게 된다. 여기서 '언젠가는' 이라는 표현의 정확한 뜻은 $\bigcup_{n=0}^{\infty} R_n$ 을 구성한다는 것이다. 이런 방식을 아래서 위로(*bottom-up*) 방식이라 한다.

7.41 EXERCISE 일반적인 1 계언어의 구조체에서 생성연산을 위에서 아래로 및 아래서 위로 방식으로 각각 설명하시오. ⊣

7.42 DEFINITION $L$-구조체들에 대한 4 개의 클래스 함수 $\mathbb{S},\mathbb{P},\mathbb{H},\mathbb{I}$ 를 다음과 같이 정의한다. $\mathcal{A}$ 가 $L$-구조체들의 클래스일 때

$$\mathbb{S}(\mathcal{A}) \overset{\text{def}}{=} \{\mathbf{A} \mid (\exists \mathbf{B} \in \mathcal{A})(\exists \mathbf{B}')\big((\mathbf{A} \le \mathbf{B}') \wedge (\mathbf{B} \cong \mathbf{B}')\big)\},$$

$$\mathbb{P}(\mathcal{A}) \overset{\text{def}}{=} \{\mathbf{A} \mid (\exists \langle \mathbf{B}_i \rangle_{i\in I})\big((\forall i \in I)(\mathbf{B}_i \in \mathcal{A}) \wedge (\mathbf{A} \cong \textstyle\prod_{i\in I} \mathbf{B}_i)\big)\},$$

$$\mathbb{H}(\mathcal{A}) \overset{\text{def}}{=} \{\mathbf{A} \mid (\exists \mathbf{B} \in \mathcal{A})(\exists h : \mathbf{B} \to \mathbf{A},\ h\text{는 준동형사상})\}$$

이 클래스 함수들의 합성에서는 $\circ$ 기호를 생략하는 것이 일반적이다. 예를 들면 $\mathbb{S} \circ \mathbb{P}$ 는 그냥 $\mathbb{SP}$ 로 쓴다. ⊣

$\mathbb{S}$, $\mathbb{P}$, $\mathbb{H}$ 가 모두 폐포연산임이 쉽게 확인된다.

7.43 THEOREM (TARSKI, 1946) $\mathbb{HS}$, $\mathbb{SP}$, $\mathbb{HP}$ 는 모두 *폐포연산이다. 그리고 두 클래스 함수* $\mathbb{F}$ *와* $\mathbb{G}$ *에 대해서* $(\forall \mathcal{A})(\mathbb{F}(\mathcal{A}) \subseteq \mathbb{G}(\mathcal{A}))$ *이면이* $\mathbb{F} \le \mathbb{G}$ *로 나타내기로*

*했을 때 (단, $\mathcal{A}$ 는 L-구조체들의 클래스.)*

$$\mathbb{SH} \leq \mathbb{HS},\ \mathbb{PS} \leq \mathbb{SP},\ \mathbb{PH} \leq \mathbb{HP}$$

*가 성립한다.*

*또한 $\mathbb{HSP}$ 는 폐포연산이다.*

*Proof.* 모는 보편대수학(universal algebra) 교과서에서 찾아 볼 수 있으며 이 책에서는 생략한다. (증명의 난이도는 조금 어려운 연습문제 정도이다.) □

7.44 EXERCISE $\mathbf{A}$ 가 군일 때 $\mathbb{H}(\mathbf{A})$ 의 원소는 모두 군임을 증명하시오. $\mathbb{S}(\mathbf{A})$, $\mathbb{P}(\mathbf{A})$ 에 대해서도 마찬가지임을 증명하시오. $\mathbf{A}$ 가 반순서집합이면 $\mathbb{H}(\mathbf{A})$, $\mathbb{S}(\mathbf{A})$, $\mathbb{P}(\mathbf{A})$ 는 반순서집합인가? $\mathbf{A}$ 가 선형순서집합일 때는 어떠한가? ⊣

7.45 DEFINITION $X$, $Y$ 는 집합, $R \subseteq X \times Y$ 은 관계, $A \subseteq X$, $B \subseteq Y$ 는 부분집합일 때 갈로아 상(*Galois image*) $R^{\rightarrow} : \mathcal{P}(X) \to \mathcal{P}(Y)$ 와 갈로아 역상 $R^{\leftarrow} : \mathcal{P}(Y) \to \mathcal{P}(X)$ 를

$$R^{\rightarrow}(A) = \{y \in Y \mid (\forall x \in A)(x\, R\, y)\},$$
$$R^{\leftarrow}(B) = \{x \in X \mid (\forall y \in B)(x\, R\, y)\}$$

로 정의한다. ⊣

갈로아 상의 정의를 연습문제 6.65 에서 정의했던 '관계의 상'과 비교해 보라.

7.46 LEMMA *$X$, $Y$ 는 집합, $R \subseteq X \times Y$ 은 관계일 때 $C : \mathcal{P}(X) \to \mathcal{P}(X)$ 와 $D : \mathcal{P}(Y) \to \mathcal{P}(Y)$ 를 각각*

$$C(A) = R^{\leftarrow}(R^{\rightarrow}(A)), \quad D(B) = R^{\rightarrow}(R^{\leftarrow}(B))$$

*로 놓으면 $C$ 와 $D$ 는 폐포연산이다.*

*Proof.* $C$ 에 대해서만 증명을 보이겠다. $D$ 에 대한 증명은 거의 동일하다.

먼저 $C$ 가 확장적임을 보이자. $R^{\rightarrow}$ 의 정의에 의하여 $(\forall y \in R^{\rightarrow}(A))(\forall x \in A)(x\, R\, y)$ 이다. 여기에 $\forall$ 의 교환법칙(보조정리 5.18.($v$))을 적용하여

$$(\forall x \in A)(\forall y \in R^{\rightarrow}(A))(x\, R\, y)$$

를 얻는다. 그러므로 $x \in A$ 이면 $(\forall y \in R^{\rightarrow}(A))(x\ R\ y)$ 이다. 이제 $R^{\leftarrow}$ 의 정의에 의하여

$$x \in R^{\leftarrow}(R^{\rightarrow}(A)) = C(A)$$

를 얻는다. 이것으로 $(i)$ 은 증명되었다.

다음, $C$ 가 증가함수임을 보이기 위하여 먼저 $A_1 \subseteq A_2$ 이면 $R^{\rightarrow}(A_1) \supseteq R^{\rightarrow}(A_2)$ 임을 보이겠다. $A_1 \subseteq A_2$ 를 가정하자. 그러면,

$$\begin{aligned} y \in R^{\rightarrow}(A_2) &\Leftrightarrow (\forall x \in A_2)(x\ R\ y) \\ &\Rightarrow (\forall x \in A_1)(x\ R\ y) \\ &\Leftrightarrow y \in R^{\rightarrow}(A_1). \end{aligned}$$

같은 방법으로 $B_1 \supseteq B_2$ 이면 $R^{\leftarrow}(B_1) \subseteq R^{\leftarrow}(B_2)$ 임을 보일 수 있다. 이 사실을 $B_1 = R^{\rightarrow}(A_1) \supseteq R^{\rightarrow}(A_2) = B_2$ 에 적용하면 원하는 결론을 얻는다.

마지막으로 $C$ 의 멱등성을 보이기 위하여 $C(C(A)) \supseteq C(A)$ 와 $C(C(A)) \subseteq C(A)$ 를 보여야 하는데 전자는 $C$ 의 확장성을 $C(A)$ 에 적용하면 바로 나온다. 그러므로 이제 후자만 보이면 된다.

$R^{\rightarrow}(C(A))$ 를 다시 쓰면 $R^{\rightarrow}(R^{\leftarrow}(R^{\rightarrow}(A)))$, 즉 $D(R^{\rightarrow}(A))$ 가 된다. 그런데 $C$ 가 확장적이듯이 $D$ 도 확장적이므로 $D(R^{\rightarrow}(A)) \supseteq R^{\rightarrow}(A)$ 이다. 이것의 양변에 $R^{\leftarrow}$ 를 적용하면 부등호의 방향이 바뀌어

$$R^{\leftarrow}(D(R^{\rightarrow}(A))) \subseteq R^{\leftarrow}(R^{\rightarrow}(A))$$

을 얻게 되는데 이것이 바로 우리가 원하던 $C(C(A)) \subseteq C(A)$ 이다. □

7.47 EXERCISE 보조정리 7.46 에 의하면 $A \subseteq X$ 일 때 $C(A)$ 는 $C : \mathcal{P}(X) \to \mathcal{P}(X)$ 에 대해서 닫혀있음을 알 수 있다. 그런데 실은 각 $B \subseteq Y$ 에 대하여 $R^{\leftarrow}(B)$ 가 $C$ 에 대해서 닫혀있음을 증명하시오. ⊣

$R^{\rightarrow} : \mathcal{P}(X) \to \mathcal{P}(Y)$ 와 $R^{\leftarrow} : \mathcal{P}(Y) \to \mathcal{P}(X)$ 에 의하여 맺어지는 $X$ 의 부분집합들과 $Y$ 의 부분집합들 간의 관계를 갈로아 커넥션(*Galois connection*)이라고 하며 이 개념은 수학의 여러 분야에서 자주 등장하여 중요한 역할을 담당한다.

먼저 대수학의 갈로아 이론이다. $q(x)$ 를 어떤 고정된, 유리수 계수를 가진 다항식이라 하자. $q(x)$ 의 분해체(splitting field)를 $X$ 라 하고 $X$ 의 자기동형사상

(automorphism) 군을 $Y$ 라 하자. 그리고 $X$ 에서 $Y$ 로 가는 관계 $R \subseteq X \times Y$ 를

$$x\,R\,y \;\Leftrightarrow\; y(x) = x$$

로 정의하면 $(R^{\rightarrow}, R^{\leftarrow})$-갈로아 커넥션으로부터 나오는 $X$ 의 닫힌 집합들은 $X$ 의 부분체가 되고, $Y$ 의 닫힌 집합들은 $Y$ 의 부분군이 된다.

이번에는 논리학에서 나타나는 갈로아 커넥션을 알아 보자. $L$ 이 어떤 1계언어일 때 $X$ 를 모든 $L$-구조체의 클래스라고 하고 $Y$ 를 모든 $L$-문장들의 집합이라 하자. 그리고 만족관계 $\models$ 를 $R$ 로 두면 $\Phi \subseteq Y$ 에 대해서

$$\mathrm{Mod}(\Phi) = R^{\leftarrow}(\Phi)$$

임을 곧 알 수 있다. 각 $\mathcal{M} \subseteq X$ 에 대해서 $\mathcal{M}$ 의 이론(*theory*) $\mathrm{Th}(\mathcal{M})$ 을

$$\mathrm{Th}(\mathcal{M}) \stackrel{\mathrm{def}}{=} R^{\rightarrow}(\mathcal{M})$$

으로 정의한다. 그러면 $\Phi = \mathrm{Th}(\mathcal{M})$ 일 때 $\mathrm{Th}(\mathrm{Mod}(\Phi)) = \Phi$ 가 된다. 다시 말하면 $\Phi$ 의 논리적귀결들의 집합은 다시 $\Phi$ 가 된다.

## 4.2 수학적 귀납법과 문자열의 복잡도

수학에서 중요한 추론규칙인 수학적 귀납법(*mathematical induction*)에 대해서 알아 보자

이것은 $P(n)$ 이 자연수 $n$ 에 대한 명제일 때 $\forall n\, P(n)$ 을 증명하기 위한 기법이며, 이를 위하여는

$$P(0) \;\wedge\; \forall n(P(n) \rightarrow P(n+1)) \tag{8}$$

을 보이면 된다는 것이 이 기법의 내용이다. (8)에서 $P(n+1)$ 을 증명할 때 $P(n)$ 이 성립한다는 가정을 사용할 수 있으므로 $P(n)$ 을 흔히 귀납가설(*induction hypothesis*) 이라고 부른다.

이 추론규칙의 타당성은 $\mathbb{N}$ 의 임의의 공아닌 부분집합은 최소원을 가진다는 사실에 기반을 둔다. 만일 $\forall n\, P(n)$ 이 사실이 아니라면

$$A \stackrel{\mathrm{def}}{=} \{n \in \mathbb{N} \mid \neg P(n)\}$$

로 두었을 때 $A \neq \varnothing$ 이 될 것이므로 $A$ 의 최소원, 즉 최소반례(*least counterexample*)가 존재한다. 이를 $n_0$ 라 하자. 그렇다면 $\neg P(n_0)$ 와 가설 $P(0)$ 에 의하여 $n_0 \neq 0$ 가 되고, 따라서 $n_0 - 1 \in \mathbb{N}$ 이다. 이제 $n = n_0 - 1$ 로 놓으면 $n_0$ 의 최소성에 의하여 $n \notin A$, 즉 $P(n)$ 이 성립하여야 한다. 그렇다면 다시 가설 $\forall n\,(P(n) \to P(n+1))$ 에 의하여 $P(n+1)$, 즉 $P(n_0)$ 가 참이 되어 모순을 얻게 되는 것이다.

위의 논의과정을 잘 들여다 보면 $P(0) \wedge \forall n(P(n) \to P(n+1))$ 을

$$\forall n\big((\forall m{<}n)P(m) \to P(n)\big) \tag{9}$$

으로 바꾸어도 됨을 알 수 있다: 만일 $\forall n\,P(n)$ 이 사실이 아니라면 최소반례를 $n_0$ 라 하자. 그렇다면 $n_0$ 의 최소성에 의하여 $(\forall m < n_0)P(m)$ 이 성립하여야 한다. 이제 (9)를 이용하면 $P(n_0)$ 가 참이 되어 모순을 얻을 수 있다.

여기서는 $P(n)$ 을 증명할 때 $(\forall m{<}n)P(m)$ 을 귀납가설로 사용할 수 있다.

7.48 EXERCISE 어떤 $k \in \mathbb{N}$ 에 대해서 $(\forall n{\ge}k)P(n)$ 을 증명하려면

$$P(k) \;\wedge\; (\forall n{\ge}k)(P(n) \to P(n+1))$$

을 보이거나, 혹은

$$(\forall n{\ge}k)\big((\forall m{<}n)\big(m \ge k \to P(m)\big) \to P(n)\big)$$

을 보이면 됨을 증명하시오. ⊣

(9)를 증명함으로써 $\forall nP(n)$ 을 증명하는 증명기법을 강한 귀납법이라고 한다. 강한 귀납법은 완전 귀납법(*complete induction*), 혹은 *course of values induction* 등 다른 이름으로도 불리는데 이 책에서는 '강한 귀납법'이라는 용어를 사용할 것이다.

원래의 귀납법은 $P(n)$ 을 증명하기 위하여 $P(n-1)$ 만을 사용할 수 있는 반면에 강한 귀납법은 $(\forall m{<}n)P(m)$ 을 사용할 수 있으므로 더 강력한 방법이라고 볼 수 있다. 그리고 원래의 귀납법은 $P(0)$ 를 증명해야 하지만 강한 귀납법에서는 이럴 필요가 없다.

강한 귀납법을 이용하면 다음의 사실을 쉽게 증명할 수 있다.

7.49 FACT 2 이상의 자연수는 1개 이상의 소수의 곱이다.

*Proof.*

$$P(n) \overset{\text{def}}{\Leftrightarrow} n\text{은 1개 이상의 소수의 곱}$$

으로 두고

$$(\forall n \geq 2)\big((\forall m < n)\big(m \geq 2 \to P(m)\big) \to P(n)\big) \tag{10}$$

을 보이겠다.

$n \geq 2$ 이 주어졌다 하자. $(\forall m < n)\big(m \geq 2 \to P(m)\big)$ 를 가정하고 $P(n)$ 을 보이면 된다.

만일 $n$ 이 소수라면 $P(n)$ 은 당연히, $(\forall m < n)\big(m \geq 2 \to P(m)\big)$ 를 가정하지 않고도, 성립한다. $n$ 이 소수가 아니라면, 소수의 기본 성질에 의하여 $n = m_1 m_2$ 인 $2 \leq m_1, m_2 < n$ 가 존재한다. 가정 $(\forall m < n)\big(m \geq 2 \to P(m)\big)$ 에 의하여 $P(m_1)$ 과 $P(m_2)$ 가 성립한다. 이제 $m_1$ 과 $m_2$ 의 곱인 $n$ 은 소수의 곱들의 곱이므로 $P(n)$ 이 성립한다. □

강한 귀납법을 사용하는 증명에서 $P(0)$ 를 보인 다음 (9)를 보이는 경우를 흔히 보게 되는데 여기서 사실 $P(0)$ 는 (9)의 귀결이므로 따로 보일 필요가 없다. 위의 팩트 7.49의 증명에서도 $P(2)$ 를 따로 증명하지 않았음을 주목하라. 그런데 강한 귀납법의 가설 $\forall n\big((\forall m < n)P(m) \to P(n)\big)$ 를 보이는 과정에서 $n = 0$ 일 때와 $n > 0$ 일 때로 나누어 증명하는 경우가 많아서 이 부분이 좀 혼동스러울 수 있다.

팩트 7.49의 증명은 강한 귀납법이 아닌 원래의 귀납법만 가지고는 얻기 힘들었을 것이다. 그러나 아래의 정리로부터 강한 귀납법은 원래의 귀납법으로부터 증명되며, 따라서 강한 귀납법의 강함은 겉보기 강함이라고 말할 수 있다.

7.50 THEOREM *아래의 셋은 서로 동등하다.*

(*i*) *수학적 귀납법*

(*ii*) *강한 수학적 귀납법*

(*iii*) *공아닌 자연수의 집합은 항상 최소원을 가진다.*

*정확하게 말하자면 3개의 $L_{PA}$-논리식 $\theta_1$, $\theta_2$, $\theta_3$를 아래와 같이 두었을 때*

$$\begin{aligned}
\theta_1 &\overset{\text{def}}{\equiv} P(0) \wedge \forall n\,(P(n) \to P(n+1)) \to \forall n\, P(n),\\
\theta_2 &\overset{\text{def}}{\equiv} \forall n\big((\forall m < n) P(m) \to P(n)\big) \to \forall n\, P(n),\\
\theta_3 &\overset{\text{def}}{\equiv} \exists x\, P(x) \to (\exists y)\Big(P(y) \wedge \forall z\big(z < y \to \neg P(z)\big)\Big)
\end{aligned}$$

*페아노 공리 138쪽의 정의 5.10의 (i)–(vi)으로부터 아래의 논리식을 형식증명할 수 있다.*

$$(\theta_1 \leftrightarrow \theta_2) \wedge (\theta_2 \leftrightarrow \theta_3)$$

*Proof.* [Men09]를 참조할 것. □

7.51 Exercise 어떤 순서집합 $(X, \leq)$의 임의의 공아닌 부분집합이 극소원을 가진다고 하자. 이때

$$(\forall x \in X)\big((\forall y < x) P(y) \to P(x)\big) \tag{11}$$

를 보이면 $\forall x\, P(x)$가 증명됨을 보이시오. (자연수에 대한 귀납법이 최소반례를 이용한 것이라면 이 귀납법은 "극소반례(*minimal counterexample*)"를 이용한 것이라고 볼 수 있다.) ⊣

수학에서 괄호는 항상 짝을 이루어 사용된다. 어떤 수식에서 괄호를 제외한 모든 기호들을 삭제한다면 남은 괄호들은 다음과 같은 형태가 될 것이다.

(), ()(), (()), (()()), (()())(()), …

위와 같은 괄호 문자열은 '짝을 이루었다'고 말하기로 하자.

짝을 이룬 괄호 문자열 $x$는 '단계적으로' 만들어진다. 그런데 $x$를 얻는 과정은 단순히 ()을 초항으로 하는 선형 수열이 아니라 ()을 단말점(잎사귀)으로 하는 수형도를 이룬다. 예를 들어 (()())(())는 그림 7.4와 같이 생성된다.

짝을 이루지 못한 괄호들의 문자열의 예로는 ())), ())(() 등이 있다. 주어진 괄호 문자열이 제대로 짝을 이루고 있는지 판별하는 방법은 무엇인가?

그림 7.4: 짝을 이룬 괄호문자열의 생성수형도

$$\dfrac{\dfrac{\dfrac{()\qquad ()}{()()}}{(()())}\qquad \dfrac{()}{(())}}{(()())(())}$$

제일 먼저 할 일은 "짝을 이룬 괄호문자열"의 수학적 정의를 내리는 것이다.

7.52 DEFINITION 왼편괄호와 오른편괄호로 이루어진 문자열들의 집합 $\mathcal{S}$를 다음과 같이 정의한다.

(*i*) $() \in \mathcal{S}$

(*ii*) $x, y \in \mathcal{S} \Rightarrow xy \in \mathcal{S}$

(*iii*) $x \in \mathcal{S} \Rightarrow (x) \in \mathcal{S}$

(*iv*) 위의 3 규칙들로 만들어진 문자열만 $\mathcal{S}$의 원소가 될 수 있다.

다시 말하면 기호집합을 $X = \{\ell, r\}$로 두었을 때 (괄호의 문자열을 포함한 논리식은 읽기에 혼동되므로 왼편 괄호를 $\ell$, 오른편 괄호를 $r$로 대체하였다.)

$$\mathcal{S} \stackrel{\text{def}}{=} \{z \in X^* \mid (z = \ell r) \vee (\exists x, y \in \mathcal{S})(z = xy) \vee (\exists x \in \mathcal{S})(z = \ell x r)\} \tag{12}$$

이다. 이 '정의'는 우변에도 지금 정의하려는 $\mathcal{S}$가 나타나므로 재귀적 정의(*recursive definition, inductive definition*)라고 한다. ⊣

(12)를 만족하는 $\mathcal{S}$가 유일하게 존재함은 다음과 같은 구성을 통하여 보일 수 있다.

$$\begin{aligned}
\mathcal{S}_1 &\stackrel{\text{def}}{=} \{()\}, \\
\mathcal{S}_{n+1} &\stackrel{\text{def}}{=} \{xy \mid x, y \in \mathcal{S}_n\} \cup \{(x) \mid x \in \mathcal{S}_n\} \cup \mathcal{S}_n, \\
\mathcal{S} &\stackrel{\text{def}}{=} \textstyle\bigcup_{n=1}^{\infty} \mathcal{S}_n.
\end{aligned}$$

7.53 EXERCISE 위에서 정의한 $\mathcal{S}$가 (12)를 만족하는 유일한 집합임을 증명하시오. ⊣

이제 어떤 술어 $P$ 에 대해서 $(\forall x \in \mathcal{S})P(x)$ 를 증명하려면 $(\forall n)(\forall x \in \mathcal{S}_n)P(x)$ 를 $n$ 에 대한 귀납법으로 증명하면 될 것이다. 귀납에 사용된 변수 $n$ 을 $x$ 의 생성단계 (*rank*) 라고 한다.

$(\forall x \in \mathcal{S})P(x)$ 를 증명하는 또 하나의 방법은 $\mathcal{S}$ 에 적당한 순서관계 $\leq$ 를 정의하여 $\mathcal{S}$ 의 임의의 공아닌 부분집합이 극소원을 가지도록 한 다음 (11)을 보이는 것이다. 이러한 순서관계는

$$x \leq y \overset{\text{def}}{\Leftrightarrow} x\text{는 } y\text{의 부분문자열}$$

로 정의해도 되고, 혹은

$$\{(x, xy), (y, xy), (x, \ell xr) \mid x, y \in \mathcal{S}\}$$

의 순서폐포로 정의해도 된다. (어떻게 정의하든 결국 같은 순서관계를 얻게 될 것임.)

이제 앞에서 물었던 질문, "$\{\ell, r\}$ 의 문자열이 주어졌을 때 이것이 $\mathcal{S}$ 의 원소인지 판별하는 방법" 에 답해 보자.

7.54 FACT $x$ 가 문자열일 때 $x$ 의 $i$ 번째 기호부터 $j$ 번째 기호까지로 이루어진 부분문자열을 $x[i, j]$ 로 표기하자. 예를 들어 $x = the\_string$ 일 때 $x[2, 4] = he\_$ 이고 $x[1, 5] = the\_s$ 이다.

길이 $k$ 의 괄호문자열 $x$ 에서 부분문자열 $x[1, i]$ 에 나타나는 왼편 괄호의 수를 $n_\ell(x, i)$, 오른편 괄호의 수를 $n_r(x, i)$ 라 하면

$$(\forall i \leq k)(n_\ell(x, i) \geq n_r(x, i)) \quad \text{and} \quad n_\ell(x, k) = n_r(x, k) \tag{13}$$

는 이 문자열 $x$ 가 $\mathcal{S}$ 의 원소일 필요충분조건이다.

*Proof.* $\mathcal{S}$ 의 모든 원소 $x$ 에 대해서 (13)이 성립함을 '귀납법' 으로 증명하겠다.

(*i*) $x = ()$ 인 경우에는 (13)이 성립함이 아주 쉽게 확인된다.

(*ii*) $x = x_1 x_2$ 인 경우에는 $x_1$ 과 $x_2$ 가 (13)을 만족한다는 가정으로부터 $x$ 가 (13)을 만족함을 보이겠다. $x_1$ 의 길이를 $k_1$, $x_2$ 의 길이를 $k_2$ 라 둔다. 그러

면

$$(\forall i \le k_1)(n_\ell(x_1, i) \ge n_r(x_1, i)) \quad \text{and} \quad n_\ell(x_1, k_1) = n_r(x_1, k_1), \tag{14}$$
$$(\forall i \le k_2)(n_\ell(x_2, i) \ge n_r(x_2, i)) \quad \text{and} \quad n_\ell(x_2, k_2) = n_r(x_2, k_2) \tag{15}$$

가 성립한다. 이제 (13)을 $k = k_1 + k_2$ 에 대하여 보여야 한다.

$i \le k_1 + k_2$ 가 주어졌을 때 $i \le k_1$ 인 경우에는 (14)로부터 (13)이 쉽게 나온다. $k_1 < i \le k_1 + k_2$ 인 경우에는

$$n_\ell(x, i) = n_\ell(x_1, k_1) + n_\ell(x_2, i - k_1) \text{ 이고}$$
$$n_r(x, i) = n_r(x_1, k_1) + n_r(x_2, i - k_1)$$

이므로 역시 쉽게 (13)이 확인된다.

(*iii*) $x = (x_1)$ 인 경우에는 $x_1$ 이 (14)를 만족한다고 가정하자. 이제 (13)을 $k = k_1 + 2$ 인 경우에 확인해야 한다.

$i = 1$ 일 때는 (13)이 당연히 성립한다. $1 < i$ 일 때는

$$n_\ell(x, i) = 1 + n_\ell(x_1, i-1) \ge 1 + n_r(x_1, i-1) \ge n_r(x, i), \ (i < k_1 + 2)$$
$$n_\ell(x, k_1 + 2) = 1 + n_\ell(x_1, k_1) = 1 + n_r(x_1, k_1) = n_r(x, k_1 + 2)$$

이 성립함을 쉽게 알 수 있다.

이제 역을 증명해야 한다. 어떤 길이 $k$ 의 괄호 문자열 $x$ 가 (13)을 만족한다고 가정하자. 이 문자열은 $\mathcal{S}$ 의 원소임을 $k$ 에 대한 귀납법으로 증명한다. 먼저 $k$ 가 짝수이어야만 함은 $k = n_\ell(x, k) + n_r(x, k)$ 와 $n_\ell(x, k) = n_r(x, k)$ 로부터 나온다.

$k = 2$ 인 괄호문자열은 $\ell\ell, \ell r, r\ell, rr$ 4개가 있는데 이 중에 (13)이 성립하는 것은 $\ell r$ 하나뿐이고 이 문자열은 확실히 $\mathcal{S}$ 에 속한다.

$k > 2$ 인 경우에는 두 가지 경우로 나누어 생각한다.

만일 $n_\ell(x, m) = n_r(x, m)$ 인 $m < k$ 가 존재한다면 $x[1, m]$ 은 (13)을 만족하므로 귀납가설에 의하여 $\mathcal{S}$ 의 원소이고, $x[m+1, k]$ 도 마찬가지로 (13)을 만족하므로 귀납가설에 의해 $\mathcal{S}$ 의 원소이다. 그러면 $x = x[1, m]x[m+1, k]$ 는 $\mathcal{S}$ 의 생성 규칙 (*ii*) 에 의해 다시 $\mathcal{S}$ 의 원소가 된다.

만일 $n_\ell(x, m) = n_r(x, m)$ 인 $m < k$ 가 존재하지 않는다면, $x$ 가 (13)을 만족하기 때문에 문자열 $x[2, k-1]$ 은 (13)을 만족하게 된다.

이 부분을 좀 더 자세히 설명해 보겠다. $x$ 의 첫 글자는 (13)에 의하여 $\ell$ 이어

야 한다. 그리고 $(\forall m<k)(n_\ell(x,m) \neq n_r(x,m))$ 이므로

$$(\forall m<k)(n_\ell(x,m) > n_r(x,m)) \tag{16}$$

이어야만 한다. 이는 $n_\ell(x,1) - n_r(x,1) = 1 > 0$ 인데 $n_\ell(x,m) - n_r(x,m)$ 은 $m$ 이 1 증가할 때 최대 1밖에 감소하지 못하므로 $n_\ell(x,m) \not> n_r(x,m)$ 인 $m$ 이 하나라도 존재한다면 이러한 최초의 $m$ 에서는 $n_\ell(x,m) = n_r(x,m)$ 일 수밖에 없기 때문이다.

그리고 $n_\ell(x,k) = n_r(x,k)$ 이므로 $x$ 의 마지막 글자, 즉 $k$ 번째 글자는 $r$ 이어야만 한다. 그러면 이제 $x[2,k-1]$ 이

$$(\forall i \leq k-2)(n_\ell(x[2,k-1],i) \geq n_r(x[2,k-1],i)) \text{ and}$$
$$n_\ell(x[2,k-1],k-2) = n_r(x[2,k-1],k-2)$$

을 만족함은

$$n_\ell(x[2,k-1],i) = n_\ell(x,i+1) - 1,$$
$$n_r(x[2,k-1],i) = n_r(x,i+1)$$

과 (16) 및 $n_r(x,k-1) = n_\ell(x,k-1) - 1$ 로부터 쉽게 확인된다.

그러므로 이제 귀납가설에 의하여 $x[2,m-1] \stackrel{\text{def}}{=} y \in \mathcal{S}$ 이고 $\mathcal{S}$ 의 생성규칙 $(iii)$ 에 의하여 $x$ 도 $\mathcal{S}$ 의 원소가 된다. □

팩트 7.54의 증명의 전반부는 $P(x)$ 를 '$x$ 가 (13)을 만족한다.'로 두었을 때 $(\forall x\in\mathcal{S})P(x)$ 를 증명한 것이다. 이러한 증명을 위하여는 $\mathcal{S}$ 의 원소의 생성단계에 대한 귀납법과 $\mathcal{S}$ 위의 순서에 대한 귀납법 두 가지 중 어느 하나를 사용하면 된다고 하였는데 이 증명에서는 어느 것을 사용하였는가?

둘 중 어느 것을 사용하였다기 보다는 정의 7.52를 직접 이용하여 귀납적으로 증명한 것으로 보이는데 이러한 증명법을 (비형식으로) (문자열의) 복잡도에 대한 귀납법(*induction on (string) complexity*)라고 한다.

7.55 Exercise 2 이상의 자연수는 1개 이상의 소수의 곱임을 증명할 때 강한 귀납법을 쓰지 않고 (8)만을 보여서 증명하려면 어떻게 해야 하겠는가? (힌트: 자연수에 적당한 생성단계(rank)를 준다.) ⊣

## 4.3 정수론

정수의 가장 기본이 되는 성질은 보조정리 5.17에서 말한 몫과 나머지 정리로서, 모든 $a, b \neq 0 \in \mathbb{Z}$에 대하여

$$(\exists^1 q \in \mathbb{Z})(\exists^1 r \in \mathbb{N})((a = qb + r) \wedge (r < b)) \tag{17}$$

가 성립한나는 것이다. 이때

$$q = \lfloor a/b \rfloor,$$
$$r = a\%b$$

로 표기하기로 한다.

$b$가 $a$의 약수라 함은 $a$를 $b$로 나눈 나머지가 0이라는 뜻이므로 다음과 같이 쓸 수 있다.

$$b\,|a \;\Leftrightarrow\; (\exists q \in \mathbb{Z})(a = qb)$$

1과 자기 자신 외에는 약수가 없는 2 이상의 자연수를 소수라 정의한다. 그러면

$$p\text{가 소수} \to (\forall a, b)(p\,|ab \to p\,|a \vee p\,|b) \tag{18}$$

를 보일 수 있고 이로부터 "모든 자연수는 유일한 방법으로 소인수분해 된다"는 산술의 기본정리 (*Fundamental theorem of arithmetic*)를 증명할 수 있다.

그런데 몫과 나머지 정리와 산술의 기본정리 사이에 중요한 하나의 정리가 있으니 그것은 0 아닌 두 정수의 최대공약수는 다른 공약수들의 배수라는 것이다. 이 사실은 (18)의 증명에도 쓰이는 대단히 기본적인 정리이다. 이 정리의 증명에서는 집합의 개념이 자연스럽게 사용되므로 여기서 소개하고자 한다.

$a \neq 0$와 $b \neq 0$의 모든 공약수의 집합을 $\mathrm{CD}(a, b)$로 놓으면 $a$와 $b$의 최대공약수 $\gcd(a, b)$는

$$\gcd(a, b) \stackrel{\text{def}}{=} \max(\mathrm{CD}(a, b))$$

로 정의되는데 이때

$$(\forall x \in \mathrm{CD}(a, b))\big(x\,|\gcd(a, b)\big) \tag{19}$$

가 성립함을 증명하겠다.

*Proof.* 집합 $S \subseteq \mathbb{Z}$를 다음과 같이 정의한다.

$$S \stackrel{\text{def}}{=} \{xa + yb \mid x, y \in \mathbb{Z}\}$$

그러면 $a, b$의 공약수는 $S$의 모든 원소의 약수임을 쉽게 알 수 있다. $S$는 최소한 1개의 양수 $a^2 + b^2$을 원소로 가지고 있으므로 $S$의 양의 최소원을 $d$라 하자. 그러면 $\mathrm{CD}(a, b)$의 임의의 원소가 $d \in S$의 약수이므로 이제 남은 것은 $d = \gcd(a, b)$임을 보이는 것이다.

$\gcd(a, b)$는 $\mathrm{CD}(a, b)$의 원소이므로 $\gcd(a, b)$도 $d$의 약수이다. 그러므로 $\gcd(a, b) \leq d$이다. 이제 $\gcd(a, b) \geq d$를 보이면 된다.

먼저 $d = x_0 a + y_0 b$로 놓는다. $a$를 $d$로 나눈 몫과 나머지를 아래의 식으로 써 보자.

$$a = q(x_0 a + y_0 b) + r, \quad (0 \leq r < d)$$

그러면 $r = (1 - qx_0)a + (-y_0)b \in S$이고 $0 \leq r < d$이며 $d$는 $S$의 양의 최소원이므로 $r = 0$이 되어야만 한다. 그러므로 $d$는 $a$의 약수다. 마찬가지 방법으로 $d$가 $b$의 약수임을 보일 수 있다.

$d$가 $a$와 $b$의 공약수이므로 원하던 $\gcd(a, b) \geq d$를 얻었다. □

참고로 방금 증명한 사실의 쌍대인 "최소공배수는 모든 공배수의 약수" 라는 사실은 집합의 개념을 사용하지 않고도 쉽게 증명할 수 있음을 말해 둔다.

다음은 산술의 기본정리의 중요한 따름정리이다.

7.56 COROLLARY *자연수 $d_0, \ldots, d_{n-1}$의 임의의 2개가 서로소이면 이들의 최소공배수는 이들 모두의 곱 $d_0 \cdots d_{n-1} \stackrel{\text{def}}{=} d$이다.*

*Proof.* $d$의 소인수분해 $p_0^{e_0} \cdots p_{m-1}^{e_{m-1}}$을 생각해 보자.

각 $\ell < m$에 대해서 $p_\ell$은 $d_0, \ldots, d_{n-1}$ 중 단 하나의 소인수로 나타난다. 그리고 $p_\ell$이 어떤 $d_i$의 소인수라면 $p_\ell^{e_\ell}$은 $d_i$의 소인수분해에 그대로 나타나야 한다. (두 소인수분해에서 $p_\ell$의 지수는 $e_\ell$로 동일하다.)

만일 $d'$이 $d_i$들의 공배수라면 $d'$을 소인수분해 했을 때 $p_\ell$의 지수는 최소한 $e_\ell$은 되어야 한다. 이것은 모든 $\ell < m$에 대하여 성립하므로 $d \leq d'$이다.

그러므로 $d$는 $d_i$들의 최소공배수이다. □

수리논리학에서 쓰이는 하나의 중요한 정수론의 정리를 소개하고 이 절을 마치겠다.

7.57 THEOREM 중국인 나머지 정리(*Chinese Remainder Theorem*)

$n \geq 1$ 개의 양수 $d_0, \ldots, d_{n-1}$ 가 $(\forall i, j < n)(\gcd(d_i, d_j) = 1)$ 을 만족한다고 하자. 만일 각 $i < n$ 에 대해서 정수 $r_i$ 가 $0 \leq r_i < d_i$ 를 만족한다면 $d \stackrel{\text{def}}{=} d_0 d_1 \cdots d_{n-1}$ 로 두었을 때

$$(\exists c < d)(\forall i \leq n)(r_i = c\%d_i)$$

이다.

*Proof.* 아래의 집합을 생각하자.

$$S \stackrel{\text{def}}{=} \{(x_0, \ldots, x_{n-1}) \in \mathbb{N}^n \mid (\forall i < n)(x_i < d_i)\}$$

$S$ 는 당연히 $d$ 개의 원소로 구성된다. 여기서 함수 $f : \{0, \ldots, d-1\} \to \mathbb{N}^n$ 을

$$f(c) \stackrel{\text{def}}{=} (c\%d_0, \ldots, c\%d_{n-1})$$

로 정의하면 모든 $c \in \{0, \ldots, d-1\}$ 에 대해서 $f(c) \in S$ 가 성립한다. 우리는 $f$ 의 변역이 $S$ 전체임을 보이고자 한다. $f$ 의 정의역과 $S$ 는 원소의 개수가 같은 집합이므로 $f$ 가 단사임을 증명하면 충분하다.

$f(c) = f(c')$ 이라면 $c - c'$ 은 모든 $d_i$ 의 배수이다. $d_i$ 들은 모두 서로소이므로 공통 소인수가 하나도 없으며 따라서 $c - c'$ 는 0 이거나, 혹은 모든 $d_i$ 들을 소인수로 가지고 있어야 한다. 이러한 $c - c'$ 는 $\{-(d-1), \ldots, 0, \ldots, d-1\}$ 의 원소 중에는 0 밖에 없다. 그러므로 $c = c'$ 이다. □

# 5 기수와 서수

## 5.1 기수와 서수의 정의

기수의 정의는 165쪽 6.17 에 다음과 같이 나와 있다.

> 집합 $A_1$ 에서 $A_2$ 로 가는 전단사 함수가 존재할 때 $|A_1| = |A_2|$ 로 나타낸다. $|A_1| \neq |A_2|$ 이며 $A_1$ 에서 $A_2$ 의 어떤 진부분집합으로 가는 전단사함수가 존재할 때 $|A_1| < |A_2|$ 로 나타낸다.

7.58 EXERCISE

$$|A_1| < |A_2| \Leftrightarrow |A_1| \neq |A_2| \land \exists(f : A_1 \to A_2)(f\text{는 단사})$$

임을 증명하시오. ⊣

기수 간의 $=$는 동등관계임이 쉽게 확인된다. $\leq$는 순서관계가 되는데 반사성과 추이성은 당연하지만 반대칭성을 보이기는 쉽지 않으며 그 증명은 정리 7.63에 나와 있다.

7.59 LEMMA *$A \neq \varnothing$와 $B$가 집합일 때 $A$에서 $B$로 가는 단사함수가 존재한다는 것은 $B$에서 $A$로 가는 전사함수가 존재한다는 것의 필요충분조건이다.* ⊣

이 보조정리의 $\Rightarrow$는 어렵지 않게 증명되지만 $\Leftarrow$의 증명에는 선택공리가 필요하다.

7.60 DEFINITION 선택공리(*Axiom of Choice, AC*) 임의의 집합 $X$에 대해서 다음과 같은 성질을 가지는 함수 $C : \mathcal{P}(X) \to X$가 존재한다.

$$(\forall y \subseteq X)(y \neq \varnothing \to C(y) \in y).$$

이 때 $C$를 $\mathcal{P}(X)$의 선택함수(*choice function*)라고 부른다. ⊣

7.61 EXERCISE 선택공리는 다음과 동등함을 증명하시오.

> 공집합이 아닌 집합들 $X_i$로 이루어진 첨수집합족 $\{X_i\}_{i \in I}$의 카티지 언곱은 공집합이 아니다. 즉 $\prod_{i \in I} X_i \neq \varnothing$이다.

⊣

당연히 성립해야 할 것으로 보이는 이 공리가 다른 공리에 비해 '의심'을 받는 이유는, 이 공리가 다른 공리들에 비하여 비교적 복잡하기도 하고, 또 이 공리를 이용하여 직관적으로 납득하기 힘든 역설적인 결과들이 증명되기 때문이다.

하지만 이 공리를 이용하지 않고는 보조정리 7.59 같은 단순한 사실도 증명할 수 없다.

*Proof* of Lemma 7.59. $f : A \to B$ 를 단사함수라 하자. 전사함수 $g : B \to A$ 를 다음과 같이 구성한다. $a_0 \in A$ 를 고정한다. 그리고

$$g(b) = \begin{cases} a, & b \in f(A),\ f(a) = b \text{ 일 때}, \\ a_0, & b \notin f(A) \text{ 일 때}. \end{cases}$$

역으로 $g : B \to A$ 를 전사함수라 하자. 단사함수 $f : A \to B$ 를 다음과 같이 구성한다.

$$f(a) = C(g^{-1}(a)).$$

단, $C : \mathcal{P}(B) \to B$ 는 $\mathcal{P}(B)$ 의 선택함수이다. □

7.62 EXERCISE 무한집합과 유한집합의 정의는 166쪽에 데데킨트에 의한 것과 타스키에 의한 것, 2개가 나와 있다. 이 두 정의에 대해서 각각 무한집합의 초집합은 무한집합임을 보이시오. 유한집합의 부분집합은 유한집합임을 보이시오. 그리고 유한집합에서 자기 자신으로 가는 함수는 단사함수이면이 전사함수임을 보이시오. ⊣

7.63 THEOREM *[Cantor-Bernstein Theorem] 기수 간의* $\leq$ *관계는 반대칭적이다. 즉,* $A$*,* $B$ *가 집합일 때*

$$|A| \leq |B| \ \wedge\ |A| \geq |B| \ \Rightarrow\ |A| = |B|$$

*가 성립한다.*

*Proof.* 우리는 다음을 증명할 것이다.

> 집합 $A$, $B$ 간에 단사함수 $f_1 : A \to B$ 와 단사함수 $f_2 : B \to A$ 가 존재하면 전단사함수 $g : A \to B$ 가 존재한다.

$f_1 : A \to B$ 와 $f_2 : B \to A$ 를 단사함수라 하자. 그리고 $B' = f_2(B)$, $A_1 = f_2(f_1(A))$ 로 놓으면 $A_1 \subseteq B' \subseteq A$ 이 성립한다. $|B'| = |B|$ 이므로 $|A| = |B'|$ 을 증명하면 된다. $f : A \to A$ 를 $f \stackrel{\text{def}}{=} f_2 \circ f_1$ 으로 놓으면 $f$ 는 단사함수가 된다.

각 $n \in \mathbb{N}$ 에 대해서 다음과 같이 정의한다.

$$A_0 = A, \quad A_{n+1} = f(A_n),$$
$$B_0 = B', \quad B_{n+1} = f(B_n).$$

그러면 $A_0 \supseteq B_0 \supseteq A_1 \supseteq B_1 \supseteq A_2 \ldots$ 가 성립한다.

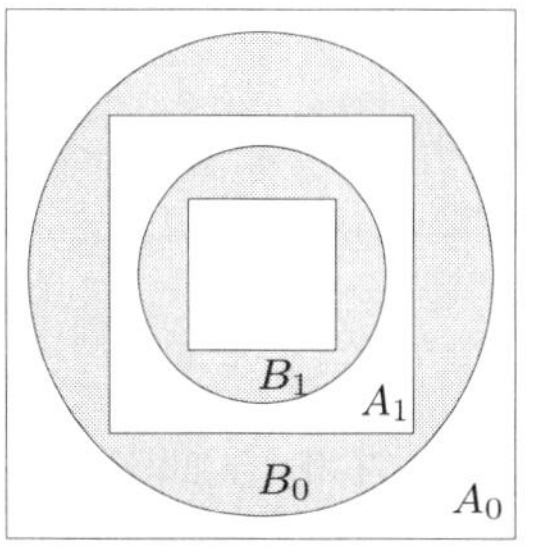


함수 $g : A \to A$ 를 다음과 같이 정의한다. $C \stackrel{\text{def}}{=} \bigcup_{n\in\mathbb{N}}(A_n - B_n)$ 으로 놓고

$$g(x) = \begin{cases} f(x), & x \in C \text{ 일 때}, \\ x, & \text{아닐 때}. \end{cases}$$

이제 원하는 결론 $|A| = |B'| = |B|$ 를 위하여 아래의 두 가지를 보여야 한다.

① $g$ 는 단사이다. ② $g$ 의 변역은 $B'$ 이다.

우선 연습문제 6.87 에 의하여, 모든 $n$ 에 대하여 $f(A_n - B_n) = A_{n+1} - B_{n+1} \subseteq C$ 를 얻는다. 따라서 $g(C) = f(C) \subseteq C$ 이다. $g(A - C) = A - C$ 는 $g$ 의 정의로부터 당연하다.

그러므로 $g(x_1) = g(x_2)$ 라면 $x_1, x_2 \in C$ 이거나 혹은 $x_1, x_2 \notin C$ 이고 이로부터 $g$ 가 단사임이 확인된다. 한편

$$g(C) = f(C) \subseteq f(A) = B',$$
$$g(A - C) = A - C \subseteq A_0 - (A_0 - B_0) = B_0 = B'$$

이므로 $g(A) \subseteq B'$ 이다.

이제 남은 것은 $b \in B'$ 일 때 반드시 $b \in g(A)$ 가 성립함을 보이는 것이다.

$$B' = B_0 = (A - C) \cup \bigcup_{n\geq 1}(A_n - B_n)$$

임에 주목한다. 만일 $b \in (A - C)$ 라면 $b = g(b)$ 이므로 아무 문제 없고, 어떤 $n \geq 1$ 에 대해서 $b \in (A_n - B_n)$ 이라면 $b \in g(A_{n-1} - B_{n-1})$ 이므로 역시 문제 없다. □

이제 기수 간의 $\leq$는 순서관계임이 증명되었다. 그런데 이것이 선형순서임을, 즉 다음의 셋 중에 단 하나가 반드시 성립한다는 것은,

$$|A| < |B|, \quad |A| = |B|, \quad |A| > |B|,$$

증명하기가 그리 쉽지 않으며 이 증명을 위하여는 반드시 조른의 보조정리나 혹은 이와 동등한 선택공리 같은 것을 사용해야 한다. (연습문제 7.106.)

참고로 칸토르-번스타인 정리는 때로는 칸토르-번스타인-슈뢰더 (Schröder) 정리라고도 불린다.

7.64 DEFINITION $\mathbb{N}$과 같은 기수를 가지는 집합을 가부번(*denumerable*) 집합이라 한다. 가부번이거나 유한한 집합을 가산(*countable*) 집합이라고 한다. 가산 집합이 아닌 집합을 비가산(*uncountable*) 집합이라고 한다. ⊣

이제 기수는 집합의 원소의 개수를 나타내는 것으로서 이들이 선형순서를 이룸을 알게 되었다. 그런데 아직 기수에 대해서 근본적으로 해결 되지 않은 부분이 있다. 그것은 기수가 도데체 무엇이냐는 것이다. 다시 말하면 집합의 원소가 많고 적음, 즉 cardinality는 정의하였으나 이것을 표상하는 것, 즉 cardinal은 정의되어 있지 않은 상태이다. 집합론에서는 모든 것을 집합으로 표상해야 하므로 이제 기수를 무엇으로 표상할지를 정해야 한다는 것이다.

같은 기수를 가지는 집합들은 동등류를 이루므로 이 동등류 자체를 기수로 정의하는 방법이 있다. 이 방법은 기수의 표상이 집합이 아닌 진클래스라는 단점이 있다. 또 하나의 방법은 각 동등류에서 하나의 대표원을 뽑아서 기수(cardinal)로 정의하는 것이다. 이 대표원으로 우리는 이제 곧 공부할 서수(ordinal)를 사용할 것이다.

7.65 DEFINITION 정렬순서(*well-order*) 집합은 선형순서집합으로서 임의의 공아닌 부분집합이 최소원을 가지는 것이다. 정렬순서집합의 순서관계를 정렬순서관계(*well-order relation*), 혹은 정렬순서(*well-order*)라 한다. ⊣

7.66 EXERCISE 다음을 증명하시오.

(*i*) 임의의 유한 선형순서집합은 정렬순서집합이다.

(*ii*) $(X, \leq)$가 정렬순서집합일 때 $a \notin X$를 취하고

$$\leq' \stackrel{\text{def}}{=} \leq \cup \{(x, a) \mid x \in X\}$$

로 두면 $(X \cup \{a\}, \leq')$ 은 정렬순서집합이 된다.

*(iii)* $(P_1, \leq_1)$ 과 $(P_2, \leq_2)$ 가 각각 정렬순서집합일 때

$$\leq_3 \stackrel{\text{def}}{=} \leq_1 \cup \leq_2 \cup P_1 \times P_2$$

로 두면 $(P_1 \cup P_2, \leq_3)$ 는 정렬순서집합이다.

*(iv)* 정렬순서집합의 부분구조체는 정렬순서집합이다. ⊣

순서동형인 정렬순서집합들 중에 무엇을 대표원으로 뽑는 것이 합리적이겠는가? 여기에 대한 수학자들의 답이 바로 서수(*ordinal*)이다. 유한정렬집합의 서수로는 자연수를 취하면 되며 무한정렬집합의 서수를 정의하기 위하여는 준비작업이 필요하다. 실은 자연수의 집합론적 정의도 그리 쉬운 것은 아니다. 아래에 제시된 자연수의 '정의'를 보라.

$$0 \stackrel{\text{def}}{=} \varnothing, \quad n+1 \stackrel{\text{def}}{=} n \cup \{n\} = \{0, 1, \ldots, n\}, \tag{20}$$

$$n < m \;\Leftrightarrow\; n \in m \tag{21}$$

'정의' (20)은 어느 정도 엄격해 보이기는 하지만 실상은 이미 자연수의 존재를 가정하고 있으며 아직도 충분히 공리화 되어 있지 않다. 예를 들어 더하기 연산 $+$를 적당한 방법으로 정의한 후 $(\forall n, m \in \mathbb{N})(n + m = m + n)$를 형식증명할 수 없다. 왜냐하면 모든 자연수 전체의 집합 $\mathbb{N}$이 정의되어 있지 않기 때문이다. (20)은 실은 $n \in \mathbb{N}$일 때 $n + 1 \stackrel{\text{def}}{=} n \cup \{n\}$를 말하고 있으며 이때 집합 $\mathbb{N}$의 존재를 필요로 한다.

그러면 이제 무한공리를 바탕으로 하는 자연수의 집합론적 정의를 보도록 하자.

7.67 Definition 아래의 1계문장을 무한공리(*Axiom of Infinity*)라 한다.

$$\exists x\big((\varnothing \in x) \wedge \forall y(y \in x \to y \cup \{y\} \in x)\big) \tag{22}$$

(22)를 $\exists x\, \varphi(x)$로 두었을 때 $\varphi(x)$를 만족하는 $x$를 귀납적 집합(*inductive set*)이라 한다.

최소의 귀납적 집합을 $\mathbb{N}$으로 나타내고, 이 집합의 원소를 자연수(*natural number*)라 한다. 그리고 $n, m \in \mathbb{N}$에 대해서 (20), (21)로 정의한다.

어떤 자연수와 대등한 집합을 유한(*finite*) 하다고 정의한다. 유한하지 않은 집합을 무한(*infinite*) 하다고 말한다. ⊣

7.68 Exercise 귀납적 집합 중 가장 작은 것이 존재함을 증명하시오. 즉, 임의의 귀납적 집합의 부분집합인 귀납적 집합이 존재함을 증명하시오. ⊣

7.69 Definition 집합 $z$ 는

$$\forall x \forall y (x \in y \in X \to x \in z)$$

를 만족할 때면이 추이적(*transitive*) 이라고 한다. (이와 동등하게, 모든 원소가 부분집합인 집합이 추이적이라고 정의할 수도 있다.) ⊣

7.70 Fact

(*i*) $x$ 가 추이적이고 $y_n \in y_{n-1} \in \cdots \in y_1 \in x$ 이면 $y_n \in x$ 이다.

(*ii*) 추이적인 두 집합의 교집합은 추이적이다.

(*iii*) 추이적인 집합의 원소는 추이적이 아닐 수 있다. 예: $\{0, 1, \{1\}\}$ 은 추이적이지만 $\{1\}$ 은 추이적이 아니다. ⊣

7.71 Theorem *다음의 사실들이 성립한다.*

(*i*) $\mathbb{N}$ *은 추이적이다.*

(*ii*) *모든 자연수 각각은 추이적이다. 그러므로* $(\forall n \in \mathbb{N})(n = \{m \in \mathbb{N} \mid m < n\}$ *이다.*

(*iii*) *임의의 자연수* $n$ *에 대해서* $n \notin n$, $n \neq n+1$ *이다.*

(*iv*) $\mathbb{N}$ *과 모든 자연수 각각은 정렬순서집합이다.*

(*v*) $(\forall n \in \mathbb{N})\big(n \neq 0 \leftrightarrow (\exists m \in \mathbb{N})(m+1 = n)\big)$

(*vi*) $A \subseteq \mathbb{N}$ 이면 $(0 \in A) \wedge (\forall n \in A)(n+1 \in A) \to (\forall n \in \mathbb{N})(n \in A)$

*Proof.* (*i*) $X$ 가 귀납적이면 $\{x \in X \mid x \subseteq X\}$ 도 귀납적이다.

(*ii*) $X$ 가 귀납적이면 $\{x \in X \mid x$는 추이적$\}$ 도 귀납적이다.

(*iii*) $X$ 가 귀납적이면 $\{x \in X \mid x$는 추이적, $x \notin x\}$ 도 귀납적이다.

(*iv*) $X$ 가 귀납적이면 $\{x \in X \mid x$는 추이적, $x \notin x$, $\mathit{WellOrder}_\in(x)\}$ 도 귀납적이다. 단, $\mathit{WellOrder}_\in(x)$ 는 $x$ 가 $\in$-진정렬순서집합임을 나타내는 논리식이다.

(*v*) $X$ 가 귀납적이면 $\{x \in X \mid x = \varnothing \vee (\exists y \in X)(x = y \cup \{y\})\}$ 도 귀납적임.

(*vi*) $A \subseteq \mathbb{N}$ 은 귀납적이다. □

위의 보조정리와 아래의 정의 7.73 에 의하여 모든 자연수 각각 및 이들의 집합 $\mathbb{N}$ 은 서수가 된다. $\mathbb{N}$ 이 서수임을 강조하고 싶을 때는 $\mathbb{N}$ 대신 $\omega$ 를 사용하여 나타낸다.

7.72 Theorem *무한집합에 대한 3가지 정의는(위의 7.67, 그리고 166쪽의 6.19 에 있는 데데킨트와 타스키의 정의) 모두 서로 동등하다.*

*Proof.* 정리 7.108 로 미루었다. □

7.73 Definition 2항술어 구조체 $(\alpha, \in)$ 이 추이적 정렬진순서집합일 때 집합 $\alpha$ 를 서수(*ordinal*)라 정의한다. 모든 서수로 이루어진 클래스를 Ord 로 나타낸다. ⊣

서수 $\alpha$ 와 $n \in \omega$ 에 대해서 $\alpha + 0 = \alpha$, $\alpha + (n + 1) = (\alpha + n) \cup \{\alpha + n\}$ 으로 정의한다. 그러면 모든 $n \in \omega$ 에 대해서 $\alpha + n$ 은 서수이며 $\alpha + \omega \overset{\text{def}}{=} \bigcup_{n \in \mathbb{N}}(\alpha + n)$ 도 서수가 된다.

더욱 큰 서수를 $\omega \cdot 2 \overset{\text{def}}{=} \omega + \omega$, $\omega \cdot (n+1) = \omega \cdot n + \omega$, $\omega \cdot \omega \overset{\text{def}}{=} \omega^2 = \bigcup_{n \in \omega}(\omega \cdot n)$ 와 같이 계속 얻을 수 있다.

큰 서수를 얻으려는 이유는(이유 중의 하나는) 집합 $|X|$ 의 기수를 $X$ 와 대등한 서수로 정의하기 위함이다. 기수는 칸토르의 정리에 의하여 얼마든지 커질 수 있으므로 여기에 맞추어 큰 서수도 필요한 것이다. 문제는 두 가지인데 임의의 집합과 대등한 서수가 존재하느냐 하는 것이고, 또 하나는 어떤 하나의 집합과 대등한 서수가 유일하지 않다는 것이다. 예를 들어 $\mathbb{N}$ 과 대등한 서수는 $\omega$, $\omega + 1$, $\omega \cdot 2$, $\omega \cdot \omega$ 등 얼마든지 있다. 심지어 $\omega^\omega$ 도 $\mathbb{N}$ 과 대등하다. ($\omega^\omega$ 등의 정확한 의미를 위하여 서수의 더하기, 곱하기, 멱 연산을 7장 5.4절에서 정의할 것이다.)

임의의 집합과 대등한 서수가 존재한다는 것을 정렬원리(*well-ordering principle*)라고 하는데 이는 선택공리와 동등하며 이 사실도 곧 증명할 것이다. (정리 7.101.)

하나의 집합 $X$ 와 대등한 서수가 여럿 있을 때는, $X$ 의 기수로 그 서수들 중 가장 작은 것을 취하는 것으로 한다. 이를 위하여 아래의 정의 7.74와 정리 7.75 가 필요하다.

7.74 DEFINITION $X$ 와 $Y$ 가 정렬순서집합일 때

$$X \prec Y \stackrel{\text{def}}{\Leftrightarrow} (\exists a \in Y)(X \cong I_{a,Y})$$

로 정의한다. 단, $I_{a,Y}$ 는 $Y$ 의 $a$ 에 의한 절편, 즉 $\{y \in Y \mid y < a\}$ 를 나타내며 $\cong$ 은 순서동형관계를 뜻한다. ⊣

7.75 THEOREM *서수 간의 $\preccurlyeq$ 는 전순서관계이며 임의의 서수의 클래스에는 최소원이 존재한다.*

*Proof.* 정리 7.82 에 포함되어 있다. □

7.76 EXERCISE 정렬순서집합 $Y$ 의 진절편은 반드시 어떤 $a \in Y$ 에 대해서 $I_{a,Y}$ 형태임을 보이시오. 정렬순서집합이 아닌 선형순서집합의 진절편은 $I_{a,Y}$ 형태가 아닐 수 있음을 보이시오. ⊣

7.77 LEMMA *$\langle W, \leq \rangle$ 가 정렬순서집합이고 $f : W \to W$ 가 양방향 순서보존사상이면*

$$(\forall x \in W)(f(x) \geq x) \tag{23}$$

*이다.*

*Proof.* (23)의 최소반례를 $y$ 라 하면

$$f(y) < y \tag{24}$$

가 성립한다. $z = f(y)$ 로 놓고 (24)의 양변의 $f$ 값을 취하면

$$f(z) = f(f(y)) < f(y) = z \tag{25}$$

이어야 한다. (연습문제 7.9 참조.) 그런데 $y$ 의 최소성과 $z < y$ 에 의해서 $f(z) \geq z$ 이며 이것은 (25)에 모순이다. □

7.78 COROLLARY

*(i) 정렬순서집합에서 자기 자신으로 가는 순서동형사상은 항등사상 밖에 없다.*

*(ii) 두 정렬순서집합 사이에 순서동형사상이 존재한다면 그것은 유일하다.*

*(iii) 정렬순서집합은 자신의 진절편과 순서동형일 수 없다.*

*Proof.* 독자에게 연습문제로 넘긴다. □

7.79 EXERCISE $W$ 가 정렬순서집합이고 $f : W \overset{\cong}{\rightrightarrows} U$ 가 순서동형사상이며 $I_{a,W}$ 가 $W$ 의 진절편일 때 $f$ 의 $I_{a,W}$ 로의 제한 $f \restriction I_{a,W}$ 는 $I_{a,W}$ 에서 $I_{f(a),U}$ 로 가는 순서동형사상임을 보이시오. ⊣

7.80 THEOREM *두 정렬순서집합 $\langle W_1, \leq_1 \rangle$ 과 $\langle W_2, \leq_2 \rangle$ 가 임의로 주어졌을 때 다음 세 경우 중에 단 하나가 반드시 성립한다.*

① *$W_1$ 은 $W_2$ 의 어떤 진절편과 순서동형이다.*

② *$W_2$ 는 $W_1$ 의 어떤 진절편과 순서동형이다.*

③ *$W_1$ 은 $W_2$ 와 순서동형이다.*

*Proof.* 각 $x \in W_1$ 과 $y \in W_2$ 에 대해서 $W_1(x) \overset{\text{def}}{=} I_{x,W_1}$, $W_2(y) \overset{\text{def}}{=} I_{y,W_2}$ 로 두고 (표기법은 정의 7.74를 참조할 것.) $W_1$ 에서 $W_2$ 로 가는 관계 $f$ 를 아래와 같이 정의하면

$$f = \{(x, y) \in W_1 \times W_2 \mid W_1(x) \cong W_2(y)\}$$

$f$ 는 따름정리 7.78에 의하여 단사함수이다.

먼저 $f$ 가 양방향으로 순서를 보존함을 보이겠다. 이를 위하여는

$$\big((x_1, y_1) \in f\big) \wedge \big((x_2, y_2) \in f\big) \wedge (x_1 < x_2) \ \rightarrow\ (y_1 < y_2). \tag{26}$$

를 보이면 충분함은 연습문제 7.9로부터 알 수 있다. (26)의 앞인자를 가정하고

$$h : W_1(x_2) \overset{\cong}{\rightrightarrows} W_2(y_2), \quad h(x_1) \overset{\text{def}}{=} y^* < y_2$$

로 둔다. $W_1(x_1) \subseteq W_1(x_2)$ 이므로 $h \restriction W_1(x_1)$ 은 당연히 단사 양방향 순서보존사상이다. 그러므로 $h(W_1(x_1)) \subseteq W_2(y^*)$ 가 성립한다. 역방향 $\supseteq$ 를 보이기 위하여

$y^{**} < y^*$ 라 하면 $y^{**} \in W_2(y_2)$ 이므로 $h(x^{**}) = y^{**}$ 인 $x^{**} < x_2$ 가 존재한다. 그런데 $h(x^{**}) = y^{**} < y^* = h(x_1)$ 이고 $h$ 가 양방향 순서보존사상이므로 $x^{**} < x_1$, 즉 $x^{**} \in W_1(x_1)$ 이 되어야 한다. 그러므로 이제 $h(W_1(x_1)) = W_2(y^*)$ 이고 또한 $h(W_1(x_1)) \overset{\sim}{\rightrightarrows} W_2(y^*)$ 이다.

그러므로 $W_2(y^*) \cong W_2(y_1)$ 이 성립하며 $y_1, y^*$ 는 둘 다 $W_2$ 의 원소이므로 $W_2(y_1)$ 과 $W_2(y^*)$ 둘 중의 하나는 다른 것의 절편이 되어야 한다. 이제 따름정리 7.78 에 의하여 $y_1 = y^* < y_2$ 임을 알 수 있다. 이것으로 (26)을 보였으며 따라서 $f$ 는 단사 양방향 순서보존사상임의 증명을 완료하였다.

그러므로 만일 $\mathrm{Dom}(f) = W_1$ 이고 $\mathrm{Ran}(f) = W_2$ 라면 ③이 성립한다.

한편 위의 증명의 일부를 되풀이 하면 $\mathrm{Dom}(f)$ 가 아래로 닫혀 있음을 보일 수 있다: $x \in \mathrm{Dom}(f)$ 이고 $x' < x$ 라면, $h : W_1(x) \cong W_2(y)$ 로 두었을 때 $h \restriction W_1(x') \overset{\sim}{\rightrightarrows} W_2(h(x'))$ 임은 앞서 보인 바 있다. 따라서 $x' \in \mathrm{Dom}(f)$ 가 성립한다. 같은 방법으로 $\mathrm{Ran}(f)$ 가 아래로 닫혀있음을 보일 수 있다. 그러므로 연습문제 7.76 에 의하여 $\mathrm{Dom}(f) \neq W_1$ 이면 $\mathrm{Dom}(f) = W_1(x)$ 형태이며, $\mathrm{Ran}(f) \neq W_2$ 이면 $\mathrm{Ran}(f) = W_2(y)$ 형태임을 안다.

이제 $\mathrm{Dom}(f) = W_1$ 이거나 혹은 $\mathrm{Ran}(f) = W_2$ 임을 보이겠다. 만일 $\mathrm{Dom}(f) \neq W_1$ 이고 또한 $\mathrm{Ran}(f) \neq W_2$ 라면 $W_1 - \mathrm{Dom}(f)$ 의 최소원을 $a$ 로 두고 $W_2 - \mathrm{Ran}(f)$ 의 최소원을 $b$ 로 둔다. 그러면 $\mathrm{Dom}(f) = W_1(a)$ 와 $(a, b) \in f$ 가 둘 다 성립해야 하므로 모순을 얻게 된다.

$\mathrm{Dom}(f) = W_1$ 이지만 $\mathrm{Ran}(f) \neq W_2$ 인 경우에는 ①이 성립하고, $\mathrm{Dom}(f) \neq W_1$ 이고 $\mathrm{Ran}(f) = W_2$ 인 경우에는 ②가 성립한다. □

7.81 Exercise $\mathbb{N} \times 2$ 에 다음과 같은 두 가지의 순서 $<_1$ 과 $<_2$ 를 주기로 하자.

$$(n_1, m_1) <_1 (n_2, m_2) \Leftrightarrow \Big((n_1 < n_2) \vee ((n_1 = n_2) \wedge (m_1 < m_2))\Big),$$
$$(n_1, m_1) <_2 (n_2, m_2) \Leftrightarrow \Big((m_1 < m_2) \vee ((m_1 = m_2) \wedge (n_1 < n_2))\Big).$$

$\langle \mathbb{N} \times 2, <_1 \rangle$ 은 $\mathbb{N}$ 과 순서동형임을 보이시오. $\langle \mathbb{N} \times 2, <_2 \rangle$ 는 정렬순서이기는 하지만 $\mathbb{N}$ 과 순서동형이 아님을 보이시오. ⊣

7.82 Theorem

(*i*) *∅ 은 서수이다.*

(*ii*) *서수의 원소는 모두 서수이다.*

(*iii*) $\alpha$ 가 서수이면 $\alpha \notin \alpha$ 이다.

(*iv*) $\alpha, \beta$ 가 서수이면 $\alpha \in \beta \;\Rightarrow\; \alpha \subsetneq \beta \,\wedge\, \alpha = I_{\alpha,\beta}$ 이다.

(*v*) $\alpha, \beta$ 가 서수이면 $\alpha \subsetneq \beta \;\Rightarrow\; \alpha \in \beta$ 이다. 따라서 $\beta = \{x \subsetneq \beta \mid x\text{는 서수}\}$ 이다.

(*vi*) $\alpha, \beta$ 가 서수이면 $\alpha \subseteq \beta$ 이거나 혹은 $\beta \subseteq \alpha$ 이다.

(*vii*) 서수들로 이루어진 임의의 공 아닌 클래스 $\mathcal{C}$ 에는 최소원 $\min \mathcal{C} = \bigcap \mathcal{C}$ 이 존재한다.

(*viii*) 서수들의 임의의 집합 $\mathcal{C}$ 의 합집합은 서수이며 $\bigcup \mathcal{C} = \sup \mathcal{C}$ 이다.

(*ix*) 서수 $\alpha$ 의 부분집합은 그것이 $\alpha$ 의 절편일 때면이 서수이다.

(*x*) $\alpha$ 가 서수이면 $\alpha \cup \{\alpha\}$ 도 서수이며 이는 $\alpha$ 보다 큰 서수들의 클래스의 최소원이다.

*Proof.* (*i*) 정의에 의하여 확인해야 될 조건들이 전부 허무하게 성립한다.

(*ii*) $x \in \alpha \in \mathsf{Ord}$ 이면 $x \subseteq \alpha$ 이므로 $x$ 는 $\in$-정렬순서집합이다. $x$ 가 추이적임을 보이기 위하여 $z \in y \in x$ 를 가정하자. 그러면 $\in$ 은 $\alpha$ 위에서는 순서관계이므로 추이적이고, 따라서 $z \in x$ 가 성립한다.

(*iii*) $x \in \alpha$ 일 때 $x \notin x$ 임은 $(\alpha, \in)$ 이 진순서집합이기 때문에 성립한다. $\alpha \in \alpha$ 는 $\alpha \notin \alpha$ 를 함의하므로 성립할 수 없다.

(*iv*) $\alpha \in \beta$ 를 가정하면, $\alpha \subseteq \beta$ 임은 $\beta$ 의 추이성에 의한다. 그리고 $\alpha \neq \beta$ 임은 (*iii*) 이 함의한다. 그러면 $I_{\alpha,\beta} = \{x \in \beta \mid x < \alpha\} = \alpha \cap \beta = \alpha$ 임을 알 수 있다.

(*v*) $\alpha \subsetneq \beta$ 를 가정하고 $\gamma \overset{\text{def}}{=} \min(\beta - \alpha)$ 로 둔다. ($\gamma$ 는 서수 $\beta$ 의 원소이므로 서수이다.) 우리는 $\alpha = \gamma \in \beta$ 를 보일 것이다.

$x \in \alpha$ 이면 $x \in \beta$ 이다. $x$ 와 $\gamma$ 의 크기를 비교해 보자. $x = \gamma$ 는 $\gamma \notin \alpha$ 이므로 불가능하다. $x > \gamma$ 는 $\alpha$ 의 추이성에 의하여 $\gamma \in \alpha$ 를 함의하는데 이것도 역시 $\gamma \notin \alpha$ 에 모순된다. 그러므로 $x \in \gamma$ 이어야만 한다. $x$ 는 $\alpha$ 의 임의의 원소였으므로 $\alpha \subseteq \gamma$ 이다. 역으로 $x \in \gamma \subseteq \beta$ 이면 $\gamma$ 의 최소성 때문에 $x \in \alpha$ 가 성립해야 한다. 따라서 $\gamma \subseteq \alpha$ 이다.

(*vi*) $\alpha \cap \beta$ 는 정렬순서집합이고 또한 추이적이다. 따라서 서수이다. $\gamma \overset{\text{def}}{=} \alpha \cap \beta$ 로 두자. 만일 $\gamma \neq \alpha$ 이고 또한 $\gamma \neq \beta$ 라면 (*v*) 에 의하여 $\gamma \in \alpha \cap \beta = \gamma$ 가 되어야 하는데 이것은 (*iii*) 에 모순된다.

$(vii)$ $\alpha \in \mathcal{C}$를 하나 취한다. $\bigcap\mathcal{C} \subseteq \bigcap\{x \in \mathcal{C} \mid x \leq \alpha\}$ 임은 당연하다. $\supseteq$를 증명하기 위하여 $y \in x \leq \alpha$, $x \in \mathcal{C}$라 하자. 우리는 $(\forall z \in \mathcal{C})(y \in z)$를 보여야 한다. $z \leq \alpha$인 경우는 문제될 것 없고, $z > \alpha$인 경우에는 $y \in x \subseteq \alpha \subseteq z$로 역시 문제가 없다.

$\bigcap\mathcal{C} \overset{\text{def}}{=} \gamma$가 서수임은 쉽게 확인된다. 이 서수가 $\mathcal{C}$의 모든 원소보다 작거나 같음도 $(v)$에 의해 당연하다. 이제 $\gamma \in \mathcal{C}$만 보이면 된다. $\gamma = \alpha \in \mathcal{C}$일 때는 문제가 없으므로 $\gamma < \alpha$를 가정하자. 그렇다면 $\gamma = \bigcap\{x \in \mathcal{C} \mid x \in \alpha\}$이다. 하지만 $\{x \in \mathcal{C} \mid x \in \alpha\} \subseteq \alpha$는 $\alpha$가 정렬집합이므로 최소원을 가지며 이 최소원이 $\gamma$임은 당연하다. (연습문제 6.31 참조.)

$(viii)$ $\mathcal{C}$를 서수들로 이루어진 집합이라 하자. $C = \bigcup\mathcal{C}$로 두었을 때 $\mathcal{B} \subseteq C$가 최소원 $\bigcap\mathcal{B} \in \mathcal{B}$를 가짐은 $(vii)$에 의하여 보장된다. $C$가 추이적임은 아주 쉽게 확인된다. 그러므로 $C$는 서수이다.

$C$가 $\mathcal{C}$의 최소상계임은 $(v)$에 의하여 당연하다.

$(ix)$ $S \subseteq \alpha$라 하자. 일반성의 손실 없이 $S \subsetneq \alpha$를 가정한다. $S$가 $\in$-정렬집합인 것은 당연하다. $\gamma \overset{\text{def}}{=} \min(\alpha - S)$로 놓으면 $(v)$의 증명에서 $S \in \mathsf{Ord} \Rightarrow S = \gamma = I_{\gamma,\alpha}$를 보인 바 있다. 역으로 $S$가 진절편이면 이것은 어떤 서수 $\gamma \in \alpha$가 존재하여 $S = I_{\gamma,\alpha}$라는 것을 의미하므로 이제 $(iv)$를 적용하면 $S = \gamma$를 얻게 된다.

$(x)$ $\alpha \cup \{\alpha\}$가 정렬순서집합임은 연습문제 7.66에 의하여 보장되고, 추이적임은 아주 쉽게 확인된다. $\beta > \alpha$이면 $\alpha \subseteq \beta$이고 또한 $\alpha \in \beta$이므로 $\alpha \cup \{\alpha\} \leq \beta$가 된다. 따라서 $\alpha \cup \{\alpha\} = \min\{\beta \in \mathsf{Ord} \mid \beta > \alpha\}$이다. □

7.83 Definition 각 $\alpha \in \mathsf{Ord}$에 대해서 $\alpha \cup \{\alpha\}$를 $\alpha$의 다음수(*successor*)라고 한다. 서수는 그것이 어떤 서수의 다음수일 때 다음서수(*successor ordinal*)라고 한다. 다음서수가 아닌 서수를 극한서수(*limit ordinal*)라고 한다. 0은 극한서수이다. 모든 극한서수로 이루어진 클래스를 $\mathsf{LimOrd}$로 나타내고, $\mathsf{LimOrd}$에서 0을 제외하여 얻는 클래스를 $\mathsf{LimOrd}^+$로 나타낸다. ⊣

7.84 Exercise 모든 서수 $\alpha$에 대해서

$$\alpha \in \mathsf{LimOrd} \Leftrightarrow \alpha = \textstyle\bigcup_{\beta<\alpha}\beta$$

임을 증명하시오. ⊣

7.85 THEOREM *임의의 정렬순서집합에 대해서 그와 순서동형인 서수가 유일하게 존재한다.*

*Proof.* 유일성은 따름정리 7.78과 정리 7.82에 의해서 보장된다.

존재성을 보이기 위하여는 대체공리를 사용한다. 정렬순서 집합 $W$ 가 주어졌다 하자. 먼저 다음의 주장을 증명하겠다.

*Claim.* 각 $x \in W$ 마다 $I_{x,W}$ 와 순서동형인 서수가 존재한다.

만일 위의 주장이 틀린다면 $I_{x,W}$ 와 순서동형인 서수가 존재하지 않는 최소의 $x$ 를 취하여 그것을 $a$ 라 둔다. 그러면 각 $x \in I_{a,W}$ 마다 순서동형사상

$$f_x : I_{x,W} \overset{\simeq}{\rightarrow} \alpha_x \in \mathsf{Ord}$$

이 존재한다. (이러한 서수 $\alpha_x$ 도 유일하고 순서동형사상 $f_x$ 도 유일하다.)

$$\alpha_a \overset{\text{def}}{=} \bigcup_{x \in I_{a,W}} \alpha_x$$

로 두면 이것은 서수가 된다. 그러면 이제 $f \overset{\text{def}}{=} \bigcup_{x \in I_{a,W}} f_x$ 로 두었을 때

$$f : I_{a,W} \overset{\simeq}{\rightarrow} \alpha_a$$

가 순서동형사상이 된다는 것만 보이면 이것이 $a$ 의 선택(의 조건)에 모순이므로 위의 주장은 증명이 완료될 것이다.

$x < y < a \in W$ 라 하자. 그러면 $f_y \restriction I_{x,W}$ 는 연습문제 7.79에 의하여 $I_{x,W}$ 에서 $I_{f_y(x),\alpha_y}$ 로 가는 순서동형사상이다. $I_{f_y(x),\alpha_y}$ 는 서수의 진절편이므로 서수이고, 순서동형 서수의 유일성에 의하여 $\alpha_x$ 와 같음을 안다. (그리고 증명에서 사용하지는 않지만 $f_y(x) = \alpha_x$ 이다.) 그러면 이제 순서동형사상의 유일성에 의하여 $f_y \restriction I_{x,W} = f_x$ 임을 알 수 있다.

여기서 연습문제 6.94를 적용하면 $f = \bigcup_{x \in I_{a,W}} f_x$ 는 정의역이 $\bigcup_{x \in I_{a,W}} I_{x,W} = I_{a,W}$ 이고 공역이 $\bigcup_{x \in I_{a,W}} \alpha_x = \alpha_a$ 인 함수가 된다. 그리고 $f$ 가 순서동형사상임은 쉽게 확인된다. 이것으로 우리가 보이고자 했던 주장의 증명이 완료되었다.

이제 각 $x \in W$ 마다 $f_x : I_{x,W} \overset{\simeq}{\rightarrow} \alpha_x \in \mathsf{Ord}$ 를 순서동형사상이라 하자.

$\{\alpha_x \mid x \in W\}$ 는 서수들의 집합(대체공리에 의하여)이며 이것의 합집합, 즉 최소상계를 $\gamma \in \mathsf{Ord}$ 라 하자. 이때 $\bigcup_{x \in W} f_x$ 가 $W$ 에서 $\gamma$ 로 가는 순서동형사상임을 '주장'의 증명을 흉내내어 쉽게 보일 수 있다. □

7.86 THEOREM (BURALI-FORTI'S PARADOX) *서수 전체로 이루어진 집합은 존재하지 않는다.*

*Proof.* 서수 전체로 이루어진 집합이 존재한다면 이를 $\mathcal{C}$로 놓는다. 그러면 $\bigcup \mathcal{C} \stackrel{\text{def}}{=} \alpha$는 $\mathcal{C}$의 상계이며 $\alpha \cup \{\alpha\}$는 $\mathcal{C}$의 임의의 원소보다 큰 서수이다. 하지만 $\mathcal{C}$에는 모든 서수가 속하므로 결국 $\alpha$는 $\alpha \cup \{\alpha\}$의 상계라는 모순이 나온다. □

기수와 서수에 대한 이 절의 내용을 다시 한 번 간추려 보면 다음과 같다.

기수는 집합의 원소의 개수를 집합론적으로 명확하게 나타내기 위한 것이며, 한 집합의 기수가 다른 집합의 기수보다 '크다', '작다', '같다'를 단사함수, 혹은 전사함수의 개념을 사용하여 정의한다. 기수가 같음, 즉 집합의 대등함은 동등관계이고, 기수의 '크거나 같음' 관계는 추이적이고 반사적이다. 기수의 '크거나 같음'은 반대칭성을 가지며 이것을 증명한 것이 칸토르-번스타인 정리이다.

기수를 표상하는 집합으로는 그 집합과 대등한 서수 중에서 가장 작은 것을 취한다. 서수는 추이적인 집합으로서 $\in$-정렬진순서집합을 이루는 것을 말한다. 서수슨 순서동형인 정렬순서집합들로 이루어진 동등류의 대표원으로 사용된다.

우리는 임의의 정렬순서집합에 대해서 그것과 순서동형인 서수가 유일하게 존재함을 증명하였다. 서수 전체의 클래스 Ord는 정렬순서클래스이다. 유한서수, 즉 자연수는 무한공리를 이용하여 정의하였으며, 이 과정에서 유한의 개념도 정의하였다. 이 정의가 데데킨트와 타스키가 정의한 무한개념과 일치한다는 사실은 정리로 제시하였고, 증명은 정리 7.108로 미루었다.

기수는 그것과 대등한 서수로 표상한다고 하였는데, 이를 위하여는 모든 집합이 어떤 서수와 대등하다는 것을 보여야 한다. 서수와 대등한 집합은 그 대등함을 보장하는 전단사 함수를 이용하여 순서관계를 주면 정렬순서집합이 된다. 모든 집합에 정렬순서를 줄 수 있다는 명제를 정렬원리라고 하는데 이는 선택공리와 동등함을 보일 것이다.

기수 간의 대소관계가 선형순서관계라는 것은 기수를 서수로 표상한 후에는 당연한 사실이다. 그런데 서수로 표상하지 않고도 기수의 순서가 선형임을 증명할 수 있다. 이 증명은 조른의 보조정리를 이용하여 이루어지며, 조른의 보조정리도 역시 선택공리와 동등함을 보일 것이다.

기수에 대하여 가장 기본적인 사실 중에 아직 다루지 않은 것으로 "유한집합 유한 개의 합집합은 유한하다.", "가산집합 가산 개의 합집합은 가산적이다." 등이 있는데 이것은 268쪽의 정리 7.111과 7.115에서 다룰 것이다.

## 5.2 귀납적 증명과 재귀적 정의

일반적인 열(sequence)의 개념은 192쪽의 6.67에서 정의하였다. 열은 함수와 동일한 개념이며, 단지 통상 함수 $f$의 $x$에서의 값을 $f(x)$로 나타내지만 이 함수를 열로 볼 때는 $f_x$로 나타낸다는 것, 즉 표기법에만 차이가 있다고 하였다. 그리고 함수의 정의역에 어떤 '유용한' 순서구조가 있을 때 이 함수를 열로 나타낸다고 하였는데 이제 그 유용한 순서구조에 대해서 말할 때가 되었다.

가장 간단한 열은 유한열로서 정의역이 자연수인 것이다. 자연수는 정렬순서집합의 가장 단순한 예라고 볼 수 있다. 그 다음으로 간단한 열은 정의역이 $\omega$인 것이다. 그리고 정의역이 일반적인 서수 $\alpha$일 때는 이 함수를 $\alpha$-열(*sequence*)이라고 한다. 그리고 정의역이 Ord인 함수를 Ord-열이라고 한다.

서수보다 좀 더 풍부한 순서구조를 가지며 또한 귀납적 성질을 가지는 것으로 아래에 정의한 나무(tree)가 있다.

7.87 Definition 반순서집합 $(T, \leq)$의 아래로 닫힌 부분집합이 항상 정렬순서집합일 때 $T$는 나무순서(*tree order*)를 가지고 있다고 하고 구조체 $(T, \leq)$를 나무순서집합(*tree*)이라고 한다.

정의역이 나무순서집합 $(T, \leq)$인 함수를 $T$-열(*sequence*)이라고 한다.

어떤 집합 $X$가 전사 열 $s : T \to X$의 공역일 때 이 열 $s$를 $X$의 나열(*enumeration*)이라고 한다.†

정의역이 서수 $\varnothing$인 함수를 공열(*empty sequence*)이라 하고 $()$, 혹은 $\langle\rangle$로 나타낸다. ⊣

7.88 Lemma *$A$를 나무순서집합 $T$의 공아닌 부분집합이라 하면 $A$는 극소원을 가진다.*

*Proof.* $a \in A$를 임의로 취한 후 집합 $\{a\}\!\downarrow \stackrel{\text{def}}{=} \{x \in A \mid x \leq a\}$를 생각해 보자. $\{a\}\!\downarrow$는 정렬순서집합 $\{x \in T \mid x \leq a\}$의 부분집합이므로 정렬순서집합이다. $\{a\}\!\downarrow$의 최소원을 $a_0 \in A$라 하자. $a_0$보다 작은 $T$의 원소는 $\{a\}\!\downarrow$의 원소이어야 하므로 이러한 원소는 존재할 수 없다. □

7.89 Lemma 초한귀납법의 원리(*Principle of Transfinite Induction*) 모든 논리식

†통상 나열이라 함은 정의역이 서수, 혹은 Ord인 함수를 말하는데, 여기서는 이 정의를 조금 더 확장하여 나무순서집합을 정의역으로 가지는 함수를 말하는 것으로 하였다.

*$\varphi(x)$ 에 대해서*

$$(\forall\alpha\in\mathsf{Ord})\big((\forall\beta<\alpha)\varphi(\beta)\to\varphi(\alpha)\big)\to(\forall\alpha\in\mathsf{Ord})\varphi(\alpha) \tag{27}$$

*가 성립한다. $\varphi$ 는 파라메터를 포함할 수 있다.*

*Proof.* (29)의 앞인자를 가정하고 뒤인자를 부정해 보자.

$\neg\varphi(\alpha)$ 인 최소의 $\alpha$ 를 $\alpha_0$ 라 하면 $(\forall\beta<\alpha_0)\varphi(\beta)$ 가 성립한다. 그러면 앞인자에 의하여 $\varphi(\alpha_0)$ 가 성립하는 모순이 발생한다. □

7.90 LEMMA *$T$ 를 나무순서집합이라 하자. 모든 논리식 $\varphi(x)$ 에 대해서*

$$(\forall x,y\in T)\big((\forall y<x)\varphi(y)\to\varphi(x)\big)\to(\forall x\in T)\varphi(x) \tag{28}$$

*가 성립한다. $\varphi$ 는 파라메터를 포함할 수 있다.*

*Proof.* (29)의 앞인자를 가정하고 뒤인자를 부정한 다음 극소 반례를 생각해 보라. □

7.91 LEMMA 초한귀납법의 원리, 버전 2(*Principle of Transfinite Induction, 2nd version*) *모든 논리식 $\varphi(x)$ 에 대해서*

$$\begin{aligned}&\varphi(0)\land(\forall\alpha\in\mathsf{Ord})\big(\varphi(\alpha)\to\varphi(\alpha+1)\big)\land\\&\qquad(\forall\alpha\in\mathsf{LimOrd}^{+})\big((\forall\beta<\alpha)\varphi(\beta)\to\varphi(\alpha)\big)\to(\forall\alpha\in\mathsf{Ord})\varphi(\alpha)\end{aligned} \tag{29}$$

*가 성립한다. $\varphi$ 는 파라메터를 포함할 수 있다.*

*Proof.* 독자에게 연습문제로 넘긴다. □

재귀적 정의(*recursive definition*)은 귀납적 정의의 동의어이다. 정의역이 어떤 하나의 서수, 혹은 Ord 인 함수는 재귀적으로 정의할 수 있으며, 이러한 방식으로 정의된 열의 대표적인 예로 팩토리얼(factorial) 함수가 있다. 통상 다음과 같이 $(a_n)_n$ 을 정의하고 $a_n = n!$ 로 나타낸다.

$$a_n=\begin{cases}1, & n=0 \text{ 일 때},\\ n\cdot a_{n-1}, & n>0 \text{ 일 때}.\end{cases} \tag{30}$$

그런데 (30)을 만족하는 열 $(a_n)_{n\in\omega}$ 이 존재한다는 것은 어떻게 증명하는가? 아래에 하나의 증명을 제시하였다.

[비형식 증명 시작] 유한열의 열 $(\bar{s}_n)_n$ 을 다음과 같이 정의한다.

$$
\begin{aligned}
&\bar{s}_0 = (\,), \\
&\bar{s}_1 = (1), \\
&\bar{s}_2 = (1, 2 \cdot 1), \\
&\ \vdots \\
&\bar{s}_n = \bar{s}_{n-1} \cup \langle n-1, (n-1) \cdot \bar{s}_{n-1}(n-2) \rangle, \\
&\ \vdots
\end{aligned}
$$

그러면 $\bigcup_{n\in\omega} \bar{s}_n$ 은 융화적인 집합족의 합집합이므로 함수가 된다. 즉, 함수로서 존재한다. 이제 $\bigcup_{n\in\omega} \bar{s}_n = a$ 를 보이는 것은 쉬운 일이다. 그러므로 이제 남은 것은 각 $n \in \omega$ 에 대해서 $\bar{s}_n$ 이 존재함을, 귀납법 등의 방법을 사용하여 보이는 것 뿐이다.

이 증명의 포인트는, 각 $n$ 에 대해서 유한열 $\bar{s}_n$ 이 존재함은 귀납법으로 보이면 되고, 이들의 합집합 $a$ 가 존재한다는 것은 대체공리로서 보인다는 것이다. 다시 말해서 $\omega$ 는 집합이므로 $\{\bar{s}_n \mid n \in \omega\}$ 는 대체공리에 의하여 집합을 이루고 이것의 합집합 $a$ 는 합집합공리에 의해서 존재한다. [비형식 증명 끝]

위의 [비형식 증명]을 형식증명으로 바꾸는 과정을 스케치해 보겠다.

먼저 귀납적으로 정의된 함수 $f : X \to Y$ 가 "존재함을 증명한다"는 말의 의미를 정확히 해 두자. 일단 이 함수는 어떤 논리식으로 나타낼 수 있을 것이다. 예를 들어 우리의 팩토리얼 함수 $a$ 는 모든 $n, m \in \omega$ 에 대해서

$$
\begin{aligned}
\langle n, m \rangle \in a \leftrightarrow \Big( &(n = 0 \ \wedge \ m = 1) \vee \\
&(n > 0 \ \wedge \ (\exists k)(m = n \cdot k \ \wedge \ \langle n-1, k \rangle \in a)) \Big)
\end{aligned}
\tag{31}
$$

를 만족해야 한다. 그러므로 (31)의 우변을 논리식 $\alpha(n, m, a)$ 으로 두었을 때

$$
\exists a (\forall n \in \omega)(\forall m \in \omega)\big(\langle n, m \rangle \in a \leftrightarrow \alpha(n, m, a)\big) \tag{32}
$$

을 집합론의 공리들로부터 형식증명하는 것이 곧 $a$가 존재함을 증명하는 것이라고 정의한다. $\alpha(n,m,a)$는 $a$의 귀납적 정의 (30)을 논리식으로 쓴 것이다. 그런데 (32)를 증명한다는 것이 그리 쉽지 않아 보인다.

우리는 다음을 만족하는 1계논리식 $\varphi(x,y)$를 구성함으로써 (32)를 증명한다.

- $\varphi$의 자유변수는 (서로 다른 개체변수) $x$와 $y$뿐이다.
- $(\forall n\in\omega)(\exists^1 m\in\omega)\varphi(n,m)$
- $(\forall a)\Big(\forall z\big(z\in a \leftrightarrow (\exists n,m\in\omega)\big(z=\langle n,m\rangle \land \varphi(n,m)\big) \to \theta(a)\big)\Big)$, 단
  $\theta(a) \stackrel{\text{def}}{\equiv} (\forall n,m\in\omega)(\langle n,m\rangle \in a \leftrightarrow \alpha(n,m,a))$.

위와 같은 $\varphi$를 만들어 내기만 한다면 $a \stackrel{\text{def}}{=} \{\langle n,m\rangle \in \omega\times\omega \mid \varphi(n,m)\}$으로 두어 $\theta(a)$를 얻을 수 있다. 그런데 (32)는 다름 아닌 $\exists a\,\theta(a)$이므로 이걸로 증명이 완료되는 것이다.

만일 $\alpha$에 $a$가 나타나지 않는다면 $\varphi \stackrel{\text{def}}{\equiv} \alpha$로 두면 아주 간단하다. 문제는 귀납적 정의에서는 항상 $\alpha$에 $a$가 나타난다는 것이다.

그러면 이제 논리식 $\varphi$를 구성해 보자. 먼저 $s$가 $n$-열이기 위한 논리식

$$\theta(s,n) \stackrel{\text{def}}{\equiv} (\forall z\in s)(\exists i<n)(\exists m\in\omega)(\langle i,m\rangle \in s)$$

를 정의한다. 그리고

$$\lambda(s,n) \stackrel{\text{def}}{\equiv} (i=0 \land m=1)\lor\Big(i>0 \land (\exists m\in\omega)\big(\langle i-1,m\rangle \in s \land \langle i,i\cdot m\rangle \in s\big)\Big)$$

로 놓은 다음, 1계논리식 $\psi(s,n)$를 다음과 같이 정의한다.

$$\psi(s,n) \stackrel{\text{def}}{\equiv} \theta(s,n) \land \Big((n=0 \land s=\varnothing) \lor (n=1 \land s=\{\langle 0,1\rangle\}) \lor (n>1 \land \lambda(s,n))\Big) \tag{33}$$

이다. $\varphi$는

$$\varphi(n,m) \Leftrightarrow \langle n,m\rangle \in \bigcup_{n\in\omega} \bar{s}_n,$$

즉

$$\varphi(n,m) \Leftrightarrow (\exists k\in\omega)(\langle n,m\rangle \in \bar{s}_k)$$

를 만족하도록 해야 한다. 따라서

$$\varphi(n,m) \stackrel{\text{def}}{\equiv} (\exists k\in\omega)(\exists s)\big(\langle n,m\rangle \in s \ \wedge\ \psi(s,k)\big)$$

로 두면 된다. 혹은, 위에서 $k$ 는 $n$ 보다 큰 임의의 자연수이면 되므로 $\varphi(n,m)$ 을 $\exists s\big(\langle n,m\rangle \in s \ \wedge\ \psi(s,n+1)\big)$ 로 두어도 된다.

이것으로서 (30)의 형식증명의 스케치를 마친다. 미심쩍은 세부적인 부분이 있다면 그 부분은 독자에게 연습문제로 넘긴다. 시간은 좀 걸리겠지만 충분히 채워 넣을 수 있을 것이다.

재귀적으로 정의한 함수의 존재성의 증명을 매번 위와 같이 하는 수고를 덜어주는 정리 몇 개를 아래에 소개한다. 이 정리들의 증명은 255쪽의 [비형식 증명]과 비슷한 방식으로 이루어진다.

7.92 THEOREM 재귀 정리(*The Recursion Theorem*)
*$A$ 가 집합이고 $a \in A$ 이며 $g : A\times\omega \to A$ 가 함수이면 다음과 같은 열 $f : \omega \to A$ 가 유일하게 존재한다.*

$$f_n = \begin{cases} a, & n=0 \text{ 일 때},\\ g(f_{n-1},n), & n>0 \text{ 일 때}. \end{cases} \tag{34}$$

*Proof.* 각 $n\in\omega$ 에 대해서 $\psi(n)$ 을, 다음과 같은 성질을 가지는 유한열 $\bar{s}_n \in A^n$ 이 존재함을 말하는 논리식이라 하자.

$$\bar{s}_n(i) = \begin{cases} a, & i=0 \text{ 일 때},\\ g(\bar{s}_n(i-1),i), & 0<i<n \text{ 일 때}. \end{cases} \tag{35}$$

$\psi(0)$ 가 성립함은 $\bar{s}_0 = (\,)$ 로 놓으면 바로 알 수 있다. $\psi(1)$ 이 성립함은 $\bar{s}_1 = \{\langle 0,a\rangle\}$ 로 놓으면 바로 알 수 있다. $n\geq 1$ 일 때 $\psi(n)$ 을 가정하자. 그리고

$$\bar{s}_{n+1} = \bar{s}_n \cup \{\langle n, g(\bar{s}_n(n-1),n)\rangle\} \tag{36}$$

으로 두면 $\psi(n+1)$ 이 성립함을 쉽게 확인할 수 있다. $\bar{s}_n$ 과 $\bar{s}'_n$ 이 동시에 (35)를 만족한다면 $\bar{s}_n = \bar{s}'_n$ 이므로 유한열의 열 $(\bar{s}_n)_n$ 은 잘 정의된다.

그러면 $\bigcup_{n\in\omega} \bar{s}_n \stackrel{\text{def}}{=} f$ 는 융화적인 집합족의 합집합이므로 함수가 된다. 이 함수의 정의역은 $\mathrm{Dom}(\bar{s}_n)$ 들의 합집합, 즉 $\omega$ 가 된다.

이제 (34)가 성립함을 보여야 한다.

$f_n$ 은 $f$ 의 정의에 의하여, $n \in \mathrm{Dom}(\bar{s}_k)$ 인 아무 $k$ 를 취했을 때 $\bar{s}_k(n)$ 의 값과 같다. $k = n+1$ 로 취하면 $f_n = \bar{s}_{n+1}(n)$ 임을 알 수 있다. 이는 모든 $n\in\omega$ 에 대해 성립하는 사실이다.

(34)로 돌아와 보면, 우선 $f_0 = \bar{s}_1(0) = a$ 이다. 그리고 모든 $n>0$ 에 대하여 $\bar{s}_{n+1}(n) = g(\bar{s}_n(n-1), n)$ 가 성립하는 것은 (36)을 보면 안다. 마지막으로 얻은 등식이 바로 우리가 보이려던 $f_n = g(f_{n-1}, n)$ 이다.

이것으로 $f$ 의 존재성의 증명을 마쳤으며, 유일성의 증명은 아주 쉬우므로 생략한다. □

7.93 Theorem 강한 재귀 정리(*The Strong Recursion Theorem*)
*$A$ 가 집합이고 $g : A^{<\omega} \to A$ 가 함수이면 다음과 같은 열 $f : \omega \to A$ 가 유일하게 존재한다.*

$$f_n = g(f{\restriction}n), \quad 모든\ n \in \omega. \tag{37}$$

*Proof.* 정리 7.92를 그대로 따라 하되 (35)를

$$\bar{s}_n(i) = \begin{cases} g(\langle\,\rangle), & i = 0\ 일\ 때, \\ g(\bar{s}_n(0), \ldots, \bar{s}_n(i-1)), & 0 < i < n\ 일\ 때. \end{cases} \tag{38}$$

로 바꾸기만 하면 된다. (실은 $g(\langle\,\rangle) = g(\bar{s}_n{\restriction}0)$ 이므로 (38)을 두 경우로 나누어 쓸 필요가 없었다.) □

7.94 Theorem 초한 재귀 정리(*The Transfinite Recursion Theorem*) *$G : \mathsf{V} \to \mathsf{V}$ 가 클래스 함수이면 다음과 같은 열 $F : \mathsf{Ord} \to \mathsf{V}$ 가 유일하게 존재한다.*

$$F(\alpha) = G(F{\restriction}\alpha), \quad \alpha \in \mathsf{Ord}에\ 대해서. \tag{39}$$

*Proof.* 각 $\alpha \in \mathsf{Ord}$ 에 대해서 $\psi(\alpha)$ 를, 다음과 같은 성질을 가지는 $\bar{s}_\alpha \in V^\alpha$ 가

존재함을 말하는 논리식이라 하자.

$$\bar{s}_\alpha(\xi) = G(\bar{s}_\alpha \restriction \xi), \quad \xi < \alpha\text{에 대해서.} \tag{40}$$

$\psi(0)$ 가 성립함은 $\bar{s}_0 = (\,)$ 로 놓으면 바로 알 수 있다. $\psi(\alpha)$ 가 성립함을 가정했을 때 $\psi(\alpha+1)$ 이 성립함은

$$\bar{s}_{\alpha+1} = \bar{s}_\alpha \cup \{\langle \alpha, G(\bar{s}_\alpha)\rangle\}$$

로 놓아 확인한다. $\alpha \in \mathsf{LimOrd}^+$ 일 때는 $(\forall \xi < \alpha)\psi(\xi)$ 를 가정하고

$$\bar{s}_\alpha = \bigcup_{\xi<\alpha} \bar{s}_\xi$$

로 놓아 확인한다. 그러므로 이제 $(\forall \alpha \in \mathsf{Ord})\psi(\alpha)$ 가 확인되었다. $\bar{s}_\alpha$ 와 $\bar{s}'_\alpha$ 가 동시에 (40)을 만족한다면 $\bar{s}_\alpha = \bar{s}'_\alpha$ 이므로 $(\bar{s}_\alpha)_\alpha$ 는 잘 정의된다. 이 열의 임의의 두 항은 융화적이므로 이제 $F = \bigcup_{\alpha \in \mathsf{Ord}} \bar{s}_\alpha$ 는 함수이다.

증명의 나머지 부분은 새로울 것이 없으므로 생략한다. □

7.95 THEOREM 조한 재귀 정리, 버전 2(*The Transfinite Recursion Theorem, 2nd version*) *$G_1 : \mathsf{V} \to \mathsf{V}$ 과 $G_2 : \mathsf{V} \to \mathsf{V}$ 가 클래스 함수이고 $g_0 \in \mathsf{V}$ 이면 다음과 같은 열 $F : \mathsf{Ord} \to \mathsf{V}$ 가 유일하게 존재한다.*

$$F(0) = g_0,$$
$$F(\alpha+1) = G_1(F(\alpha)), \quad \alpha \in \mathsf{Ord}\text{에 대해서,}$$
$$F(\alpha) = G_2(F \restriction \alpha), \quad \alpha \in \mathsf{LimOrd}^+\text{에 대해서.}$$

*Proof.* 독자에게 연습문제로 넘긴다. □

7.96 EXERCISE $X$ 와 $Y$ 가 공아닌 집합이고 $\varnothing \neq X_0 \subseteq X$ 이다. 4개의 함수

$$\rho : X \to \mathsf{Ord},$$
$$f_0 : X_0 \to Y,$$
$$g : Y^{<\omega} \to Y,$$
$$h : X \to X^{<\omega}$$

가 주어졌으며 $X_0 = \{x \in X \mid \rho(x) = 0\}$ 와

$$(\forall x \in X)\big(\forall y \in \mathrm{Ran}(h(x))\big)(\rho(y) < \rho(x))$$

가 만족된다고 한다. 그러면 다음과 같은 함수 $f : X \to Y$ 가 유일하게 존재함을 증명하시오.

$$f(x) = \begin{cases} f_0(x), & \rho(x) = 0 \text{ 일 때}, \\ g(f(h(x)_0), \ldots, f(h(x)_{\ell(h(x))-1})), & \text{아닐 때}. \end{cases}$$

단, $\ell(h(x))$ 는 유한열 $h(x) \in X^{<\omega}$ 의 길이를 뜻한다. ⊣

이제 208쪽에서 나왔으나 증명을 미루었던 문제를 해결해 보자.

모든 0,1-문자열들의 집합 $\mathcal{F} \stackrel{\text{def}}{=} \{0,1\}^{<\omega}$ 에 순서 $\leq_2$ 와 $\leq_3$ 를 다음과 같이 준다.

$$(f \leq_2 g) \;\Leftrightarrow\; \Big(f \subseteq g \;\vee\; \big(f(n) < g(n),\ \text{단, } n = \min\{m \mid f(m) \neq g(m)\}\big)\Big),$$
$$(f \leq_3 g) \;\Leftrightarrow\; \Big(|f| < |g| \;\vee\; \big((|f| = |g|) \;\wedge\; (f \leq_2 g)\big)\Big)$$

$(\mathcal{F}, \leq_2)$ 는 $(\mathbb{N}, \leq)$ 과 순서동형이 아님은 이미 확인했는데, 실은 $(\mathcal{F}, \leq_2)$ 는 정렬순서집합도 되지 못함을 알아 두도록 한다. 최소원을 가지지 못하는 $(\mathcal{F}, \leq_2)$ 의 공아닌 부분집합의 예로는 $\{1, 01, 001, 0001, \ldots\}$ 가 있다.

$(\mathcal{F}, \leq_3)$ 는 정렬순서 집합이다. 이를 보이기 위하여 $A \in \mathcal{F} - \{\varnothing\}$ 의 $\leq_3$-최소원을 찾아 보자. 집합 $\{|f| \mid f \in A\}$ 는 자연수들의 공아닌 집합이므로 최소원을 가진다. 그것을 $\ell$ 이라 하자. 그러면 집합 $\{f \in A \mid |f| = \ell\} \neq \varnothing$ 은 유한한 선형순서집합이므로 최소원을 가진다. 이것이 바로 $A$ 의 최소원임은 당연하다. 그러므로 이제 $(\mathcal{F}, \leq_3)$ 는 $(\mathbb{N}, \leq)$ 와 같은 기수를 가지는 정렬순서집합이다. 그러나 이것만으로는 이 둘이 순서동형이기 위한 충분조건이 되지 못한다. 예를 들자면 $\mathbb{N} \cup \{\mathbb{N}\}$ 은 $\mathbb{N}$ 과 같은 기수를 가지는 정렬순서집합이지만 순서동형은 아니다.

이제 $(\mathcal{F}, \leq_3)$ 와 $(\mathbb{N}, \leq)$ 가 순서동형임을 증명하겠다.

*Proof.* 함수 $h : \mathbb{N} \to \mathcal{F}$ 를 강한 재귀정리에 의하여 다음과 같이 정의한다.

$$h(n) \stackrel{\text{def}}{=} \min(\{\mathcal{F} - \{h(0), \ldots, h(n-1)\}\})$$

$h$ 가 단사 양방향순서보존사상임은 쉽게 확인된다. 그러므로 $h$ 가 전사임을 보이기만 하면 된다. 이를 위하여 $\mathcal{F} - \mathrm{Ran}(h) \neq \varnothing$ 를 가정하고 모순을 유도하겠다. 이 집합의 최소원을 $f$ 라 하자. $f$ 가 $\mathcal{F}$ 의 최소원이 아님은 당연하다.

집합 $\{g \in \mathcal{F} \mid |g| = |f|\} \stackrel{\text{def}}{=} \mathcal{F}_f$ 를 생각해 보자. 두 경우가 있다. $f$ 가 이 집합의 최소원인 경우와 그렇지 않은 경우이다.

첫 번째 경우에는 $\{g \in \mathcal{F} \mid |g| = |f| - 1\}$ 의 최대원을 $f'$ 이라 하자. 그리고 $h(n) = f'$ 인 $n \in \mathbb{N}$ 을 취한다. 그러면 $h(n+1) = f$ 가 되어 모순이 발생한다. 두 번째 경우에는 $\mathcal{F}_f$ 의 원소 중에서 $f$ 의 직전에 있는 원소를 $f'$ 이라 하면 마찬가지 방법으로 모순이 발생함을 볼 수 있다. □

7.97 Exercise 최소원 이외의 모든 원소가 바로 직전 원소를 가지는 정렬순서집합은 $(\mathbb{N}, \leq)$ 과 순서동형임을 증명하시오. ⊣

## 5.3 조른의 보조정리

7.98 Definition 반순서집합의 부분집합으로서 선형순서집합을 이루는 것을 쇄(*chain*)라 한다. ⊣

7.99 Exercise 반순서집합 $X$ 의 쇄 $C \subseteq X$ 가 주어졌을 때 다음의 물음에 답하시오.

(*i*) $a \in X$ 가 $C$ 의 상계 (혹은 하계)일 때 $C \cup \{a\}$ 는 쇄임을 보이시오.

(*ii*) 또 하나의 쇄 $C_1 \subseteq X$ 이 있어서 $(\forall x \in C)(\forall y \in C_1)(x < y)$ 를 만족할 때 $C \cup C_1$ 이 $X$ 의 쇄임을 보이시오. ⊣

7.100 Definition $(X, \leq)$ 를 임의의 반순서집합이라 하자.

① 하우스도르프 극대원리(*Hausdorff's Maximality Principle*): $X$ 의 쇄들을 모두 모아서 이룬 집합을 $\mathcal{C}$ 라 하면 $(\mathcal{C}, \subseteq)$ 는 극대원을 가진다.

② 조른의 보조정리(*Zorn's Lemma*): $X$ 의 각 쇄의 상계가 존재한다면 $X$ 는 극대원을 가진다.†

③ 정렬원리(*Well-ordering Principle*): $X$ 에 적당한 방법으로 순서 $\leq'$ 을 주어 $(X, \leq')$ 이 정렬순서집합이 되도록 할 수 있다. ⊣

† 이 정리는 Kuratowksi-Zorn의 보조정리라고도 한다. 이 정리는 Kuratowski가 처음으로 1922년 증명하였고, Zorn은 1935년 Kuratowski와 독립적으로 다시 증명하였다.

7.101 THEOREM *다음은 모두 동등하다.*

① *하우스도르프 극대원리*

② *조른의 보조정리*

③ *정렬원리*

④ *선택공리*

*Proof.* ① ⇒ ②: 하우스도르프의 극대원리에 의하여 $X$의 극대쇄를 취하여 $C$라 하자. 만일 $X$의 각 쇄의 상계가 존재한다면 $C$의 상계 $u$를 취할 수 있다. $C \cup \{u\} \supseteq C$는 쇄이므로, $C$의 극대성에 의하여 $u \in C$이어야 할 것이다.

만일 $u < v \in X$인 $v$가 존재한다면 $C \cup \{v\}$는 $C$의 극대성에 모순되는 쇄이다. 따라서 이러한 $v$는 존재할 수 없으며 $u$는 $X$의 극대원이다.

② ⇒ ③: $X$의 부분집합 위의 모든 정렬순서 집합을 $\{\langle X_i, \leq_i \rangle\}_{i \in I} \overset{\text{def}}{=} \mathcal{X}$의 집합족으로 나타내고 $\mathcal{X}$에 순서 $\sqsubseteq$를 다음과 같이 준다.

$$(X_i, \leq_i) \sqsubseteq (X_j, \leq_j) \ \Leftrightarrow \ (X_i \subseteq X_j) \wedge (\leq_i \subseteq \leq_j).$$

여기서 $\mathcal{X}$의 임의의 쇄를 $\mathcal{C}$라 하면 $\bigcup \mathcal{C}$는 정렬순서집합이므로 $\mathcal{C}$의 상계가 된다. 이제 조른의 보조정리를 적용하여 $\mathcal{X}$의 극대원 $(X_{i_0}, \leq_{i_0})$를 얻을 수 있다.

만일 $X_{i_0} \subsetneq X$라면 $X - X_{i_0}$의 아무 원소나 취하여 $z$라 하고 $X_{i_0} \cup \{z\}$에 정렬순서를 주어 $X_{i_0}$의 극대성에 모순되게 할 수 있다. 그러므로 $X_{i_0} = X$이다.

③ ⇒ ④: 주어진 집합 $X$에 정렬순서를 줄 수 있다면

$$f : \mathcal{P}(X) \to X$$

를 각 $A \neq \varnothing$에 대하여

$$f(A) = \min(A)$$

로 놓으면 $f$는 선택함수가 된다.

④ ⇒ ①: 극대쇄를 가지고 있지 않는 반순서집합 $X$가 주어졌다고 가정하자. 우리는 선택공리를 이용하여 모순을 유도할 것이다.†

† 집합론이나 해석학 교재에서 볼 수 있는 조금 난해한 증명은 부르바키에 의한 것으로 알려

$X$의 모든 쇄들로 이루어진 집합을 $\mathcal{C}$라 하자. $\mathcal{C}$는 공집합이 아니다. 왜냐하면 임의의 $x_0 \in X \neq \varnothing$에 대해서 한점집합 $\{x_0\}$는 쇄이기 때문이다. $\mathcal{C}$에 순서관계 $\subseteq$를 준다. $\mathcal{C}$의 원소들로 이루어진 $\alpha$-열 $(C_\xi)_{\xi<\alpha}$가

$$(\forall \xi_0, \xi_1 < \alpha)(\xi_0 < \xi_1 \to C_{\xi_0} \subsetneq C_{\xi_1})$$

를 만족할 때면이 <u>순증가열</u>이라고 하자. 순증가열의 합집합 $\bigcup_{\xi<\alpha} C_\xi$은 $\mathcal{C}$의 원소임을 쉽게 확인할 수 있다.

그러면 가정에 의하여 임의의 순증가열 $(C_\xi)_{\xi<\alpha}$에 대하여 다음의 집합은 공집합이 아니다.

$$\{C \in \mathcal{C} \mid (\forall \xi < \alpha)(C \supsetneq C_\xi)\}$$

선택공리에 의해서 다음과 같은 선택함수

$$f : \mathcal{P}(\mathcal{C}) \to \mathcal{C}$$

를 취하고, $G : \mathsf{V} \to \mathsf{V}$를

$$G((C_\xi)_{\xi<\alpha}) = f(\{C \in \mathcal{C} \mid (\forall \xi < \alpha)(C \supsetneq C_\xi)\})$$

로 둔다. 그러니까 $G(x)$는 $x$가 어떤 순증가열이면 위의 식에 의한 값을 취하고, 아니면 임의의 고정된 값, 예를 들어 $\varnothing$를 함수값으로 취하는 함수이다

$G$에 초한 재귀 정리를 적용하면 $C_\alpha = G((C_\xi)_{\xi<\alpha})$인 열 $(C_\xi)_{\xi \in \mathsf{Ord}}$의 존재를 보장 받는다. 이것이 순증가열임은 $G$의 정의에 의해서 당연하다. 그러므로 $\alpha \mapsto C_\alpha$는 단사함수이며 따라서

$$C_\alpha \mapsto \alpha$$

는 정의역이 $\mathcal{C}$의 부분집합인 함수가 된다. 그러면 대체공리에 의하여 Ord가 집합이 되는데 이것은 브랄리-포티의 역설 7.86에 의하여 불가능하다. □

수학에서 선택공리는 흔히 조른의 보조정리의 형태로 사용된다. 조른의 보조정리를 이용하여 증명하는 정리는 수없이 많은데 학부 수학에서 사용되는 대표적인 예로는 모든 벡터공간에는 기저(basis)가 존재한다는 것, 단위원을 가진 임

져 있다. 이 증명은 길기만 할 뿐 어떤 통찰력도 주는 것 같지 않으므로 이 책에 넣지 않았다. 관심있는 독자는 [Hal98]을 참조하기 바란다.

의의 환은 진극대아이디얼을 가진다는 것 등이 있다. 수리논리학에서는 완전성 정리의 증명에 조른의 보조정리가 쓰인다.

7.102 DEFINITION 기수(*cardinal number*)는 서수 중에서 자기 자신보다 작은 서수와는 대등하지 않은 것을 말한다. 집합 $X$의 기수(*cardinality*)란 그 집합과 대등한 기수를 말한다. ⊣

우리는 모든 집합에는 정렬순서를 줄 수 있으며, 모든 정렬순서집합은 어떤 서수와 순서동형임을 안다. 그런데 순서동형인 두 순서집합은 서로 대등하므로 결국 모든 집합에는 그것과 대등한 서수가 존재하게 된다. 주어진 집합과 대등한 서수들 중에는 최소원이 존재하므로 집합의 기수는 항상 유일하게, 잘 정의된다.

7.103 LEMMA *가장 작은 무한기수는* $\omega$ *이다.*

*Proof.* $\omega$가 무한집합임은 모든 $n \in \omega$에 대해서 $n \not\approx \omega$임을 $n$에 대한 귀납법으로 증명하여 확인할 수 있다. $\omega$보다 작은 서수는 곧 $\omega$의 원소이므로 자연수밖에는 없다. 방금 보였듯이 $\omega$가 어떤 자연수와도 대등하지 않으므로 $\omega$는 기수이다.

$\kappa$가 무한기수이면 초한재귀정리에 의하여 함수 $h : \omega \to \kappa$를 다음과 같이 구성한다.

$$h(n) = \min\big(\kappa - \{h(0), \ldots, h(n-1)\}\big).$$

$\kappa - \{h(0), \ldots, h(n-1)\} \neq \varnothing$는 $\kappa$가 무한집합이므로 항상, 즉 모든 $n$에 대해서 성립한다. $h$가 단사임은 쉽게 확인된다. □

7.104 EXERCISE ① 기수들로 이루어진 집합의 합집합은 기수임을 증명하시오. ② 모든 무한기수는 극한서수임을 증명하시오. ⊣

7.105 EXERCISE 원소가 2개 이상인 임의의 집합 $X$에 대해서

$$(\forall x \in X)(f(x) \neq x)$$

를 만족하는 전단사함수 $f : X \to X$가 존재함을 증명하시오. (힌트: $X$의 부분집합 $Y$에서 $Y$로 가는 전단사함수 $g$로서 $g(x) \neq x$, (모든 $x \in Y$)을 만족하는 것들의 모임에 함수의 확장에 의한 순서를 준다.) ⊣

7.106 EXERCISE 임의의 두 집합 $X$ 와 $Y$ 에 대해서 $|X| \leq |Y|$ 이거나 혹은 $|Y| \leq |X|$ 임을 증명하시오. (힌트: $X$ 의 부분집합을 정의역으로 하고 $Y$ 의 부분집합을 변역으로 하는 모든 단사함수들의 모임에 함수의 확장에 의한 순서를 준다. 극대원의 정의역이 $X$ 이면 $|X| \leq |Y|$ 인 것이다. 아니면 극대원의 변역이 $Y$ 가 될 것이다.) ⊣

## 5.4 서수와 기수의 연산

이 절에서는 서수와 기수의 연산들에 대한 정의의 아이디어를 전달하는 데 주안점을 두며 중요한 사실들을 증명없이 서술할 것이다.

두 서수 $\alpha$ 와 $\beta$ 의 합 $\alpha + \beta$ 는 $\alpha$ 와 순서동형인 정렬순서집합 $(X, <_X)$, $\beta$ 와 순서동형인 정렬순서집합 $(Y, <_Y)$ 를 $X \cap Y = \varnothing$ 이 되도록 취한 후에 $Z \overset{\text{def}}{=} X \cup Y$ 에 순서 $<_Z$ 를

$$z_1 <_Z z_2 \ \Leftrightarrow\ \big(z_1 <_X z_2\big) \text{ 혹은 } \big(z_1 <_Y z_2\big) \text{ 혹은 } \big((z_1, z_2) \in X \times Y\big)$$

로 주었을 때 $(Z, <_Z)$ 와 순서동형인 서수로 정의한다. 이 정의에 의하면 $1 + \omega \neq \omega + 1 = \omega \cup \{\omega\}$ 를 쉽게 확인할 수 있다. 즉 서수간의 덧셈은 교환법칙이 성립하지 않는다. 서수 간의 덧셈이 결합법칙을 만족함은 증명할 수 있다.

서수의 덧셈의 정의는 아래와 같이 해도 동등한 결과를 얻게 된다.

$$\begin{aligned}
&\alpha + 0 = \alpha, \\
&\alpha + (\beta + 1) = (\alpha + \beta) + 1, \\
&\alpha + \beta = \textstyle\bigcup_{\xi < \beta} (\alpha + \xi), \ \text{ 면이 } \beta \in \mathsf{LimOrd}^+
\end{aligned}$$

두 서수 $\alpha$ 와 $\beta$ 의 곱 $\alpha \cdot \beta$ 는 $\alpha$ 와 순서동형인 정렬순서집합들의 열 $(X_\xi)_{\xi < \beta}$ 을 모든 $X_\xi$ 들이 서로소가 되도록 취한 후에 $Z \overset{\text{def}}{=} \bigcup_{\xi < \beta} X_\xi$ 에 순서 $<_Z$ 를

$$z_{\xi_1}^{\eta_1} <_Z z_{\xi_2}^{\eta_2} \ \Leftrightarrow\ \xi_1 < \xi_2 \text{ 혹은 } \big(\xi_1 = \xi_2 \ \wedge\ (\eta_1 < \eta_2)\big)$$

로 주었을 때 $(Z, <_Z)$ 와 순서동형인 서수로 정의한다. 단, 각 $\xi < \beta$ 에 대해서

$$X_\xi = \{ z_\xi^\eta \mid \eta < \alpha \}$$

이다. 그러므로 $\omega \cdot 2 = \{0, 1, \ldots 0, 1, \ldots\} = \omega + \omega$ 이고 $2 \cdot \omega = \{0, 1, 0, 1, 0, 1, \ldots\} =$

$\omega$와 같이 생각할 수 있다. 이 예에서 보듯이 서수간의 곱셈에서 교환법칙은 성립하지 않는다. 서수 간의 곱셈이 결합법칙을 만족함은 증명할 수 있다.

서수의 곱셈의 정의는 아래와 같이 해도 동등한 결과를 얻게 된다.

$$\alpha \cdot 0 = 0,$$
$$\alpha \cdot (\beta + 1) = \alpha \cdot \beta + \alpha,$$
$$\alpha \cdot \beta = \bigcup_{\xi<\beta}(\alpha \cdot \xi),\ \text{면이}\ \beta \in \mathsf{LimOrd}^+$$

분배법칙에 대해서 말하자면 좌분배법칙은 성립하지만 우분배법칙은 성립하지 않는다. 즉,

$$\alpha \cdot (\beta + \gamma) = \alpha \cdot \beta + \alpha \cdot \gamma,$$
$$(\beta + \gamma) \cdot \alpha \neq \beta \cdot \alpha + \gamma \cdot \alpha$$

이다.

서수의 멱은 다음과 같이 정의한다.

$$\alpha^0 = 1, \quad (0^0 = 1,\ \text{허용})$$
$$\alpha^{\beta+1} = \alpha^\beta \cdot \alpha,$$
$$\alpha^\beta = \bigcup_{\xi<\beta}(\alpha^\xi),\ \text{면이}\ \beta \in \mathsf{LimOrd}^+$$

지수법칙 $\alpha^{\beta+\gamma} = \alpha^\beta \cdot \alpha^\gamma$, $(\alpha^\beta)^\gamma = \alpha^{\beta\cdot\gamma}$가 성립함도 증명할 수 있다.

기수의 연산은 서수의 연산보다 좀 더 단순하다.

두 기수 $\kappa$와 $\lambda$의 합 $\kappa + \lambda$는 $\kappa$와 대등한 집합 $X$, $\lambda$와 대등한 집합 $Y$를 $X \cap Y = \varnothing$이 되도록 취한 후에 $X \cup Y$와 대등한 기수로 정의한다. 두 기수 $\kappa$와 $\lambda$의 곱 $\kappa \cdot \lambda$는 $\kappa$와 대등한 집합 $X$, $\lambda$와 대등한 집합 $Y$를 임의로 취한 후에 카티지언곱 $X \times Y$와 대등한 기수로 정의한다.

서수의 연산과는 달리 기수의 덧셈과 곱셈은 결합법칙 뿐만 아니라 교환법칙도 성립한다. 그리고 분배법칙도 좌분배와 우분배 모두 성립한다.

두 기수 $\kappa$와 $\lambda$의 멱 $\kappa^\lambda$는 $\kappa$와 대등한 집합 $X$, $\lambda$와 대등한 집합 $Y$를 취한 후에 $Y$에서 $X$로 가는 모든 함수들의 집합 $X^Y$와 대등한 기수로 정의한다. 지수법칙 $\kappa^{\lambda+\mu} = \kappa^\lambda \cdot \kappa^\mu$, $(\kappa^\lambda)^\mu = \kappa^{\lambda\cdot\mu}$가 성립함도 증명할 수 있다.

기수의 연산은 서수의 연산보다 단순하지만, 아래의 정리에서 보듯이 더 흥

미로울 수도 있다.

7.107 THEOREM *무한기수 $\lambda$ 와 $\kappa$ 에 대해서*

$$\lambda \cdot \kappa = \lambda + \kappa = \max(\lambda, \kappa).$$

*Proof.* [Hal98] 혹은 [HJ99] 참조. □

기수의 덧셈과 곱셈으로는 주어진 무한 기수보다 더 큰 기수를 얻을 수 없다는 것을 알았다. 하지만 기수들의 멱을 통하여는 얼마든지 큰 기수를 얻을 수 있다는 것은 칸토르가 증명한 바 있다.

가장 작은 무한기수는 $\omega$ 인데 이것이 기수임을 강조할 때는 $\aleph_0$ 로 나타낸다. $\aleph_\alpha$ 보다 더 큰 기수 중에 가장 작은 것을 $\aleph_{\alpha+1}$ 으로 나타낸다. 그리고 $\alpha \in \mathsf{LimOrd}^+$ 일 때 $\aleph_\alpha \stackrel{\text{def}}{=} \bigcup_{\xi<\aleph} \aleph_\xi$ 로 정의한다.

$\aleph_1 = 2^{\aleph_0}$ 라는 명제가 연속체가설(*Continuum Hypothesis,* CH) 이다. 이를 일반화 한 $\aleph_{\alpha+1} = 2^{\aleph_\alpha}$ 는 일반연속체가설(*Generalized Continuum Hypothesis,* GCH) 이다.

(일반) 연속체가설이 무모순임은, 즉 (일반) 연속체가설이 옳지 않다고 증명할 수 없음은 1930 년대에 괴델에 의하여 증명되었다.[Gdl38] (일반) 연속체가설의 부정이 무모순임은, 즉 (일반) 연속체가설이 옳다고 증명할 수 없음은 1960 년대에 코헨에 의하여 증명되었다.[Coh66]

## 5.5 무한과 유한, 미루었던 증명

7.108 THEOREM *무한과 유한에 대한 다음의 3 가지 정의 (7.67, 6.19 참조)는 모두 서로 동등하다.*

① $X$ 유한 $\Leftrightarrow$ $X$ 는 어떤 $n \in \mathbb{N}$ 과 대등.

② $X$ 는 타스키-유한 $\Leftrightarrow$ $\mathcal{P}(X)$ 의 임의의 부분집합은 $\subseteq$-최대원을 가진다.

③ $X$ 는 데데킨트-유한 $\Leftrightarrow$ $X$ 는 그 자신의 진부분집합과 대등할 수 없다.

*Proof.* ① $\Rightarrow$ ②: $\mathcal{T}$ 를 모든 타스키-유한 집합들의 클래스라 하면 이것이 귀납적임이 쉽게 확인된다. 임의의 자연수는 최소의 귀납적 집합인 $\mathbb{N}$ 의 원소이므로 $\mathcal{T}$ 의 원소, 즉 타스키-유한이어야 한다.

② ⇒ ①: $S$가 무한임을 가정하고 이것이 타스키-무한임을 보이겠다. 다음의 집합 $X$를 생각해 보자.

$$X \stackrel{\text{def}}{=} \{u \subseteq S \mid u\text{는 유한}\} \subseteq \mathcal{P}(S).$$

$X$가 $\subseteq$-극대 원소 $u_0$를 가진다고 가정하고 모순을 유도하면 된다. $u_0$는 어떤 $n \in \mathbb{N}$과 대등해야 한다. $S - u_0$에서 아무 원소나 취해서 $s$로 놓고 $u_0 \cup \{s\} = u_1 \subseteq S$로 놓으면 $u_1 \approx n+1 \in \mathbb{N}$이므로 $u_1 \in X$가 된다. 이는 $u_0$의 극대성에 모순된다.

① ⇒ ③: $\varphi(x)$를 $x$와 대등한 집합에서 $x$와 대등한 집합으로 가는 모든 단사함수는 전단사함수임을 말하는 논리식이라 하자. 그러면 $(\forall n \in \mathbb{N})\varphi(n)$은 수학적 귀납법에 의해서 쉽게 증명할 수 있다.

③ ⇒ ①: $S$를 무한집합이라 하자. 정렬원리에 의하여 $S$에 정렬순서를 주면 $\mathbb{N}$은 $S$의 어떤 절편과 순서동형이다. $\mathbb{N}$에서 그것의 진부분집합 $\mathbb{N} - \{0\}$으로 가는 전단사 함수 $n \mapsto n+1$을 이용하여 $S$에서 $S$의 진부분집합으로 가는 전단사 함수를 구성한다. □

7.109 Exercise K. Kuratowski(1896–1980)는 유한집합을 다음과 같이 정의하였다.

$$\begin{aligned} &X\text{는 } K\text{-유한} \Leftrightarrow (\forall S \subseteq \mathcal{P}(X)) \\ &\qquad \Big(\varnothing \in S \wedge (\forall x \in X)(\{x\} \in S) \wedge (\forall A, B \in S)(A \cup B \in S) \to X \in S\Big) \end{aligned}$$

$K$-유한은 유한과 동등함을 증명하시오. ⊣

7.110 Lemma *유한집합 $X$의 부분집합 $Y$은 유한하다. 게다가 $|Y| \le |X|$이다.*

*Proof.* $X$가 타스키-유한이고 $Y \subseteq X$일 때 $Y$도 타스키-유한임을 보이겠다. $Y \subseteq X$는 $\mathcal{P}(Y) \subseteq \mathcal{P}(X)$를 함의하므로 $\mathcal{P}(Y)$의 임의의 부분집합은 $\mathcal{P}(X)$의 부분집합이고 따라서 $\subseteq$-극대원을 가진다.

$|Y| \le |X|$은 $y \mapsto y$가 $Y$에서 $X$로 가는 단사함수이므로 성립한다. □

7.111 Theorem *유한집합 유한 개의 합집합은 유한하다.*

*Proof.* 모든 $n \in \mathbb{N}$ 에 대해서 $n$ 개의 유한집합의 합집합이 유한집합임을 나타내는 논리식을 $\varphi(n)$ 이라 하고 $(\forall n \in \mathbb{N})\,\varphi(n)$ 을 $n$ 에 대한 귀납법을 사용하여 증명한다. $n \leq 1$ 일 때는 $\varphi(n)$ 이 당연히 성립하고, $X_1 \cup \cdots \cup X_n \cup X_{n+1} \stackrel{\text{def}}{=} (X_1 \cup \cdots \cup X_n) \cup X_{n+1}$ 이므로 결국 두 유한집합의 합집합이 유한집합임을 보이면 충분하다.

이제 연습문제 7.109를 사용한다. □

7.112 EXERCISE 유한집합의 멱집합은 유한집합임을 증명하시오. (힌트: $|X| = n \in \mathbb{N}$ 이면 $\mathcal{P}(X)$ 가 유한집합임을 $n$ 에 대한 수학적 귀납법으로 증명한다. 그리고 $a \notin X$ 일 때 $\mathcal{P}(X \cup \{a\})$ 와 $\mathcal{P}(X) \times \{0, 1\}$ 가 대등함을 보인다. 그리고 정리 7.111을 사용한다.) ⊣

7.113 LEMMA *$\mathbb{N} \times \mathbb{N}$ 은 $\mathbb{N}$ 과 대등하다.*

*Proof.* $f : \mathbb{N} \times \mathbb{N} \to \mathbb{N}$ 을

$$f(n, k) = 2^n(2k + 1) - 1$$

로 두면 $f$ 가 전단사 함수임을 확인할 수 있다. □

7.114 REMARK 위의 보조정리의 증명은 자연수의 사칙연산 및 부등식에 대한 많은 '기본적 사실'들을 필요로 한다. 우리는 이 책에서 이런 사실들을 거의 증명하지 않았지만, 이 모든 것들을 집합론의 공리로부터 형식증명할 수 있음을 말해 둔다. 유리수의 집합 $\mathbb{Q}$ 가 $\mathbb{N}$ 과 대등함을 보일 때 사용한, 그림 6.5에서 보인 방법을 따라해도 보조정리 7.113을 증명할 수 있으며, 이렇게 한다면 증명에 필요한 '기본적 사실'들의 개수를 많이 줄일 수 있을 것이다. ⊣

7.115 THEOREM *가산집합 가산 개의 합집합은 가산집합이다.*

*Proof.* $\omega$ 는 최소의 무한기수이므로 가부번 집합의 부분집합은 가산집합이다. 따라서 가부번 집합 가부번 개의 합집합이 가산집합임을 보이면 이 정리의 증명에 충분하다.

가부번 집합들로 이루어진 집합족 $\{X_i\}_{i \in \omega}$ 가 주어졌을 때 $\bigcup_{i \in \omega} X_i$ 가 가산집합임을 보여야 한다. 함수

$$h : \bigcup_{i \in \omega}(X_i \times \{i\}) \to \bigcup_{i \in \omega} X_i$$

를 $h(x, i) = x$ 로 정의하면 $h$ 가 전사함수임은 당연하다. 따라서

$$|\bigcup_{i\in\omega}(X_i \times \{i\})| \geq |\bigcup_{i\in\omega} X_i|$$

이 성립한다. 그런데 $\bigcup_{i\in\omega}(X_i \times \{i\})$ 는 $\mathbb{N} \times \mathbb{N}$ 과 대등하므로 보조정리 7.113 에 의해서 가부번 집합이다. □

7.116 THEOREM *가산집합의 원소들로 이루어진 모든 유한열들의 집합은 가산집합이다. 그러므로 가산집합의 유한집합들로 이루어진 집합은 가산집합이다.*

*Proof.* $X$ 를 가산집합이라 하자. $X$ 의 원소로 이루어진 모든 유한열들의 집합은

$$\bigcup_{n\in\omega} X^n$$

이다. $X^n$ 은 보조정리 7.113 과 수학적 귀납법에 의해서 가산집합임을 알 수 있다. 이제 정리 7.115 를 적용하면 원하는 결론을 얻는다. □

7.117 REMARK 우리는 많은 증명에서 자연수의 개념을 사용한다. 자연수는 수학에서 가장 기본적이고 의심할 여지가 적은 개념이므로 수학의 증명에 자연수를 사용하는 것에 문제를 제기할 필요는 없다고 본다. 그러나 공리적 집합론에서는 모든 수학의 증명을 집합론의 공리와 1 계논리의 추론규칙들만 사용하는 형식증명으로 환원할 수 있어야 한다. 그리고 자연수의 개념을 사용한다는 것은 곧 무한공리를 사용한다는 것을 의미한다.

집합론에서 가장 기본적인 정리 중 하나인 칸토르-번스타인 정리 7.63 을 예로 들어 보자. 이것은 자연수의 개념과 무관하게 증명되어야 할 것으로 보인다. 그러나 7.63 에 있는 증명은 자연수의 개념을 사용하였다.

자연수의 개념을 사용하지 않는 칸토르-번스타인 정리의 증명은 타스키의 고정점 정리 (fixed point theorem) 를 이용하여 가능함을 말해 둔다. ⊣

## 6 공리적 집합론

우리가 이 책에서 사용하는 집합론의 공리는 Zermelo-Fraenkel with Axiom of Choice, 혹은 간단히 ZFC 라고 하는 것으로 아래의 9 개의 공리로 이루어진다. (실은 *III* 의 분리공리와 *VII* 의 대체공리는 공리가 아니라 공리틀이다.)

7.118 DEFINITION ZFC 공리계

$I.$ $\forall x \forall y(\forall z(z \in x \;\leftrightarrow\; z \in y) \;\to\; x = y)$. (외연, Ext)

$II.$ $\forall x \forall y \exists z \forall u(u \in z \;\leftrightarrow\; (u = x) \vee (u = y))$. (2점집합, Pair)

$III.$ $\forall x \forall \bar{y} \exists z \forall u(u \in z \;\leftrightarrow\; (u \in x) \wedge \varphi(u, \bar{y}))$. (분리, Sep)

$IV.$ $\forall x \exists y \forall z(z \in y \;\leftrightarrow\; \exists u(z \in u \in x))$. (합집합, Uni)

$V.$ $\forall x \exists y \forall z(z \in y \;\leftrightarrow\; z \subseteq x)$. (멱집합, Pow)

$VI.$ $\exists x\big((\varnothing \in x) \wedge \forall y(y \in x \to y \cup \{y\} \in x)\big)$. (무한, Inf)

$VII.$ $\forall \bar{v} \forall u\big((\forall x \in u)(\exists^{\leq 1} y)\varphi(x, y, \bar{v}) \to \exists z \forall y(y \in z \leftrightarrow (\exists x \in u)\varphi(x, y, \bar{v}))\big)$.
(대체, Rep)

$VIII.$ $\forall x(x \neq \varnothing \to \exists y((y \in x) \wedge (y \cap x = \varnothing)))$. (정칙성, Reg)

$IX.$ $\forall x(\exists f : \mathcal{P}(X) \to X)(\forall y \subseteq X)\big(y \neq \varnothing \to f(y) \in y\big)$. (선택, AC)

선택공리 IX를 제외한 나머지 공리들로 이루어진 공리계는 ZF라 한다. Pair와 Sep는 다른 공리들로부터 증명이 되므로 ZFC, 혹은 ZF에서 빼도 된다.

위의 논리식들에서 서로 다른 문자로 나타낸 개체변수는 서로 다른 개체변수이다. *III*의 $\varphi(u, \bar{y})$의 자유변수는 $u, \bar{y}$ 중에 있고, *VII*의 $\varphi(x, y, \bar{v})$의 자유변수는 $x, y, \bar{v}$ 중에 있다. ⊣

7.119 Lemma *ZF 공리 중에 2점집합 공리와 분리공리는 다른 공리들로부터 증명된다.*

*Proof.* 2점집합 공리를 증명하기 위하여 $\varphi(x, y, v_1, v_2)$를 다음과 같이 놓는다.

$$\varphi(x, y, v_1, v_2) \overset{\text{def}}{\equiv} (x = 0 \wedge y = v_1) \vee (x = 1 \wedge y = v_2)$$

$u = \mathcal{P}(\mathcal{P}(\varnothing))$로 놓고 대체공리를 적용하면 집합 $\{v_1, v_2\}$를 얻는다.

분리공리를 증명하기 위하여 논리식 $\psi$와 집합 $u,\ v_1, \ldots, v_n$이 주어졌다 하자. 우리는

$$\exists z \forall y(y \in z \;\leftrightarrow\; (y \in u) \wedge \psi(y, \bar{v}))$$

를 보이고자 한다. $\varphi(x, y, \bar{v}) \overset{\text{def}}{\equiv} y = x \wedge \psi(y, \bar{v})$로 두고 대체공리를 적용하여 얻는 집합을 $z$로 취하면 된다. □

공리적(axiomatic) 집합론은 천진한(naive) 집합론에 대응되는 개념이다. 이 두 용어는 사람에 따라 조금씩 다른 의미로 해석되고 있으므로 여기서 이 책의 관점을 말해 두고자 한다.

공리적 집합론의 문자적 의미는 공리를 기반으로 하는 집합론이다. 그러면 천진한 집합론은 공리도 없이 그저 벤다이어그램 정도의 도구에 만족하는 아주 초보적인 집합론이냐 하면 그렇지 않다. 저명한 수학자인 Paul Halmos가 쓴 *Naive Set Theory* [Hal98] 라고 하는 집합론 교재가 있는데, 내용을 보면 수학적으로는 이 책에서 생략한 증명들도 다루고 있는 등 결코 그리 초보적인 수준이 아니다. 또한 첫 절의 제목은 Axiom of extension, 두째 절의 제목은 Axiom of specification 등으로 집합론에서의 공리의 역할을 상당히 강조하고 있다. 그럼에도 불구하고 이 책은 천진한 집합론이라는 제목이 붙어 있다.

공리적 집합론은 집합에 대한 근본적인 명제, 예를 들어 선택공리나 연속체 가설의 진위를 논할 수 있어야 한다. 이러한 명제들을 믿어야 하는, 혹은 믿지 않아야 하는 이유를 토론하라는 것이 아니라, 이미 받아들여진 다른 공리들(합집합 공리, 대체공리 등)로부터 이들 명제나 혹은 명제의 부정을 증명할 수 있는지를 논할 방법론을 제공해야 한다는 것이다.

증명할 수 있다는 결론을 내기 위하여는 증명을 만들면 된다. 그런데 '증명할 수 없다'는 결론을 내려면 어떻게 해야 하는가? 다시 말해서, 증명할 수 없음을 증명하려면 어떻게 해야 하겠는가?

군론의 공리들로부터 $\forall x \forall y(x \cdot y = y \cdot x)$를 증명할 수 없다는 것은 잘 알고 있을 것이다. 그리고 이 사실, 즉 증명의 불가능함을 증명하는 방법도 알고 있을 것이다. 그것은 $\forall x \forall y(x \cdot y = y \cdot x)$가 성립하지 않는 군, 즉 비가환군을 구성해서 보여주는 것이다.

공리들의 집합 $\Sigma$로부터 어떤 문장 $\sigma$를 증명할 수 없음을 보이려면 $\Sigma \cup \{\neg\sigma\}$의 모델을 구성하면 된다. 이것이 명제를 증명의 불가능함을 증명하는 방법이다. 정확히 말하자면 형식증명이 존재하지 않음을 비형식으로(informally) 증명하는 방법이다.

예를 들어 AC를 ZF로부터 증명할 수 없음을 보이려면 $ZF \cup \{\neg AC\}$의 모델을 만들면 된다. [Coh66] AC의 부정을 ZF로부터 증명할 수 없음을 보이려면, 즉 AC가 ZF와 무모순(consistent)임을 보이려면 $ZF \cup \{AC\}$의 모델을 만들면 된다. [Gdl38] 이러한 모델, 즉 AC의 독립성(independence)을 증명하고자 하는 모델을 만들 때는 AC를 사용하지 않고 ZF만 사용해야 한다.

1계 이론의 모델은 대상영역으로 공아닌 집합을 요구한다. 집합론이 무모순이라면 당연히 모델이 존재할 것이다. 그런데 이런 모델(대상영역이 집합인 모델)은 원래 우리가 의도했던 집합론의 모델이 아닐 것이다. 왜냐하면 집합론의 모델은 모든 집합을 원소로 가지고 있어야 할 것이지만 모든 집합의 집합은 존재하지 않기 때문이다. 그래서 집합론의 모델은 거의 항상 클래스 모델을 사용한다. 클래스 모델로도 무모순성과 독립성을 증명하기엔 충분하므로 아무 문제 없다.

집합론의 모델이라는 것은 군론 같은 통상적인 수학 이론의 모델과는 많이 다른, 참으로 심원한 개념이다. 통상 모델을 만들 때 집합론을 사용한다. 그런데 집합론의 모델이라니?

집합론 책 중 또 하나의 유명한 것으로 Patrick Suppes의 *Axiomatic Set Theory*가 있다. 그런데 이 책은 집합론의 모델에 대한 언급이 전혀 없으며, 공리의 무모순성이나 독립성을 증명하는 방법에 대한 어떠한 길잡이도 제공하지 않는다. 그러므로 이 책에서 다루고 있는 집합론은 제목과는 달리 천진한 집합론으로 보아야 할 것이다.

공리적 집합론의 또 하나의 특성은 증명할 때 항상 형식증명을 염두에 둔 증명을 한다는 것이다. 수학적으로 풍부한 내용을 가지는 명제를 형식증명한다는 것은 현재로서는 현실적으로 불가능하므로 우리는 항상 비형식증명을 하게 되는데, 이 비형식증명을 형식증명으로 어떻게 변환해야 할지 눈에 (천진한 집합론에 비해서) 잘 보이도록 배려하는 것이 공리적 집합론이다.

이런 의미에서 [BM77, 10장]은 충실한 공리적 집합론이다. 예를 들어 초한 재귀 정리 7.94는 여기에 다음과 같이 기술되어 있다.†

> 2.9 THEOREM. *For each term* $\mathtt{s}(y,z)$ *we can construct a term* $\mathtt{t}(x)$ *such that*
>
> $$\vdash \mathtt{t}(\alpha) = \mathtt{s}(\mathtt{t}\restriction\alpha).$$

논리항 t와 s가 구문론적 존재임을 강조하기 위하여 타자폰트를 사용한 것을 볼 수 있다.

이 책은 공리적 집합론의 특징짓는 무모순성과 독립성의 증명을 충분히 설명하지 않는다. 이러한 증명을 위한 강력한 도구인 촉성(*forcing*) 등의 기법은 이 책보다 좀 더 높은 수학적, 논리적 성숙도를 요구하므로 다루지 않을 것이다.

† 사실은 $\mathtt{s}(\mathtt{t}\restriction\alpha)$ 대신 $\mathtt{s}(\mathtt{t}|\alpha,\alpha)$로 되어 있지만 이 책의 내용과 맞추기 위하여 여기에는 조금 다른 버전으로 넣었다.

이 절의 나머지 부분에서는 공리적 집합론의 특징적인 공리인 정칙성 공리를 소개하고, 이 공리가 나머지 공리들에 대하여 무모순임을 증명할 것이다.

정칙성 공리는 정의 7.118에 다음과 같이 나와 있다.

$$\forall x(x \neq \varnothing \to \exists y((y \in x) \wedge (y \cap x = \varnothing))).$$

이 공리는 천진한 집합론에서는 무해무익하며 집합론의 모델을 다루는 공리적 집합론에서는 강력한 도구가 된다. 이 공리는 다음과 같이 바꾸어 쓰면 그 의미가 더 잘 드러난다.

$$\forall x(x \neq \varnothing \to \exists y((y \in x) \wedge (\forall z \in x)(z \notin y))).$$

위의 1계문장은 모든 집합 $x$에 대하여, 그것의 원소 중에는 반드시 $\in$-극소원 $y$가 존재한다는 것을 말하고 있다.

이 공리의 결과로 다음과 같은 무한열은 존재할 수 없음을 곧 알 수 있다.

$$a_0 \ni a_1 \ni a_2 \cdots \tag{41}$$

왜냐하면 이러한 무한열이 존재한다면 $x \stackrel{\text{def}}{=} \{a_n \mid n \in \omega\}$는 $\in$-극소원을 가지지 못하기 때문이다. 여기서 우리는 열 $\langle a_n \rangle_n$이 단사일 것을 요구하지 않는다. 예를 들어 $a \in b$, $b \in a$는 (41)의 예를 제공하며, $a \in a$ 또한 마찬가지다.

7.120 Definition (Cumulative hierarchy) Ord-열 $(R_\alpha)_{\alpha \in \mathsf{Ord}}$를 다음과 같이 정의한다.

$$R_\alpha \stackrel{\text{def}}{=} \bigcup_{\xi<\alpha} \mathcal{P}(R_\xi). \qquad \dashv$$

위와 같은 $(R_\alpha)_\alpha$의 존재성은 초한귀납에 의하여 보장된다. $(R_\alpha)_\alpha$ 몇 개를 나열해 보자.

$$R_0 = \varnothing = 0,$$
$$R_1 = \{\varnothing\} = 1,$$
$$R_2 = \{0,1\} = 2,$$
$$R_3 = \{0,1,2,\{1\}\},$$
$$R_4 = \{0,1,2,3,\{1\},\{2\},\{0,2\},\{0,\{1\}\},\{1,2\},\{1,\{1\}\},\ldots\}.$$

일반적으로 $R_n = \mathcal{P}(R_{n-1})$ 이고, 따라서 $2^n$ 개의 원소를 가지게 된다. 이 사실은 곧 보조정리 7.124 에서 증명할 것이다. 그리고

$$R_\alpha = \{x \mid (\exists \xi < \alpha)(x \subseteq R_\xi)\}$$

가 됨은 멱집합의 정의에 의하여 당연하다.

7.121 Definition 논리식 $\mathrm{Reg}(x)$ 을

$$\mathrm{Reg}(x) \overset{\text{def}}{\equiv} (\exists \alpha \in \mathsf{Ord})(x \in R_\alpha)$$

로 정의한다. $\mathrm{Reg}(x)$ 인 $x$ 를 정칙 집합(*regular set*) 이라고 하며, 정칙 집합 $x$ 에 대해서 서수

$$\rho(x) \overset{\text{def}}{=} \min\{\alpha \mid x \subseteq R_\alpha\}$$

를 $x$ 의 생성단계(*rank*) 라고 한다.

$\mathsf{Ord}$-열 $(R_\alpha)_\alpha$ 를 정칙 집합들의 계층구조(*cumulative hierarchy*) 라고 한다.

집합 $x$ 의 초집합 중에서 최소의 추이적 집합을 $x$ 의 추이폐포(*transitive closure*) 라고 한다.

$\varphi(x, \bar{y})$ 가 $x$ 를 자유변수로 가지고 $z$ 는 자유변수로 가지지 않는 논리식이며

$$\forall x \forall z(\varphi(x,\bar{y}) \land z \in x \to \varphi(z,\bar{y}))$$

를 만족할 때 $\varphi(x,\bar{y})$ 를 $x$ 에 대한 추이적 논리식(*transitive formula*) 이라고 한다. ⊣

이 정의에 의하여 $y$가 추이적 집합이면이 $x \in y$가 추이적 논리식이다.

7.122 EXERCISE 정칙성 공리는 아래의 $\in$-귀납원칙($\in$-*induction principle*)을 함의함을 증명하시오.

$$\forall x\big((\forall y \in x)\varphi(y) \to \varphi(x)\big) \to \forall x\, \varphi(x). \tag{42}$$

$\in$-귀납원칙을 가정하면 모든 추이적 집합은 정칙집합임을 증명하시오. ⊣

7.123 LEMMA *임의의 집합 $x$에 대해서 $y \supseteq x$인 최소의 추이적 집합 $y$가 존재한다.*

*Proof.*

$$y \stackrel{\text{def}}{=} x \cup (\bigcup x) \cup (\bigcup\bigcup x) \cup \cdots$$

로 두면 된다. 상세한 것은 연습문제로 독자에게 넘긴다. □

7.124 LEMMA *정칙 집합과 그것의 생성단계에 관하여 다음의 사실들이 성립한다. 단, 아래에서 $\alpha$, $\beta$, $\lambda$, $\xi$는 서수를, $x$, $y$는 집합을 나타낸다.*

(*i*) $\alpha < \beta \to R_\alpha \in R_\beta$

(*ii*) $\alpha \leq \beta \to R_\alpha \subseteq R_\beta$

(*iii*) $R_\alpha$는 추이적이다.

(*iv*) $R_{\alpha+1} = \mathcal{P}(R_\alpha)$

(*v*) $(\forall \lambda \in \mathsf{LimOrd})(R_\lambda = \bigcup_{\xi<\lambda} R_\xi)$

(*vi*) 임의의 서수 $\alpha$는 정칙 집합이며 $\rho(\alpha) = \alpha$이다.

(*vii*) $x$가 정칙집합이고 $y \in x$이면 $y$도 정칙집합이며 $\rho(y) < \rho(x)$이다,

(*viii*) $x$의 모든 원소가 정칙집합이면 $x$도 정칙집합이다.

*Proof.* (*i*)이 성립함은, $\alpha < \beta$이면 $R_\alpha \in \mathcal{P}(R_\alpha) \subseteq R_\beta$이므로 즉시 알 수 있다.

(*ii*), (*iii*)은 한꺼번에, 아래의 문장을 $\beta$에 대한 귀납법을 써서 보임으로써 증명한다.

$$(\forall \beta)\big((\forall \alpha < \beta)(R_\alpha \subseteq R_\beta) \wedge R_\beta \text{는 추이적}\big). \tag{43}$$

$\alpha < \beta$ 이면 귀납가설에 의하여 $R_\alpha$ 가 추이적이므로 $R_\alpha \subseteq \mathcal{P}(R_\alpha) \subseteq R_\beta$ 이다.

$R_\beta$ 가 추이적임을 보이기 위하여 $x \in R_\beta$ 라 하자. 그러면 $x \in \mathcal{P}(R_\alpha)$(어떤 $\alpha < \beta$) 이므로 $x \subseteq R_\alpha$ 인데, 이미 $R_\alpha \subseteq R_\beta$ 이므로 원하던 $x \subseteq R_\beta$ 를 얻는다.

$(iv)$ 가 성립함은 $(\forall \xi < \alpha)(\mathcal{P}(R_\alpha) \supseteq \mathcal{P}(R_\xi))$ 로부터 곧 알 수 있다.

$(v)$ 는 쉽다: $R_\lambda = \bigcup_{\xi<\lambda} \mathcal{P}(R_\xi) = \bigcup_{\xi<\lambda} R_{\xi+1} = \bigcup_{\xi<\lambda} R_\xi$.

$(vi)$ 우선 $(\forall \alpha \in \mathsf{Ord})(\alpha \in R_{\alpha+1})$ 를 귀납법으로 보이겠으며, 이것으로 모든 서수가 정칙 집합임이 증명된다.

$x \in \alpha$ 이면 $x = \xi < \alpha$ (어떤 $\xi \in \mathsf{Ord}$) 이며 귀납가설에 의하여 $\xi \in R_{\xi+1}$, 즉 $\xi \in \mathcal{P}(R_\xi)$ 이다. 그런데 $\mathcal{P}(R_\xi) \subseteq R_\alpha$ 이므로 결국 $x \in R_\alpha$ 이다. 우리는 $\alpha \subseteq R_\alpha$ 를 보였으며 $\alpha \subseteq R_\alpha$ 는 곧 $\alpha \in R_{\alpha+1}$ 를 의미한다.

이제 $(\forall \alpha \in \mathsf{Ord})(\alpha \notin R_\alpha)$ 를 보이기 위하여 최소 반례를 $\beta$ 라 하자. 그러면 $\beta \in R_\beta$ 이다. 그렇다면 $\beta \subseteq R_\xi$,(어떤 $\xi < \beta$) 이어야 한다. 그런데 이것은 곧 $\xi \in \beta \subseteq R_\xi$ 로서 $\beta$ 의 최소성에 모순된다.

$(vii)$ $x$ 가 정칙집합이라 하자. 생성단계의 정의에 의하여 $x \subseteq R_{\rho(x)}$ 가 성립함은 당연하다. $y \in x$ 이면 $y \in R_{\rho(x)} = \bigcup_{\xi<\rho(x)} \mathcal{P}(R_\xi)$ 이므로 $y \in \mathcal{P}(R_\xi)$ 인 $\xi < \rho(x)$ 를 취해 보면 $\rho(y) \leq \xi < \rho(x)$ 를 알 수 있다.

$(viii)$ $x$ 의 모든 원소가 정칙 집합이므로 $(\forall y \in x)(\exists \alpha_y \in \mathsf{Ord})(y \in R_{\alpha_y})$ 로 쓸 수 있다. $\alpha \overset{\text{def}}{=} \sup\{\alpha_y \mid y \in x\}$ 로 두면 $(ii)$ 에 의하여 $(\forall y \in x)(y \in R_\alpha)$ 가 성립하게 되며 이것은 곧 $x \subseteq R_\alpha$ 를 함의한다. □

7.125 THEOREM *정칙성 공리는* $\forall x\,\mathrm{Reg}(x)$ *와 동등하다.*

*Proof.* $\forall x\,\mathrm{Reg}(x)$ 를 가정하고 $x \neq \varnothing$ 라 하자. 우리는 $y \cap x = \varnothing$ 인 $y \in x$ 를 원한다. $x$ 의 원소들 중 최소의 생성단계를 가지는 것을 하나 취하여 $y$ 라 하면 $y$ 의 원소는 $y$ 보다 더 작은 생성단계를 가져야 하므로 $x$ 의 원소가 될 수 없다.

이제 역으로 $\neg\forall x\,\mathrm{Reg}(x)$ 를 가정하고 정칙 집합이 아닌 집합을 하나 취하여 $x$ 라 하자. 우리는 어떤 공아닌 집합 $z$ 를 구성하여 $z$ 의 임의의 원소 $y$ 는 $y \cap z \neq \varnothing$ 가 되도록 할 것이다. $x$ 의 추이폐포를 $\tilde{x}$ 라 한 다음,

$$z \overset{\text{def}}{=} \{y \in \tilde{x} \mid \neg\mathrm{Reg}(y)\}$$

로 둔다. $x$ 는 보조정리 7.124.$(viii)$ 에 의하여 정칙 집합이 아닌 원소를 가지므로 $z$ 는 공아닌 집합이다.

$y \in z$ 라 하자. 그러면 $y$ 는 정칙 집합이 아니므로 정칙 집합이 아닌 원소, 예를 들어 $u$ 를 가질 것이다. 이제 $u \in y \in \tilde{x}$ 이므로 $u \in \tilde{x}$ 이고 따라서 $u \in z$ 이다. 그러므로 $u \in y \cap z \neq \varnothing$ 이 성립한다. $y$ 는 $z$ 의 임의의 원소였으므로 우리는 원하던 것을 증명하였다. □

ZFC의 공리들 중에 외연공리를 제외한 공리들은 대부분 어떤 성질을 가지는 집합이 존재함을 말한다. 예외가 단 1개 있으니 그것은 정칙성 공리이다. 이 정칙성 공리가 다른 공리와 모순을 야기하지 않는다는 것을 증명하고자 한다. 정확히 말하자면

$$\mathsf{ZF}^0 \overset{\text{def}}{=} \{\text{외연, 합집합, 멱집합, 무한, 대체공리}\}$$

라 했을 때

$$\mathsf{ZF}^0 \text{ 무모순} \Rightarrow \mathsf{ZF}^0 \cup \{\text{정칙성 공리}\} \text{ 무모순}$$

을 증명할 것이다.

7.126 Definition 1계이론 $T$ 의 모순없음이 $T \cup \theta$ 의 모순없음을 함의할 때

$\theta$ 는 $T$ 에 대해서 모순되지 않는다($\theta$ *is consistent relative to* $T$)

고 말한다. ⊣

아래의 정의부터 시작하여 정리 7.130까지의 내용은 집합론에 국한되지 않은, 일반적인 1계언어 및 이론에 대한 것이다. 이 내용은 원래는 4장에 있어야 할 것이나, 충분히 이해하기 위하여는 어느 정도의 수학적 성숙도를 필요로 하기 때문에 이제까지 미루어 둔 것이다.

7.127 Definition $L$ 을 1계언어라 하자. $\varphi(z, \bar{u})$ 가 자유변수로 $z$ 와 $u_1, \ldots, u_n$ 의 $n+1$ 개의 개체변수를 가지는 $L$-논리식일 때, 각 $L$-논리식 $\alpha$ 에 대해서 $\alpha$ 의 $\varphi$ 에 대한 상대화(*relativization*)는 다음과 같이 재귀적으로 정의되는 논리식 $\alpha^{(\varphi)}$ 이다. 여기서 $z$ 는 선택된 변수(*chosen variable*), $u_i$ 들은 파라메터(*parameter*)라고 한다.

(*i*) $\alpha$ 가 원자논리식이거나 $\alpha \equiv \bot$ 이면 $\alpha^{(\varphi)} \overset{\text{def}}{=} \alpha$.

(*ii*) $\alpha \equiv \neg\beta,\ \beta \wedge \gamma,\ \beta \vee \gamma,\ \beta \to \gamma,\ \beta \leftrightarrow \gamma$ 일 때

$$\alpha^{(\varphi)} \stackrel{\text{def}}{\equiv} \neg\big(\beta^{(\varphi)}\big),\ \beta^{(\varphi)} \wedge \gamma^{(\varphi)},\ \beta^{(\varphi)} \vee \gamma^{(\varphi)},\ \beta^{(\varphi)} \to \gamma^{(\varphi)},\ \beta^{(\varphi)} \leftrightarrow \gamma^{(\varphi)}.$$

(*iii*) $x$ 가 파라메터 아닌 개체변수이고 $\alpha \equiv \forall x\,\beta,\ \exists x\,\beta$ 일 때

$$\alpha^{(\varphi)} \stackrel{\text{def}}{\equiv} \forall x\big(\varphi(x/z) \to \beta^{(\varphi)}\big),\ \exists x\big(\varphi(x/z) \wedge \beta^{(\varphi)}\big).$$

(*iv*) $x$ 가 파라메터이고 $\alpha \equiv \forall x\,\beta,\ \exists x\,\beta$ 일 때

$$\alpha^{(\varphi)} \stackrel{\text{def}}{\equiv} \big(\forall y\,\varphi(y/x)\big)^{(\varphi)},\ \big(\exists y\,\varphi(y/x)\big)^{(\varphi)}.$$

단, $y$ 는 파라메터가 아니고 $\beta$ 의 자유변수로 나타나지 않으며 $\beta$ 안에서 $x$ 를 치환할 수 있는 첫번째 개체변수. ⊣

7.128 Definition $L$ 을 1 계언어라 하자. $\varphi(z, \bar{u})$ 가 선택된 변수 $z$ 와 파라메터 $\bar{u}$ 만을 자유변수로 가지는 $(n+1)$ 항 $L$-논리식이고 $\mathfrak{I} \stackrel{\text{def}}{=} ((U, \ldots), \bar{a})$ 가 $L$-해석일 때, $\mathfrak{I}$ 의 $\varphi$ 에 대한 상대화 $\mathfrak{I}^{(\varphi)}$ 는 다음과 같이 정의되는 $L$-해석이다.

(*i*) $\mathfrak{I}^{(\varphi)}$ 의 대상영역은 $\{v \in U \mid \mathfrak{I}(v/z) \models \varphi\} \stackrel{\text{def}}{=} U^{(\varphi)}$.

(*ii*) $L$ 의 모든 술어기호 $P$ 에 대하여 $P^{\mathfrak{I}^{(\varphi)}} \stackrel{\text{def}}{=} P^{\mathfrak{I}} \restriction U^{(\varphi)}$.

(*iii*) $L$ 의 모든 함수기호 $f$ 에 대하여 $f^{\mathfrak{I}^{(\varphi)}} \stackrel{\text{def}}{=} f^{\mathfrak{I}} \restriction U^{(\varphi)}$.

(*iv*) 각 $i$ 에 대해서 $u_i^{\mathfrak{I}^{(\varphi)}} \stackrel{\text{def}}{=} u_i^{\mathfrak{I}}$. ⊣

7.129 Remark $\mathfrak{I}^{(\varphi)}$ 은 다음의 조건이 만족될 때면이 (유일하게) 존재한다..

(*i*) $\mathfrak{I} \models \exists z\,\varphi$.

(*ii*) $f$ 를 함수기호라 할 때 $U^{(\varphi)}$ 는 $f^{\mathfrak{I}^{(\varphi)}}$ 에 대하여 닫혀있다.

(*iii*) 각 $i$ 에 대해서 $u_i^{\mathfrak{I}} \in U^{(\varphi)}$. ⊣

7.130 Theorem *$\alpha$ 가 임의의 논리식일 때 $\alpha^{(\varphi)}$ 의 의미론적 거동은 다음과 같다.*

$$\mathfrak{I} \models \alpha^{(\varphi)} \ \Leftrightarrow\ \mathfrak{I}^{(\varphi)} \models \alpha \tag{44}$$

*Proof.* 독자에게 연습문제로 넘긴다. □

예를 들면 $\varphi(z, u) \stackrel{\text{def}}{\equiv} u \le z + 1$ 이고 $\mathfrak{I} \stackrel{\text{def}}{=} ((\mathbb{R}, \le, \cdot, +, 0), (u := 1))$ 인 경우를 생각해 보자. 이때 $U^{(\varphi)} = [0, \infty)$ 이 될 것이며 단평 7.129의 3 조건들은 모두

만족됨을 알 수 있다. 만일

$$\alpha(u) \overset{\text{def}}{\equiv} \forall x(x \leq u \to x \cdot x \leq x)$$

로 둔다면 $\mathfrak{I} \not\models \alpha(u)$ 이지만 $\mathfrak{I}^{(\varphi)} \models \alpha(u)$ 이며 또한 $\mathfrak{I} \models \alpha^{(\varphi)(u)}$ 임을 쉽게 확인할 수 있을 것이다. 이번에는

$$\alpha(u) \overset{\text{def}}{\equiv} \forall x \exists y \big((y \cdot x = u) \wedge (x + y < u + u)\big)$$

로 두고 $\mathfrak{I} \not\models \alpha(u)$, $\mathfrak{I}^{(\varphi)} \models \alpha(u)$ 및 $\mathfrak{I} \models \alpha^{(\varphi)(u)}$ 의 성립 여부를 조사해 보라.

정리 7.130을 이용하면 정칙성 공리가 $\mathsf{ZF}^0$ 에 대해서 모순되지 않음을 다음과 같은 방법으로 증명할 수 있다.

> $\mathsf{ZF}^0$ 의 (클래스) 모델을 $\mathsf{V}^0$ 라 한다. $\mathsf{V}^0$ 는 (44)의 $\mathfrak{I}$ 에 대응한다. 정칙성 공리를 $\alpha$ 라 하고 적당한 $\varphi$ 를 찾아 $\mathsf{V}^0 \models \alpha^{(\varphi)}$ 를 보인다. 그렇다면 (44)에 의하여
>
> $$(\mathsf{V}^0)^{(\varphi)} \models \alpha$$
>
> 가 성립할 것이다. 그리고 이렇게 얻은 정칙성 공리의 모델 $(\mathsf{V}^0)^{(\varphi)}$ 이 기존의 공리(외연, 합집합, 멱집합, 무한, 대체)들의 모델임을 보인다. 이것으로 $(\mathsf{V}^0)^{(\varphi)}$ 가 $\mathsf{ZF} \overset{\text{def}}{=} \mathsf{ZF}^0 \cup \{$정칙성 공리$\}$ 의 모델임이 증명된 것이다.

7.131 Theorem *정칙성 공리는 그 이전에 나온 모든 공리들, 즉 외연, 합집합, 멱집합, 무한 및 대체 공리에 대해서 모순되지 않는다.*

*Proof.* 정리 7.125에 의하여 $\alpha \overset{\text{def}}{\equiv} \forall x\, \mathrm{Reg}(x)$ 로 놓고 $\mathsf{ZF}^0 \vdash \alpha^{(\varphi)}$ 이 되는 $\varphi$ 를 찾는다. 또한 이 $\varphi$ 에 대해서, $\beta$ 가 외연, 합집합, 멱집합, 무한 및 대체 공리일 때 각각 $\mathsf{ZF}^0 \vdash \beta^{(\varphi)}$ 임을 보인다.

우리는 $\varphi(z)$ 로 $\mathrm{Reg}(z)$, 즉 $(\forall \alpha \in \mathsf{Ord})(z \in R_\alpha)$ 를 사용할 것이다.

(*i*) 외연공리: $\mathrm{Reg}(x) \wedge \mathrm{Reg}(y) \to (\forall z(\mathrm{Reg}(z) \to (z \in x \leftrightarrow z \in y)) \to x = y)$.

$x$, $y$ 가 정칙집합이고 $\forall z(\mathrm{Reg}(z) \to (z \in x \leftrightarrow z \in y))$ 임을 가정하자. $x = y$ 를 얻기 위하여 $\forall z(z \in x \leftrightarrow z \in y)$ 를 보이면 된다. $z \in x$ 이면 $\mathrm{Reg}(z) \wedge z \in x$ 이므로 가정에 의하여 $z \in y$ 가 된다. 역방향 '$z \in y$ 이면 $z \in x$'도 같은 방법으로 얻는다.

$(ii)$ 합집합공리: $x$가 정칙집합이라고 가정하고

$$\exists y(\mathrm{Reg}(y) \wedge \forall z(\mathrm{Reg}(z) \rightarrow (z \in y \leftrightarrow \exists u(\mathrm{Reg}(u) \wedge z \in u \in x)))$$

를 보인다. $y \stackrel{\mathrm{def}}{=} \bigcup x$로 놓는다. 보조정리 7.124에 의하여 $y$가 정칙집합임을 알 수 있다. $z$가 정칙집합일 때 $z \in y \leftrightarrow \exists u(\mathrm{Reg}(u) \wedge z \in u \in x)$임은 아주 쉽게 확인된다.

$(iii)$ 멱집합공리: $x$가 정칙집합이라고 가정하고

$$\exists y(\mathrm{Reg}(y) \wedge \forall z(\mathrm{Reg}(z) \rightarrow (z \in y \leftrightarrow \forall w(\mathrm{Reg}(w) \wedge w \in z \rightarrow w \in x))))$$

를 보인다. $y \stackrel{\mathrm{def}}{=} \mathcal{P}(x)$로 놓는다. $z \subseteq x$라고 쓰지 않고 $\forall w(\mathrm{Reg}(w) \wedge w \in z \rightarrow w \in x)$라고 쓴 것은 $\subseteq$가 $(\mathsf{V}^0)^{(\mathrm{Reg})}$에서는 $\mathsf{V}^0$에서와 다른 의미를 가질 가능성을 염두에 둔 것이다. 나머지는 독자에게 연습문제로 넘긴다.

$(iv)$ 무한공리: 다음과 같은 정칙집합 $x$가 존재함을 보이면 된다.

$$\exists y(\mathrm{Reg}(y) \wedge \forall z(\mathrm{Reg}(z) \rightarrow z \notin y) \wedge y \in x), \tag{45}$$

$$\forall y(\mathrm{Reg}(y) \wedge y \in x \rightarrow \exists u(\mathrm{Reg}(u) \wedge (u = y \cup \{y\})^{\mathrm{Reg}} \wedge u \in x). \tag{46}$$

$x = \omega$로 두면 모든 것을 확인할 수 있음을 보이겠다. (45)는 $(\varnothing \in x)^{\mathrm{Reg}}$이며 $y = \varnothing$로 두면 간단히 해결된다. (46)에서 $\mathrm{Reg}(y) \wedge y \in x$는 $y \in x$와 동등함을 알 수 있으며, $(u = y \cup \{y\})^{\mathrm{Reg}}$는 $\forall v(\mathrm{Reg}(v) \rightarrow (v \in u \leftrightarrow (v \in y) \vee (v = y)))$를 뜻한다. $u = y \cup \{y\}$로 두면 다 해결된다.

$(v)$ 대체공리: 조금 복잡하지만 지금까지와 똑같은 방법으로 어렵지 않게 확인된다. 계속 되풀이 되는 기본적 아이디어는 대체공리에 의해 $\mathsf{V}^0$의 원소로 존재함을 보장받는 집합이 $(\mathsf{V}^0)^{(\mathrm{Reg})}$에 속한다는 것이다. □

앞으로는, 정리 7.131에 의하여, 모든 증명에 정칙성 공리의 사용을 허용하기로 하겠다. 노파심에서 말하는 것인데 우리는 $\mathsf{ZF}^0$로부터 정칙성 공리를 증명한 것이 아니라 정칙성 공리를 $\mathsf{ZF}^0$에 더해도 이로 인하여 없던 모순이 생기는 일은 없다는 것을 증명한 것이다. 따라서 정칙성 공리를 사용함에 따라 우리의 수학체계에 어떤 제한이 일어날 가능성을 전혀 배제할 수는 없다. 그러나 현재까지 어떠한 제한도 관찰된 적이 없으므로 우리는 정칙성 공리를 집합론의 기본적 공리로 받아들이는 것이다.

7.132 Exercise 다음은 모두 ZF의 정리임을 증명하시오.

1. $x \in \mathsf{Ord} \leftrightarrow \mathrm{Trans}(x) \wedge \forall y \forall z (y \in z \vee y = z \vee z \in y)$

2. $\rho(x) = \alpha \leftrightarrow x \subseteq R_\alpha \wedge x \notin R_\alpha$

7.133 EXERCISE 아래의 생성단계에 대한 귀납원리(*principle of induction on rank*)을 증명하시오.

$$\forall x \Big( \forall y \big( \rho(y) < \rho(x) \to \varphi(y) \big) \to \varphi(x) \Big) \to \forall x \, \varphi(x) \qquad \dashv$$

# 참고 문헌


[CSLI99] J. Barwise and J. Etchemendy. *Language, Proof and Logic.* CSLI (1999)

[BM77] J. Bell and M. Machover. *A Course in Mathematical Logic.* North-Holland (1977)

[Coh66] P. Cohen *Set Theory and the Continuum Hypothesis.* Benjamin, Inc. (1966)

[Fit52] F. Fitch. *Symbolic Logic, An Introduction.* Ronald Press Co. (1952)

[Gdl31] K. Gödel. *Über formal unentscheidbare Sätz der Principia Mathematica und verwandter Systeme I.* Monatsh. Math. Phys. **38**, pp173–198 (1931)

[Gdl38] K. Gödel. *The consistency of the axiom of choice and of the generalized continuum hypothesis.* Proc. Nat. Acad. Sci. U.S.A. **24**, 556–557

[Hal98] P. Halmos *Naive Set Theory.* Springer (1998)

[HJ99] K. Hrbacek and T. Jech *Introduction to Set Theory.* 3rd edition, CRC Press (1999)

[Jeo12a] J. Jeong. *수리논리 영역의 수업구성.* 준비중

[Jeo12b] J. jeong. *1계논리 추론규칙의 확장.* 준비중

[Jeo12c] J. Jeong. *형식증명을 통한 수리논리 교육.* 준비중

[Men09] E. Mendelson *Introduction to Mathematical Logic*, 5th edition. Chapman and Hall/CRC (2009)

[Smu68] Raymond M. Smullyan. *First-order Logic.* Dover (1968)

# 찾아보기

# 수리논리와
# 집합론 입문

지은이 정주희
펴낸이 조경희
펴낸곳 경문사
펴낸날 2012년 3월 5일 1판 1쇄
2024년 12월 9일 1판 8쇄
등 록 1979년 11월 9일 제1979-000023호
주 소 04057, 서울특별시 마포구 와우산로 174
전 화 (02)332-2004 팩스 (02)336-5193
이메일 kyungmoon@kyungmoon.com

값 23,000원

ISBN 978-89-6105-549-9